제2판

R을 이용한 통계학

전남대학교 통계학과 지음

KM 경문사

■ 전남대학교 통계학과

고봉균(현재 전남대학교 통계학과 교수)
김민수(현재 전남대학교 통계학과 교수)
나명환(현재 전남대학교 통계학과 교수)
박정수(현재 전남대학교 통계학과 명예교수)
손영숙(현재 전남대학교 통계학과 명예교수)
이광민(현재 전남대학교 통계학과 교수)
조완현(현재 전남대학교 통계학과 명예교수)
구은호(현재 전남대학교 통계학과 교수)
김희정(현재 전남대학교 통계학과 강사)
박은식(현재 전남대학교 통계학과 교수)
백장선(현재 전남대학교 통계학과 명예교수)
윤상후(현재 전남대학교 통계학과 교수)
정재식(현재 전남대학교 통계학과 교수)
최일수(현재 전남대학교 통계학과 교수)

R을 이용한 통계학 제2판

지은이 전남대학교 통계학과
펴낸이 조경희
펴낸곳 경문사
펴낸날 2025년 3월 1일 2판 1쇄
등 록 1979년 11월 9일 제1979-000023호
주 소 04057, 서울특별시 마포구 와우산로 174
전 화 (02)332-2004 팩스 (02)336-5193
이메일 kyungmoon@kyungmoon.com

값 35,000원

ISBN 979-11-6073-778-3

머리말

초고속 정보화 시대에 살아가는 현대 시민들은 시시각각 쏟아지는 통계와 통계적 결과를 마주하면서 통계학의 중요성을 인식하고 있습니다. 통계학은 불순물이 혼합된 광석으로부터 금을 찾아내는 것과 같이 통계분석 전에는 무의미한 자료였겠지만 이 자료들을 수집, 요약, 정리하여 자료 뒤에 숨어있는 귀중한 정보를 찾아낼 뿐만 아니라 불확실했던 미래를 예측할 수 있습니다.

현재 통계학은 인문사회과학, 자연과학, 공학, 농학, 의약학, 금융 등 거의 모든 분야에 적절한 통계자료분석기법을 제시합니다. 즉, 통계학은 많은 분야에 도움을 주는 매우 실용적인 학문입니다. 또한 최근에 많은 관심을 받는 인공지능의 핵심인 빅데이터 분석과 머신러닝의 많은 분석기법도 통계학을 기초로 합니다.

오늘날 통계학 교육은 통계소프트웨어와 함께여야 함을 확신합니다. 이 책에서 사용된 통계소프트웨어로서 R은 통계교육을 위해 좋은 도구라고 생각합니다. R은 시공간에 제약 없이 무료로 사용할 수 있으며 최신 통계기법과 그래픽기법을 신속하게 수용하기 때문입니다. 이 책을 통하여 R의 기초를 경험해보는 것도 유익하다고 생각합니다.

이 책은 통계학의 기초개념을 다루며 R 프로그램을 활용하여 문제를 해결하므로 처음 통계학을 만나는 독자에게 적절합니다. 통계 결과물을 정확하게 읽고 올바르게 사용할 수 있는 통계적 사고는 현대사회에서 살아가기 위한 기본 교양이라 생각합니다. 이 책이 여러분의 미래에 작은 도움이 되었으면 하는 마음을 담았습니다.

좋은 통계학 입문서가 되도록 최선을 다하였지만 미흡합니다. 끝으로 이 책의 출간을 위해 노고를 아끼지 않은 경문사 여러분께 감사의 마음을 전합니다.

2025년 2월

저자 일동

목차

04 확률변수

05 여러 가지 분포

06 통계적 추론–단일 모집단

07 통계적 추론–두 모집단

CHAPTER

01 통계학의 기본개념

CHAPTER 01
통계학의 기본개념

1.1 통계학의 정의

statistics는 '통계'와 '통계학'의 두 가지 의미가 있다. 먼저 통계(statistics)는 수치적 사실로서 데이터이다. 예를 들면

- 우리나라 평균 초혼 연령은 1990년 남자 28세, 여자 25세에서 꾸준히 증가하여 33년 후인 2023년에는 남자 34세, 여자 31세로 34년 동안 남여 모두 6세 상승하였다.
- 비만 유병률은 체질량지수 25kg/m² 이상인 분율이다. 우리나라 만19세 이상 남자의 비만 유병률은 42%이며 여자의 비만 유병률은 25%이다.
- 2022년 3월 9일 제20대 대통령선거에서 1, 2위 후보 간의 지지율 차는 0.7% 포인트이다.

다음으로 통계학(statistics)은 학문의 영역으로 다음과 같이 정의할 수 있다.

통계학(statistics)

통계학은 관측 혹은 실험으로부터 얻은 자료를 요약하고 분석하여 유용한 정보를 추출할 뿐만 아니라 분석결과에 기초하여 미래의 불확실한 사건들에 대한 과학적 판단이나 예측하는 방법을 연구하는 학문이다.

어원이 국가를 뜻하는 state로부터 나왔다고 하는 통계학(statistics)의 시작은 오래전 고대 국가에서 찾아볼 수 있다. 고대 국가의 통계는 주로 국가나 사회현상에

관한 조사 관찰을 통하여 작성되었다. 이는 고대 국가 경제의 기초인 경지 면적, 인구, 납세능력, 군대 등에 대한 정보가 통치자에게 중요한 것으로 인식되었기 때문이다. 예를 들면 BC 3050년경에 고대 이집트에서 피라미드 건설을 위한 조사통계가 있다. 현대통계학의 발달에 중요한 영향을 미친 연구는 17세기 프랑스에서 발달한 확률론이다. 당시의 도박사들이 상금을 걸어놓고 게임을 할 때 승리할 가능성이 얼마나 되는지를 수학적 확률 이론으로 해결하려고 했다.

현대통계학은 자연과학뿐만 아니라 인문사회과학을 포함하는 인간사 모든 분야의 경험적 연구에서 핵심적인 역할을 하고 있다. 즉, 통계학은 각 분야에서 수집된 데이터로부터 유용한 정보를 얻어내거나, 불확실성이 내포되어있는 환경에서 확률에 기초한 의사결정을 내리기 위해 사용되고 있다. 특히 고성능 컴퓨터의 사용은 대규모 통계 계산을 고속화시켜 과거에는 비현실적이었던 최고 수준의 통계분석을 가능하게 하였다.

오늘날 일반 개인들은 정치, 경제, 사회 등 전 분야에서 끊임없이 발표되는 수많은 통계 결과물에 직면하여 살고 있다. 리터러시(literacy)는 읽고 쓰는 능력인데 리터러시와 마찬가지로 통계 결과물들을 정확하게 읽고 올바르게 사용할 수 있는 통계학적 사고 즉, 통계학적 리터러시는 현대사회에서 생존하기 위한 기본 교양이다.

1.2 통계학의 영역

국민은 대통령선거를 앞두고 누가 대통령이 될 것인지에 매우 관심이 있다. 이를 위해 현실적으로 전체 유권자들에게 지지하는 후보를 물어볼 수는 없다. 여론조사는 전체 유권자 집단에서 일부 유권자들을 선택하여 그들이 지지하는 후보를 조사함으로써 미리 차기 대통령을 짐작하게 한다. 여기서 전체 유권자 집단을 모집단(population)이라 하고 선택된 일부 유권자들 집단을 표본(sample)이라 한다. 이렇게 모집단으로부터 표본을 선택하는 과정을 표본추출(sampling)이라고 부른다.

통계학의 영역은 기술통계학과 추론통계학으로 구분된다. 수집된 자료 집합에 대해 기술하는 기술통계학과 표본으로부터 모집단의 특성을 추측하는 추론통계학의 정의는 다음과 같다.

기술통계학(descriptive statistics)

기술통계학은 그래프 표현 혹은 숫자 요약으로 자료 집합을 요약하는 통계학이다.

추론통계학(inferential statistics)

추론통계학은 모집단으로부터 표본을 추출하여 표본의 정보를 이용해 모집단에 대해 추측하는 통계학이다.

기술통계학은 주어진 자료집단(관측 가능한 모집단 혹은 표본)을 요약하는 것을 목표로 하고, 추론통계학은 표본이 추출된 모집단의 특성을 추론하는 것을 목표로 한다.

다음으로 통계학의 영역에서 두 가지 실제적인 문제를 생각해보자.

예제 1.1 2023년 우리나라 유통업체 매출 동향을 나타내는 [그림 1.1]로부터 업태별 매출 구성비는 온라인(50.5%), 백화점(17.4%), 편의점(16.7%), 대형마트(12.7%), SSM(준대규모점포)(2.7%)와 같다. 종합하면 온라인 매출 구성비는 50.5%이고 오프라인 매출 구성비는 49.5%이다. 한편 2023년 우리나라 유통업체 총 매출액은 177.4조원이다. 이처럼 그래프 혹은 숫자 요약과 같은 기술통계학은 2023년 우리나라 유통업체 매출 동향을 압축적으로 요약하여 유용한 정보를 준다.

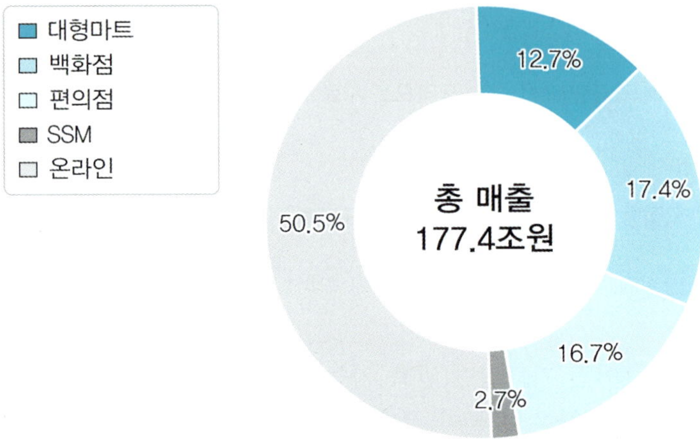

그림 1.1 2023년 유통업체 매출동향(출처: 산업통상자원부)

예제 1.2 어느 회사에서 생산하는 특정 상표의 LED 형광등의 평균수명이 5만 시간이라고 광고한다. 소비자단체에서는 이 광고가 적절한지를 알고 싶어 한다. 이 문제를 해결하기 위해서 이 공장에서 생산되는 모든 형광등을 팔기도 전에 수명이 다할 때까지 검사하는 것은 현실적이지 않다. 따라서 임의로 100개의 형광등을 선택하여 수명을 조사한 후, 전체 형광등의 평균수명을 추측한다. 이처럼 전체 형광등의 수명을 관측하지 않고 일부 형광등의 수명을 관측하여 형광등의 평균수명을 추측하는 것은 추론통계학의 역할이다.

앞에서 다룬 두 가지 예제들은 통계학의 두 가지 영역인 기술통계학과 추론통계학에서 통계학이 어떻게 응용될 수 있는가를 보여 주고 있다.

1.3 통계학의 기본개념

추론통계학에서 추측의 대상이 되는 전체집단을 모집단이라 한다.

모집단(population)

모집단은 추측의 관심 대상인 모든 개체의 모임을 말한다.

예제 1.2에서 모집단은 그 회사에서 생산되는 특정 상표의 모든 LED 형광등들의 모임이고, 제20대 대통령선거의 여론조사에서 모집단은 4,420만 명 유권자들의 모임이다.

모집단을 추측할 때 보통 모집단을 구성하는 각 개체의 성격에 관심이 있다. 이러한 성격을 변수라고 부른다. 예를 들어 대통령선거의 여론조사에서는 유권자들의 나이, 성별, 직업, 학력, 거주지역, 정치성향, 지지하는 정당, 지지하는 후보 등을 표현하는 변수들에 관하여 관심이 있다.

변수(variables)

변수는 모집단의 각 개체가 갖는 속성을 말한다.

변수라는 이름은 모집단에 속하는 각 개체가 갖는 속성이 개체마다 약간씩 달라질 수 있다는 의미에서 유래한 용어이다.

만약에 추측하고자 하는 모집단의 크기, 즉 개체 수가 작다면 모집단에 속하는 모든 개체에 대하여 변수의 값을 구하는 것이 가능하다. 예들 들어서 우리 대학에 입학하는 신입생들의 수능성적을 조사한다고 하면 이것은 적어도 모두 조사하여 처리할 수 있는 가능한 작업이다. 이처럼 모집단에 속하는 모든 개체에 대하여 변수들의 값을 측정하는 과정을 **전수조사** 또는 **센서스**(census)라고 부른다.

그러나 여론조사, 소비자 만족도 조사, 시청률 조사 등과 같이 관심이 있는 모집단의 크기가 너무 방대하거나 혹은 수명조사, 불량률 조사 등과 같은 파괴검사에 대하여 전수조사를 하는 것은 시간적으로나 경제적으로 효율적이지 않다. 따라서 합리적인 대안으로서 모집단의 개체 중에서 일부인 표본을 선택하여 조사하게 된다. 예를 들어서 대통령선거 전에 4,420만 명의 모든 유권자가 지지하는 후보를 조사하기보다는 1,000명의 유권자만 선택해서 이들이 지지하는 후보를 조사한다.

표본(sample)

표본은 모집단에 속하는 개체들의 일부분이다.

표본에 포함되어있는 개체들의 변숫값을 관측하여 만들어지는 자료에 대해 기술통계학 혹은 추론통계학을 사용하여 분석한다. 예를 들어 여론분석가는 1,000명의 유권자가 가지고 있는 여러 속성을 알아내는 데에 관심이 있을 수도 있지만, 보다 보편적으로는 1,000명의 표본이 가지고 있는 정보를 이용하여 유권자 전체집단인 모집단을 추측하려고 한다.

통계적 추론(statistical inference)

통계적 추론은 표본에 포함되어있는 정보를 기초로 하여 모집단에 대한 추측을 수행하는 과정이다.

예제 1.3 경제전문가들은 특정 도시의 1인 가구당 연 소득이 평균 3,600만 원이라고 주장한다. 이들은 이 주장을 검증하기 위하여 그 도시에서 거주하고 있는 1인 가구 중 100가구를 임의로 추출하여 연 소득을 조사하였다.

(1) 모집단을 기술하여라.

(2) 변수를 기술하여라.

(3) 표본을 기술하여라.

(4) 통계적 추론을 기술하여라.

풀이 (1) 모집단은 특정 도시에 거주하는 모든 1인 가구들의 모임이다.

(2) 변수는 1인 가구의 연 소득이다.

(3) 표본은 특정 도시에서 거주하고 있는 모든 1인 가구들로부터 선택된 100가구들의 모임이다.

(4) 관심이 있는 통계적 추론은 표본 100가구들의 연 소득을 조사하여 그 도시에 거주하고 있는 모든 1인 가구들의 평균 연 소득을 추론한다.

예제 1.4 콜라의 선호도를 알아보기 위하여 1,000명의 콜라 소비자들에게 눈을 가리고 코카콜라와 펩시콜라를 맛보게 하였다. 그리고 각 소비자는 두 콜라 중 어느 것이 더 좋은지를 응답하였다.

(1) 모집단을 기술하여라.

(2) 변수를 기술하여라.

(3) 표본을 기술하여라.

(4) 통계적 추론을 기술하여라.

풀이

(1) 모집단은 모든 콜라 소비자들의 모임이다.

(2) 변수는 코카콜라와 펩시콜라 두 콜라 중에서 더 맛있다고 느끼는 콜라 이름이다.

(3) 표본은 모든 콜라 소비자들의 모임으로부터 선택된 1,000명의 콜라 소비자들의 모임이다.

(4) 관심 있는 통계적 추론은 소비자 표본 1,000명의 콜라 선호도를 조사하여 모든 콜라 소비자들의 콜라 선호도를 추론한다.

지금까지의 정의와 예제들은 추론통계학의 문제에 대한 다섯 가지 원소 중 네 가지를 설명하고 있다. 즉 모집단, 관심 있는 변수, 표본 그리고 통계적 추론이다. 마지막으로 추론통계학의 다섯 번째 요소는 신뢰도(reliability)이다. 이것은 통계적 추론이 얼마나 정확한지를 의미한다. 통계적 추론은 모집단의 극히 일부인 표본을 사용하여 추론하므로 필연적으로 추론오차를 갖는다. 따라서 최종적으로 통계적 추론의 결과를 제시할 때는 신뢰도를 제시하는 것이 중요하다. 기술통계학과 추론통계학의 문제에서 사용되는 필수 요소들을 요약하면 다음과 같다.

기술통계학 문제의 네 가지 요소

1. 관심 있는 관측 가능한 모집단 또는 표본
2. 탐구하고 싶은 변수들
3. 그래프 표현 혹은 숫자 요약
4. 자료의 특성 파악

추론통계학 문제의 다섯 가지 요소

1. 관심 있는 모집단
2. 탐구하고 싶은 변수들
3. 모집단을 대표할 수 있는 표본
4. 표본의 정보에 기초한 모집단에 대한 통계적 추론
5. 통계적 추론에 대한 신뢰도

1.4 통계학의 응용 예

(1) 소아마비 쇼크 백신 통계실험

소아마비 예방을 위한 쇼크 백신의 개발은 통계학이 실제 문제에 어떻게 활용되는가에 대한 놀라운 예를 제공한다. 1954년 여름 미국에서는 소아마비가 크게 유행하였다. 해마다 사망자 수는 비교적 적었을지라도 소아마비 발생의 패턴은 예측할 수 없고, 불구 또는 죽음의 가능성 때문에 많은 관심을 불러일으켰다. 역사학자 윌리엄 오넬은 "사람들은 매해 여름 이 끔찍한 방문자로 인하여 공포에 떨고 있다"라고 말할 정도였다. 오늘날 소아마비에 걸리는 어린이는 거의 없다는 사실은 소아마비 백신 실험이 큰 성공을 거두었음을 보여 준다.

어떤 약의 효과를 알아보기 위한 임상실험에서 실험대상의 선택은 무작위로 이루어지며, 반은 약을 주고 나머지 반은 의학적 효력은 없으나 겉모양은 진짜 약과 똑같이 보이는 가짜 약, 즉 위약(placebo)을 준다. 한 가지 통계적 문제는 임상실험에 참여하는 표본의 크기를 얼마로 할 것인가이다. 이 문제는 쇼크 백신 검사에서 특히 중요했다. 과거의 자료에 의하면 어린이 10만 명당 50명 이하의 소아마비 발생률을 나타냈기 때문이다. 그러므로 백신으로 치료된 사람과 위약을 받은 사람들의 소아마비 발생률의 차이를 알기 위한 임상실험에서는 표본의 크기가 커야 했다.

당시 미국 루스벨트 대통령은 자신이 소아마비 환자로서 이 전염병에 대하여 깊은 관심을 보였다. 미국은 국가적 차원에서 백신 만들기 기금을 모으고 국가적인 대규모 통계실험을 수행하였다. 뉴욕대학교 내과 의사였던 쇼크 박사의 주도로 180만 명의 어린이에게 백신 실험을 실시하여 1955년 4월 12일 소아마비 백신을 개발하게 되었다.

총 180만 명의 어린이가 참여한 백신 실험은 2번으로 나누어 실시하였다. 첫 번째 실험은 무작위 통제가 안 된 실험으로 결국 실패하였다. 이 실패한 실험을 간략히 소개해보자. 먼저 초등학교 1, 3학년 학생들 약 73만 명은 백신을 투여하지 않은 집단으로 통제집단이고, 2학년 학생 중에서 학부모 동의를 받은 어린이 약 22만 명은 백신을 투여한 처리집단이다. 이때 부모가 백신 실험에 동의한 처리집단의 어린이들은 집안 환경이 비교적 좋은 어린이로서 질병에 대한 내성이 없는 반면, 투약을 거부한 어린이들은 내성이 있어 병에 걸리지 않을 가능성이 높았다. 또한 처리집단과 통제집단을 학년별로 나눈 것도 공평하지 않았다.

두 번째 실험은 무작위 통제된 이중 눈가림(double blind) 실험으로 성공적이었다. 우선 학년을 구분하지 않고 부모가 실험에 동의한 어린이 중에서 약 20만 명은 백신을 투여하는 처리집단에, 약 20만 명은 위약인 식염수를 투약하는 통제집단에 무작위로 배정하였다. 투약을 거부한 약 34만 명은 실험에서 제외하였다. 이 실험은 어린이뿐만 아니라 의사도 백신주사와 식염수주사에 대하여 전혀 알지 못하는 이중 눈가림 실험이었다. 이것은 실험자나 피실험자가 자신이 알고 있는 지식의 선입견에 의한 편향 현상을 방지하기 위한 것이었다.

실험결과를 요약하면 10만명당 소아마비 발병률은 백신 투여집단은 28명, 위약 투여집단은 71명이었다. 위약 투약집단에서는 백신 투여집단보다 2.5배의 소아마비 환자가 나타났다. 이는 쇼크 소아마비 백신의 우수성을 나타내주는 데 충분했다. 그러나 이 결론은 통계학자와 과학자들이 그렇게 큰 규모의 임상실험을 계획하지 않았다면 가능하지 않았을 것이다.

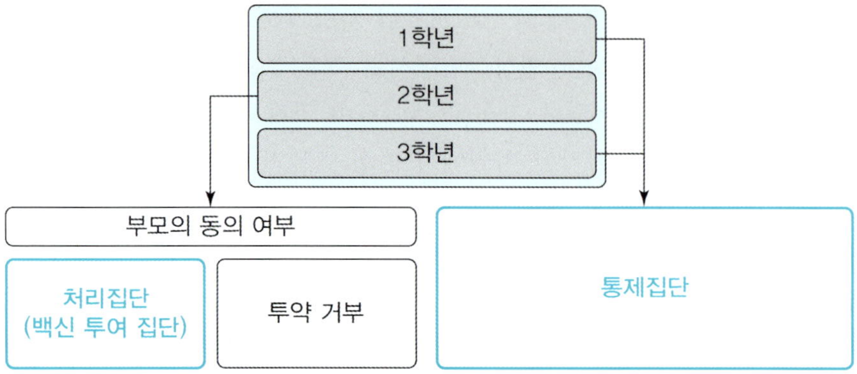

| 그림 1.2 무작위 통제가 안 된 실험

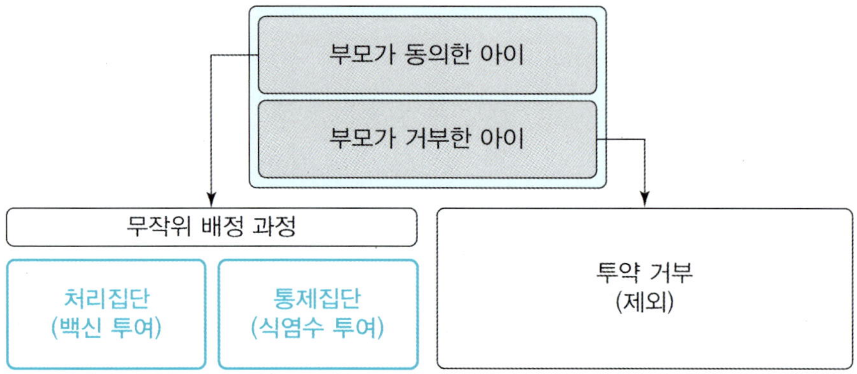

| 그림 1.3 무작위 통제된 이중 눈가림 실험

| 표 1.1 소아마미 백신 통계 실험결과

무작위 통제가 안 된 실험			무작위 통제된 이중 눈가림 실험		
	표본크기	발병률		표본크기	발병률
처리집단	221,998	25	처리집단	200,745	28
통제집단	725,173	54	통제집단	201,229	71
투약거부집단	123,605	44	투약거부집단	338,778	46

주: 발병률은 10만 명 당 발병환자수를 의미함
출처: J.M.Tanner, et al., Statistics,, 3rd ed., Wadworth & Brooks, p.12, Table1.

(2) 대통령선거 여론조사

여론조사는 추론통계학이 응용되는 대표적인 예이다. 여론조사에서는 모집단 전체 구성원들의 의견을 알기 원하지만 실제로 그들 모두를 조사할 수 없으므로 모집단을 대표하는 소수 몇 명의 구성원들만 선택하여 그들의 의견으로부터 모집단의 전체 구성원들의 의견을 추측하는 것이다.

우리나라에서 여론조사의 정확성에 대하여 사람들이 새롭게 인식하였던 사건은 1997년 제15대 대통령선거 날에 MBC와 한국갤럽에서 선거 당일 투표자에 대한 전화 여론조사에 기초하여 개표 직전 저녁 6시에 대통령 당선인으로서 김대중 후보를 TV에서 예측 발표하였던 사건이었다. 이때 김대중, 이회창, 이인제 후보는 각각 39.9%, 38.9%, 19.7%로 예측하였으며, 실제 득표율은 각각 40.3%, 38.7%, 19.2%로 거의 정확하게 예측하였다. 이후로 우리나라에서는 각종 선거 여론조사에서 출구조사가 본격적으로 정착되었다.

출구조사(Exit poll)는 투표소 근처에서 투표를 마치고 출구로 나오는 사람들을 대상으로 선택한 후보가 누구인지를 조사하는 여론조사이다. 방금 투표소에서 투표하고 나오는 사람들을 직접 조사하기 때문에 일반 여론조사보다 훨씬 정확도가 높다고 알려져 있다. [표 1.2]를 보면 1997년부터 2022년까지 여섯 차례 대선에서 모두 방송사가 예측한 후보가 최종 당선됐다.

표 1.2 대선 예측결과와 실제 득표결과(괄호 안 수치)

	1위	2위	1, 2위 격차
제15대 1997년	김대중	이회창	
	39.9(40.3)	38.9(38.7)	1.0(1.6)
제16대 2002년	노무현	이회창	
	49.1(48.9)	46.8(46.6)	2.3(2.3)
제17대 2007년	이명박	정동영	
	50.3(48.7)	26.0(26.1)	24.3(22.6)
제18대 2012년	박근혜	문재인	
	50.1(51.6)	48.9(48.0)	1.2(3.6)
제19대 2017년	문재인	홍준표	
	41.4(41.1)	23.4(24.0)	18.0(17.1)
제20대 2022년	윤석열	이재명	
	48.4(48.6)	47.8(47.8)	0.6(0.7)

국내 선거법상 사전투표에서는 출구조사를 할 수 없다. 대신 방송사들은 사전투표 참여자를 대상으로 한 전화 여론조사 결과를 선거 당일 출구조사 결과에 통합한다. 따라서 사전투표율이 높아질수록 최종 예측결과의 정확도가 떨어질 수밖에 없을 것으로 보였다. 그러나 2017년 19대 대선에서는 사전투표율이 약 26%, 2022년 20대 대선에서는 사전투표율이 약 37%나 나왔음에도 불구하고 최종 예측결과는 실제 개표결과와 거의 일치하였다.

2022년 제20대 대선의 유권자 수는 약 4,420만 명이며, 출구조사는 330개의 투표소에서 출구로 나오는 5번째 투표자마다 조사 대상을 선정해 총 7만 3,297명을 대상으로 조사했다.

(3) 빅데이터 기반 서울시 심야버스 노선 수립

제4차 산업혁명은 2016년 세계경제포럼에서 주창된 용어이다. 제4차 산업혁명을 선도하는 핵심기술 중 하나인 빅데이터 분석에서 통계학은 중요한 역할을 한다.

그동안 사용되던 데이터에 빅(Big)이 새롭게 추가된 것은 그동안의 데이터와 빅데이터는 구별되는 요소가 있기 때문이다. 빅데이터라는 용어는 1990년대부터 사용되어왔다. 빅데이터는 보통 3V로 요약하는 특징이 있다. 즉, 3V는 데이터의 양(Volume), 데이터 생성 속도(Velocity), 데이터 형태의 다양성(Variety)이다. 빅데이터의 양은 기존 컴퓨터 환경에서의 데이터 수집, 관리 및 처리의 수용 한계를 넘어서는 크기의 데이터로서 데이터 세트의 단위가 테라바이트에서 페타바이트에 이른다. 빅데이터의 생성 속도는 대용량의 데이터를 실시간으로 빠른 속도로 생성하고 처리하고 분석할 수 있는 속성이다. 빅데이터의 다양성은 여러 형태의 데이터를 포함하는 것을 의미하는데 기존에 다루었던 정형의 데이터뿐만 아니라 텍스트, 이미지, 음성, 비디오, 소셜 미디어 데이터, 로그 파일 등과 같은 비정형 데이터도 포함된다.

서울시 심야버스 노선 최적화는 우리나라에서 빅데이터 분석을 활용한 성공적인 사례로서 널리 회자 된다. 심야시간대(00시－05시)에 정규 버스노선이나 지하철 등 대중교통을 이용할 수 없을 때 시민들의 안전한 귀가와 불편을 해소할 수 있도록 심야시간대에 운행하는 심야버스의 노선은 매우 중요하였다. 제한된 예산으로 가능하면 시민들의 활용도가 높은 효율적인 노선을 찾기 위해서 빅데이터 분석에 기초하여 심야에 유동인구가 많아 승객의 수요가 많을 구간을 찾아 심야버스 노선으로 만들었다. 이 과정을 간단하게 설명해보면 다음과 같다.

1. 서울시에서 발생한 1개월간 약 30억 건의 콜 데이터에 기초한 KT 유동인구 데이터는 심야버스 노선과 정류장, 도로정보를 가상화 서버에 적재한 후 분석하였으며, 서울시 지도포털도 활용하였다.
2. 7일간 약 500만 건의 통합형 디지털운행기록계(iDTG : integrated Digital Tachograph)에 기초한 택시 승, 하차 데이터는 시각화와 노선 검증에 활용하였다.
3. KT 유동인구 데이터와 택시 승, 하차 데이터로부터 유동인구 분포 패턴과 택시 승, 하차 분포 패턴을 분석하였고, 두 패턴 결과를 비교하였다.
4. 통행량 분석으로 노선 수요를 파악하고 노선별 수요에 따른 가중치를 부여하였다.
5. 노선 부근의 유동인구 가중치를 적용하여 노선을 최적화한 후, 심야버스 정류장 단위로 통행량을 추정하여 요일별로 배차 간격을 조정하였다.
6. 노선 검증, 통행량, 방향성 등 조건별 분석결과를 확인하여 심야버스 노선 수립 등에 활용할 수 있는 "버스노선 수립 지원 시스템"을 구축하였다.

심야버스 담당 부서에서는 분석결과로 제안된 노선 변경안 중 많은 부분을 반영하여 노선을 확정하였다. 이상과 같은 심야버스 노선 확정은 빅데이터 분석에 기초한 과학적이고 객관적인 의사결정이라 할 수 있다.

1.5 R 기초

R은 통계분석 및 계산, 데이터 처리, 그리고 그래픽을 위한 프로그래밍 언어이자 소프트웨어 환경이다. R은 1993년에 뉴질랜드 오클랜드 대학 통계학과의 R & R이라 불리기도 하는 Robert Gentleman과 Ross Ihaka에 의해 처음 개발된 무료 소프트웨어이다.

R은 내용에서는 기초통계부터 고급통계에 이르기까지, 시간에서는 고전적인 통계부터 최신의 통계기법까지 강력하고 포괄적인 통계분석이 가능하며, 다양한 형태의 데이터 처리 및 분석뿐만 아니라 수학적 부호와 식이 포함된 출판물 수준에 이르는 고품질의 그래픽 기술을 제공한다. R은 사용자가 직접 새로운 프로그램 계산 기능을 갖는 패키지를 만들 수 있어 통계소프트웨어 개발 및 과학적 연구에 유용하게 사용될 수 있다.

R은 시공간에 상관없이 무료로 다운로드하여 누구나 사용이 가능할 뿐만 아니라 오픈 소스 코드로 인해 여러 연구 그룹들의 활동을 기반으로 끊임없이 신속하게 확장 발전되고 있다는 점이 비슷한 기능을 가진 기존 통계소프트웨어들인 SAS, SPSS, Matlab, Excel, Minitab 등과 구별되는 가장 큰 장점이다.

1.5.1 R의 설치

R은 R 다운로드 사이트인 CRAN(The Comprehensive R Archive Network)에서 Linux, Mac OS, Windows 플랫폼 별로 최신 버전의 설치파일을 다운로드 할 수 있다.

이 책에서 사용하는 R 프로그래밍 작업환경인 64-bit 버전 컴퓨터의 Windows 운영체제하에서 R의 설치는 다음 과정을 따른다.

① R의 홈페이지 사이트 들어가기 : https://www.r-project.org/
② 왼쪽 메뉴에서 Download 아래의 CRAN 선택
③ CRAN Mirrors에서 Korea https://cran.yu.ac.kr/ 선택
④ Download and Install R에서 Download R for Windows 선택
⑤ R for Windows에서 base 선택
⑥ R-4.4.1[1] for Windows에서 Download R-4.4.1 for Windows 선택

1.5.2 RStudio의 설치

RStudio는 누구나 쉽게 R을 사용할 수 있게 해주는 통합개발환경(IDE: Integrated Development Environment)이다. IDE에는 여러 종류들이 있지만 그 중에서도 RStudio가 가장 인기가 많은 IDE이다. 이 책에서는 R의 IDE로서 RStudio를 활용하였다.

RStudio의 다운로드 사이트에서 Windows 운영체제하의 RStudio 설치는 다음 과정을 따른다.

① https://posit.co/download/rstudio-desktop/

1) R-4.4.1은 R version을 나타내며 2024년 10월 30일 현재의 R version이다.

② Install RStudio에서 DOWNLOAD RSTUDIO DESKTOP FOR WINDOW 선택

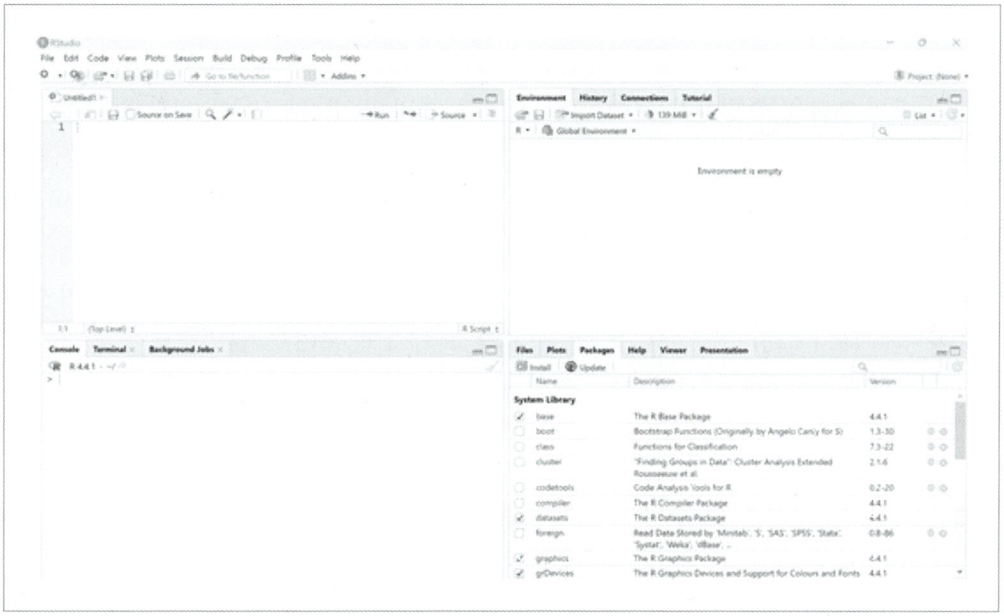

그림 1.4 RStudio 실행화면

RStudio 설치완료 후에 RStudio 실행화면은 [그림 1.4]와 같이 Source창(좌측 상단), Console창(좌측 하단), Environment, History, Connections창(우측 상단), File, Plots, Packages, Help, Viewer창(우측 하단)과 같이 4개의 창으로 구성되어 있다. RStudio를 처음 설치했을 때 보통 RStudio 초기화면에서 Source 창이 숨어있는 경우가 있다. 이런 경우에는 화면 상단에 있는 메뉴에서 View→Panes→Show All Panes를 차례로 선택하면 Source 창을 포함한 4개의 창이 [그림 1.4]와 같이 나타난다. 이제 자주 사용되는 몇 개의 창을 소개하기로 한다.

Source 창은 새로운 프로그램 코드 혹은 새로운 데이터 작성, 기존 프로그램 파일 혹은 기존 데이터 세트를 불러들여 편집할 수 있는 창이다.

Console 창은 프로그램을 입력하여 바로 실행할 수 있는 대화식 프로그래밍이 가능할 뿐만 아니라 Source 창에서 R 프로그램을 일괄 실행하였을 때 R 프로그램의 실행 과정이 Console 창에 나타난다. 이러한 R 프로그램의 실행 과정은 Consol e 창에 계속 누적되므로 때때로 화면을 새로 시작하는 빈 공백으로 만들고 싶을 때는 Console 창의 상단 오른쪽 툴바의 빗자루 이미지를 클릭한다. 또한 키보드의 화살표 ↑ 혹은 ↓를 사용하여 이미 입력된 명령어를 다시 불러들여 사용할 수 있다.

Environment창에서는 Source 창 혹은 Console 창에서 명령어를 실행하여 생성된 객체(변수, 함수, 값 등)을 확인할 수 있다. 서로 다른 프로그램을 수행할 때는 새로운 프로그램을 수행하기 전에 상단 오른쪽 툴바의 빗자루 이미지를 클릭하여 앞선 프로그램에서 생성한 객체들을 미리 삭제하는 것이 좋다.

Plots 창에는 Source 창 혹은 Console 창에서 실행된 그래프들을 보여 주며 이미지 파일 혹은 pdf 파일로 저장할 수 있다.

Packages 창에는 기존에 설치된 패키지들의 목록을 볼 수 있고 새로운 패키지의 설치, 기존 패키지의 업데이트, 혹은 설치된 패키지의 불러오기를 선택할 수 있다.

Help 창에서는 R에서 사용되는 여러 패키지, 함수, 혹은 명령어에 대한 도움말을 볼 수 있다.

1.5.3 RStudio의 사용

이제 처음으로 R 프로그래밍을 할 때 꼭 기억해야 할 몇 가지 사항들을 간략히 소개한다.

(1) 작업 라이브러리 지정

R 프로그래밍을 할 때 작업 라이브러리를 지정하게 되면 파일 불러오기나 파일 저장이 모두 지정된 작업 라이브러리에서 이루어지므로 R 프로그래밍이 효율적이다. 작업 라이브러리를 지정하지 않는 경우는 작업 라이브러리의 기본값인 내 문서 폴더로 작업 라이브러리가 지정된다.

RStudio의 메뉴에 의해 작업 라이브러리를 지정하려면 RStudio 상단의 메뉴에서 `Session`→`Set Working Directory`→`Choose Directory`를 차례로 선택한 후 내 컴퓨터에서 원하는 디렉토리를 더블 클릭하여 작업 라이브러리로 지정한다. 현재 작업하고 있는 라이브러리를 확인하려면 Console 창에서 `getwd()`를 입력하여 확인할 수 있다.

(2) R 프로그램 생성 및 편집

새로운 R 프로그램을 만들기 위해서는 RStudio 상단의 메뉴에서 **File→New File→R Script**를 차례로 선택한 후 Source 창에서 프로그래밍을 시작한다. 프로그래밍을 마친 후 저장하기 위해서는 **File→Save As**를 선택한 후 원하는 프로그램 이름을 입력하여 앞서 지정한 작업 라이브러리에 저장한다. 이때 프로그램명에 확장자가 나타나지 않은 경우엔 파일 이름에서 확장자로서 반드시 .R을 사용한다.

기존 R 프로그램을 불러들여 편집하기 위해서는 **File→Open File**을 차례로 선택한 후 앞서 지정한 작업 라이브러리에서 원하는 R 프로그램을 불러들여 편집한다.

```
> # [R-program 1.1] R 프로그램 생성 및 편집
>
> # 샵(#) 뒤에 나오는 문장은 주석으로 처리
>
> # (1) 할당 연산자 : =    <-    <<-
> x = c(1, 2, 3, 4) # c() : 벡터 생성 함수
> y = x+1 # y값이 저장되나 Console 창에 나타나지 않음
>
> # (2)
> x <- c(1, 2, 3, 4)
> y <- x+1
> y # 저장된 y값이 Conseole 창에 나타남
[1] 2 3 4 5
>
> # (3)
> x <- c(1, 2, 3, 4)
> y <- x+1; y  # 하나의 line에 여러개의 실행문을 나타낼때는 세미콜론(;)으로 구분
[1] 2 3 4 5
>
> # (4)
> x = c(1, 2, 3, 4)
> (y = x+1) # 저장된 y값이 Console 창에 나타남
[1] 2 3 4 5
```

(3) R 프로그램 수행

Source 창에 띄워진 프로그램에서 실행하기를 원하는 부분을 드래깅한 후 Source 창 상단의 툴바에서 Run을 클릭하여 R 프로그램을 실행하면 결과가 Console 창에 보여진다.

(4) 패키지 설치 및 불러들이기

R에서 통계분석, 데이터 처리 혹은 그래픽 작업을 수행하기 위해서는 이에 적합한 함수들을 사용해야 하는데 이러한 함수들은 특정한 목적을 위해 만들어진 패키지에 소속되어 있다. 예를 들면 패키지 graphics는 그래프를 그리고자 할 때 유용한 패키지이며 이 패키지에는 barplot, boxplot, hist, ... 등과 같이 그래프를 그리기 위한 많은 함수들을 가지고 있다. 따라서 특정 함수들을 사용하기 위해서는 그 함수들을 포함하는 패키지를 설치한 후 그 패키지를 불러들여야 한다. 새로운 패키지의 설치, 이미 설치된 패키지의 업데이트, 그리고 설치된 패키지의 사용을 위해서 패키지 불러들이기 등을 손쉽게 하기 위해서는 Packages 창에서 메뉴를 사용한다.

Packages 창에는 이미 설치된 패키지 목록이 보여진다. 새로운 패키지를 설치하기 위해서는 Packages 창에서 툴바 Install를 선택하면 나타나는 Install Packages 대화창에 설치할 패키지 이름을 입력한다.

패키지를 불러들이기 위해서는 Packages 창에 나열된 패키지 목록에서 사용할 패키지를 선택하여 패키지 불러오기를 선언한다. 이때 선택 표시 ☑ 가 되어있는 패키지들은 불러들인 패키지 목록이다. 그러나 보통은 R 프로그램에서 library 혹은 require 함수를 사용하여 패키지를 불러들인다.

(5) R 도움말

함수에 대한 도움말을 요청하기 위해서는 패키지가 이미 설치된 후 불러 들여져 해당 패키지가 R 시스템 환경에 사전에 존재해야 한다. R 프로그래밍을 할 때 사용하는 함수 혹은 패키지에 대한 도움말을 참고하기 위해서는 [R-program 1.2]를 참조한다.

함수에 대한 도움말을 실행하면 함수의 목적, 옵션에 대한 설명, 사용 예제 프로그램 등이 Help 창에 보여진다. 참고로 [그림 1.5]의 Help 창에서 도움말의 상단에 주어진 barplot{graphics}의 의미는 함수 barplot는 패키지 graphics에 소속됨을 의미한다. 또한 패키지에 대한 도움말을 실행하면 패키지에 대한 정보 및 패키지에 들어있는 함수들에 대한 간단한 설명이 Source 창에 보여진다.

```
> # [R-program 1.2] 함수 및 패키지 도움말
>
> # barplot{graphics} : 함수 barplot는 패키지 graphics에 속하는 함수
>
> # (1) 함수 도움말 요청
>
> library(graphics) # 함수 barplot가 소속된 패키지 graphics를 불러들임
> help(barplot) # 함수 barplot의 사용법이 Help 창에 보여짐
> ?barplot # 함수 barplot의 사용법이 Help 창에 보여짐
>
> # (2) 패키지 도움말 요청
>
> library(help=graphics) # 패키지 graphics의 정보가 Source 창에 보여짐
```

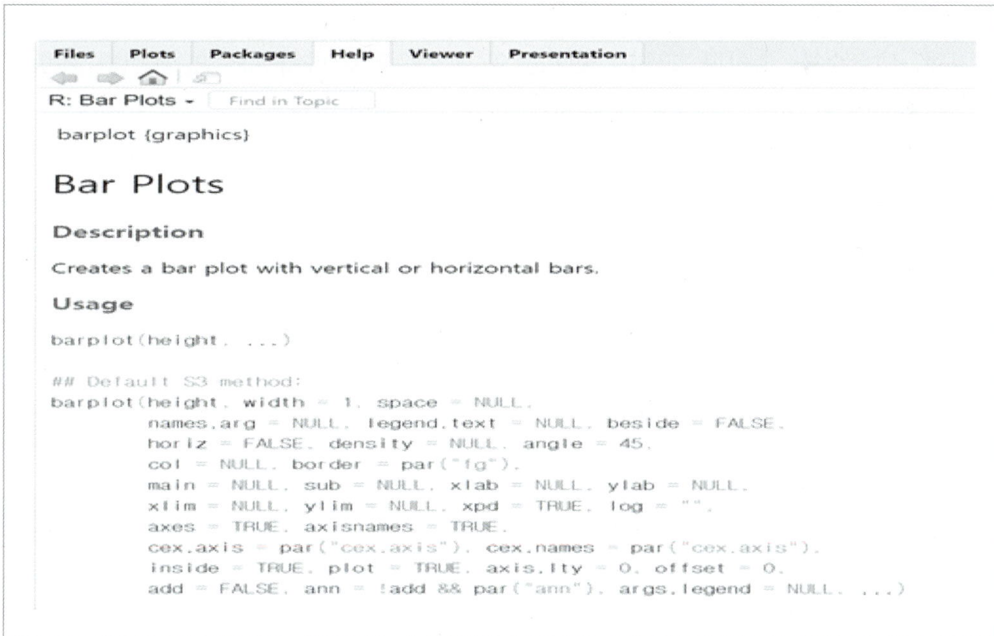

▎그림 1.5 함수 barplot에 대한 도움말(Help 창)

1.5.4 R 데이터

•데이터 유형

R에서 제공되는 데이터의 유형은 문자형, 수치형, 논리형, 복소수형이 있다. R 계산 및 데이터 처리 프로그래밍에서는 종종 데이터의 유형을 주의해야 할 상황이 발생한다.

•데이터 객체

R 프로그래밍에서 데이터로 사용할 수 있는 객체는 벡터, 행렬, 배열, 테이블, 데이터프레임, 팩터, 목록, 시계열 등이 있다. R 함수를 사용할 때 입력데이터로 지정된 객체를 사용해야 한다. 이 책에서는 자료분석에서 자주 사용되는 벡터, 행렬, 데이터프레임, 팩터의 기본적인 구조 및 생성만을 간략하게 소개하기로 한다.

(1) 벡터

벡터(vector)는 R 프로그래밍에서 가장 간편하게 활용되는 데이터 구조를 갖는다. 벡터는 1차원 구조이다. 두 개 이상의 데이터 유형으로 혼합 구성될 수 있으나 문자형, 복소수형, 수치형, 그리고 논리형의 우선순위에 따라 하나의 데이터 유형으로 처리된다. 벡터를 생성하는 함수로는 주로 c를 사용한다.

```
> # [R-program 1.3] 데이터객체 - 벡터
>
> # (1) 길이가 4인 수치형 벡터 x1
> x1 = c(1, 2, 3, 4) # c : 벡터를 생성하는 함수, x1에 벡터가 저장됨
>
> (x1 = c(1, 2, 3, 4)) # 저장된 벡터 x1을 호출
[1] 1 2 3 4
>
> str(x1) # str : 데이터 유형 및 데이터 객체를 확인해주는 함수
 num [1:4] 1 2 3 4
>
> # (2) 길이가 3인 문자형 벡터 x2
>
> (x2 = c("A","B","C"))
```

```
[1] "A" "B" "C"
>
> str(x2)
 chr [1:3] "A" "B" "C"
>
> # (3) 수치형 벡터+수치형 벡터 => 수치형 벡터
>
> (x3 = c(91, 92, 93, x1))
[1] 91 92 93  1  2  3  4
>
> str(x3)
 num [1:7] 91 92 93 1 2 3 4
>
> # (4) 수치형 벡터+문자형 벡터 => 문자형 벡터
>
> (x4 = c(x1, x2))
[1] "1" "2" "3" "4" "A" "B" "C"
>
> str(x4)
 chr [1:7] "1" "2" "3" "4" "A" "B" "C"
>
> # (5) 원소의 위치로 벡터 원소 추출
>
> x4[c(1, 3, 5)] # 1, 3, 5번째 원소 추출
[1] "1" "3" "A"
>
> x4[-2] # 2번째 원소 제외
[1] "1" "3" "4" "A" "B" "C"
>
> x4[-c(2, 6)] # 2, 6번째 원소 제외
[1] "1" "3" "4" "A" "C"
>
> # (6) 원소의 이름으로 벡터 원소 추출
>
> (x5 = c(a = 1 , b = 2 , c = 3)) # 원소 이름 지정
a b c
1 2 3
>
```

```
> x5["a"] # 원소 이름이 a인 원소 추출
a
1
>
> x5[c("b", "c")] # 원소 이름이 b, c인 원소 추출
b c
2 3
>
> # (7) 조건식을 이용한 벡터 원소 추출
>
> x3
[1] 91 92 93 1 2 3 4
>
> x3[x3 > 90]
[1] 91 92 93
>
> x3[x3 == 1 | x3 == 2]
[1] 1 2
>
> x5
a b c
1 2 3
>
> names(x5[x5 == 2])
[1] "b"
```

(2) 행렬

행렬(matrix)은 행과 열로 구성된 2차원 구조를 갖는다. 두 개 이상의 데이터 유형으로 혼합 구성될 수 있으나 문자형, 복소수형, 수치형, 그리고 논리형의 우선순위에 따라 하나의 데이터 유형으로 처리된다. 행렬을 생성하는 함수로는 주로 matrix, rbind, cbind를 사용한다.

```
> # [R-program 1.4] 데이터객체 - 행렬
>
> # (1) 길이 6인 벡터 생성
>
> (x = c(34, 35, 36, 37, 38, 39))
[1] 34 35 36 37 38 39
>
> str(x)
 num [1:6] 34 35 36 37 38 39
>
> # (2) 3행 2열의 행렬 생성: 열 우선 생성(default : byrow=FALSE)
> (m1 = matrix(x, nrow = 3, ncol = 2, byrow=FALSE))
     [,1] [,2]
[1,]   34   37
[2,]   35   38
[3,]   36   39
>
> str(m1)
 num [1:3, 1:2] 34 35 36 37 38 39
>
> # (3) 3행 2열 행렬, 행 우선 생성, 행 및 열의 이름부여
>
> (m2 = matrix(x, nrow = 3, ncol = 2, byrow = TRUE,
+              dinames = list(c("r1","r2","r3"), c("c1","c2"))))
   c1 c2
r1 34 35
r2 36 37
r3 38 39
>
> # (4) 2개의 벡터를 행을 기준으로 결합시켜 2X3 행렬 x1 생성
>
> (x1 = rbind(c(3,5,6), c(7,2,9)))
     [,1] [,2] [,3]
[1,]    3    5    6
[2,]    7    2    9
>
> # (5) 2개의 벡터를 열을 기준으로 결합시켜 3X2 행렬 x2 생성
>
> (x2 = cbind(c(3,5,6), c(7,2,9)))
```

```
     [,1] [,2]
[1,]    3    7
[2,]    5    2
[3,]    6    9
>
> # (6) 행렬 x1에 열벡터를 추가하여 2X4 행렬 생성
>
> cbind(x1, c(8,1))
     [,1] [,2] [,3] [,4]
[1,]    3    5    6    8
[2,]    7    2    9    1
>
> # (7) 행 벡터에 행렬 x2를 추가하여 4X2 행렬 생성

> (y = rbind(c(8,1), x2))
     [,1] [,2]
[1,]    8    1
[2,]    3    7
[3,]    5    2
[4,]    6    9
>
# (8) 행(열) 번호 지정에 의한 원소 추출
>
> y[3, 2] # 3행 2열의 원소 추출
[1] 2
>
> y[2, ] # 2행의 원소 추출
[1] 3 7
>
> y[, 1] # 1열의 원소 추출
[1] 8 3 5 6
>
> y[-2, -2] # 2행 2열을 제외한 원소 추출
[1] 8 5 6
>
> y[c(1.3), 2] # 1행 및 3행, 그리고 2열의 원소 추출
[1] 1 2
>
```

```
> # (9) 행(열) 이름 지정에 의한 원소 추출
>
> rownames(y) <- c("A","B","C","D"); y # 행 이름 지정
  [,1] [,2]
A    8    1
B    3    7
C    5    2
D    6    9
>
> y["D", ] # D행 추출
[1] 6 9
>
> y[c("A","C"), 2] # A 및 C행 그리고 2열 추출
A C
1 2
>
> # (10) 조건식을 이용한 행렬 원소 추출 예
>
> y >= 3 & y < 7 # 조건식에 대한 논리 상수 반환
   [,1]  [,2]
A FALSE FALSE
B  TRUE FALSE
C  TRUE FALSE
D  TRUE FALSE
>
> y[ y >= 3 & y < 7] # 조건식이 TRUE인 원소 추출
[1] 3 5 6
>
> y == 9 | y == 1 # 조건식에 대한 논리 상수 반환
   [,1]  [,2]
A FALSE  TRUE
B FALSE FALSE
C FALSE FALSE
D FALSE  TRUE
>
> y[y == 9 | y == 1] # 조건식이 TRUE인 원소 추출
[1] 1 9
```

(3) 데이터프레임

데이터프레임(data frame)은 행렬처럼 행과 열로 구성된 2차원 구조를 갖는다. 일반적으로 자료 분석에서 다루는 자료는 행(개체) 및 열(변수)을 나타내는 형태로서 R의 데이터 객체 중에서 데이터프레임이 가장 유사하다. 또한 R 시스템 환경 밖의 외부에서 작성된 텍스트파일(확장자가 .txt), 엑셀파일(확장자가 .csv 혹은 .xlsx), SPSS 데이터 파일(확장자가 .sav), 혹은 SAS 데이터 파일(확장자가 .sas7bdat) 등과 같은 외부 데이터 파일을 R로 불러들여 자료 분석하고자 할 때 사용하는 함수들은 외부 데이터를 모두 데이터프레임으로 변환시킨다. 이러한 관점에서 보면 데이터프레임은 R에 의한 자료 분석을 수행할 때 가장 많이 활용되는 데이터 객체이다. 데이터프레임의 각 열은 벡터에 해당하므로 각 열 별로 문자형, 복소수형, 수치형, 논리형의 데이터 유형 중 하나를 사용할 수 있으며 각 열의 길이는 모두 같아야 한다. 데이터프레임을 생성하는 함수로는 주로 data.frame를 사용한다.

```
> # [R-program : 1.5] 데이터객체 - 데이터프레임
>
> # (1) 여러개의 수치형 벡터로 데이터프레임 생성
>
> x1 = c(1, 2, 3, 4); x2 = c(11, 12, 13, 14); x3 = c(21, 22, 23, 24)
>
> (y = data.frame(x1, x2, x3))

  x1 x2 x3
1  1 11 21
2  2 12 22
3  3 13 23
4  4 14 24
>
> str(y)

'data.frame': 4 obs. of  3 variables:
 $ x1: num  1 2 3 4
 $ x2: num  11 12 13 14
 $ x3: num  21 22 23 24
>
```

```
> # (2) 수치형 벡터와 문자형 벡터로 데이터프레임 생성
>
> id=c(20230527, 20230614, 20230712)
> gender = c("female", "male", "female")
> height = c(158, 176, 162)
> weight = c(48, 75, 53)
>
> (body = data.frame(id, gender, height, weight))

        id gender height weight
1 20230527 female    158     48
2 20230614   male    176     75
3 20230712 female    162     53
>
> str(body)

'data.frame': 3 obs. of  4 variables:
 $ id    : num  20230527 20230614 20230712
 $ gender: chr  "female" "male" "female"
 $ height: num  158 176 162
 $ weight: num  48 75 53
>
> # (3) 행 및 열 index에 의한 원소 추출
>
> body[2,1] # 2행 1열인 원소 추출

[1] 20230614
>
> body[3,] # 3행인 원소 추출

        id gender height weight
3 20230712 female    162     53
>
> body[,2] # 2열인 원소 추출

[1] "female" "male"   "female"
>
> body[c(1,3), ] # 1행 및 3행인 원소 추출
```

```
        id gender height weight
1 20230527 female    158     48
3 20230712 female    162     53
>
> body[,-1] # 1열을 제외한 원소 추출

  gender height weight
1 female    158     48
2   male    176     75
3 female    162     53
>
> body[-c(2,3),] # 2,3행을 제외한 원소 추출

        id gender height weight
1 20230527 female    158     48
>
> # (4) 열 이름에 의한 원소 추출
>
> body[,c("gender","weight")] # gender열과 weight열인 원소 추출

  gender weight
1 female     48
2   male     75
3 female     53
>
> body[,"weight"] # weight열 추출

[1] 48 75 53
>
> body$height # height열 추출

[1] 158 176 162

> # 조건식을 이용한 원소추출은 [R-program 1.4]를 참조한다.
```

(4) 팩터

명목형인 범주형 자료를 생성하기 위해서는 함수 as.factor를 사용한다.

```
> # [R-program 1.6] 데이터객체-팩터
>
> # (1) 수치형 벡터를 팩터로 생성
>
> a = c(21, 24, 23, 22, 21, 23, 24)
>
> y1 = as.factor(a)
>
> str(y1)
 Factor w/ 4 levels "21","22","23",..: 1 4 3 2 1 3 4
>
> # (2) 문자형 벡터를 팩터로 생성
>
> b = c("banana","apple","banana")
>
> y2 = as.factor(b)
>
> str(y2)
 Factor w/ 2 levels "apple","banana": 2 1 2
```

1.5.5 R 함수

R 프로그래밍의 대부분은 함수(function)를 통하여 목적하는 바를 효율적으로 완수할 수 있다. 함수는 특정한 목표를 갖는 작업을 수행하기 위해 명령문 모음으로 구성하여 정의된다. R 내장함수(built-in function)는 R 패키지들에 이미 정의되어 있는 함수들이다. R은 수많은 내장함수를 제공한다. 그 외에 R 사용자는 사용자 정의 함수를 만들어 사용할 수 있다.

(1) 내장함수

R에는 데이터 처리용, 통계계산용, 그래픽용 등 그 외의 여러 목적으로 만들어진 수많은 내장함수가 있으며 이 책의 전반에 걸쳐서 사용하는 함수들은 모두 내장함수

들이다. 여기서는 내장함수 중에서 매우 간단한 수치함수, 기술통계 분석에 유용하게 사용되는 통계함수, 그리고 문자함수를 소개하기로 한다. 수치함수의 형식 및 설명은 [표 1.3]을 참조한다.

표 1.3 수치함수

형식	설명
exp(x)	지수 함수
log(x)	e를 밑으로 하는 $\log_e(x)$
log10(x)	10을 밑으로 하는 $\log_{10}(x)$
sqrt(x)	제곱근 함수
abs(x)	절댓값 함수
ceiling(x)	x보다 크거나 같은 정수
floor(x)	x보다 작거나 같은 정수
trunc(x)	x의 소수점 이하는 버림
round(x,n)	x를 반올림해서 소수점 n자리까지 나타냄
signif(x,n)	x를 유효숫자 n개로 나타냄

총 n개의 숫자로 된 데이터 $\boldsymbol{x}=\{x_1,x_2,...,x_n\}$의 경우에는 합계, 평균, 분산, 표준편차, 중위수, 최솟값, 최댓값, 사분위수 등의 통계적 계산을 통계함수를 사용하여 쉽게 할 수 있다. 통계함수의 형식 및 설명은 [표 1.4]를 참조한다.

표 1.4 통계함수

형식	설명
sum(x)	합계를 계산하는 함수 : $\sum_{i=1}^{n} x_i$
mean(x)	평균을 계산하는 함수 : $\overline{x} = \frac{1}{n}\sum_{i=1}^{n} x_i$
var(x)	분산을 계산하는 함수 : $s^2 = \frac{1}{n-1}\sum_{i=1}^{n}(x_i - \overline{x})^2$
sd(x)	표준편차를 계산하는 함수 : $s = \sqrt{\frac{1}{n-1}\sum_{i=1}^{n}(x_i - \overline{x})^2}$
median(x)	중위수를 계산하는 함수
min(x)	최솟값을 계산하는 함수

max(x)	최댓값을 계산하는 함수
range(x)	최솟값과 최댓값을 계산하는 함수
quantile(x)	최솟값, 사분위수, 최댓값을 계산하는 함수
IQR(x)	사분위범위(제3사분위수−제1사분위수)를 계산하는 함수
scale(x)	표준화점수(z−점수)를 계산하는 함수 : $z_i = \frac{x_i - \overline{x}}{s}$
skewness(x)	왜도를 계산하는 함수 (패키지 moments 필요)
kurtosis(x)	첨도를 계산하는 함수 (패키지 moments 필요)

문자함수의 형식, 설명 및 사용 예는 [표 1.5]를 참조한다.

표 1.4 문자함수

형식	설명	사용 예	
		R 코드	결과
substr(x,n1,n2)	x의 n1번째부터 n2번째 위치에 있는 문자값 반환	substr("abcdefg",3,6)	"cdef"
strsplit(x,split)	x를 split 값으로 분리한 값 반환	strsplit("R−program","r")	"R−p" "og" "am"
paste(...)	나열된 문자열들을 이어 붙인 값 반환	paste("A","−B","−C")	[1] "A −B −C"

(2) 사용자 정의 함수

R 프로그래밍에서 사용자는 필요에 따라 다양한 사용자 정의 함수를 만들어 사용할 수 있다. [R−Program 1.7]은 사용자 함수의 사용 예를 보여준다.

```
> # [R-program 1.7] 사용자 함수의 사용 예
>
> # (1) 인수 x1, x2를 갖는 사용자 함수 add_func
>
> add_func <-function(x1, x2)
+ {
```

```
+   y = x1 + x2
+   print(paste("The result of ", x1 ," added to ", x2," is ", y))
+ }
>
> # (2) 인수 x1 = 2, x2 = 5를 갖는 사용자 함수 add_func의 수행
>
> add_func(2, 5)
[1] "The result of  2  added to  5  is  7"
>
> # (3) 인수를 갖지 않는 사용자 함수 no_argument
>
> no_argument <- function()
+ {
+   print(paste("Today is ", date()))
+ }
>
> # (4) 인수를 갖지 않는 사용자 함수 no_argument의 수행
>
> no_argument()
[1] "Today is  Wed Oct 30 20:13:02 2024
```

1.5.6 R 연산자

R에는 수학적 연산 혹은 논리적 연산을 수행하는 연산자가 있다. R 연산자 유형으로는 할당 연산자, 산술 연산자, 관계 연산자, 논리 연산자 등으로 분류한다.

(1) 할당 연산자

R에서 데이터 혹은 함수는 객체가 될 수 있다. 객체에 특정한 값을 할당하여 workspace에 저장하고 이후에도 쉽게 불러옴으로써 편리한 작업이 가능해진다. 기본적인 객체 할당 방법으로는 =, <-, <<-, ->, ->> 과 같은 연산자를 사용하는 것이다. =, <-, <<-의 연산자는 오른쪽의 값을 왼쪽에 있는 객체의 이름에 할당하는 반면에 ->, ->>의 연산자는 왼쪽의 값을 오른쪽에 있는 객체 이름에 할당하게 된다.

<-, <<- , ->, ->> 연산자는 함수 내에서 사용되었을 때 함수를 벗어나서도 할당

된 객체 값을 그대로 저장할 수 있게 된다. 그러나 = 연산자는 함수 내에서 사용되었을 때 함수 밖을 벗어나면 할당된 객체 값을 저장하지 않는다.

[R－Program 1.8]에서 예를 들면 # 2의 함수 exp 내에서 = 연산자를 사용한 경우는 함수를 벗어나면 x에 값이 할당되지 않는다. 이 경우 x는 지역(local) 변수이다. 그러나 # 4, # 6의 함수 exp 내에서 <- 혹은 <<- 연산자를 사용한 경우는 함수 밖에서 사용된 y, z에도 값이 할당되는 것을 알 수 있다. 즉 y, z는 전역(global) 변수이다.

```
> # [R-program 1.8] 할당 연산자의 사용 예
>
> (x1 = exp(2))         #1
[1] 7.389056
>
> (x2 = exp(x = 2))   #2
[1] 7.389056

> x                     #3
에러: 객체 'x'를 찾을 수 없습니다

> (x3 = exp(y <- 2))  #4
[1] 7.389056

> y                     #5
[1] 2
>
> (x4 = exp(z <<- 2)) #6
[1] 7.389056

> z                     #7
[1] 2
```

(2) 산술연산자

산술연산자는 덧셈, 뺄셈, 곱셈, 나눗셈 등과 같은 수학 연산을 하는 데 사용된다. R에서 사용할 수 있는 산술연산자의 목록, 설명 및 사용 예는 [표 1.6]을 참조한다.

표 1.6 산술연산자

연산자	설명	사용 예	
		R 코드	결과
+	더하기	a = 7+2	9
−	빼기	b = 7−2	5
*	곱하기	c = 7*2	14
/	나누기	d = 7/2	3.5
^ 또는 **	거듭곱하기	e = 7^3	343
%%	나머지	f = 7%%2	1
%/%	몫	g = 7%/%2	3

(3) 관계연산자

관계연산자는 값을 비교하는 데 사용된다. R에서 사용할 수 있는 관계연산자 목록, 설명 및 사용 예는 [표 1.7]을 참조한다.

표 1.7 관계연산자

연산자	설명	사용 예	
		R 코드	결과
>	부호 앞 수(식)이 뒷 수(식)보다 크다.	9 > 4	TRUE
>=	부호 앞 수(식)이 뒷 수(식)보다 크거나 같다.	2 >= 5	FALSE
<	부호 앞 수(식)이 뒷 수(식)보다 작다.	3*3 < 4	FALSE
<=	부호 앞 수(식)이 뒷 수(식)보다 작거나 같다.	2 <= 2+3	TRUE
==	부호 앞 수(식)이 뒷 수(식)과 같다.	6 == 2**3	FALSE
!=	부호 앞 수(식)과 뒷 수(식)이 같지 않다.	7%%3 != 7%/%3	TRUE

(4) 논리연산자

논리연산자는 논리 연산을 하는 데 사용되며 논리 연산의 기본 관계는 다음과 같다.

- TRUE AND TRUE 는 TRUE
- TRUE AND FALSE 는 FALSE
- FALSE AND FALSE 는 FALSE
- FALSE AND TRUE 는 FALSE

- TRUE OR TRUE 는 TRUE
- TRUE OR FALSE 는 TRUE
- FALSE OR FALSE 는 FALSE
- FALSE OR TRUE 는 TRUE

[표 1.8]에 제시되어 있는 R 논리연산자의 사용 예는 [R-program 1.9]을 참조한다. R에서 논리 연산의 대상은 수치형, 복소수형, 혹은 논리형 데이터 유형에 대해서만 가능하며 문자형 데이터를 논리 연산할 경우 Error가 발생한다. 논리 연산에서 수치형 혹은 복소수형 데이터인 경우에 0은 FALSE로, 그 외의 숫자는 TRUE로 인식한다.

표 1.8 논리연산자

연산자	설명
!	NOT 논리식
&	AND 논리식, 각 원소별 논리 연산
|	OR 논리식, 각 원소별 논리 연산

```
> # [R-program 1.9]  논리연산자의 사용 예
>
> # (1) 논리형 데이터 벡터
>
> (a = c(TRUE, FALSE, TRUE, FALSE))
[1]  TRUE FALSE  TRUE FALSE

> (b = c(FALSE, FALSE, FALSE,TRUE))
[1] FALSE FALSE FALSE  TRUE
>
> # (2) 논리연산자 !, &, |는 각 원소별 논리 연산
>
> !a
[1] FALSE  TRUE FALSE  TRUE

> a&b
[1] FALSE FALSE FALSE FALSE

> a|b
[1]  TRUE FALSE  TRUE  TRUE
```

연/습/문/제

01 기술통계학과 추론통계학의 적용 예를 들고 차이점을 설명하여라.

02 다음은 기술통계학의 예인가? 혹은 추론통계학의 예인가? 그 이유를 설명하여라.

(1) 어느 스마트폰 전용 배터리 100개의 평균수명은 2.3년이다.

(2) 어느 자동차 모델의 평균 연비는 $13km/l$이다.

(3) 통계청의 발표에 의하면 2021년 우리나라 평균 초혼연령은 남편은 33.35세이고 아내는 31.08세이다.

(4) 2022년 카타르 월드컵에서 지상파 3사의 시청률 합계는 41.7%였다.

03 다음 표는 2015년부터 2023년까지 우리나라의 사망자 수(단위: 명) 및 사망률 성비를 나타낸다. 이 자료는 기술통계학의 예인가? 혹은 추론통계학의 예인가? 그 이유를 설명하여라.

연 도	사 망 자 수			10만명당 사망률		
	남녀 전체	남	여	남	여	성비(남/여)
2015년	275,895	150,449	125,446	591	492.1	1.20
2016년	280,827	152,529	128,298	597.5	501.5	1.19
2017년	285,534	154,328	131,206	603.4	511.4	1.18
2018년	298,820	161,187	137,633	629.6	535.6	1.18
2019년	295,110	160,322	134,788	626	523.9	1.19
2020년	304,948	165,163	139,785	645	543	1.19
2021년	317,680	171,967	145,713	672	566	1.19
2022년	372,939	196,465	176,474	769.2	686.2	1.12
2023년	352,511	188,921	163,590	741.8	637.1	1.16

04 다음은 기술통계학의 예인가? 혹은 추론통계학의 예인가? 그 이유를 설명하여라.

> 한국갤럽이 2024년 3월 22일부터 4월 5일까지 전국(제주 제외) 만 13세 이상 1,777명에게 가장 즐겨하는 취미가 무엇인지 물은 결과(자유응답) '게임'(9%), '운동 · 헬스', '등산'(이상 7%), '(TV, 유튜브, OTT 등) 영상시청'(6%), '걷기'(4.8%), '음악감상'(4.4%), '독서'(4.2%), '골프'(4.1%), '낚시'(3.6%), '여행'(3.2%)이 10위 안에 들었다. 이 조사는 95% 신뢰수준에서 ±2.3%포인트이고 응답률은 27.7%이다.

05 이번 학기 기초통계학 수강 학생 45명의 최종 성적 평균은 61점, 최고점은 90점, 최소점은 27점이다. 아래 그래프는 최종 성적 분포를 나타낸다. 이러한 결과는 기술통계학의 예인가? 혹은 추론통계학의 예인가? 그 이유를 설명하여라.

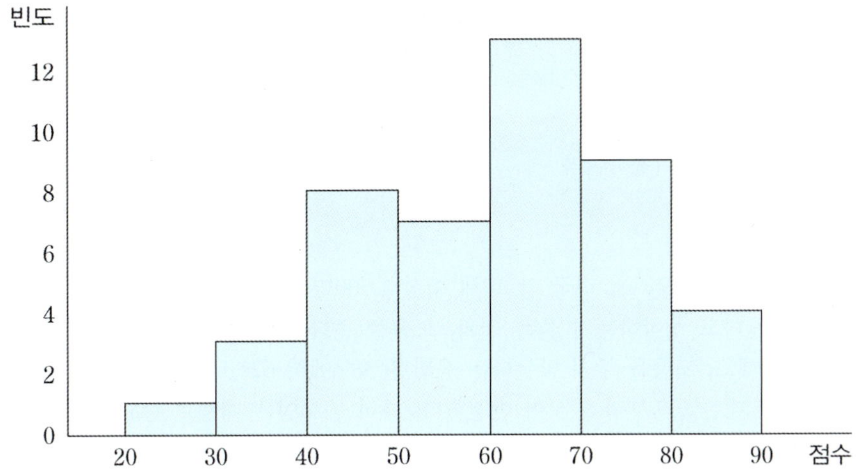

06 2024년 11월 5일에 치뤄진 미국 대통령선거에서 최종적으로 트럼프 후보가 대통령으로 당선되었다. 이에 앞서 2024년 9~10월 갤럽 인터내셔널이 미국을 제외한 43개국 성인 40,888명에게 만약 미국 대통령선거에 투표한다면 누구에게 표를 주고 싶은지 물었다. 그 결과 54%가 카멀라 해리스, 26%가 도널드 트럼프를 선택했다. 21%는 의견을 유보했다. 해리스 지지는 덴마크(85%), 핀란드(82%), 스웨덴 ·노르웨이(81%) 등에서 두드러졌고, 트럼프 지지는 세르비아(59%), 헝가리 ·불가리아(49%) 등에서 높은 편이다. 특히 러시아, 카자흐스탄, 조지아 3개국에서는 트럼프 지지가 해리스보다 20%포인트 이상 앞섰다. 한국인 중에서는 71%가 해리스, 16%만 트럼프에게 투표하겠다고 답했다. 그러나 당선될 것 같은 후보로는 55%만 해리스, 31%가 트럼프를 꼽았다. 특히 20·30대 절반가량(53%)은 트럼프가 당선될 것으로 내다봤다. 만약 이 통계분석 결과가 통계적추론의 결과라고 가정한다면 다음 질문에 답하여라.

(1) 모집단을 기술하여라.

(2) 변수를 기술하여라.

(3) 표본을 기술하여라.

(4) 통계적 추론을 기술하여라.

07 한국갤럽이 2021년 3~4월 전국 만 19세 이상 1,500명에게 요즘 종교가 우리 사회에 얼마나 도움을 준다고 생각하는지 물은 결과, 도움을 준다는 응답이 2014년 63%에서 2021년 38%로 하락했고, 도움을 주지 않는다는 응답은 38%에서 62%로 늘어 7년 사이 종교의 사회적 기여에 대한 긍·부정 인식이 반전했다. 특히 종교인은 대체로 종교가 사회에 공헌한다고 생각하고, 비종교인은 82%가 종교의 사회적 기여에 대하여 부정적으로 생각하였다.

(1) 모집단을 기술하여라.

(2) 변수를 기술하여라.

(3) 표본을 기술하여라.

(4) 통계적 추론을 기술하여라.

08 말초동맥질환(PAD)은 다리 동맥이 막혀서 혈류량이 줄고 심장마비, 뇌졸중의 위험이 커지는 질환으로 전 세계에서 2억 명 이상이 앓고 있다. 스웨덴 카롤린스카연구소가 수행한 수면 시간이 PAD에 미치는 영향에 관한 연구는 전 세계 약 65만 명의 참여자를 대상으로 하였다. 연구결과는 밤에 5시간 이하로 자는 사람들은 7~8시간 수면하는 사람보다 PAD에 걸릴 확률이 74% 더 높고 낮잠을 자는 사람들은 낮잠을 자지 않은 사람보다 PAD 위험이 32% 더 높았다. 만약 이 통계분석 결과가 통계적추론의 결과라고 가정한다면 다음 질문에 답하여라.

(1) 모집단을 기술하여라.

(2) 변수를 기술하여라.

(3) 표본을 기술하여라.

(4) 통계적 추론을 기술하여라.

09 폐쇄성 수면무호흡증(OSA)을 가진 사람들은 종종 코를 크게 골고, 호흡이 멈춰지고, 여러 번 잠에서 깰 수 있다. 이로 인해 피곤함이 유발될 뿐만 아니라 고혈압, 뇌졸중, 심장병과 제2형 당뇨병의 위험이 증가할 수 있다. 프랑스 성인 2만 151명을 대상으로 수행한 프랑스의 파리시테 대학 연구팀은 OSA 진단 여부를 물었고 또한 설문지를 통해 OSA 진단을 받지 않았으나 OSA를 대표하는 2가지 증상 즉 심한 코골이와 낮에 과도한 졸림이 있는지를 설문하였다. 조사 결과에 의하면 5명 중 1명(20.2%)이 OSA에 걸릴 가능성이 크지만 3.5%만이 OSA를 치료받고 있음을 발견했다. OSA는 나이가 많고, 심혈관 질환이 있고, 사회 경제적 지위가 낮거나, 신체적으로 덜 활동적인 사람들에게서 더 흔하게 나타났다. 만약 이 통계분석 결과가 통계적추론의 결과라고 가정한다면 다음 질문에 답하여라.

(1) 모집단을 기술하여라.

(2) 변수를 기술하여라.

(3) 표본을 기술하여라.

(4) 통계적 추론을 기술하여라.

10 비만 중에서도 배에 과도한 지방이 축적되어 발생하는 복부 비만은 건강에 나쁜 영향을 미친다. 복부 주변의 내장 지방은 심장병이나 고혈압, 암의 원인이 될 수 있기 때문이다. 일본 후생노동성 연구팀에 따르면 '오동통통한 체형'이 '마른 장작형'보다 오래 사는 것으로 나타났다. 이는 마를수록 오래 산다는 서구인 중심의 이론과는 차이가 있다. 연구팀은 일본 미야기 지역에 사는 40세 이상 성인 5만여 명을 대상으로 12년 이상 비만과 수명과의 관계를 분석했다. 연구팀은 체질량지수(BMI)에 따라 18.5 이하는 마른 체격, 18.5~25는 정상 체격, 25~30은 과체중, 그 이상은 비만 등 4개 그룹으로 분류하고 그룹별로 40세부터 몇 년을 더 살 수 있는지 기대수명을 산출했다. 이에 따르면 BMI 25~30인 과체중 여성은 48.04년, 과체중 남성은 41.64년을 더 살게 될 것으로 분석돼 4개 그룹 중 성별 기대수명이 가장 긴 것으로 나타났다. 다음으로 정상 체중인 여성은 47.97년, 정상 체중인 남성은 39.94년을 더 살게 될 것으로 분석되었다. 특이한 점은 마른 사람이 가장 빨리 사망할 것으로 측정된 것이다. 여성은 41.79년, 마른 남성은 34.54년을 더 사는 것으로 분석되었고 이는 과체중 그룹의 수명보다 6, 7년 정도 짧은 것으로 나타났다. 만약 이 통계분석 결과가 통계적추론의 결과라고 가정한다면 다음 질문에 답하여라.

(1) 모집단을 기술하여라.

(2) 변수를 기술하여라.

(3) 표본을 기술하여라.

(4) 통계적 추론을 기술하여라.

11 통계학의 응용 예를 조사하여라.

CHAPTER

02 자료의 요약

CHAPTER 02

자료의 요약

2.1 기술통계학

2023년을 기준으로 10년 후 우리나라 성별 평균 초혼 나이를 예측하는 연구목적이 있다고 하자. 그러면 우선 과거 우리나라 성별 초혼 나이 자료를 수집하는 것이 첫 단계일 것이다. 예를 들어 2023년 결혼한 사람들 중에서 초혼인 남자는 161,628명이고 초혼인 여성의 수는 157,447명이다. 이들로부터 초혼 나이 자료를 조사한다. 과거 1990년부터 2023년까지 34년 동안 매년 수집한 초혼 나이 자료는 남자 9,395,533개, 여자 9,268,554개 숫자들의 모임일 뿐으로 총 18,664,087개 숫자들

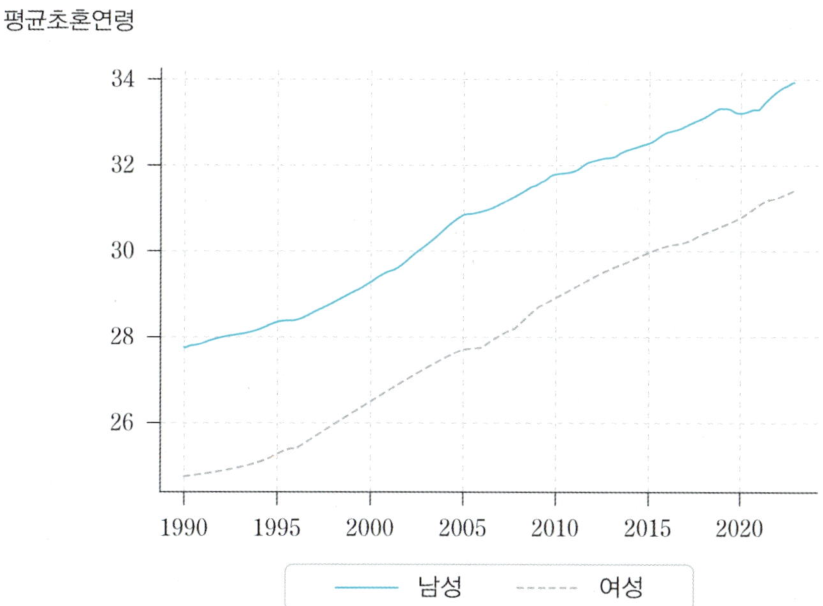

그림 2.1 성별 평균 초혼 나이(1990년–2023년)

로부터 알 수 있는 것은 아무것도 없다.

[그림 2.1]은 초혼 나이 자료를 그래프로 표현한 결과로서 성별로 매년 평균 초혼 나이를 나타낸다. 이 그래프로부터 지난 34여 년 동안 평균 초혼 나이는 계속 우상향임을 알수 있고 1990년 남성 및 여성의 평균 초혼 나이는 각각 약 28세, 25세였으나 2023년 남성 및 여성의 평균 초혼 나이는 각각 약 34세, 31세라는 정보를 얻을 수 있다. 이것은 기술통계학에서 그래프 표현에 해당한다.

그래프에서 선 위의 데이터 점은 해당하는 해의 초혼 나이들의 평균값을 의미한다. 이를테면 2023년 여성의 초혼 나이 데이터는 총 157,447개 숫자의 모임이나 이들의 산술평균을 구하면 정확하게 31.45세로서 157,447개 숫자를 대표하는 값이다. 이것은 기술통계학에서 숫자 요약에 해당한다.

```
> # [R-program 2.1] [그림 2.1]
>
> library(openxlsx) # read.xlsx{openxls}
> wedding = read.xlsx("first_wedding.xlsx", sheet = 1, colNames = TRUE)
>
> str(wedding)
'data.frame': 34 obs. of  3 variables:
 $ year   : chr  "1990" "1991" "1992" "1993" ...
 $ husband: num  27.8 27.9 28 28.1 28.2 ...
 $ wife   : num  24.8 24.8 24.9 25 25.1 ...
>
> library(graphics)
> matplot(x = wedding[,1], y = wedding[,c(2,3)], type = "l", lty = 1:2,
+        col = c("red", "blue"), main = "성별 평균초혼연령(1990-2023)",
+        xlab = "년도", ylab = "평균초혼연령")
>
> legend("topleft", c("남성", "여성"), lty = 1:2, col = c("red", "blue"),
+       cex = 1.0, horiz = FALSE, bty = "n")
> grid()
```

어느 대학 신입생 3,000명의 대학수학능력시험(수능)의 수학 성적을 기초로 하여 이들 집단의 수리적 능력을 평가하고자 한다. 이때 3,000명의 자료를 어떻게 나타내어야 수리적 능력의 특성을 효과적으로 파악할 수 있을까? 3,000개의 숫자로 구성된 원자료(raw data)로부터는 아무런 정보를 얻을 수 없다. 따라서 이 원자료에 대하여 평균, 표준편차, 백분위수 등과 같이 중요한 숫자로 요약하거나 다양한 그래프로 표현하는 기술통계학이 요구된다.

모든 자료 분석의 첫 단계는 기술통계분석이다. 즉 자료를 의미 있는 중요한 숫자로 요약하거나 그래프로 표현하여 자료의 특성을 파악하거나 혹은 유용한 정보를 얻을 수 있다. 특히 표본데이터에 기술통계학을 적용하여 도출된 다양한 기술적 정보는 모집단을 추론하기에 앞서 중요한 기초 정보가 된다. 이 장에서는 다양한 기술통계분석 방법들에 대해 구체적으로 살펴보기로 한다.

2.2 자료의 분류

사람 혹은 개체가 갖는 속성을 나타낸 것을 변수(variable)라 하고, 변수가 실제 값으로 얻어질 때 이들을 자료 혹은 데이터(data)라고 한다. 예를 들어 사람들의 신장, 성별, 연봉, 국가, 대통령의 국정 수행 지지 여부 등은 각 개체가 갖는 속성을 표현하는 변수들이다. 대학교 1학년 학생들의 신장(단위: cm)에 대하여 관측값들인 {176, 165, 156, 178, 158, ... }은 변수 신장의 자료이다. {대한민국, 미국, 중국, 일본, 캐나다, ...}은 변수 국가의 자료이다. {지지한다, 지지하지 않는다, 지지하지 않는다, ...}는 변수인 대통령의 국정 수행 지지에 대한 자료이다.

변수는 양적변수 혹은 질적변수로, 그리고 자료는 양적자료와 질적자료로 구분된다. 예를 들어 kg 표시의 체중이나, 원 단위로 나타낸 월급, 지역별 범죄 건수 혹은 월별 교통사고 비율 등 숫자로 측정되는 변수의 값들은 양적자료의 예이고 이때의 변수는 양적변수이다. 양적변수를 연속형 변수라고도 부른다.

양적자료(quantitative data)

양적자료는 산술적 연산이 적용될 수 있는 숫자 값을 갖는 자료이다.

질적자료는 범주로 구별되는 값을 가지므로 범주형 자료(categorical data)라고 부르며 질적변수를 범주형 변수라고도 부른다. 예를 들어 개인의 성별, 선호하는 정당, 자동차 제조회사, 국가, 출생지 등 범주로 구별되어 측정된 변수의 값들은 질적자료의 예라 할 수 있다. 질적자료의 값들은 종종 남성이면 1, 여성이면 0과 같은 숫자로 표기되기도 하지만 이것은 산술적 계산을 할 수 있는 수량의 의미가 있는 것은 아니며 단지 범주로 구별됨을 의미할 뿐이다.

질적자료(qualitative data)

질적자료는 범주로 구별되는 값을 갖는 자료이다.

통계분석에서 주어진 자료가 양적자료인지 혹은 질적자료인지의 분류는 중요하다. 그 이유는 자료가 양적자료인지 질적자료인지에 따라 적용되는 자료 분석법이 다르기 때문이다.

예제 2.1 [표 2.1]은 2023년에 국내에서 개봉한 1,241편 일반영화 중 일부이다. 이 자료의 개체 수는 1241이고 제시된 6개 변수 중에서 질적변수는 영화명, 국적, 장르, 등급이고 양적변수는 매출액(단위 : 억원), 관객수(단위 : 만명)이다. 특히 영화명은 자료 분석에서 각 개체를 구별해주는 id 변수로 사용할 수 있다.

표 2.1 2023년 국내 개봉영화

영화명	국적	매출액	관객수	장르	등급
서울의 봄	한국	1,154	1,185	드라마	12세이상관람가
범죄도시3	한국	1,047	1,068	범죄	15세이상관람가
엘리멘탈	미국	711	724	애니메이션	전체관람가
밀수	한국	497	514	액션	15세이상관람가
더 퍼스트 슬램덩크	일본	501	479	애니메이션	12세이상관람가
가디언즈 오브 갤럭시: Volume 3	미국	444	421	액션	12세이상관람가
미션 임파서블: 데드 레코닝 PART ONE	미국	404	402	액션	15세이상관람가
콘크리트 유토피아	한국	374	385	드라마	15세이상관람가
노량: 죽음의 바다	한국	340	344	사극	12세이상관람가
오펜하이머	미국	344	323	스릴러	15세이상관람가
슈퍼 마리오 브라더스	미국	235	239	애니메이션	전체관람가
30일	한국	211	215	코미디	12세이상관람가
존 윅 4	미국	199	192	액션	청소년관람불가
천박사 퇴마 연구소: 설경의 비밀	한국	186	192	판타지	12세이상관람가
분노의 질주: 라이드 오어 다이	미국	185	177	액션	12세이상관람가

예제 2.2 환경부에서 금강, 영산강, 낙동강 등에서 개방한 11개 보에서 3년 반 동안 여러 변수를 관측한 결과 여름철 녹조가 평균 95% 이상 감소했다고 한다. 다음 변수들을 질적변수 혹은 양적변수로 구분하여라.

(1) 퇴적물 내 모래 비율

(2) 강에서 서식하는 어류

(3) 생물화학적 산소요구량(BOD) 농도

(4) 강 주변에 서식하는 물새류

풀이 퇴적물 내 모래 비율과 BOD 농도는 숫자 값으로 측정되기 때문에 양적변수이며 강에서 서식하는 어류와 강 주변에 서식하는 물새류는 각각 어류와 물새류의 이름으로 관측되어 범주로 구별되는 값을 가지므로 질적변수이다.

2.3 자료의 그래프 표현

오늘날 그래프 표현 기술의 발달과 더불어 고급의 현대적인 그래프로 다양한 자료를 효과적으로 표현가능하다. 그러나 여기서는 고전적으로 사용되어 온 기본적인 그래프 위주로 소개하기로 한다.

2.3.1 질적자료의 그래프 표현

(1) 막대 그래프(bar chart)

막대 그래프는 질적자료를 표현하는 대표적인 그래프이다. 각 범주가 갖는 빈도, 상대빈도 혹은 범주에 속하는 숫자 값을 막대의 길이로 표현하고 해당하는 막대의 적절한 곳에 범주 값을 나타낸다. 그리고 막대 사이에 간격을 둔다.

예제 2.3 [그림 2.2]의 막대 그래프에서 막대의 아래쪽에 범주형 변수인 중·고등학생의 학습 동기(복수 선택 가능)를 표시하고 막대의 길이는 각 범주에 해당하는 숫자 값인 비율을 나타낸다. 이 막대 그래프에서 가장 높은 비율로 79.6%의 학생들이 선택한 학습 동기는 “미래의 나를 위해 필요해서”임을 알 수 있다.

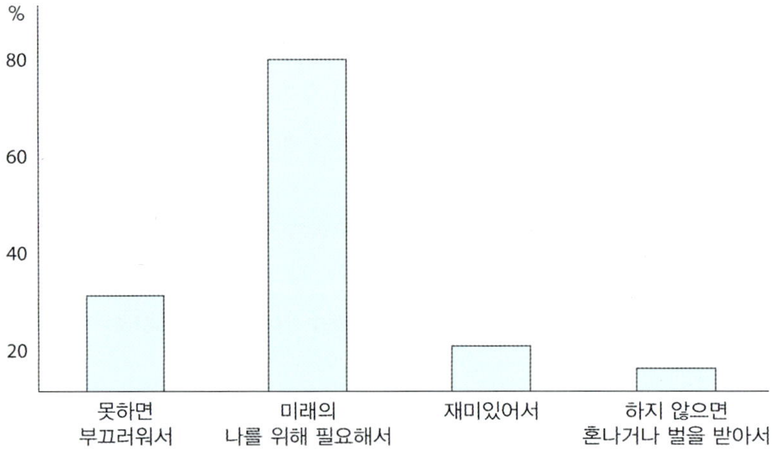

그림 2.2 중·고등학생의 학습 동기(출처: “2020년 사회조사결과”, 통계청)

```
> # [R-program 2.2] 예제 2.3 - [그림 2.2]
>
> name = c("미래의 나를 위해 필요해서", "못하면 부끄러워서", "재미있어서",
+          "하지 않으면 혼나거나 벌을 받아서")
> ratio = c(79.6, 31.0, 20.8, 15.9)
> reason = data.frame(name, ratio)
>
> str(reason)
'data.frame': 4 obs. of  2 variables:
 $ name : chr  "미래의 나를 위해 필요해서" "못하면 부끄러워서" "재미있어서"
               "하지 않으면 혼나거나 벌을 받아서"
 $ ratio: num  79.6 31 20.8 15.9
>
> library(lattice)
> barchart(ratio ~ name, data = reason, xlab = "공부하는 이유", ylab = "%")
```

예제 2.4 [그림 2.3]은 두 개의 막대 그래프를 쌍으로 배치하여 2023년 우리나라 국민의 성별 10대 사망원인별 사망률(단위: 10만 명당 사망자 수)을 비교한 막대 그래프이다. 이 그래프로부터 남녀 모두 암이 사망원인 1순위였으며, 남자의 암 사망률이 여자보다 1.6배 높았다. 10대 사망원인 중 남자가 여자보다 순위가 높은 사망원인은 자살, 간 질환, 만성 하기도 질환, 코로나 19이며, 여자가 남자보다 순위가 높은 사망원인은 알츠하이머병, 고혈압성 질환, 패혈증임을 알 수 있다.

그림 2.3 2023년 10대 사망원인별 사망률(출처: 통계청)

(2) 원 그래프(pie chart)

원 그래프도 질적자료를 표현하는 그래프이다. 보통 원그래프는 범주형 변수의 각 범주가 갖는 상대빈도를 중심각에 비례하여 나타낸다.

예제 2.5 우리나라에서 2012년 1월 1일 이후 개봉하여 2015년 12월 31일 이내에 상영종료가 된 영화 중에서 누적 관객 수가 50만 명 이상인 276개 영화에 대한 영화 관객 수를 나타낸 원 그래프가 [그림 2.4]에 주어진다. 이 원

그래프에서 1,000만 명 이상의 관객 수를 갖는 영화가 5%가 안 되며, 50만 명 이상 100만 명 미만인 관객 수를 갖는 영화는 대략 30%임을 알 수 있다. 한편 276개 영화에 대한 평균 관객 수는 약 262만 명이다.

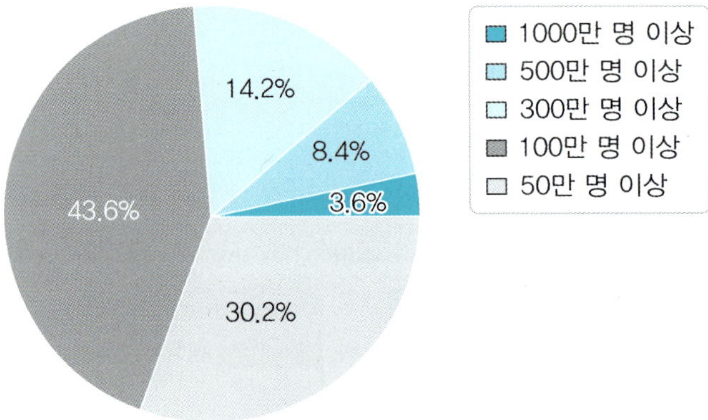

그림 2.4 영화 관객 수의 분류

```
> # [R-program 2.3] 예제 2.5 - [그림 2.4]
>
> freq = c(10, 23, 39, 120, 83)
> (percentlabels = round(100*freq/sum(freq), 1))
[1]  3.6  8.4 14.2 43.6 30.2
>
> (pielabels = paste(percentlabels, "%", sep = "" ))
[1] "3.6%"  "8.4%"  "14.2%" "43.6%" "30.2%"
>
> name = c("1000만 이상", "500만 이상", "300만 이상", "100만 이상", "50만 이상")
> colours = c("red","yellow","green","blue","pink")
>
> library(graphics)
> pie(freq, col = colours, labels = pielabels, cex = 0.7)
> legend("topright", name, cex = 0.6, fill = colours, horiz = FALSE, bty =
"y")
```

2.3.2 양적자료의 그래프 표현

숫자 값으로 측정되는 양적자료의 특성을 탐색하기 위해서 점도표, 줄기와 잎 그림 그리고 히스토그램을 소개한다.

(1) 점도표(dot plot)

점도표는 가로축에 양적자료의 값을 구간으로 나타내고 해당 구간에 포함되는 자료를 점으로 쌓아 올려 표현하는 그래프이다. 자료 수가 비교적 적은 데이터의 분포를 표현하기에 적절한 그래프이다.

예제 2.6 [표 2.2]에 주어진 70개의 관측값은 어느 새로운 모델의 자동차에 대하여 주행연비(단위: mpg)를 측정한 자료이다. 점도표를 그리고 자료의 특성을 설명하여라.

표 2.2 주행연비자료

35.5	34.8	38.6	39.4	35.3	36.3	36.8	32.5	36.4	40.5
36.6	36.1	41.0	31.8	37.3	33.1	37.0	37.6	37.0	37.0
37.0	40.7	37.4	37.1	37.8	35.9	37.1	40.3	36.7	37.0
33.9	40.1	38.0	39.9	36.9	32.9	33.8	39.8	34.0	36.8
36.3	41.0	36.9	37.1	44.9	36.8	30.0	32.7	37.3	41.2
36.6	32.9	36.5	33.2	40.5	36.5	37.6	33.9	40.2	36.4
37.7	36.2	37.9	36.0	37.9	35.9	38.2	38.3	38.5	39.0

풀이 70개의 주행연비자료에 대한 점도표가 [그림 2.5]에 주어져 있다. 점도표의 가로축은 주행연비를 표현하는 양적자료의 구간을 나타낸다. 70대의 자동차들의 주행연비는 대략 30에서 45까지 분포하고 있으며 45는 이상값으로 간주할 수 있다. 이 자료들은 평균값 37을 중심으로 대략 좌우 대칭분포를 따름을 알 수 있다. 자료의 대부분 값은 30대이며 몇 개의 연비만 40대로 주어진다.

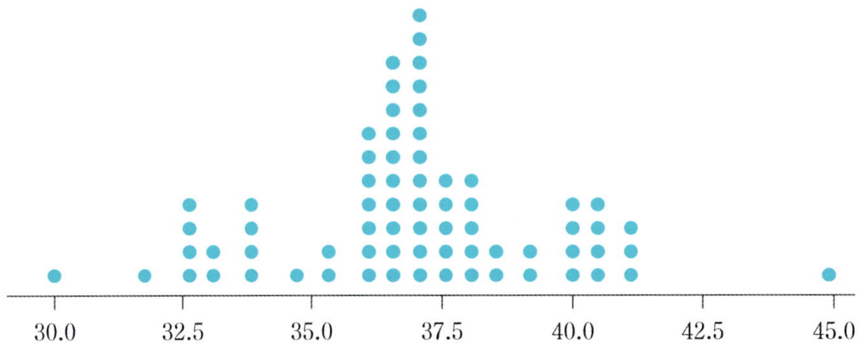

그림 2.5 자동차 주행연비의 점도표

```
> # [R-program 2.4] 예제 2.6 - [그림 2.5]
>
> library(openxlsx)
> mpg = read.xlsx("mpg.xlsx", sheet = 1, colNames = FALSE)
>
> str(mpg) # 변수 X1 확인
'data.frame': 70 obs. of  1 variable:
 $ X1: num  35.5 34.8 38.6 39.4 35.3 36.3 36.8 32.5 36.4 40.5 ...
>
> library(ggplot2)
> ggplot(mpg, aes(x = X1)) +
+    geom_dotplot(binwidth = 0.5,  # 구간간격
+                 dotsize = 0.5,   # 점 크기
+                 fill = "white", stroke = 2, # 점 테두리 굵기
+                 stackratio = 1.5) + # 점이 수직적으로 중첩되는 정도
+    scale_y_continuous(NULL, breaks = NULL) +
+    scale_x_continuous(breaks = seq(30, 45, 2.5))
```

(2) 줄기와 잎 그림(stem-and-leaf plot)

줄기와 잎 그림은 원자료의 값을 그대로 나타낼 수 있으며 자료 수가 비교적 적은 데이터에 대하여 분포의 모양을 간단히 나타낼 수 있는 그래프이다. 줄기와 잎 그림은 양수인 관측값 자료에 적합하다.

예제 2.7 다음은 어느 회사의 중견 직원 30명의 월급(단위: 십만 원) 자료이다. 이 자료에 대해 줄기와 잎 그림을 그리고 자료의 특성을 설명하여라.

59.1	59.8	58.0	59.2	59.5	57.3	60.0	60.3	59.6	58.5	58.1	59.7	58.4	57.6	60.2
59.7	62.2	59.1	61.1	59.3	60.8	61.2	61.0	58.7	59.9	58.7	62.1	58.4	60.4	58.9

풀이 위 자료의 줄기와 잎 그림인 [그림 2.6]은 다음 절차에 따라 그린다.

단계 1. 각 관측값을 줄기(이 경우 정수 부분 두 자리)와 잎(소수 한 자리)으로 분리한다. 그러므로 첫 번째 관측값 59.1의 줄기는 59이고 잎은 1이다. 줄기는 필요한 자릿수만큼 가질 수 있으나 잎은 한 자리만 차지하도록 한다.

단계 2. 줄기들을 위에서 아래로 오름차순으로 나열하고, 줄기의 오른쪽에 수직선을 긋고 그 오른쪽에 잎을 첨가한다.

단계 3. 잎들을 왼쪽에서 오른쪽으로 오름차순으로 재배열한다.

30명의 월급은 최소 573만 원에서 최대 622만 원까지 분포하고 있으며 중앙값 596만 원을 중심으로 대략 좌우 대칭분포를 따름을 알 수 있다.

```
1 | 2: represents 1.2
 leaf unit: 0.1
            n: 30
   1     57* | 3
   2     57. | 6
   6     58* | 0144
  10     58. | 5779
  14     59* | 1123
  (6)    59. | 567789
  10     60* | 0234
   6     60. | 8
   5     61* | 012
         61. |
   2     62* | 12
```

그림 2.6 중견 직원 월급의 줄기와 잎 그림

```
> # [R-program 2.5] 예제 2.7 - [그림 2.6]
>
> salary = c(59.1, 59.8, 58.0, 59.2, 59.5, 57.3, 60.0, 60.3, 59.6, 58.5,
+            58.1, 59.7, 58.4, 57.6, 60.2, 59.7, 62.2, 59.1, 61.1, 59.3,
+            60.8, 61.2, 61.0, 58.7, 59.9, 58.7, 62.1, 58.4, 60.4, 58.9)
>
> summary(salary)
   Min. 1st Qu.  Median    Mean 3rd Qu.    Max.
  57.30   58.70   59.55   59.56   60.27   62.20
>
> library(aplpack) # stem.leaf{aplpack}
> stem.leaf(salary, m = 2) # 하나의 줄기를 나눌 갯수
```

줄기와 잎 그림을 통하여 자료의 분포를 표현함으로써 다음과 같은 중요한 특징을 탐지할 수 있다. 첫째, 줄기와 잎 그림의 양 끝 어느 쪽으로부터 자료의 절반까지 세어 봄으로써 분포의 중앙값을 알아낼 수 있다. 둘째, 분포의 전체적인 모양을 가늠해 볼 수 있다. 큰 관측값이 가로축의 오른쪽에 오도록 줄기와 잎 그림을 바로 세웠을 때 분포의 봉우리가 한 개인지 여러 개인지, 분포가 좌우 대칭인지 혹은 좌우 어느 한 방향으로 기울어져 있는지를 파악할 수 있다. 셋째, 분포의 전체적인 모양으로부터 현저한 차이를 보이는 **이상값**(outlier)이라 부르는 관측값을 포착할 수 있다. 위의 예제 자료에서는 분포의 모양은 대체로 대칭이며 이상값이 존재하지 않음을 알 수 있다.

두 분포를 비교할 때는 공통 줄기를 가진 **등 맞댄 줄기와 잎 그림**(back-to-back stemplot)이 유용하다. 각 분포의 잎들은 공통 줄기로부터 순서대로 붙여 나아간다.

예제 2.8 다음은 어느 회사의 신입 직원 30명의 월급(단위: 십만 원)에 대한 자료이다. 신입 직원의 월급 분포와 예제 2.7에서 다루었던 중견 직원의 월급 분포를 등 맞댄 줄기와 잎 그림을 그려 비교하여라.

27.3	26.9	29.0	28.2	29.8	29.3	33.0	35.3	39.7	38.8	38.5	39.2	34.5	38.2	33.6
29.4	32.3	29.7	24.5	28.6	32.4	35.4	37.8	34.2	42.5	36.5	32.8	36.4	32.4	31.9

풀이 위의 자료에 대한 등 맞댄 줄기와 잎 그림은 [그림 2.7]과 같다. 이 그림으로부터 중견 직원과 신입 직원과의 월급의 차이는 뚜렷함을 알 수 있다.

```
________________________________________________________________
  1 | 2: represents 12, leaf unit: 1
                   salaryA       salaryB
________________________________________________________________
                             | 2* |4                      1
                             | 2. |678899999             10
                             | 3* |122223344             (9)
                             | 3. |5566788899            11
                             | 4* |2                      1
                             | 4. |
                             | 5* |
  (20)   99999999998888888877| 5. |
   10              2211100000| 6* |
                             | 6. |
                             | 7* |
________________________________________________________________
n:                         30      30
```

▍그림 2.7 중견(salaryA) 및 신입(salaryB) 직원의 월급자료에 대한 등 맞댄 줄기와 잎 그림

```
> # [R-program 2.6] 예제 2.8 - [그림 2.7]
>
> salaryA = c(59.1, 59.8, 58.0, 59.2, 59.5, 57.3, 60.0, 60.3, 59.6, 58.5,
+             58.1, 59.7, 58.4, 57.6, 60.2, 59.7, 62.2, 59.1, 61.1, 59.3,
+             60.8, 61.2, 61.0, 58.7, 59.9, 58.7, 62.1, 58.4, 60.4, 58.9)
>
> summary(salaryA)
   Min. 1st Qu.  Median    Mean 3rd Qu.    Max.
  57.30   58.70   59.55   59.56   60.27   62.20
>
> salaryB = c(27.3, 26.9, 29.0, 28.2, 29.8, 29.3, 33.0, 35.3, 39.7, 38.8,
+             38.5, 39.2, 34.5, 38.2, 33.6, 29.4, 32.3, 29.7, 24.5, 28.6,
+             32.4, 35.4, 37.8, 34.2, 42.5, 36.5, 32.8, 36.4, 32.4, 31.9)
>
> summary(salaryB)
   Min. 1st Qu.  Median    Mean 3rd Qu.    Max.
  24.50   29.48   32.90   33.27   36.48   42.50
>
```

```
> library(aplpack) # stem.leaf.backback{aplpack}
> stem.leaf.backback(salaryA, salaryB)
```

줄기와 잎 그림은 관측값의 실제 수치들을 표현할 수 있으므로 자료를 자세히 검토해 볼 수 있는 장점이 있다. 그러나 대규모 자료에 줄기와 잎 그림을 적용하면 이러한 특징은 도리어 단점으로 작용한다. 더욱이 어떤 적절한 나눔에 의하여 관측값들을 그룹(줄기)으로 구분하는 것이 아니라 단지 수 체계에 의하여 결정하여 그림을 그린 것이다.

대규모 양적자료의 분포 파악을 위하여 유용한 그래프로 히스토그램이 있다.

(3) 히스토그램(histogram)

숫자 값으로 측정되는 양적자료의 분포 파악을 위해서 사용되는 대표적인 그래프로 히스토그램이 있다. 히스토그램에서 분포의 봉우리 개수, 분포가 좌우 대칭인지, 혹은 한 방향으로 기울어져 있는지 등과 같이 분포의 전체적인 모양을 가늠해 볼 수 있다.

히스토그램은 변수가 취할 수 있는 값의 범위를 몇 개의 구간으로 나누고 각 구간에 속하는 관측값들의 빈도, 상대빈도, 혹은 확률을 막대로 나타낸다. 히스토그램을 그리기 위해서는 먼저 주어진 자료에 대하여 도수분포표를 작성해야 한다. 도수분포표를 작성하는 절차를 다음의 예제를 통하여 구체적으로 알아보자.

예제 2.9 신제품 사료로 사육한 병아리 100마리의 10주 후 체중 증가량(단위: g) 측정 결과가 [표 2.3]과 같다.

(1) 도수분포표를 작성하여라.

(2) 히스토그램을 그려라.

(3) 히스토그램으로부터 파악한 자료의 특성을 설명하여라.

표 2.3 병아리 100마리의 체중 증가량

4.2	4.3	4.1	4.4	4.5	4.4	4.1	4.8	4.3	5.0
4.3	3.4	4.3	4.8	4.2	4.0	4.2	4.4	4.1	4.4
4.6	4.4	4.1	4.3	4.2	4.5	4.3	4.3	4.5	4.8
4.3	4.3	4.4	4.2	4.3	4.9	4.1	4.3	4.3	4.3
4.4	3.8	4.4	4.6	4.4	4.3	3.6	3.9	4.6	4.4
4.5	4.4	4.8	4.1	4.5	3.7	4.2	3.9	4.5	3.9
4.1	3.8	4.3	4.1	4.3	4.8	4.0	4.5	4.5	4.5
4.1	4.4	4.8	4.4	4.4	3.9	4.4	4.4	3.9	4.3
4.8	5.0	4.4	4.1	4.3	4.0	4.1	4.4	4.5	4.3
4.4	4.6	4.6	3.9	4.2	4.5	3.9	4.4	4.0	4.6

풀이 (1) 이 자료에 대하여 도수분포표를 작성하는 요령을 단계별로 알아보자.

단계 1. 자료의 최댓값과 최솟값을 찾아서 자료의 **범위**를 구한다. 이 자료의 최댓값은 5.0이고, 최솟값은 3.4이므로 자료의 범위는 $(5.0-3.4)=1.6$이다.

단계 2. 각 계급의 폭을 결정하기 위해서 잠정적인 계급의 개수를 정한다. 계급의 개수는 자료의 크기에 따라 5에서 20까지 정할 수 있다. 만약 계급의 개수를 8로 정하면 계급의 너비는 $\dfrac{(5.0-3.4)}{8}=0.2$가 된다.

단계 3. 첫 번째 계급의 하측 경곗값을 정해야 하는데 어떤 관측값도 계급의 경계점에 놓이지 않게 하기 위하여 자료의 최솟값보다 조금 작은 값을 선택한다. 많은 경우에 관측값의 최소단위 즉 0.1의 반인 0.05를 자료의 최솟값으로부터 뺀 값을 많이 사용한다. 즉, 이 자료에서 첫 번째 계급의 하측 경곗값은 $3.4-0.05=3.35$가 된다. 따라서 경곗값에 계급의 너비 0.2를 더하여 첫 번째 계급은 $3.35\sim3.55$, 두 번째 계급은 $3.55\sim3.75$, 그리고 나머지 계급들을 똑같은 요령으로 구한다.

단계 4. 각 계급에 속하는 관측값들의 개수를 세어서 **도수**를 계산한다. 그리고 각 계급에 대한 도수를 총 관측치의 수로 나누어서 **상대도수**를 구한다. 이들을 표로 정리한 것을 **도수분포표**라 부른다.

다음의 [표 2.4]는 병아리 몸무게의 체중 증가량 자료에 대한 도수분포표이다.

표 2.4 병아리 체중 증가량의 도수분포표

계급번호	계급구간	도수	상대도수
1	3.35–3.55	1	0.01
2	3.55–3.75	2	0.02
3	3.75–3.95	9	0.09
4	3.95–4.15	15	0.15
5	4.15–4.35	26	0.26
6	4.35–4.55	31	0.31
7	4.55–4.75	6	0.06
8	4.75–4.95	8	0.08
9	4.95–5.15	2	0.02
합계		100	1

(2) 도수분포표 [표 2.4]에 기초해서 그린 히스토그램이 [그림 2.8]이다. 여기서 가로축은 체중 증가량을, 세로축은 도수(빈도)를 나타낸다.

(3) [그림 2.8]의 히스토그램으로부터 자료의 분포는 평균값 4.3을 중심으로 대칭분포는 아니며 또한 좌우 어느 한 방향으로 길게 꼬리를 갖는 분포도 아님을 알 수 있다.

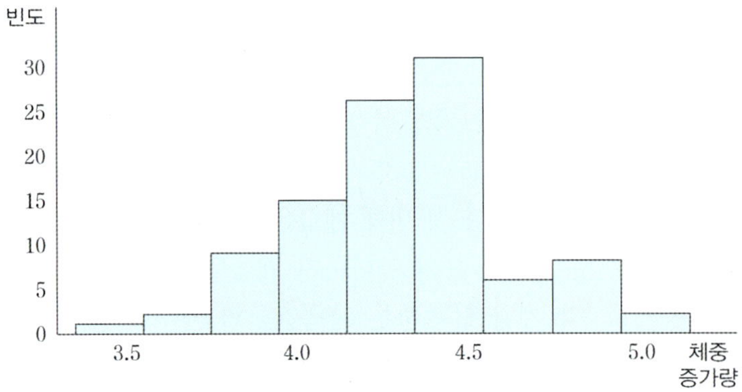

그림 2.8 병아리 체중 증가량의 히스토그램

```
> # [R-program 2.7] 예제 2.9 - [그림 2.8]
>
> library(openxlsx)
> chick = read.xlsx("chick.xlsx", sheet = 1, colNames = FALSE)
>
> str(chick) # 새로 생성된 변수 X1 확인
'data.frame':	100 obs. of  1 variable:
 $ X1: num  4.2 4.3 4.1 4.4 4.5 4.4 4.1 4.8 4.3 5 ...
>
> summary(chick)
       X1
 Min.   :3.400
 1st Qu.:4.100
 Median :4.300
 Mean   :4.314
 3rd Qu.:4.500
 Max.   :5.000
>
> library(graphics)
> hist(chick$X1,
+       breaks = c(3.35, 3.55,3.75,3.95,4.15,4.35,4.55,4.75,4.95,5.15),
+       xlab = "체중 증가량", ylab = "빈도", col = "gray")
>
> hist(chick$X1) # default histogram : 옵션 없이 자동으로 구간 크기 결정
```

히스토그램의 세로축으로는 [그림 2.8]처럼 도수(빈도)뿐만 아니라 상대도수 혹은 밀도로 표현할 수 있다. **밀도히스토그램(density histogram)**은 막대의 총면적이 1이 되도록 막대의 길이를 세로축에 나타낸다. 이러한 밀도히스토그램으로부터 자료의 확률분포를 예상해볼 수 있다.

히스토그램을 그릴 때 [그림 2.9]의 (a), (b)와 같이 구간의 개수가 지나치게 적거나 혹은 (d)처럼 지나치게 많을 때는 분포의 특성을 탐색할 수 없음에 유의해야 한다.

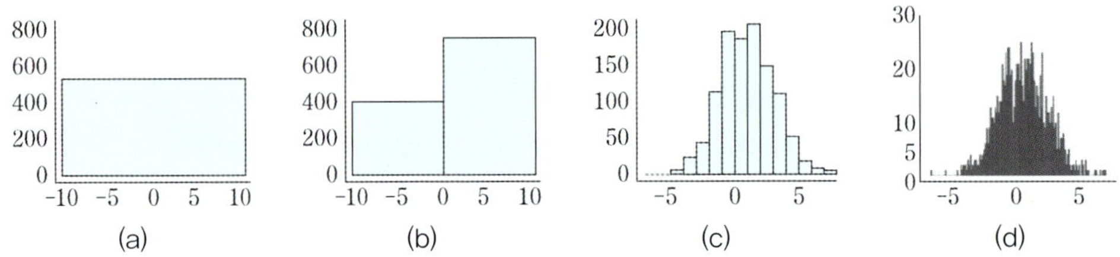

그림 2.9 구간의 개수에 따른 히스토그램의 모양

2.4 자료의 숫자 요약

앞 절에서는 그래프를 이용하여 자료를 요약하고 분포의 특성을 탐색하였다. 이 절에서는 수치적인 측도를 이용하여 자료를 요약 기술하는 방법으로서 주어진 자료를 대표하는 중심값을 나타내는 중심 위치 측도(measure of center), 각 관측값이 분포의 중심 위치로부터 얼마나 흩어져 분포되어 있는가를 나타내는 산포의 측도(measure of spread), 그리고 관측값의 상대적 위치를 나타내는 측도에 대하여 설명한다. 마지막으로 이러한 측도들을 이용하여 작성되는 그래프로서 자료 분포를 요약하는 상자그림(boxplot)을 소개한다.

2.4.1 중심 위치 측도

이 절에서는 자료의 중심 위치의 측도로서 자료의 중심값 혹은 대푯값으로 널리 사용되는 평균, 중앙값, 절사평균, 최빈값에 대해 소개한다.

(1) 평균

양적자료의 중심 위치를 표현하는 측도로서 가장 많이 쓰이는 것은 평균(mean) 혹은 산술평균이다. n개의 관측값을 x_1, x_2, $\cdots$, x_n이라 할 때 평균은 다음과 같이 정의된다.

평균(mean)

양적자료의 평균은 관측값 $x_1, x_2, \cdots, x_n$들의 총합을 관측값들의 개수인 n으로 나눈 값으로 다음과 같이 계산한다.

$$\bar{x} = \frac{1}{n}(x_1 + x_2 + \cdots + x_n) = \frac{1}{n}\sum_{i=1}^{n} x_i$$

예제 2.10 다음은 21개의 자료를 순서대로 나타내었다. 이 자료의 평균은 자료의 중심값으로 적절한지 논의하여라.

1	1	1	1	1	1	1	2	2	2	2	2	2	2	2	2	2	3	4	4	50

풀이 이 자료의 평균은

$$\bar{x} = \frac{1}{21}(1+1+1+\cdots+3+4+4+50) = \frac{88}{21} = 4.19$$

이다. [그림 2.10]과 같은 점도표에서 자료 대부분은 관측값 1, 2에 몰려 있음을 알 수 있다. 그러나 50이라는 이상값으로 인하여 큰 값이 된 평균 4.19는 자료의 대푯값으로 적절하지 않다. 만약 관측값 50을 제외했을 때 평균값은

$$\bar{x} = \frac{1}{20}(1+1+1+\cdots+3+4+4) = \frac{38}{20} = 1.9$$

가 되어 자료의 대푯값으로 적절하다. 이것은 평균이 이상값에 영향을 받는다는 특성을 보여주고 있다.

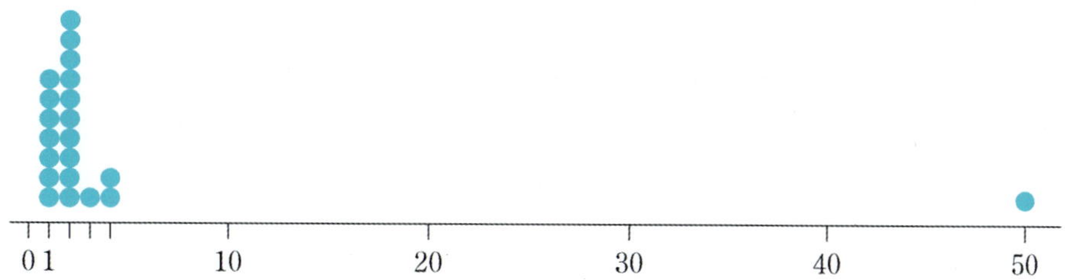

그림 2.10 점도표

```
> # [R-program 2.8] 예제 2.10 - [그림 2.10]
>
> x1 = c(1, 1, 1, 1, 1, 1, 1, 2, 2, 2, 2, 2, 2, 2, 2, 2, 2, 3, 4, 4, 50)
> length(x1)
[1] 21
>
> library(graphics)
> stripchart(x1, method = "stack", pch = 16, offset = 1/3, cex = 1,
+           xlab = "x", at = 0.1)
> axis(side = 1, at = c(1, 2, 3, 4, 50))
> mean(x1)
[1] 4.190476
>
> (x2 = x1[-21]) # 벡터 x1의 21번째 원소 50을 제외한 벡터
 [1] 1 1 1 1 1 1 1 2 2 2 2 2 2 2 2 2 2 3 4 4
> length(x2)
[1] 20
> mean(x2)
[1] 1.9
```

(2) 중앙값

예제 2.10에서 알 수 있듯이 평균은 대부분의 관측값에 비하여 아주 크거나 아주 작은 몇 개의 극단적인 관측값인 이상값에 많은 영향을 받는다. 평균과는 다르게 극단적인 관측값에 영향을 받지 않은 중심 위치의 측도로는 절사평균(trimmed mean)과 중앙값(median)이 있다. 절사평균은 보통 아주 크거나 아주 작은 양쪽 각각 5%의 극단값들을 제거하고 나머지 관측값들의 산술평균으로 정의한다. 중앙값은 자료를 크기순으로 정렬하였을 때 정중앙에 위치한 값이다. 중앙값은 다음과 같이 계산된다.

중앙값(median)

양적자료의 중앙값은 측정자료를 크기 순서로 배열하였을 때 가장 중앙에 위치하는 관측값이다. 중앙값은 다음과 같이 계산한다.

1. 자료의 개수 n이 홀수이면, 중앙값 M은 $\frac{n+1}{2}$번째 관측값이다.
2. 자료의 개수 n이 짝수이면, 중앙값 M은 $\frac{n}{2}$번째와 $\frac{n}{2}$+1번째 두 관측값의 평균이다.

예제 2.11 (예제 2.10 계속) 21개 자료의 중앙값을 구해보자. 크기순으로 정렬한 자료의 개수가 $n=21$로서 홀수이므로 중앙값 M은 $\frac{n+1}{2}=\frac{22}{2}=11$번째 관측값인 2임을 알 수 있다. 이때 중앙값은 이상값과 같은 극단적인 관측값의 영향을 받지 않는다는 것을 알 수 있다. 즉, 21개 자료 중에서 50이라는 관측값은 단지 중앙값보다 아주 큰 하나의 자료에 불과하며, 그것이 심지어 10,000이라 하더라도 중앙값은 변하지 않는다.

---

(3) 최빈값

중심 위치의 측도로서 최빈값(mode)은 양적자료뿐만 아니라 질적자료에 대해서도 사용된다.

최빈값(mode)

자료의 최빈값은 관측값 중에서 가장 많이 출현하는 값으로 정의된다.

예제 2.12 한국갤럽이 2024년 10월 22~24일 전국 만 18세 이상 1,001명에게 요즘 가장 즐겨보는 방송영상 프로그램을 물은 결과(2개까지 자유 응답) 상위 10개의 프로그램이 아래 표와 같다. 이때 프로그램명은 질적 변수이고 최빈값은 흑백요리사이다.

표 2.5 즐겨보는 TV 프로그램

프로그램명	비율
흑백요리사	7.8%
정년이	4.4%
나혼자 산다	3.4%
삼시세끼 Light	3.2%
지옥에서 온 판사	2.8%
다리미 패밀리	2.7%
런닝맨	2.7%
이토록 친밀한 배신자	2.6%
유 퀴즈 온 더 블록	2.4%
결혼하자 맹꽁아!	2.2%

예제 2.13 다음은 새로 출시된 샐러드 소스에 대한 맛을 10점 척도로 20명의 소비자가 응답한 자료이다. 이때 맛 점수는 양적변수이고 응답 횟수는 8점이 9회, 9점 및 7점이 4회, ... 등과 같다. 따라서 가장 많이 응답한 맛 점수는 8점이므로 최빈값은 8이다.

5	8	9	8	7	9	7	8	9	8	7	10	8	7	8	6	8	9	8	8

(4) 분포의 형태에 따른 중심 위치

평균과 중앙값은 분포의 형태에 따라서 달라진다. 먼저 대칭분포에서는 평균, 중앙값, 최빈값이 일치하지만 비대칭분포에서는 일반적으로 이들이 서로 다르게 주어진다. 예를 들면 오른쪽으로 긴 꼬리를 보이는 우비대칭분포에서는 큰 값들의 영향에 의해서 평균값이 중앙값보다 크지만 반대로 왼쪽으로 긴 꼬리를 보이는 좌비대칭분포에서는 작은 값들의 영향에 의해서 평균값이 중앙값보다 작다. 이들의 관계가 [그림 2.11]에서 설명된다.

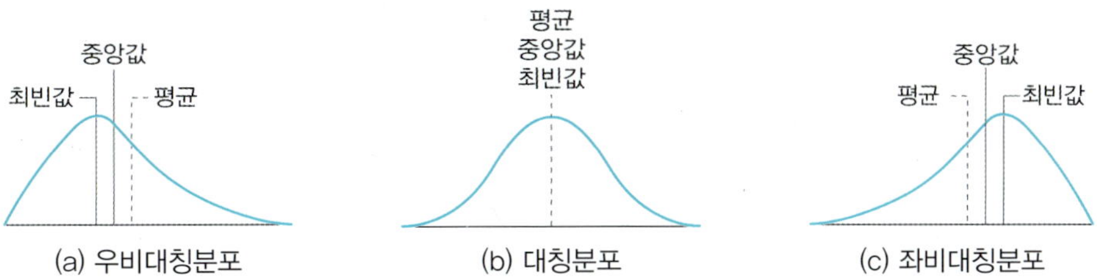

그림 2.11 분포 형태에 따른 평균, 중앙값, 최빈값의 위치

2.4.2 산포의 측도

[그림 2.12]는 기초통계학을 수강하는 두 분반 학생들의 시험 점수 분포이다. 평균은 60점으로 같으나 평균을 중심으로 점수가 퍼져있는 정도가 매우 다르다. 따라서 자료의 분포를 나타낼 때 평균이나 중앙값과 같은 대푯값만으로 충분하지 않으며 산포의 정도, 즉 관측값이 자료의 중심 위치에 있는 대푯값으로부터 얼마나 퍼져있는가를 나타내는 숫자 요약 값이 필요하다.

이 절에서는 산포의 측도로서 널리 사용되는 범위, 사분위 범위, 분산, 표준편차에 대해 소개한다.

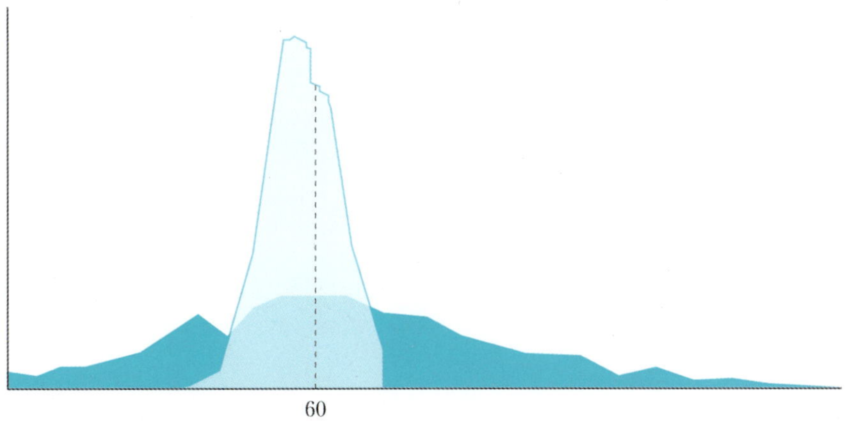

그림 2.12 평균은 같으나 산포가 다른 분포

(1) 범위

일반적으로 양적자료의 가장 간단한 산포의 측도는 범위이다.

범위(range)

양적자료의 범위는 자료의 최댓값에서 자료의 최솟값을 뺀 값이다.

범위는 가장 계산하기 쉬운 값이지만 종종 산포의 측도로서 부적절할 수 있다. 그 이유는 예제 2.14에서처럼 이상값이 있는 경우는 명백하게 영향을 받으며, 또 다른 이유로서 자료가 전혀 다른 산포의 형태를 보여도 같은 범위를 가질 수 있음을 예제 2.15에서 볼 수 있다.

예제 2.14 (예제 2.10 계속) 아래 순서대로 나열된 21개 자료의 범위는 $50-1=49$이다. 대부분 자료는 중앙값 2를 중심으로 1에서 2의 차이로 분포하지만 50이라는 단 하나의 이상값으로 인하여 자료의 산포가 매우 큰 값인 49가 되었다. 이렇게 범위는 이상값의 영향을 받는다. 한편 이상값 50을 제외한 20개 자료의 범위는 $4-1=3$이다.

1	1	1	1	1	1	1	2	2	2	2	2	2	2	2	2	2	3	4	4	50

예제 2.15 [그림 2.13]에서 두 자료의 분포는 같은 범위를 갖고 있지만 두 번째 분포에서는 관측값들이 분포의 중심 위치에 더 집중하여 있는 것을 알 수 있다. 즉, 두 번째 분포의 자료가 첫 번째 분포의 자료보다는 산포의 정도가 작음을 알 수 있다. 따라서 범위가 항상 자료의 산포 정도를 정확하게 탐지하지는 않음을 알 수 있다.

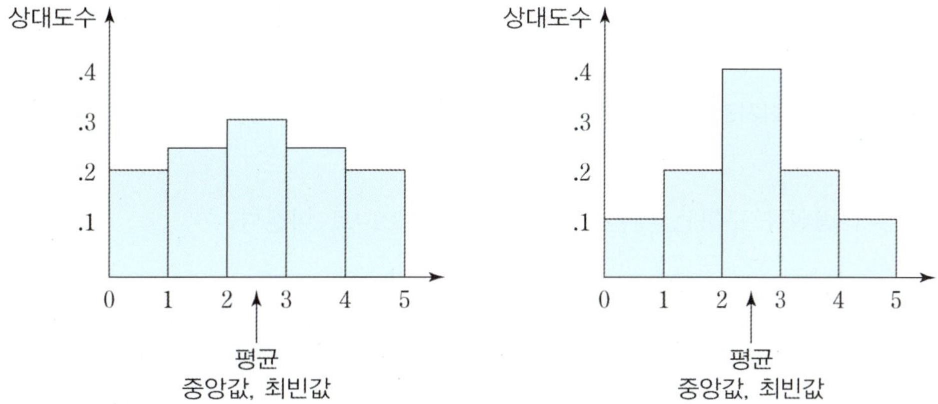

그림 2.13 같은 범위와 다른 산포를 보이는 분포

(2) 사분위 범위

이상값의 영향을 받는 범위의 단점을 개선한 산포의 측도로서 사분위 범위가 있다. [그림 2.14]에서처럼 자료를 순서대로 정렬하여 4등분 하였을 때 첫 25% 위치의 값을 제1사분위수(Q_1), 50% 위치의 값을 중앙값(M)에 해당하는 제2사분위수(Q_2), 그리고 75% 위치의 값을 제3사분위수(Q_3)라 한다. 사분위 범위는 가장 작은 관측값들과 가장 큰 관측값들 각각 25%씩을 제외하고 나머지 가운데 50%에 해당하는 관측값의 범위에 해당하므로 이상값의 영향을 받지 않는다. 사분위 범위는 중심 위치가 중앙값일 때 산포의 측도로서 적절하다.

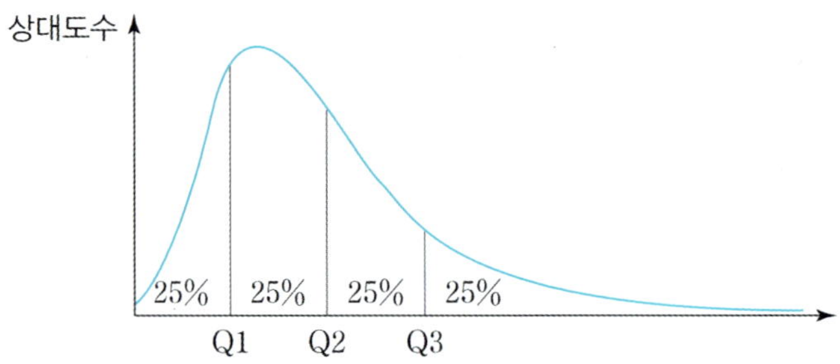

그림 2.14 사분위수

사분위 범위(IQR: Inter-Quartile Range)

사분위 범위는 제1사분위수와 제3사분위수의 차로서 $IQR = Q_3 - Q_1$

사분위 범위를 구하는 예는 2.5.2절의 예제 2.19로 미룬다.

(3) 분산과 표준편차

자료의 산포에 대한 측도로서 가장 보편적으로 쓰이는 것은 표준편차(standard deviation)이다. 표준편차는 평균을 중심으로 관측값들이 얼마나 멀리 퍼져있는가를 나타내는 측도로서 평균을 중심 위치로 한 산포의 측도이다. 편차는 관측값과 평균의 차이로 정의되며 편차는 양의 값도 될 수 있고, 음의 값도 될 수 있다. 따라서 편차들의 총합은 항상 영(0)이 된다. 그러므로 관측값과 평균값과의 거리를 나타내는 값들인 편차들을 양수로 만드는 방법 중에서 편차를 제곱하는 방법이 이용되며 이들 제곱 편차들의 평균을 분산이라고 부른다.

분산(variance)

n개의 관측값 $x_1, x_2, \cdots, x_n$들의 분산은 평균으로부터 거리 제곱의 총합을 $(n-1)$로 나눈 값이다. 기호로는 s^2으로 표현하고 다음과 같은 수식으로 계산된다.

$$s^2 = \frac{1}{n-1}\sum_{i=1}^{n}(x_i - \overline{x})^2$$

더 간편한 분산 계산 공식은 다음과 같다.

$$s^2 = \frac{1}{n-1}(\sum_{i=1}^{n}x_i^2 - n\overline{x}^2)$$

위에서 분산이 각 관측값과 평균과의 편차 제곱들의 산술평균이라고 했는데, 이것을 계산할 때 n으로 나누지 않고 왜 $n-1$로 나누었는지 의문을 가질 수 있다. 편차의 총합 $\sum(x_i-\bar{x})$이 항상 0이기 때문에 처음 $n-1$개의 편차만 알면 마지막 편차는 자동으로 계산된다. 따라서 $n-1$개의 편차는 서로 상관이 없이 자유롭게 값을 취할 수 있으나 나머지 한 개는 그것들에 종속적이다. 분산은 편차 제곱들의 합을 자유롭게 변할 수 있는 편차의 개수 $n-1$로 나누어 산술평균을 계산한 것이다. 이때의 $n-1$을 자유도(degree of freedom)라 부른다.

분산과 관련하여 자료의 산포를 표현하는 중요한 측도로 표준편차가 있다.

표준편차(standard deviation)

표준편차 s는 분산 s^2의 양의 제곱근이다.

$$s=\sqrt{s^2}$$

분산 및 표준편차는 평균과 마찬가지로 이상값이 있는 경우엔 산포의 측도로서 적절하지 않다. 이상값이 산포에 미치는 영향을 다음의 예제에서 볼 수 있다.

예제 2.16 (예제 2.10 계속) 아래 순서대로 나열된 21개 자료

1	1	1	1	1	1	1	2	2	2	2	2	2	2	2	2	2	3	4	4	50

의 평균은

$$\bar{x}=\frac{1}{21}(1+1+1+\cdots+3+4+4+50)=\frac{88}{21}=4.19$$

이다. 이제 분산 계산을 위한 간편 공식을 사용하면 분산은

$$\begin{aligned}s^2&=\frac{1}{n-1}(\Sigma x_i^2-n\bar{x}^2)\\&=\frac{1}{21-1}\{(1^2+1^2+1^2+\cdots+4^2+4^2+50^2)-(21)(4.19)^2\}=110.96\end{aligned}$$

이고, 표준편차는 $s=\sqrt{s^2}=\sqrt{110.96}=10.53$이다.

이상값인 50을 제외한 20개의 자료의 평균은

$$\bar{x} = \frac{1}{20}(1+1+1+\cdots+3+4+4) = \frac{38}{20} = 1.9$$

이다. 분산은

$$\begin{aligned} s^2 &= \frac{1}{n-1}(\sum x_i^2 - n\bar{x}^2) \\ &= \frac{1}{20-1}\{(1^2+1^2+1^+\cdots+4^2+4^2)-(20)(1.9)^2\} = 0.83 \end{aligned}$$

이고, 표준편차는 $s = \sqrt{s^2} = \sqrt{0.83} = 0.91$이다. 대부분 자료는 중앙값 2를 중심으로 1 혹은 2의 차이로 퍼져있으므로 이상값에 영향을 받은 표준편차 10.53은 매우 크게 부풀려진 산포도 값이다.

```
> # [R-program 2.9] 예제 2.14 & 예제 2.16
>
> x1=c(1, 1, 1, 1, 1, 1, 1, 2, 2, 2, 2, 2, 2, 2, 2, 2, 2, 3, 4, 4, 50)
> length(x1) # 관측치수
[1] 21
> range = max(x1) - min(x1); range  # 범위
[1] 49
> var(x1)    # 분산
[1] 110.9619
> sd(x1)     # 표준편차
[1] 10.53385
>
> (x2 = x1[-21]) # 벡터 x1의 21번째 원소 50을 제외한 벡터
 [1] 1 1 1 1 1 1 1 2 2 2 2 2 2 2 2 2 2 3 4 4
> length(x2) # 관측치수
[1] 20
> range = max(x2) - min(x2); range   # 범위
[1] 3
> var(x2)    # 분산
```

```
[1] 0.8315789
> sd(x2)      # 표준편차
[1] 0.9119095
```

표준편차는 산포의 측도로서 다음과 같은 성질을 가지고 있다.

첫째, 표준편차는 평균을 중심으로 자료가 얼마나 퍼져있는가를 측정하는 측도이다. 따라서 평균이 중심 위치의 측도로 사용될 때에만 사용된다.

둘째, 산포가 전혀 없을 때는 $s=0$이다. 즉 이 경우는 모든 관측값이 같은 값을 갖는 경우이다. 그렇지 않으면 표준편차는 항상 양수이다.

셋째, 표준편차는 이상값에 민감하므로 기울어진 분포 자료에 대한 산포의 측도로서 적합하지 못하다.

표준편차는 위 셋째 특징에서 언급한 단점에도 불구하고 왜 항상 통계분석에 등장하는가? 일반적으로 여러 종류의 분포에 대한 산포의 측도로서 표준편차가 그리 유용한 측도가 아니라는 것은 사실이다. 그러나 많은 통계적 방법들이 대칭인 정규분포에 유효하도록 각각 개발되어 사용되고 있으며 표준편차도 그러하다. 즉 이상값이 있는 경우 이상값을 제거하거나, 기울어진 분포는 대칭분포로 변환한 후에 산포의 측도로서 표준편차가 사용된다.

2.4.3 상대적 위치의 측도

지금까지 양적자료에 대한 분포의 특성을 표현하는 중심 위치의 측도와 산포의 측도에 대해서 알아보았다. 추가하여 어느 특정한 관측값이 주어진 자료 분포에서 상대적으로 어느 위치에 놓여 있는지를 나타내는 **상대적 위치의 측도**에 대해서 알아보기로 한다.

(1) 백분위수

자료 집단에서 특정한 관측값의 상대적 위치를 표현하는 한 가지 측도로서 **백분위수**가 있다. 예를 들어 어느 학생이 통계학 과목에서 80점을 받았다면 함께 통계학을 수강한 다른 학생들과 비교하여 상대적으로 어느 정도 점수인지를 알고 싶어 한다고 하자. 이때 80점의 상대적 위치가 제90번째 백분위수에 위치한다고 한다면, 이것은 학생들의 점수 중에서 90%가 80점보다 작거나 같고, 10%만이 80점보다 크거나 갈다는 사실을 의미한다. 이처럼 백분위수는 자료에서 각 관측값의 상대적 위치를 의미한다. 이 값을 구하는 것은 자료의 중앙값을 구하는 절차와 비슷하게 이루어진다. 관측값들을 크기 순서로 정렬한 다음 각 백분위수에 해당되는 위치를 정의하는 방법을 사용하여 백분위수를 결정한다.

백분위수

n개의 관측값들에 대하여 **제p백분위수**(p–th percentile) P_p는 전체 자료의 p%가 이 값보다 작거나 같고, $(100-p)$%가 이 값보다 크거나 같은 값으로 정의되며 $(n+1)\times\frac{p}{100}$ 번째[2), 3)] 위치에 있는 수로 계산한다.

예제 2.17 다음은 필라테스 수강생들 40명의 키(단위: cm)를 크기순으로 정렬한 자료이다. 이 자료에 대하여 중앙값과 제25백분위수 그리고 제95백분위수를 구하여라.

표 2.6 필라테스 수강생들의 키

143	145	152	153	154	154	155	156	157	160
160	160	161	161	161	162	162	163	163	163
164	164	165	165	165	166	166	167	168	168
169	169	170	170	171	172	172	172	174	174

풀이 관측값 수가 $n=40$이고 중앙값은 제50백분위수에 해당한다. 따라서 중앙값의 위치는 $(40+1)\times\frac{50}{100}=20.5$이며, 중앙값은 20번째 관측값 163과 21번째 관측값 164 사이의 $\frac{5}{10}$ 지점에 위치한다. 따라서 중앙값은

2) Hyndman, R. J. and Fan, Y. (1996) Sample quantiles in statistical packages, American Statistician 50, 361-365. doi:10.2307/2684934.

3) Hyndman, R. J. and Fan, Y. (1996)는 주어진 확률에 해당하는 백분위수를 순서통계량에 기초해서 계산하는 9가지 알고리즘을 제안하였다. R에서는 이러한 9가지 방법 중에서 선택할 수 있다. 이 책에서 소개하는 백분위수 계산 방법은 Minitab과 SPSS에서 사용하는 방법이다.

$$M = 163 + (164 - 163) \times \frac{5}{10} = 163.5$$

이다.

두 번째로 제25백분위수의 위치는 $(40+1) \times \frac{25}{100} = 10.25$이며, 제25백분위수는 10번째 관측값 160과 11번째 관측값 160 사이의 $\frac{25}{100}$ 지점에 위치한다. 따라서 제25백분위수는

$$P_{25} = 160 + (160 - 160) \times \frac{25}{100} = 160$$

이다.

세 번째로 제95백분위수는 $(40+1) \times \frac{95}{100} = 38.95$이며, 제95백분위수는 38번째 관측값 172와 39번째 관측값 174 사이의 $\frac{95}{100}$ 지점에 위치한다. 따라서 제95백분위수는

$$P_{95} = 172 + (174 - 172) \times \frac{95}{100} = 173.9$$

이다.

(2) 표준화 점수

자료의 상대적 위치를 나타내는 또 다른 측도로 $z-$점수라고도 부르는 표준화 점수(standardized score)가 있다. $z-$점수는 관측값들의 상대적 위치를 결정하기 위하여 자료의 평균과 표준편차를 사용한다.

표준화 점수(z–점수)

자료의 평균이 $\overline{x}$, 표준편차가 s라고 한다면 관측값 x의 표준화 점수는 $z = \frac{x - \overline{x}}{s}$

$z-$점수의 공식으로부터 $x=\overline{x}+z\times s$와 같이 쓸 수 있다. 즉, 관측값 x는 자료의 중심 위치인 평균($\overline{x}$)으로부터, 표준편차(s)의 z배 만큼 떨어져 있다. $z-$점수의 평균은 0이고 표준편차는 1이다. 따라서 z가 양수이면 관측값 x는 전체 자료 중에서 상위 50% 이내에 속하며, z가 음수이면 전체 자료 중에서 하위 50% 이내에 속한다.

예제 2.18 (예제 2.17 계속) 필라테스 수강생들의 키에 대한 자료에서 키가 165cm인 수강생의 $z-$점수를 구하고 이 값을 해석하여라.

풀이 40명 필라테스 수강생의 키 평균과 표준편차는 각각 $\overline{x}=162.9$, $s=7.36$이다. 따라서 키 165cm에 대한 $z-$점수는 다음과 같다.

$$z=\frac{165-162.9}{7.36}=0.285$$

즉, 키 165cm는 자료의 중심 위치인 평균값 162.9cm보다 표준편차 7.36cm의 0.285배만큼 더 큰 값이다. 또한 $z-$점수가 0.285로 양수이므로 키 165cm인 수강생은 전체 40명 수강생 중에서 키가 큰 상위 50% 집단에 속한다.

```
> # [R-program 2.10] 예제 2.17 & 예제 2.18
>
> height = read.table("height.txt")
>
> str(height) # 새로 생성된 변수 V1 확인
'data.frame': 40 obs. of  1 variable:
 $ V1: int  143 145 152 153 154 154 155 156 157 160 ...
>
> # 옵션 type = 6 : 백분위수 구하는 9가지 방법중 6번째 방법 사용
>
> quantile(height$V1, probs = c(0.5, 0.25, 0.95), type = 6)
  50%   25%   95%
163.5 160.0 173.9
>
```

```
> (height.mean = mean(height$V1))
[1] 162.9
>
> (height.sd = sd(height$V1))
[1] 7.361717
>
> (z.score = (165-height.mean)/height.sd)
[1] 0.2852596
```

2.5 이상값의 탐색

2.5.1 이상값

종종 자료에서 전체 관측값들의 수준보다 특별하게 크거나 혹은 특별하게 작은 관측값들이 있는데 이러한 관측값을 **이상값**(outlier)이라 부른다. 자료 분석에서 이상값을 찾아내는 것은 매우 중요하다.

이상값은 다음의 몇 가지 이유 중 하나에 의해서 발생한다. 첫 번째는 자료의 측정 혹은 입력방법이 잘못되어서 일어난다. 예를 들어, 관측값을 생성하는 측정기기가 잘못 작동하거나, 조사자가 관측값을 정확하게 입력하지 못하여 일어난다. 두 번째는 잘못 분류한 결과로 발생한다. 즉 애초에 다른 모집단의 표본을 관측하여 발생하는 경우이다. 세 번째는 원하는 모집단에서 제대로 표본을 추출하여 정확하게 관측되었다고 해도 이 값이 관측될 가능성이 매우 낮은 경우에 발생한다. 이러한 이상값은 보통 한 쪽 방향으로 심하게 기울어진 비대칭분포로부터 발생한다.

이상값(outlier)

관측값이 다른 값들과 비교하여 비정상적으로 작거나 큰 값을 **이상값**이라 부른다. 이상값은 다음의 각 경우 중 하나에 의해서 일어난다.

1. 관측값이 측정되고 입력되는 과정에서 잘못이 일어나는 경우
2. 관측값이 다른 모집단으로부터 추출된 표본으로부터 관측된 경우
3. 관측값이 원하는 모집단의 표본으로부터 제대로 관측되었으나 발생 가능성이 아주 작은 경우

이상값을 탐색하는 방법은 두 가지 방법이 유용하게 사용되는데 이들은 수치적 방법과 그래프 방법이다. 수치적 방법은 z − 점수를 활용하는 것이다. z − 점수는 평균이 0이고 표준편차가 1이므로 z − 점수의 절댓값이 2보다 클수록 이상값일 가능성이 더욱 커진다.

그래프 방법으로는 상자그림(box plot)을 그려 이상값을 탐색할 수 있다.

2.5.2 사분위수

상자그림은 자료의 사분위수(quartile)에 기초한다. 이미 2.4.2절에서 소개한 사분위수는 자료를 크기순으로 정렬하여 4등분 하였을 때 각 경계에 위치하는 관측값들이다. 사분위수도 백분위수처럼 상대적 위치의 측도에 해당한다.

사분위수(quartile)

자료를 크기순으로 정렬한 다음 4등분 하였을 때, 제1사분위수(Q_1)는 제25백분위수(P_{25})이며, 제2사분위수(Q_2)는 중앙값(M)이면서 제50백분위수(P_{50})이고, 제3사분위수(Q_3)는 제75백분위수(P_{75})이다.

상자그림은 사분위수와 사분위 범위(IQR)를 사용하여 작성할 수 있다. 다음의 예제에서 사분위수와 사분위 범위를 계산해본다.

예제 2.19 (예제 2.17 계속) 필라테스 수강생들의 키에 대한 자료에서 사분위수들과 사분위 범위를 구하여라.

풀이 예제 2.17에서 이미 구한 제25백분위수(P_{25}) 160은 제1사분위수(Q_1)에 해당한다. 또한 중앙값이면서 제50백분위수(P_{50})인 163.5는 제2사분위수(Q_2)에 해당한다. 제3사분위수인 제75백분위수(P_{75})의 위치는 $(40+1)\times\frac{75}{100}=30.75$에 해당되며 이것은 30번째 관측값 168과 31번째 관측값 169의 $\frac{75}{100}$ 지점에 위치한다. 따라서 제3사분위수(Q_3)는

$$Q_3 = 168 + (169 - 168) \times \frac{75}{100} = 168.75$$

이다. 이제 사분위 범위(IQR)는 $IQR = Q_3 - Q_1 = 168.75 - 160 = 8.75$로 주어진다.

```
> # [R-program 2.11] 예제 2.19
>
> height = read.table("height.txt")
>
> str(height) # 새로 생성된 변수 V1 확인
'data.frame': 40 obs. of  1 variable:
 $ V1: int  143 145 152 153 154 154 155 156 157 160 ...
>
> # 옵션 type = 6 : 백분위수 구하는 9가지 방법중 6번째 방법 사용
>
> (q = quantile(height$V1, probs = c(0.25, 0.50, 0.75), type = 6))
   25%    50%    75%
160.00 163.50 168.75
>
> iqr = q["75%"] - q["25%"]; iqr
 75%
8.75
```

2.5.3 상자그림

상자그림(box plot)은 이상값의 탐색뿐만 아니라 자료 분포의 형태를 파악하는 데 매우 유용하게 사용된다. 상자그림을 그리는 몇 가지 방법이 있는데, 그중 공통적인 것은 상자그림의 몸통이라 할 수 있는 상자를 그리는 방법은 모두 같다. 그러나 꼬리를 그리는 방법은 다를 수 있다.

상자그림에서 상자의 밑변은 제1사분위수(Q_1), 상자의 윗변은 제3사분위수(Q_3), 그리고 상자 내부에 중위수(M)을 나타낸다.

상자의 꼬리를 나타내는 방법으로 가장 간단한 방법은 상자의 각 끝 변으로부터 자료의 최솟값과 최댓값까지 연결하여 꼬리를 만드는 것이다. 여기서는 이보다는 다소 복잡하기는 하지만 이상값의 탐색을 위해 상자그림의 꼬리를 그리는 방법을 예제를 통하여 설명한다.

예제 2.20 (예제 2.17 계속) 필라테스 수강생들의 키 자료에 대한 상자그림이 [그림 2.15]에 주어져 있다. 이 상자그림을 그리는 절차를 설명하여라.

풀이 상자그림을 작성하기 위해서는 먼저 제1사분위수(Q_1)인 160을 상자의 아랫변으로, 제3사분위수(Q_3)인 168.75를 상자의 윗변으로 하는 직사각형 모양의 상자를 그린다. 그리고 직사각형 상자 안에 자료의 중앙값인 163.5를 직선으로 표시한다.

두 번째로 상자그림의 꼬리 부분에 대한 경계값을 구성하기 위하여 **안쪽 울타리**와 **바깥쪽 울타리**라고 불리는 두 가지 극한값을 사용한다. 안쪽 울타리는 상자의 아랫(윗)변으로부터 1.5배의 사분위 범위(1.5* IQR)의 거리에 위치한다. 따라서 키 자료의 안쪽 울타리 값은 다음과 같이 주어진다.

$$\text{위쪽의 안쪽 울타리} = Q_3 + 1.5 \times IQR = 168.75 + 1.5 \times 8.75 = 181.9$$

$$\text{아래쪽의 안쪽 울타리} = Q_1 - 1.5 \times IQR = 160 - 1.5 \times 8.75 = 146.9$$

위쪽의 안쪽 울타리 안에 있는 관측값 중에서 가장 큰 관측값은 174이므로, 이 값까지 위쪽 수염을 그린다. 같은 방법으로 아래쪽의 안쪽 울타리 안에 있는 관측값 중에서 가장 작은 관측값인 152까지 아래쪽 수염을 그린다.

다음으로 바깥쪽 울타리는 상자의 아랫(윗)변으로부터 3배의 사분위 범위(3* IQR)의 거리에 위치한다. 따라서 키 자료의 바깥쪽 울타리 값은 다음과 같이 주어진다.

$$\text{위쪽의 바깥쪽 울타리} = Q_3 + 3 \times IQR = 168.75 + 3 \times 8.75 = 195$$

$$\text{아래쪽의 바깥쪽 울타리} = Q_1 - 3 \times IQR = 160 - 3 \times 8.75 = 133.75$$

이제 안쪽 울타리와 바깥쪽 울타리 사이의 관측값들을 **의사 이상값**(potential outlier)으로 간주한다. 그 이유는 이들은 상대적으로 자주 일어나지 않는 극단인 값들을 의미하기 때문이다. 키 자료에서는 관측값 143, 145가 의사 이상값으로 처리되어 동그라미 기호로 표시하였다.
마지막으로 바깥쪽 울타리 밖에 존재하는 관측값은 특별한 분석을 요구하는 매우 극단적인 관측값으로 이들 관측값은 **이상값**으로 생각할 수 있다.

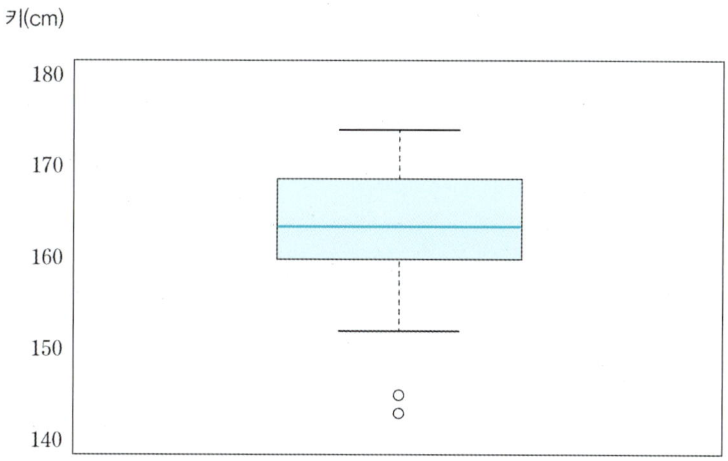

그림 2.15 필라테스 키 자료에 대한 상자그림

```
> # [R-program 2.12] 예제 2.20 - [그림 2.15]
>
> height = read.table("height.txt")
>
> str(height) # 새로 생성된 변수 V1 확인
'data.frame': 40 obs. of  1 variable:
 $ V1: int  143 145 152 153 154 154 155 156 157 160 ...
>
> library(graphics)
> boxplot(height$V1, ylab = "키(cm)",  ylim = c(140, 180))
```

주어진 자료의 상자그림에서 아래와 같이 자료 분포의 형태를 파악할 수 있고 이상값을 탐색할 수 있다.

상자그림의 해석

1. 상자의 길이를 표현하는 사분위 범위(IQR)는 산포도의 측도이므로 두 개 이상 자료의 산포를 비교할 때 유용하게 사용된다.
2. 수염의 길이를 관찰하여 한쪽이 다른 쪽보다 길게 주어지면 자료들은 수염이 긴 방향으로 기울어진 분포를 갖는다.
3. 바깥쪽 울타리 밖에 놓이는 관측값은 이상값으로, 바깥 울타리와 안쪽 울타리 사이에 놓이는 관측값은 의사 이상값으로 간주한다.

상자그림은 여러 자료들의 분포를 비교할 때 매우 유용하게 사용된다. 다음 예제를 통하여 이를 살펴보기로 한다.

예제 2.21 [표 2.7]은 2005년부터 2021년까지 매년 고속국도에서 발생하는 교통사고 건수를 요일별로 정리한 표이다. 요일별 교통사고 건수를 비교하기 위한 상자그림을 그리고 어떤 특성이 있는지 설명하여라.

표 2.7 고속국도에서 요일별 교통사고 건수

년도	월	화	수	목	금	토	일
2005	539	474	508	503	560	822	707
2006	511	458	455	458	583	748	730
2007	422	477	442	416	509	745	650
2008	429	459	466	426	534	698	598
2009	408	471	459	470	557	712	671
2010	499	489	525	519	548	713	631
2011	466	445	466	464	538	759	662
2012	440	433	396	436	583	675	587
2013	397	434	377	423	452	625	523
2014	411	412	440	430	625	725	540
2015	568	519	554	584	721	864	685
2016	589	596	550	518	728	777	589
2017	506	488	560	535	666	794	597
2018	576	528	523	538	659	716	539
2019	534	595	548	537	701	728	580
2020	566	535	530	601	668	649	490
2021	659	652	666	703	825	785	593

풀이 [그림 2.16]은 요일별 교통사고 건수를 비교하기 위한 상자그림이다. 이 상자그림에서 토요일의 교통사고 건수가 다른 요일들에 비교해서 더 많음을 알 수 있다. 다음 순서로 금요일과 일요일의 교통사고 건수가 월, 화, 수, 목요일보다 더 많은 편이다. 특히 금요일의 교통사고 건수의 분포는 오른쪽으로 기울어진 분포를 가지며 산포가 가장 큰 편이다. 화요

일과 목요일의 교통사고 건수 분포에서는 해마다 발생하는 교통사고 건수의 수준보다 더 많은 교통사고가 발생한 연도(year), 즉 의사 이상값이 있음을 알 수 있다.

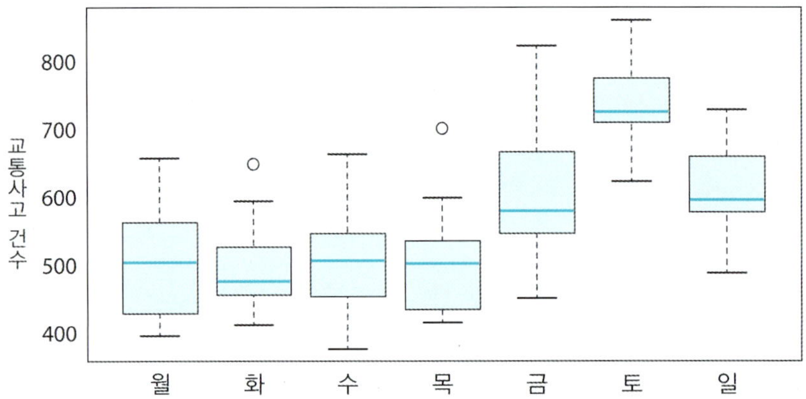

그림 2.16 고속국도에서 요일별 교통사고 건수에 대한 상자그림

```
> # [R-program 2.13] 예제 2.21 - [그림 2.16]
>
> library(openxlsx)
> traffic = read.xlsx("traffic_accident.xlsx", sheet = 1, colNames =
TRUE)
>
> str(traffic)
'data.frame': 17 obs. of  8 variables:
 $ 년도: num  2005 2006 2007 2008 2009 ...
 $ 월  : num  539 511 422 429 408 499 466 440 397 411 ...
 $ 화  : num  474 458 477 459 471 489 445 433 434 412 ...
 $ 수  : num  508 455 442 466 459 525 466 396 377 440 ...
 $ 목  : num  503 458 416 426 470 519 464 436 423 430 ...
 $ 금  : num  560 583 509 534 557 548 538 583 452 625 ...
 $ 토  : num  822 748 745 698 712 713 759 675 625 725 ...
 $ 일  : num  707 730 650 598 671 631 662 587 523 540 ...
>
```

```
> summary(traffic)
      년도           월             화             수
 Min.   :2005   Min.   :397.0   Min.   :412.0   Min.   :377.0
 1st Qu.:2009   1st Qu.:429.0   1st Qu.:458.0   1st Qu.:455.0
 Median :2013   Median :506.0   Median :477.0   Median :508.0
 Mean   :2013   Mean   :501.2   Mean   :497.9   Mean   :497.9
 3rd Qu.:2017   3rd Qu.:566.0   3rd Qu.:528.0   3rd Qu.:548.0
 Max.   :2021   Max.   :659.0   Max.   :652.0   Max.   :666.0
      목              금              토              일
 Min.   :416.0   Min.   :452.0   Min.   :625.0   Min.   :490.0
 1st Qu.:436.0   1st Qu.:548.0   1st Qu.:712.0   1st Qu.:580.0
 Median :503.0   Median :583.0   Median :728.0   Median :597.0
 Mean   :503.6   Mean   :615.1   Mean   :737.4   Mean   :610.1
 3rd Qu.:537.0   3rd Qu.:668.0   3rd Qu.:777.0   3rd Qu.:662.0
 Max.   :703.0   Max.   :825.0   Max.   :864.0   Max.   :730.0
>
> library(graphics)
>
> # 첫번째 열 변수 "년도"를 제외한 나머지 7개 요일변수에 대한 상자그림
> boxplot(traffic[, -1], xlab = "Week", ylab = "교통사고 건수",
+        horizontal = FALSE) # horizontal = TRUE : 가로 상자그림
```

연/습/문/제

01 영화 등급은 네 개의 범주, 즉 청소년 관람 불가, 12세 이상 관람가, 15세 이상 관람가, 전체관람가 중 하나로 분류된다. 이 영화 등급을 각각 1, 2, 3, 4로 코딩하여 데이터를 만들기로 하였다. 다음과 같은 변수를 질적변수 또는 양적변수로 분류하여라.

(1) 원래 영화 등급

(2) 숫자로 코딩한 영화 등급

02 대학에서는 신입생들에게 지원할 장학금을 결정하기 전에 신입생들에 대한 몇 가지 정보가 필요하다. 다음과 같은 변수를 질적변수 또는 양적변수로 분류하여라.

(1) 고등학교 내신 점수

(2) 수능점수

(3) 신입생의 소속 학과

(4) 타 기관으로부터 장학금 수여 여부

(5) 소득 분위

03 다음의 변수를 질적변수 또는 양적변수로 분류하여라.

(1) 전국에 있는 각 수영장 물의 대장균 수

(2) 은행 업무 개시 후 입장한 첫 30명 고객의 직업

(3) 한 행정구역에 거주하는 주민들의 학력

(4) 자동차 정비소에서 100대 자동차들의 검사 사이의 시간

04 모든 고속도로에 설치된 교량들은 국토교통부의 관리 부서로부터 구조적 결함을 점검받는다. 이 점검에서 수집된 데이터에서 몇 개의 변수들이 아래에 열거되어 있다. 각 변수를 질적 혹은 양적변수로 분류하여라.

(1) 차선의 수

(2) 통행세를 받는 다리(네 또는 아니오)

(3) 하루 평균 교통량

(4) 갑판의 상태(좋다, 적정하다, 나쁘다)

(5) 우회로 길이

(6) 도로의 종류

05 우리나라 13세 이상 국민에게 향후 하고 싶은 여가 활동을 물은 결과가 아래 표와 같다.

향후 희망하는 여가활동	비율(%)
동영상 콘텐츠 시청	10.9
문화예술 관람	8.5
문화예술 활동	2.7
스포츠경기 관람	2.8
스포츠활동	10.1
관광활동	42.4
컴퓨터 게임, 인터넷 검색 등	2.8
취미 · 자기개발 활동	11.0
휴식활동	5.4
사회활동	3.3
기타	0.1
합계	100

(1) 11개 여가 활동의 선호도에 대한 적절한 그래프를 그려 데이터의 특성을 설명하여라.

(2) 11개 여가 활동을 관련성 있는 활동끼리 통합한 후 선호도에 대한 적절한 그래프를 그려 데이터의 특성을 설명하여라.

(3) (1)과 (2)의 각 경우에 자료의 중심 위치의 측도로 적절한 대푯값을 구하여라.

06 우리나라 13세 이상 국민에게 부모 부양에 대한 견해를 물은 결과가 아래 표와 같다.

부모 부양에 대한 견해	비율(%)
부모 스스로 해결	12.6
가족이 해결	19.7
가족, 정부, 사회가 함께 해결	62.1
정부, 사회가 함께 해결	5.5
기타	0.1
합계	100

(1) 적절한 그래프를 그려 데이터의 특성을 설명하여라.

(2) 자료의 중심 위치의 측도로 적절한 대푯값을 구하여라.

07 우리나라 13세 이상 국민에게 결혼문화에 대한 견해, 즉 결혼은 하지 않으면서 남녀가 동거할 수 있는지를 물은 결과가 아래 표와 같다. 세대별로 결혼문화에 대한 견해를 비교할 수 있는 그래프를 그리고 데이터의 특성을 설명하여라.

연령	전적으로 동의	약간 동의	약간 반대	전적으로 반대
13~19세	26.9	51.8	16.8	4.6
20~29세	31.1	50.6	13.3	5.1
30~39세	26.8	51.7	15.0	6.4
40~49세	20.0	52.2	19.0	8.8
50~59세	12.0	48.0	25.8	14.3
60~69세	7.3	40.9	32.2	19.6
70~79세	6.0	36.7	31.7	25.6
80세 이상	5.6	29.6	31.5	33.3

08 통계청이 발표한 2020 인구주택총조사 표본 집계 결과, 전체 20,927천 가구 중 3,129천 가구가 반려동물을 키운다고 답했다. 그중 개를 키우는 집은 2,269천 가구, 고양이를 키우는 집은 571천 가구, 개와 고양이를 같이 키우는 집은 140천 가구로 나타났다.

(1) 반려동물 비 양육과 양육의 구성 비율을 원그래프로 그리고 데이터의 특성을 설명하여라.

(2) 반려동물 양육 가구의 분포를 알 수 있는 그래프를 그리고 데이터의 특성을 설명하여라.

(3) (1)과 (2)의 각 경우에 자료의 중심 위치의 측도로 적절한 대푯값을 구하여라.

09 다음 표는 2019년 행정구역별 인구 1만 명당 의료인의 수이다.

행정구역	의사	치과의사	한의사	약사
서울특별시	30.13	7.26	4.98	1.93
부산광역시	22.04	4.86	4.89	1.76
대구광역시	23.70	5.34	4.57	1.42
인천광역시	16.06	4.24	3.24	5.01
광주광역시	24.56	6.47	4.72	1.26
대전광역시	25.21	5.78	5.09	8.39
울산광역시	14.90	4.33	3.55	3.24
세종특별자치시	0.00	3.38	2.63	0.17
경기도	16.86	4.03	3.28	2.5
강원도	17.09	4.13	3.03	1.36
충청북도	14.25	3.63	3.29	1.04
충청남도	14.06	4.07	3.47	5.33
전라북도	19.08	12.05	4.43	4.98
전라남도	16.45	4.03	4.37	6.69
경상북도	14.20	3.56	3.81	2.08
경상남도	16.09	3.98	3.66	6.2
제주특별자치도	16.09	3.89	3.04	0.6

(1) 행정구역별 의사 수의 분포를 나타내는 그래프를 그리고 데이터의 특성을 설명하여라.

(2) 행정구역별 치과의사 수의 분포를 나타내는 그래프를 그리고 데이터의 특성을 설명하여라.

(3) 행정구역별 한의사 수의 분포를 나타내는 그래프를 그리고 데이터의 특성을 설명하여라.

(4) 행정구역별 약사 수의 분포를 나타내는 그래프를 그리고 데이터의 특성을 설명하여라.

10 자전거 동호회 모임에 참여한 20명 회원의 나이(단위: 세)를 조사한 자료가 아래와 같다.

27	38	39	41	42	43	43	44	44	46
48	48	48	48	49	51	51	52	53	54

(1) 나이 자료에 대해 점도표를 그리고 데이터의 특성을 설명하여라.

(2) 나이 자료에 대해 줄기와 잎 그림을 그리고 데이터의 특성을 설명하여라.

(3) 나이 자료에 대해 히스토그램을 그리고 데이터의 특성을 설명하여라.

(4) 나이 자료에 대해 상자그림을 그리고 데이터의 특성을 설명하여라.

(5) 위 네 종류의 그래프 중에 나이 데이터를 표현하는 데 적절한 그래프는 어느 것인가? 그 이유를 설명하여라.

(6) 나이 자료의 대푯값으로 평균과 중앙값을 구하여라.

(7) 나이 자료의 산포값으로 범위, 사분위 범위, 표준편차를 구하여라.

(8) (1)부터 (7)의 결과들에 기초하여 대푯값과 산포값으로 적절하다고 생각하는 값은 얼마인가? 그 이유에 대하여 설명하여라.

(9) 43세의 z – 점수를 구하고 이 값을 해석하여라.

11 수리통계학을 수강한 30명 학생의 최종 점수가 아래 표와 같다.

56.6	65.2	80.5	65.9	78.7	67.5	46.8	38.9	71.0	72.5
67.9	83.2	76.5	78.2	45.0	67.4	60.7	61.1	60.9	37.7
55.8	45.1	53.9	52.3	54.0	52.5	66.3	52.6	52.7	38.3

(1) 점수 자료에 대해 점도표를 그리고 데이터의 특성을 설명하여라.

(2) 점수 자료에 대해 줄기와 잎 그림을 그리고 데이터의 특성을 설명하여라.

(3) 점수 자료에 대해 히스토그램을 그리고 데이터의 특성을 설명하여라.

(4) 점수 자료에 대해 상자그림을 그리고 데이터의 특성을 설명하여라.

(5) 위 네 종류의 그래프 중에 점수 데이터를 표현하는 데 적절한 그래프는 어느 것인가? 그 이유를 설명하여라.

(6) 점수 자료의 대푯값으로 평균과 중앙값을 구하여라.

(7) 점수 자료의 산포값으로 범위, 사분위 범위, 표준편차를 구하여라.

(8) (1)부터 (7)의 결과들에 기초하여 대푯값과 산포값으로 적절하다고 생각하는 값은 얼마인가? 그 이유에 대하여 설명하여라.

(9) 52.5점의 $z-$점수를 구하고 이 값을 해석하여라.

12 프로바이오틱스는 장 건강, 면역력 증강 등의 도움을 줄 수 있는 건강기능식품이다. 2021년 국내 매출액은 약 7천억 원으로 약 1조 원의 홍삼에 이어 2위를 차지하였다. 한편 어린이 건강기능식품 시장은 지난 2017년 67억 원에서 2020년 5,000억 원으로 시장규모가 급격히 확대되었다. 한국소비자원이 어린이 프로바이오틱스 제품의 품질 및 안전성 등을 시험·평가하여 객관적인 소비자 선택정보를 제공하고자 소비자의 구매 경험이 많은 상위 18개 제품(분말형 13개, 츄어블형 5개)을 선정하여 1일 섭취량에 들어있는 유산균 수(단위: 억 CFU/g)를 조사한 자료가 다음 표와 같다.

분말형	160 160 240 160 120 150 180 60 8 130 30 50 150 230
츄어블형	120 310 120 0.055

(1) 18개 유산균 자료에 대해 점도표를 그리고 데이터의 특성을 설명하여라.

(2) 18개 유산균 자료에 대해 줄기와 잎 그림을 그리고 데이터의 특성을 설명하여라.

(3) 18개 유산균 자료에 대해 히스토그램을 그리고 데이터의 특성을 설명하여라.

(4) 18개 유산균 자료에 대해 상자그림을 그리고 데이터의 특성을 설명하여라.

(5) 위 네 종류의 그래프 중에 유산균 데이터를 표현하는 데 적절한 그래프는 어느 것인가? 그 이유를 설명하여라.

(6) 18개 유산균 자료의 대푯값으로 평균과 중앙값을 구하여라.

(7) 18개 유산균 자료의 산포값으로 범위, 사분위 범위, 표준편차를 구하여라.

(8) (1)부터 (7)의 결과들에 기초하여 대푯값과 산포값으로 적절하다고 생각하는 값은 얼마인가? 그 이유에 대하여 설명하여라.

(9) 유산균 수 230억 CFU/g의 $z-$점수를 구하고 이 값을 해석하여라.

(10) 등 맞댄 줄기와 잎 그림을 그려 분말형과 츄어블형 제품의 1일 섭취량에 들어있는 유산균 수를 비교하여라.

13 어느 과목의 평가에서 학생들은 최종 점수로서 $z-$점수를 받는다. 그 과목 성적의 평균과 표준편차는 각각 64점과 10점이다.

(1) 각 평가 점수에 대응하는 $z=2.1$, $z=-0.5$는 무슨 의미인지 각각 설명하여라.

(2) $z-$점수가 -1.5 이하인 학생들은 재시험을 치러야 한다고 한다면 평가 점수가 얼마인 학생들이 재시험을 치러야 하는가?

14 기초통계학을 수강한 1분반과 2분반 학생 각각 30명의 최종 점수가 아래 표와 같다. 두 분반의 성적 분포를 비교하기 위한 그래프를 그리고 데이터의 특성을 설명하여라.

1분반	88.9	89.7	76.4	60.4	53.6	25.6	79.9	64.4	76.6	83.8
	74.5	89.2	79.6	71.1	91.7	71.2	95.7	75.8	90.7	86.7
	82.5	53.2	64.5	66.9	97.1	71.6	97.5	87.5	98.4	59.2
2분반	55.4	30.3	21.0	52.6	60.4	73.5	57.9	72.3	73.1	61.2
	65.1	68.4	65.6	72.1	69.2	58.7	58.9	58.6	32.1	59.3
	56.1	69.8	16.7	73.2	53.8	66.9	69.5	51.5	12.8	33.3

15 엑셀 파일 boxoffice.xlsx는 한국에서 2012년 1월 1일 이후 개봉하여 2015년 12월 31일 이내에 상영종료가 된 영화 중 누적 관객 수가 50만 명 이상인 276개 영화데이터이다. 각 변수에 대한 설명은 다음과 같다.

변수	변수설명	변수값
Movie	영화제목	
Year	개봉 연도	
Nationality	국적	국내, 국외
Audience	관객 수	
AudienceGrade	관객 수 등급	50만, 100만, 300만, 500만, 1000만
Rating	포털 평점	
Number	포털 평가 자수	
Blog	블로그 수	
News	뉴스 수	
Grade	영화 등급	12세 이상, 15세 이상, 18세 이상, 전체관람가
Month	개봉 월	
Season	개봉 계절	봄, 여름, 가을, 겨울
Dscreen	스크린 수	

관객 수 등급에 따른 관객 수는 다음과 같이 정의된다.

관객수등급	관객수
50만	50만 이상 100만 미만
100만	100만 이상 300만 미만
300만	300만 이상 500만 미만
500만	500만 이상 1000만 미만
1000만	1000만 이상

다음에 대하여 적절한 그래프를 그려서 데이터의 특성을 설명하여라.

(1) 개봉 연도 분포

(2) 국적 분포

(3) 관객 수 분포

(4) 관객 수 등급별 포털 평점 비교

(5) 관객 수 등급별 포털 평가자 수 비교

(6) 관객 수 등급별 블로그 수 비교

(7) 관객 수 등급별 뉴스 수 비교

(8) 개봉 계절별 영화 수 비교

(9) 영화 등급별 스크린 수 비교

16 엑셀 파일 healthdata.xlsx는 총 513명의 삶(Alive)과 죽음(Dead)의 상태(Status)에 따른 콜레스테롤(Cholesterol), 체중 상태(Weight_status), 흡연 상태(Smooking_status)에 대한 정보를 가지고 있다. 각 변수에 대한 설명은 아래 표와 같다.

Status	Weight_Status	Smoking_Status
Alive	Normal	Heavy(16–25)
Dead	Overweight	Light(1–5)
	Underweight	Moderate(6–15)
		Non–smoker
		VeryHeavy(〉25)

다음에 대하여 적절한 그래프를 그려서 데이터의 특성을 설명하여라.

(1) 체중 상태의 분포

(2) 흡연 상태의 분포

(3) 콜레스테롤 수치의 분포

(4) 삶 집단과 죽음 집단의 체중 상태의 비교

(5) 삶 집단과 죽음 집단의 흡연 상태의 비교

(6) 삶 집단과 죽음 집단의 콜레스테롤 수치 비교

17 엑셀 파일 car.xlsx는 2004년에 조사된 총 425대 자동차에 대한 자료이다. 각 변수에 대한 설명은 아래 표와 같다.

변수	변수설명	변수값
Make	제조사	
Model	모델명	
Type	자동차 형태	Sedan, Sports, SUV, Truck, Wagon
Origin	지역	Asia, Europe, USA
Drive Train	구동 방식	All, Front, Rear
EngineSize	엔진 크기	
Horsepower	마력	
MPG City	시내 연비	
MPG_Highway	고속도로 연비	
Weight	자동차 중량	
Length	자동차 길이	

다음에 대하여 적절한 그래프를 그려서 데이터의 특성을 설명하여라.

(1) 마력의 분포

(2) 시내 연비의 분포

(3) 고속도로 연비의 분포

(4) 자동차 중량의 분포

(5) 자동차 길이의 분포

(6) 자동차 형태별 마력의 비교

(7) 자동차 형태별 시내 연비의 비교

(8) 자동차 형태별 고속도로 연비의 비교

(9) 구동 방식별 마력의 비교

(10) 구동 방식별 시내 연비의 비교

(11) 구동 방식별 고속도로 연비의 비교

(12) 지역별 자동차 중량의 비교

(13) 지역별 자동차 길이의 비교

(14) 자동차 형태의 분포

(15) 구동 방식의 분포

CHAPTER

03 확률

CHAPTER 03
확률

우리는 일상에서 확률에 관한 말을 많이 들으면서 살고 있다. 내일 비가 올 확률은 90%, 유방암 환자의 5년 생존 확률은 95%, 브라질의 월드컵 우승 확률이 16% 등이 그렇다. 미래에 어느 사건의 발생 가능성을 수치화한 확률이 100% 혹은 1에 가까울수록 해당 사건이 발생할 가능성이 더욱 커진다고 믿는다. 동전 하나를 던질 때 앞면이 나올지 뒷면이 나올지는 알 수 없다. 그러나 공평한 동전인 경우라면 수없이 반복해서 던져 보면 앞면이 나올 가능성이 50%가 될 것이다. 단 한 번의 시행으로부터 나올 결과를 정확하게 예측할 수는 없지만 여러 번 반복할 때 이 결과들은 어떤 규칙적인 행태를 갖는데 이러한 현상을 확률적 현상(random phenomena)이라 한다.

제3장에서는 확률을 다루기에 앞서 기본 개념인 확률실험, 표본공간, 그리고 사상의 정의를 살펴본 후 확률적 현상의 결과인 사건의 발생 가능성을 수치화한 측도인 확률의 정의로부터 시작하여 확률의 기본 법칙, 조건부 확률, 독립사상, 그리고 베이즈 공식을 다룬다.

3.1 확률실험

확률이란 개념은 불확실성을 내포하고 있는 확률적 현상들을 관측하는 데서 시작한다. 어떤 사건이 일어날 확률을 계산하기 위해서 먼저 확률실험을 생각해보자. 확률실험이란 실험이나 관측의 최종 결과가 무엇인지 알 수는 없으나 실험으로부터 얻을 수 있는 모든 결과를 미리 알 수 있는 확률적 현상을 관측하는 실험이다. 이때, 확률실험의 모든 가능한 결과들의 집합을 표본공간(sample space)이라 하고 이를 흔히 S로 나타낸다. 표본공간 S에서 관심 있는 임의의 부분집합을 사상 또는 사건(event)이라고 한다.

표본공간과 사상

표본공간 : 확률실험의 모든 결과의 집합 S

사상 : 표본공간 S의 부분집합

예제 3.1 공평한 정육면체 주사위를 1회 던져 주사위 눈의 수를 관측하는 확률실험에서 표본공간 S와 주사위 눈이 짝수인 사상 A를 정의하여라.

풀이 표본공간은 $S=\{1,2,3,4,5,6\}$이고 주사위 눈이 짝수인 사상은 표본공간 S의 부분집합인 $A=\{2,4,6\}$이다.

집합에 대한 여러 가지 연산을 이용하여 다음과 같은 새로운 형태의 사상들을 고려할 수 있다.

(1) 확률실험에서 공집합 ϕ는 발생 불가능한 사상인 반면에 S는 반드시 발생하는 확실한 사상이다.

(2) 표본공간을 구성하는 단일원소를 근원사상이라 부른다.

(3) 사상 A^c는 사상 A의 여사상으로 사상 A가 발생하지 않는 사상이고 $A^c=S-A$이다.

(4) 사상 $A\cup B$는 사상 A가 발생하거나 혹은 사상 B가 발생하는 사상이다.

(5) 사상 $A\cap B$는 사상 A와 사상 B가 동시에 발생하는 사상이다.

(6) 사상 $A\cup B$의 여사상, 즉 사상 $(A\cup B)^c$는 사상 $A^c\cap B^c$와 같다. 즉, 사상 A 및 B가 모두 동시에 발생하지 않는 사상이다.

(7) 사상 $A\cap B$의 여사상, 즉 사상 $(A\cap B)^c$은 사상 $A^c\cup B^c$과 같다. 즉, 사상 A가 발생하지 않거나 혹은 사상 B가 발생하지 않는 사상이다.

(8) $A\cap B=\phi$ 일 때, 즉 두 사상 A와 B가 동시에 발생하지 않을 때 두 사상은 서로 배반사상(exclusive event)이라 부른다.

예제 3.2 어느 대학생은 주말인 토요일과 일요일에 동전을 각각 1회씩 던져서 동전의 앞면이 나오면 학교 도서관에 가서 시험공부(L)를 하고, 동전의 뒷면이 나오면 영화관에 가서 영화(M)를 보기로 계획을 세웠다. 다음을 구하여라.

(1) 표본공간 S

(2) 근원사상

(3) 이틀간 모두 시험공부를 한 사상 A

(4) 최소한 하루는 영화를 본 사상 B

(5) 많아야 하루는 영화를 본 사상 C

(6) 이틀간 모두 영화를 본 사상 D

(7) 이틀간 모두 시험공부를 하거나 혹은 이틀간 모두 영화를 본 사상

(8) 이틀간 모두 시험공부를 하거나 혹은 이틀간 모두 영화를 본 사상의 여사상

(9) 최소한 하루는 영화를 보고 많아야 하루는 영화를 본 사상

(10) 최소한 하루는 영화를 보고 많아야 하루는 영화를 본 사상의 여사상

(11) 이틀간 모두 시험공부를 하고 이틀간 모두 영화를 본 사상은 배반사상인지를 밝혀라.

풀이 동전을 던져서 나오는 면을 관측하는 확률실험에 따라 발생 가능한 주말 이틀간의 계획을 나무그림으로 나타내보면 [그림 3.1]과 같다.

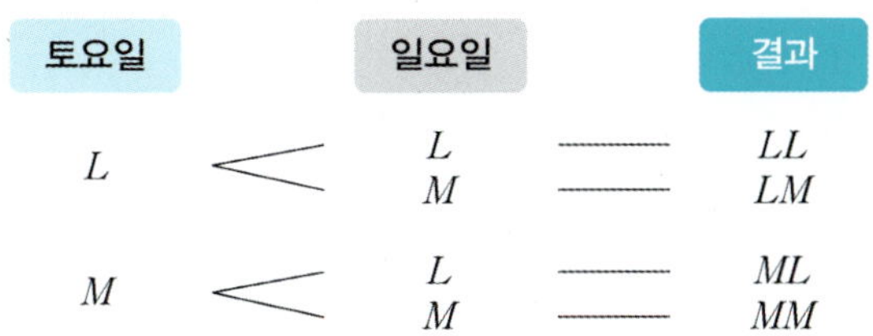

▌그림 3.1 주말 계획의 나무그림

(1) 표본공간 S는 확률실험의 모든 가능한 결과들의 집합이므로 $S=\{LL, LM, ML, MM\}$이다. 표본공간은 반드시 발생하는 사상이다.

(2) 근원사상은 표본공간 S를 구성하는 단일원소이므로 $\{LL\}$, $\{LM\}$, $\{ML\}$, $\{MM\}$이다.

(3) 이틀간 모두 시험공부를 한 사상은 $A=\{LL\}$

(4) 최소한 하루는 영화를 본 사상은 $B=\{LM, ML, MM\}$

(5) 많아야 하루는 영화를 본 사상은 $C=\{LL, LM, ML\}$

(6) 이틀간 모두 영화를 본 사상은 $D=\{MM\}$

(7) 이틀간 모두 시험공부를 하거나 혹은 이틀간 모두 영화를 본 사상은

$$A\cup D=\{LL, MM\}$$

(8) 이틀간 모두 시험공부를 하거나 혹은 이틀간 모두 영화를 본 사상의 여사상은

$$(A\cup D)^c=\{LL, MM\}^c=S-\{LL, MM\}=\{LM, ML\}$$

혹은

$$\begin{aligned}(A\cup D)^c=A^c\cap D^c&=\{S-\{LL\}\}\cap\{S-\{MM\}\}\\&=\{LM, ML, MM\}\cap\{LL, LM, ML\}\\&=\{LM, ML\}\end{aligned}$$

(9) 최소한 하루는 영화를 보고 동시에 많아야 하루는 영화를 본 사상은

$$B\cap C=\{LM, ML\}$$

(10) 최소한 하루는 영화를 보고 동시에 많아야 하루는 영화를 본 사상의 여사상은

$$(B\cap C)^c=\{LM, ML\}^c=S-\{LM, ML\}=\{LL, MM\}$$

혹은

$$\begin{aligned}(B\cap C)^c&=B^c\cup C^c\\&=\{S-\{LM, ML, MM\}\}\cup\{S-\{LL, LM, ML\}\}=\{LL, MM\}\end{aligned}$$

(11) 이틀간 모두 시험공부를 하고 동시에 이틀간 모두 영화를 본 사상은

$$A \cap D = \{LL\} \cap \{MM\} = \phi$$

이므로 발생 불가능한 사상이고 서로 배반사상이다.

이제 확률실험의 결과로 일어나는 각 사상이 발생할 가능성을 수치로 나타내기 위한 측도인 확률의 정의에 대해 살펴보기로 한다. 여기서는 확률에 관한 세 가지 정의, 즉 고전적 확률, 경험적 확률, 공리적 확률에 대해서 알아본다. 이들은 서로 대치되는 개념이 아니고 상호 보완적으로 확률계산에 사용된다. 고전적 확률과 경험적 확률은 직관적이며, 공리적 확률은 이들을 포함하는 넓은 의미의 확률이다.

3.2 확률의 정의

확률 발전의 역사를 살펴보자. 19세기 초에 라플라스(Laplace)는 확률에 관한 체계적인 정의를 하였는데 이를 확률의 고전적 정의라고 한다. 라플라스는 어떤 사상이 일어날 확률은 전체 경우의 수에 대한 그 사상의 경우의 수의 비와 같다고 정의하였다. 고전적 확률은 선험적 확률(a priori probability)이라 불리기도 한다.

고전적 확률

n개의 근원사상으로 구성된 표본공간 S에서 각 근원사상의 발생 가능성이 같다고 가정하자. 그러면 r개의 근원사상으로 구성된 사상 A가 일어날 확률을 $P(A) = \frac{r}{n}$로 정의한다.

고전적 확률에 대해서 좀 더 구체적으로 알아보자. 예제 3.1의 공평한 정육면체 주사위를 1회 던져서 주사위 눈의 수를 관측하는 확률실험에서 표본공간 $S = \{1, 2, 3, 4, 5, 6\}$은 근원사상 $\{1\}$, $\{2\}, \dots, \{6\}$에 의해 구성되며 근원사상의 개수는 $n = 6$이다. 이때 공평한 주사위이므로 각 근원사상, 즉 각 눈이 관측될 가능성은 모두 같다. 주사위 눈이 짝수인 사상 $A = \{2, 4, 6\}$에서 근원사상의 개수는 $r = 3$이다. 따라서 주사위 눈이 짝수인 사상이 발생할 확률은 $P(A) = \frac{r}{n} = \frac{3}{6} = \frac{1}{2}$이다.

위의 고전적 확률의 설명에서 표본공간 S를 구성하는 각 근원사상의 발생 가능성이 같다는 가정에 부합하는 '공평한(fair)' 혹은 '균형된(balanced)' 주사위라는 단어에 주목한다.

예제 3.3 빨간색과 파란색의 공평한 두 개의 정사면체 주사위를 동시에 던져서 주사위 눈의 수를 관측하는 확률실험에서 두 주사위 눈의 합이 5가 될 확률을 구하여라.

풀이 두 정사면체 주사위는 색깔에 의해서 서로 구별되므로 두 주사위를 동시에 던져서 주사위 눈의 수를 관측하는 확률실험에서 발생하는 모든 가능한 결과들의 집합인 표본공간은 다음과 같이 정의된다.

$$S = \{(1,1), (1,2), (1,3), (1,4), (2,1), (2,2), (2,3), (2,4), (3,1), (3,2), (3,3), (3,4), (4,1), (4,2), (4,3), (4,4)\}$$

이때 표본공간 S를 구성하는 근원사상의 개수는 $n = 16$이다. 두 주사위는 공평하므로 각 근원 사상이 발생할 확률은 모두 똑같이 1/16이다. 두 주사위 눈의 합이 5가 되는 사상을 $A = \{(1,4), (2,3), (3,2), (4,1)\}$로 정의하자. 그러면 사상 A를 구성하는 근원사상의 개수는 $r = 4$이다. 따라서 두 주사위 눈의 합이 5인 사상 A의 확률은

$$P(A) = \frac{r}{n} = \frac{4}{16} = \frac{1}{4}$$

이다.

고전적 확률에 의한 확률계산이 가능하기 위해서는 첫째, 확률실험에서 발생 가능한 모든 경우의 수가 유한개이고 둘째, 각 경우는 발생 가능성이 모두 같아야 한다는 두 조건을 만족해야 한다. 그러나 실제로는 고전적 확률계산이 불가능한 경우가 많다.

예를 들면 구간 [0, 5] 위에서 임의의 점 x를 택할 때 점 x가 $2 \le x \le 3$일 고전적 확률을 생각해보자. 이때 표본공간은 $S = \{x \mid 0 \le x \le 5\}$이므로 표본공간을 구성하는 근원사상의 개수가 유한하지 않아 확률의 고전적 정의를 적용할 수 없다. 그

외에도 확률의 고전적 정의는 수학적으로 정의되기 때문에 경험으로만 파악할 수 있는 문제, 예를 들면 공평하지 않고 편향된(biased) 정육면체 주사위를 던지는 확률실험에서 5의 눈이 나올 확률, 여아가 태어날 확률, 어떤 부품의 생산 공정에서 부품이 불량품일 확률을 구하는 문제 등에는 적용할 수 없다. 따라서 이를 해결하기 위한 상대도수(relative frequency)의 극한이라는 새로운 정의의 확률인 경험적 확률이 필요하다.

고전적 확률이 실험이나 관측에 기초를 두지 않은 선험적이고 수학적인 확률인 것에 반하여 경험적 확률은 경험적 사실에 기초를 둔다. 즉, 같은 조건에서 독립적으로 반복하여 시행되는 관측의 결과인 상대도수의 극한을 다음과 같은 경험적 확률로 정의한다.

경험적 확률

확률실험이 똑같은 조건 아래서 독립적으로 n회 반복 시행되었을 때, 사상 A가 m회 일어났다면 사상 A가 일어날 확률 $P(A)$는

$$P(A)=\lim_{n\to\infty}\frac{m}{n}=p$$

로 정의한다.

확률실험이 똑같은 조건 아래서 독립적으로 n회 반복 시행되었을 때, 사상 A가 m회 일어났다면 상대도수는 $\frac{m}{n}$이다. 시행 횟수인 n이 충분히 클 때 상대도수 $\frac{m}{n}$이 어떤 일정한 상수 p로 수렴한다면 수렴하는 상수 p를 사상 A의 확률로 정한다. 이와 같은 경험적 확률을 통계적 확률이라고도 부른다.

예제 3.4 500원짜리 동전의 한 면은 두루미 모양이, 다른 한 면은 500이라는 숫자가 적혀있다. 하나의 500원짜리 동전을 던져서 나오는 면을 관측하는 확률실험에서 '두루미'의 모양이 나오는 확률을 구하여라.

풀이 500원짜리 동전을 던지는 확률실험에서 표본공간은 $S=\{$두루미$, 500\}$이다. 그러나 각 면이 나올 확률이 같은지는 알 수 없다. 따라서 이러한 경우에 고전적 확률은 계산할 수 없으나 관측실험에 의한 경험적 확률

은 구할 수 있다.

[표 3.1]은 500원짜리 동전 던지기를 n회 반복 시행했을 때 두루미 모양이 나오는 상대도수를 계산한 표이며 이를 그래프로 나타낸 [그림 3.2]로부터 두루미 모양이 나올 확률이 0.7이라는 것을 알 수 있다.

표 3.1 500원짜리 동전 던지기에서 두루미의 상대도수

시행(n)	관측 결과	두루미의 도수(m)	상대도수(m/n)
1	두루미	1	1/1
2	500	1	1/2
3	두루미	2	2/3
4	500	2	2/4
5	500	2	2/5
6	500	2	2/6
7	두루미	3	3/7
8	두루미	4	4/8
9	두루미	5	5/9
10	두루미	6	6/10
⋮	⋮	⋮	⋮

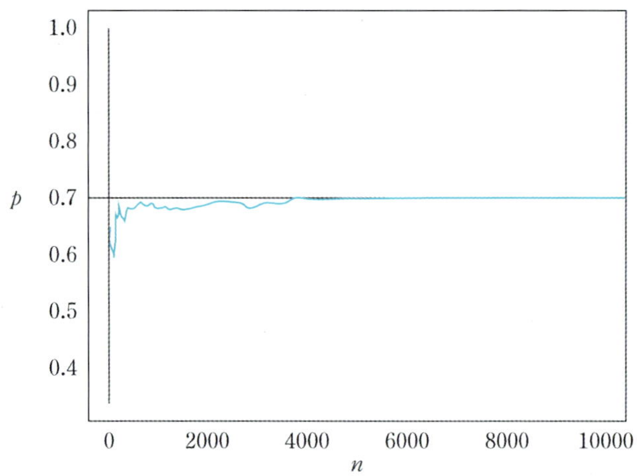

그림 3.2 500원짜리 동전 던지기에서 두루미의 상대도수

경험적 확률은 똑같은 조건에서 확률실험을 무한 반복했을 때 얻어지는 상대도수의 수렴하는 값이라 정의하였다. 만약 확률실험의 반복 횟수가 무한은 아닐지라도 상당히 큰 횟수인 경우라면 상대도수는 경험적 확률의 근삿값으로 사용할 수 있다. 다음의 예를 보자.

예제 3.5 전국 성인남녀 1,000명을 대상으로 진행된 여론조사에서 회생 가능성 없이 생명 연장만을 위한 연명의료에 반대하는 비율이 81%였다. 전국의 성인 1명을 임의로 선택하였을 때 그가 연명의료에 반대할 확률을 구하여라.

풀이 위 문제에서 근원사상은 연명의료에 {반대} 혹은 {찬성}이고 표본공간은 이러한 근원사상 1,000개로 구성된다. 이때 표본공간은 유한이지만 모든 근원사상의 확률이 같다고 할 수 없다. 따라서 고전적 확률은 구할 수 없다. 다음으로 경험적 확률을 구하려면 시행 횟수가 전국 성인의 수에 근접함에 따라 연명의료에 반대하는 비율의 수렴 값을 구해야 한다. 그러나 현재 시점에서 시행 횟수 1,000은 매우 부족할 뿐만 아니라 혹 2,000회를 시행하더라도 연명의료에 반대하는 비율이 81%가 아니라 79%가 될 수도 있다. 그러므로 1,000명의 성인을 대상으로 한 여론조사에서 얻어진 81%는 경험적 확률을 구하는 과정에서 연명의료에 반대할 정확한 확률이 아니라 수렴 도중의 어느 근삿값 확률로 간주할 수 있다.

고전적 확률계산을 위해서는 확률실험의 모든 가능한 결과인 표본공간이 유한하고 모든 근원사상이 발생할 가능성이 같아야 한다는 전제 조건이 필요하다. 경험적 확률계산을 위해서는 확률실험이 같은 조건에서 독립적으로 무한 반복하여 이루어지고 관심 있는 사상의 상대도수가 하나의 상수로 수렴해야 한다. 하지만 현실에서는 이러한 조건을 만족하지 못하는 경우가 많다.

각 확률의 정의를 포함하면서 또한 각각이 갖는 문제점을 보완하기 위하여 수학자 콜모고로프(Kolmogorov)는 몇 개의 수학적 공리를 이용하여 확률을 정의하였는데 이를 공리적 확률이라 한다. 공리적 확률은 현대 확률론의 기초가 된다.

공리적 확률이란 표본공간의 부분집합에 부여된 세 개의 공리(axiom)를 만족하는 함수로 정의되는 보다 수학적인 접근이다.

공리적 확률

확률 P는 표본공간 S의 부분집합 위에서 정의되는 실숫값 함수로서 다음 공리 1, 2, 3을 만족한다. $P(A)$는 사상 A의 확률이다.

공리 1. 임의의 사상 A에 대하여 $0 \le P(A) \le 1$

공리 2. 표본공간 S에 대하여 $P(S) = 1$

공리 3. 서로 배반인 사상 $A_1, A_2, \ldots, A_k, \ldots$에 대하여, 즉 $A_i \cap A_j = \phi$, $(i \neq j)$

$$P(A_1 \cup A_2 \cup \cdots \cup A_k \cup \cdots) = P(A_1) + P(A_2) + \cdots + P(A_k) + \cdots = \sum_{i=1}^{\infty} P(A_i)$$

공리 1로부터 확률은 실수 구간 [0, 1] 에 속하는 실숫값을 취하여야 한다. 공리 2는 반드시 일어나는 사상인 표본공간 S의 확률이 1임을 의미한다.

공리 3은 확률이 가법적임을 나타낸다. 공리 3의 특별한 경우로 두 개의 사상에 대해서도 유추할 수 있다. 즉, 사상 A_1과 A_2가 배반사상이면, 즉 $A_1 \cap A_2 = \phi$이면

$$P(A_1 \cup A_2) = P(A_1) + P(A_2)$$

이다.

공리적 확률계산에서는 어떤 선험적 혹은 경험적 조건이 전제되지 않으며 오직 세 개의 수학적 공리만 요구한다. 공리적 확률은 고전적 확률을 포함하며, 또한 대수의 법칙(law of large numbers)으로 경험적 확률과도 이어진다. 이렇게 공리적 확률은 고전적 확률 및 경험적 확률과 조화를 이루면서 수학적으로 확률을 계산하는 데 더 편리한 개념이다.

이상으로 확률에 대한 세 가지 정의인 고전적 확률, 경험적 확률, 공리적 확률을 살펴보았다. 이들은 모두 객관적 확률인 데 반해서 3.6절의 베이즈 공식을 공부하면서 주관적 확률에 대해서 논의할 것이다. 주관적 확률은 지식, 경험, 정보, 믿음 등에 기초하여 주관적으로 부여하는 확률이다.

3.3 확률의 기본 법칙

확률의 공리적 정의로부터 다음과 같이 몇 가지 기본적인 확률의 성질이 성립한다. 이들에 대한 증명은 집합의 성질을 이용하면 직관적으로 이해하기 쉽다.

확률의 성질

1. $P(\phi)=0$
2. $P(A^c)=1-P(A)$
3. $A \subset B$ 이면, $P(A) \le P(B)$
4. $A \subset B$ 이면, $P(B-A)=P(B)-P(A)$
5. **확률의 덧셈법칙 :** $P(A \cup B)=P(A)+P(B)-P(A \cap B)$

예제 3.6 어느 헬스클럽 회원 485명 중에 남자 회원은 273명이고, 단백질 보충제의 사용 경험이 있는 회원은 202명, 그리고 단백질 보충제의 사용 경험이 있는 남자 회원은 135명으로 나타났다. 회원 중 임의로 1명을 선택하였을 때 다음의 확률을 구하여라.

(1) 여자

(2) 단백질 보충제의 사용 경험이 없는 여자

(3) 여자 혹은 단백질 보충제의 사용 경험이 없음

풀이 먼저 다음과 같이 사상을 정의한다.

$M=\{$남자$\}$

$F=\{$여자$\}$

$Y=\{$단백질 보충제의 사용 경험이 있음$\}$

$N=\{$단백질 보충제의 사용 경험이 없음$\}$

헬스클럽 회원 485명을 성별 및 단백질 보충제의 사용 경험 여부에 따라 작성한 표가 다음과 같다.

표 3.2 성별에 따른 단백질 보충제 사용 경험 여부

	Y	N	합계
M	135	138	273
F	67	145	212
합계	202	283	485

(1) 위의 표로부터 여자(F)일 확률은 $P(F)=\frac{212}{485}=0.437$이다. 여자일 사상은 남자($M$)일 사상의 여사상에 해당하므로 $P(F)=P(M^c)$ $=1-\frac{273}{485}=1-0.563=0.437$도 성립한다.

(2) 단백질 보충제의 사용 경험이 없는(N) 여자(F)의 확률은 $P(N\cap F)$ $=\frac{145}{485}=0.299$이다.

(3) 여자(F) 혹은 단백질 보충제의 사용 경험이 없을(N) 확률은 확률의 덧셈법칙에 의하여 다음과 같이 계산된다.

$$P(F\cup N)=P(F)+P(N)-P(F\cap N)$$
$$=\frac{212}{485}+\frac{283}{485}-\frac{145}{485}=\frac{350}{485}=0.722$$

3.4 조건부 확률

이 절에서는 기존의 확률 개념에 추가하여 조건부 확률(conditional probability)이라는 새로운 정의를 다룬다.

0부터 9까지의 난수(random number)에서 하나의 난수를 선택하는 확률실험에서 표본공간은 $S=\{0,1,2,3,4,5,6,7,8,9\}$이다. 이때 짝수 $\{0,2,4,6,8\}$이 선택될 확률은 $\frac{1}{2}$이다. 만약 선택한 난수가 5 이상이라는 정보를 안다면 그 난수가 짝수일 확률은 여전히 $\frac{1}{2}$이 될 수 있을까? 선택한 난수가 5 이상이라는 새로운 상황은 위에서 정의된 표본공간 S를 $S_1 = \{5,6,7,8,9\}$로 변하게 하였다. [그림 3.3]은 표본공간이 S에서 S_1으로 바뀌었음을 보여준다. [그림 3.3]에서 선택한 난수가 5 이상이라는 정보를 안다면 즉, 축소된 표본공간 $S_1 = \{5,6,7,8,9\}$ 하에서 짝수 $\{6,8\}$ 중 어느 하나가 선택될 확률은 $\frac{2}{5}$이다.

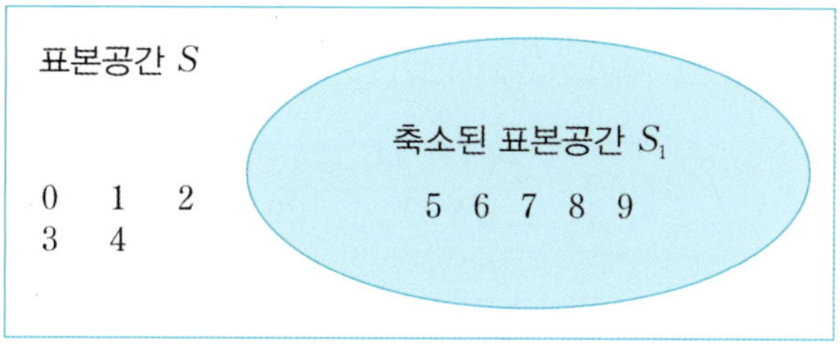

그림 3.3 **표본공간 S와 축소된 표본공간 S_1**

이러한 확률을 난수가 5 이상인 사상 A가 주어졌을 때 난수가 짝수일 사상 B의 **조건부 확률**이라 한다. 일반적으로 사상 A가 주어졌을 때 사상 B의 조건부 확률은 $P(B|A)$로 표기하며 표본공간 S가 사상 A로 축소되었을 때의 사상 B의 확률을 의미한다. 조건부 확률은 다음과 같이 정의한다.

조건부 확률(conditional probability)

사상 A가 일어났을 때 사상 B의 조건부 확률은 다음과 같이 정의된다.

$$P(B|A) = \frac{P(A \cap B)}{P(A)} \quad (\text{단, } P(A) > 0)$$

예제 3.7 (예제 3.6 계속) 헬스클럽 회원 485명을 성별에 따른 단백질 보충제 사용 여부에 따라 정리한 표가 [표 3.2]와 같다. 다음의 확률을 구하여라.

(1) 회원 중 임의로 선택한 1명이 남자일 때 단백질 보충제를 사용한 경험이 있음

(2) 회원 중 임의로 선택한 1명이 단백질 보충제를 사용한 경험이 있는 사람인데 그 사람이 남자

풀이 (1) 회원 중 임의로 선택한 1명이 남자(M)일 때, 그 사람이 단백질 보충제를 사용한 경험이 있을(Y) 확률은 다음과 같은 조건부 확률이다.

$$P(Y|M) = \frac{P(M \cap Y)}{P(M)} = \frac{135/485}{273/485} = \frac{135}{273} = 0.495$$

(2) 회원 중 임의로 선택한 1명이 단백질 보충제를 사용한 경험이 있을(Y) 때, 그 사람이 남자(M)일 확률은 다음과 같은 조건부 확률이다.

$$P(M|Y) = \frac{P(Y \cap M)}{P(Y)} = \frac{135/485}{202/485} = \frac{135}{202} = 0.668$$

조건부 확률로부터 두 사상 A와 B가 동시에 발생할 확률을 구할 수 있다. 이를 **확률의 곱셈법칙**이라고 한다.

확률의 곱셈법칙

사상 A와 B에 대하여 $P(A) > 0$ 이고 $P(B) > 0$ 이면

$$P(A \cap B) = P(A)P(B|A) = P(B)P(A|B)$$

이제 세 사상 A, B, C가 동시에 발생할 확률은 확률의 곱셈법칙을 확장하여 다음과 같이 구할 수 있다.

$$\begin{aligned} P(A \cap B \cap C) &= P((A \cap B) \cap C) \\ &= P(A \cap B)P(C|A \cap B) \\ &= P(A)P(B|A)P(C|A \cap B) \end{aligned}$$

3.5 독립사상

앞 절에서 언급한 바와 같이 $P(B|A)$는 일반적으로 $P(B)$와 같지 않다. 다시 말하면 사상 A가 발생하면 사상 B의 발생에 영향을 끼친다. 특별한 경우로서 $P(B|A)$가 $P(B)$와 같을 때 두 사상 A와 B가 독립(independent)이라 한다. 즉 사상 A가 발생했음에도 사상 B의 발생 확률에 변화를 주지 않는다면 두 사상 A와 B는 서로 독립이라고 정의한다.

사상 A와 사상 B가 독립이라면 $P(B|A) = P(B)$이므로 확률의 곱셈법칙에서

$$P(A \cap B) = P(A)P(B|A) = P(A)P(B)$$

가 되어 다음의 결과를 얻는다.

$$P(A \cap B) = P(A)P(B)$$

두 사상 A와 B가 독립이 아닐 때 사상 A와 B는 종속(dependent)이라고 한다.

독립사상

사상 A와 B에 대하여 $P(A) > 0$이고 $P(B) > 0$이라 하자.

1. $P(B|A) = P(B)$ 혹은 $P(A|B) = P(A)$이라면 사상 A와 B는 독립사상이다.
2. 사상 A와 사상 B가 독립이라면 다음이 성립한다.

$$P(A \cap B) = P(A)P(B)$$

예제 3.8 (예제 3.6 계속) 헬스클럽 회원 485명을 성별에 따른 단백질 보충제 사용 여부에 따라 정리한 표가 [표 3.2]와 같다. 남자일 사상과 여자일 사상은 독립사상인지를 밝혀라.

풀이 남자(M)인 사상과 여자(F)인 사상은 아래와 같이 등식이 성립하지 않으므로 독립사상이 아니다.

$$0 = P(\phi) = P(M \cap F) \neq P(M)P(F) = \left(\frac{273}{485}\right)\left(\frac{212}{485}\right)$$

예제 3.9 어느 회사의 전산통계부서에서는 50명의 신입 직원을 채용했는데, 여자가 20명이고 통계학 전공 10명 중 4명이 여자라 한다면 성별이 여자인 사상과 전공이 통계학인 사상은 독립사상인지를 밝혀라.

풀이 여자인 사상을 F, 통계학 전공인 사상을 M이라 놓자. 그러면

$$P(F) = \frac{20}{50} = 0.4, \quad P(F|M) = \frac{4}{10} = 0.4$$

이므로 $P(F|M) = P(F)$가 성립하여 성별이 여자인 사상과 전공이 통계학인 사상은 독립사상이다. 또는

$$P(M) = \frac{10}{50} = 0.2, \quad P(M|F) = \frac{4}{20} = 0.2$$

이므로 $P(M|F) = P(M)$이 성립하여 성별이 여자인 사상과 전공이 통계학인 사상은 독립사상이다. 또는

$$P(F \cap M) = \frac{4}{50} = 0.08, \quad P(F)P(M) = \left(\frac{20}{50}\right)\left(\frac{10}{50}\right) = 0.08$$

이므로 $P(F \cap M) = P(F)P(M)$이 성립하여 성별이 여자인 사상과 전공이 통계학인 사상은 독립사상이다.

예제 3.10 어느 전염병에 대한 경구용 치료제의 임상 결과 치료제를 복용한 후 심각한 부작용을 겪을 확률이 1.7%로 보고 되었다. 이 치료제를 3명의 환자가 복용하였을 때 다음 확률을 구하여라.

(1) 3명 모두 심각한 부작용을 겪음

(2) 최소한 1명은 심각한 부작용을 겪지 않음

풀이 사상 E_i 를 i번째 환자가 치료제를 복용한 후 심각한 부작용을 겪을 사상이라 놓자.

(1) 3명 모두 심각한 부작용을 겪을 확률은 사상 E_i들의 독립성에 의해

$$P(E_1 \cap E_2 \cap E_3) = P(E_1)P(E_2)P(E_3) = (0.017)^3 = 0.5 \times 10^{-5}$$

(2) 최소한 1명은 심각한 부작용을 겪지 않을 사상은 3명 모두 심각한 부작용을 겪을 사상의 여사상과 같다. 즉,

$$P((E_1 \cap E_2 \cap E_3)^c) = 1 - P(E_1 \cap E_2 \cap E_3) = 1 - (0.017)^3 = 0.999995$$

3.6 베이즈 공식

이 절에서는 조건부 확률로 표시되는 사후확률(posterior probability)의 유도에 쓰이는 베이즈 공식(Bayes' formula)을 소개한다. 먼저 베이즈 공식 계산에 유용하게 사용되는 전확률의 공식을 설명해보기로 한다.

서로 배반인 사상 $B_1, B_2, \ldots$ 의 무한 합이 표본공간 S와 같을 때, 즉

$$\bigcup_{i=1}^{\infty} B_i = S$$

이면, 사상 $B_1, B_2, \ldots$ 을 표본공간 S의 분할(partition)이라 한다.

[그림 3.4]에서 $B_1, B_2, \ldots, B_6$는 표본공간 S의 분할이다.

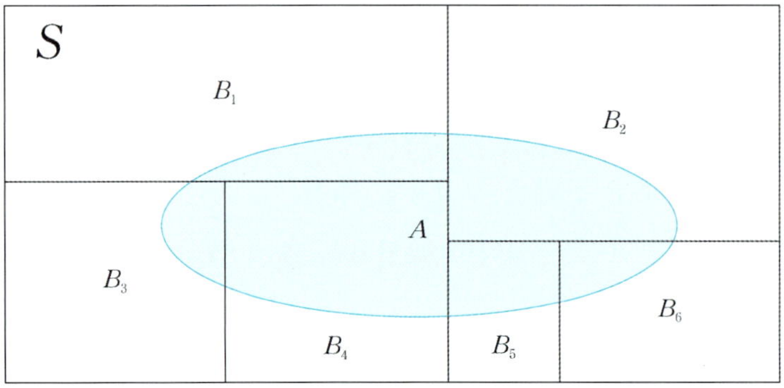

▎그림 3.4 **표본공간 S의 분할과 임의의 사상 A**

가장 간단한 경우로 [그림 3.5]에서 사상 B와 B^c는 표본공간 S의 분할이므로 임의의 사상 A에 대하여 다음과 같은 식이 성립한다.

$$\begin{aligned} P(A) &= P(A \cap B) + P(A \cap B^c) \\ &= P(B)P(A|B) + P(B^c)P(A|B^c) \end{aligned}$$

위 식에서 사상 A의 확률은 사상 B가 발생했다는 조건에서 사상 A의 조건부 확률 $P(A|B)$와 사상 B가 발생하지 않았다는 조건에서 사상 A의 조건부 확률 $P(A|B^c)$의 가중평균이다. 이때 가중치는 $P(B)$와 $P(B^c)$이다.

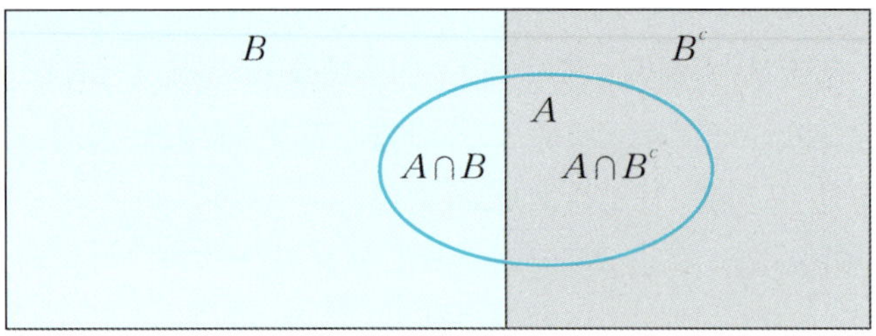

▎그림 3.5 **분할 B와 B^c 그리고 임의의 사상 A**

위 식을 일반화시키면 다음과 같은 전확률 공식을 얻을 수 있다.

전확률 공식(formula of total probability)

사상 $B_1, B_2, \cdots, B_n$이 표본공간 S의 분할이고 $P(B_i) > 0\ (i = 1,2,...,n)$이면
임의의 사상 A에 대하여

$$P(A) = \sum_{i=1}^{n} P(B_i) P(A|B_i)$$

다음 베이즈 공식은 조건부 확률, 확률의 곱셈법칙, 그리고 전확률 공식을 사용하면 쉽게 입증해 보일 수 있다.

베이즈 공식(Bayes' formula)

사상 $B_1, B_2, \cdots, B_n$이 표본공간 S의 분할이고, $P(A) > 0$, $P(B_i) > 0, (i = 1,2,...,n)$이면

$$P(B_k | A) = \frac{P(A \cap B_k)}{P(A)} = \frac{P(B_k) P(A | B_k)}{\sum_{i=1}^{n} P(B_i) P(A | B_i)}$$

위 식은 영국의 철학자 토마스 베이즈(Thomas Bayes)의 이름을 따서 베이즈 공식(Bayes' formula)으로 알려져 있다. 베이즈 공식에서 사상 B_k를 관측 혹은 실험 전에 세운 어떤 가설이라 한다면 사상 $\{B_k | A\}$는 A라는 정보를 습득한 후에 B_k가 영향을 받은 사상으로 생각할 수 있다. 이때 $P(B_k)$는 **사전확률(prior probability)**이고, 사상 A를 관측 후 사상 B_k의 변화된 확률인 $P(B_k | A)$는 **사후확률(posterior probability)**이라 한다. 베이즈 공식을 이용하면 주어진 사전확률로부터 사후확률을 구할 수 있다.

사전 경험이나 지식을 이용한 주관적 확률인 사전확률과 관측된 표본의 정보를 결합하여 얻어지는 사후확률을 계산하는 베이즈 정리는 **베이지안 통계학(Bayesian statistics)**이라는 통계학 분야의 핵심이다.

예제 3.11 평소에 하는 말 중 60%가 거짓말인 사람에게 어떤 질문에 대한 그 사람의 대답이 거짓인지 참인지를 거짓말 탐지기로 조사하려 한다. 이 거짓말 탐지기는 97%의 정확도를 갖고 있다고 알려졌다.

(1) 그 사람의 대답에 대해 거짓말 탐지기가 거짓이라고 판명할 확률은 얼마인가?

(2) 거짓말 탐지기가 그 사람의 대답에 대해 거짓이라고 판명하였을 때 그 사람이 거짓말을 할 확률을 구하여라.

풀이 (1) 그 사람의 대답에 대해 거짓말 탐지기가 거짓이라고 판명할 사상을 A이라 하고 그 사람이 거짓말을 했을 사상을 B라 정의하자. 그러면 사상 B와 B^c는 표본공간 S의 분할로서 $P(B)=0.6$, $P(B^c)=0.4$이다. 조건부 확률 $P(A|B)$는 그 사람이 거짓말을 한 경우에 거짓말 탐지기가 거짓이라고 판명할 확률, 즉 거짓말 탐지기가 정확히 작동할 확률로서 $P(A|B)=0.97$이다. 반면에 $P(A|B^c)$는 그 사람이 거짓말을 하지 않았는데 거짓말 탐지기가 거짓이라고 판명할 확률, 즉 거짓말 탐지기의 오류 확률로서 $P(A|B^c)=1-0.97=0.03$이다. 이제 그 사람의 대답에 대해 거짓말 탐지기가 거짓이라고 판명할 확률은 전확률 공식을 적용하여 다음과 같이 계산된다.

$$\begin{aligned} P(A) &= P(B)P(A|B)+P(B^c)P(A|B^c) \\ &= 0.6\times 0.97+0.4\times 0.03=0.594 \end{aligned}$$

(2) $P(A\cap B)=P(B)P(A|B)=0.6\times 0.97=0.582$이다. 따라서 그 사람의 대답에 대해 거짓말 탐지기가 거짓이라고 판명하였을 때, 그 사람이 거짓말을 했을 확률은 베이즈 공식을 사용하면 다음과 같이 계산된다.

$$P(B|A)=\frac{P(A\cap B)}{P(A)}=\frac{0.582}{0.594}=0.98$$

여기서 $P(B)=0.6$은 그 사람이 평소 하는 거짓말 행태와 같은 사전 경험에 기초한 주관적 확률로서 사전확률이고 $P(B|A)=0.98$은 거짓말 탐지기가 주는 정보를 결합하여 얻어지는 사후확률이다. 즉, 그 사람이 평소에 거짓말했을 가능성은 60%였는데 거짓말 탐지기의 조사결과가 크게 영향을 주어 98%로 바뀌었다. 즉, 정확도 97%인 거짓말 탐지기가 '거짓'으로 판정한 것은 그 사람이 한 대답이 거짓이라는 가능성을 더욱 커지게 하였다.

연/습/문/제

01 하나의 공평한 동전을 두 번 던져서 앞면 혹은 뒷면이 나오는 면을 관측하는 확률실험에서 다음과 같이 정의되는 사상의 확률을 구하여라.

(1) 표본공간 S

(2) 근원사상

(3) 두 번 모두 앞면이 나오는 사상 A

(4) 최소한 한 면은 앞면이 나오는 사상 B

(5) 많아야 한 면은 앞면이 나오는 사상 C

(6) 두 번 모두 뒷면이 나오는 사상 D

(7) 두 번 모두 앞면이 나오거나 혹은 두 번 모두 뒷면이 나오는 사상

(8) 두 번 모두 앞면이 나오거나 혹은 두 번 모두 뒷면이 나오는 사상의 여사상

(9) 최소한 한 번은 앞면이 나오고 동시에 많아야 한 번은 앞면이 나오는 사상

(10) 최소한 한 번은 앞면이 나오고 동시에 많아야 한 번은 앞면이 나오는 사상의 여사상

(11) 앞면이 두 번 나오고 동시에 뒷면이 두 번 나오는 사상

02 하나의 공평한 정사면체 주사위를 두 번 던져서 나오는 눈의 수를 관측하는 확률실험에서 다음과 같이 정의되는 사상의 확률을 구하여라.

(1) 표본공간 S

(2) 근원사상

(3) 두 번 모두 짝수가 나오는 사상 A

(4) 최소한 한 번은 짝수가 나오는 사상 B

(5) 많아야 한 번은 짝수가 나오는 사상 C

(6) 두 번 모두 홀수가 나오는 사상 D

(7) 두 번 모두 짝수가 나오거나 혹은 두 번 모두 홀수가 나오는 사상

(8) 두 번 모두 짝수가 나오거나 혹은 두 번 모두 홀수가 나오는 사상의 여사상

(9) 최소한 한 번은 짝수가 나오고 동시에 많아야 한 번은 짝수가 나오는 사상

(10) 최소한 한 번은 짝수가 나오고 동시에 많아야 한 번은 짝수가 나오는 사상의 여사상

(11) 두 번은 짝수가 나오고 동시에 두 번 홀수가 나오는 사상

03 트럼프라 불리기도 하는 플레잉카드(playing card)의 무늬 종류는 총 4가지로 스페이드(♠ *Spade*), 하트(♥ *Heart*), 다이아몬드(♦ *Diamond*), 클럽(♣ *Club*)으로 구분된다. 각 무늬의 종류별 10장의 숫자 카드(*Ace*, 2, 3, 4, 5, 6, 7, 8, 9, 10)와 3장의 그림 카드(*King*, *Queen*, *Jack*)인 총 13장의 카드로 구성된다. 총 52장의 잘 섞여진 공평한 플레잉카드 한 벌로부터 임의로 1장을 선택하여 카드의 무늬, 숫자, 그리고 그림을 관측하는 확률실험에서 사상 A, B, C, D를 아래와 같이 정의할 때 다음 확률을 구하여라.

$$A = \{x \mid x\text{는 } Ace, Queen, King\}$$

$$B = \{x \mid x\text{는 } 2, 3, \text{ 또는 } King, \text{ 그리고 } x\text{는 다이아몬드}\}$$

$$C = \{x \mid x\text{는 클럽}\}$$

$$D = \{x \mid x\text{는 하트 또는 다이아몬드}\}$$

(1) $P(A)$ (2) $P(B)$ (3) $P(C)$ (4) $P(D)$ (5) $P(A \cap B)$

(6) $P(A \cup B)$ (7) $P(A \cap C)$ (8) $P(A \cup C)$ (9) $P(B \cap C)$ (10) $P(B \cup C)$

(11) $P(B \cap D)$ (12) $P(B \cup D)$ (13) $P(C \cap D)$ (14) $P(C \cup D)$

04 (문제 3 계속) 총 52장의 잘 섞여진 공평한 플레잉카드 한 벌로부터 임의로 5장을 한 번에 추출하여 카드의 무늬, 숫자, 그리고 그림을 관측하는 확률실험에서 다음 확률을 구하여라. (참고) 확률계산에서 조합의 수 공식을 활용한다.

조합의 수(number of combination)

서로 다른 n개의 원소 중 x개 원소를 선택할 경우 수는 다음 식과 같다.

$$_nC_x = \frac{n!}{x!(n-x)!},\ \text{여기서}\ n! = n(n-1)(n-2)(n-3)\cdots 3\cdot 2\cdot 1$$

(1) 2장이 $Queen$이고 3장이 $King$

(2) 2장이 Ace, 1장이 $Jack$, 2장이 5

(3) Ace, 7, $Jack$, $Queen$, $King$이 각 1장씩

(4) 3장이 하트이고 나머지 2장은 하트를 제외한 다른 무늬로 각 1장씩

(5) 적어도 1장은 $Jack$

(6) Ace는 많아야 2장

05 (문제 3 계속) 총 52장의 잘 섞여진 공평한 플레잉카드 한 벌로부터 임의로 5장을 한 장씩 차례로 비복원추출하여 카드의 무늬, 숫자 그리고 그림을 관측하는 확률실험에서 다음 확률을 구하여라.

(1) 첫 번째에 하트

(2) 첫 번째에 클럽, 두 번째에 Ace, 세 번째에 3

(3) 첫 번째에 하트, 두 번째에 스페이드, 세 번째에 다이아몬드

06 **(문제 3 계속)** 52장의 잘 섞여진 공평한 플레잉카드 한 벌로부터 임의로 4장을 한 번에 추출하여 카드의 무늬, 숫자 그리고 그림을 관측하는 확률실험에서 다음 확률을 구하여라.

(1) 3장만 같은 무늬

(2) 2장만 같은 무늬이고 남은 2장은 다른 무늬

(3) 4장이 모두 다른 무늬

(4) 3장이 같은 숫자 혹은 같은 그림

(5) 2장이 같은 숫자 혹은 같은 그림이고 남은 2장이 같은 숫자 혹은 같은 그림

(6) 4장이 모두 다른 숫자 혹은 다른 그림

07 하나의 공평한 정육면체 주사위를 던져서 나오는 눈의 수를 관측하는 확률실험에서 다음과 같이 사상 A, B, C, D를 정의한다.

$A=\{$눈의 수가 3이다.$\}$

$B=\{$눈의 수가 짝수이다.$\}$

$C=\{$눈의 수가 4보다 작다.$\}$

$D=\{$눈의 수가 4보다 작으면서 홀수이다.$\}$

(1) 각 사상의 확률을 구하여라.

(2) 사상 A, B, C, D 중 배반사상이 있는지를 밝혀라.

(3) 사상 A, B, C, D 중 독립사상이 있는지를 밝혀라.

08 하나의 공평한 동전을 두 번 던져서 앞면 혹은 뒷면인지를 관측하는 확률실험에서 다음에 답하여라.

(1) 처음 결과가 앞면이었을 때 두 번째 나온 결과도 앞면일 조건부 확률을 구하여라.

(2) 처음 결과가 앞면인 사상과 두 번째 나온 결과가 앞면일 사상은 서로 독립사상인지를 밝혀라.

09 옷장 서랍에 각 3켤레씩의 검은색, 회색, 밤색, 베이지색 양말, 즉 모두 12켤레의 양말이 들어있다. 이때 12켤레 양말들은 모두 다른 무늬를 가지고 있어 서로 구별된다. 주 3일간 바지를 입고 출근할 때 맞추어 신을 3켤레의 양말을 선택하려고 한다. 다음 확률을 구하여라.

(1) 2켤레는 회색, 1켤레는 베이지색

(2) 2켤레만 검은색

(3) 3켤레 모두 같은 색

(4) 3켤레 모두 다른 색

10 어떤 모임의 구성원이 5명이라고 할 때, 태어난 달이 같은 구성원이 있을 확률을 구하여라.

11 30층까지 있는 아파트 1층에 엘리베이터를 타려는 사람 4명이 서 있다. 이들 4명 모두 각 층에서 내릴 가능성이 같다고 하자. 다음 확률을 구하여라.

(1) 4명이 모두 같은 층에서 내린다.

(2) 4명이 모두 다른 층에서 내린다.

12 두 사상 A, B에 대하여, $P(A)=0.4$, $P(A|B)=0.2$, $P(A^c \cap B^c)=0.2$일 때, $P(B)$, $P(A \cap B)$, 그리고 $P(B|A)$를 구하여라.

13 두 사상 A, B에 대하여 $P(B)=0.5$, $P(B|A)=0.7$, $P(A^c \cup B^c)=0.6$일 때, $P(A)$와 $P(A \cup B)$, 그리고 $P(A \mid B)$를 구하여라.

14 1,000명의 성인에게 자신의 노후 생계는 '본인, 자녀들, 정부와 사회' 중에서 주로 누가 돌봐야 한다고 보는지 조사해서 아래 표와 같은 결과를 얻었다. 성인 1,000명 중에서 임의로 1명을 선택하였을 때 그 사람이 다음과 같을 확률을 구하여라.

	본인	정부와 사회	자녀들	기타	합계
남자	330	135	15	20	500
여자	265	200	15	20	500
합계	595	335	30	40	1,000

(1) 자신의 노후 생계는 '본인이 돌봐야 한다'는 의견

(2) 그 사람이 남자였을 경우 자신의 노후 생계는 '정부와 사회가 돌봐야 한다'는 의견

(3) 자신의 노후 생계는 '본인이 돌봐야 한다'는 의견의 경우 그 사람이 여자

(4) 자신의 노후 생계는 '자녀들이 돌봐야 한다'는 사상의 여사상

15 (문제 14 계속) 성인 1,000명 중에서 임의로 1명을 선택하여 그 사람의 성별과 노후 생계에 대한 의견을 조사하는 확률실험에서 다음과 같이 사상 A, B, C, D를 정의한다.

$A=\{$남자$\}$

$B=\{$여자$\}$

$C=\{$자신의 노후 생계는 본인이 돌본다.$\}$

$D=\{$자신의 노후 생계는 정부와 사회가 돌본다.$\}$

(1) 사상 A와 사상 B는 배반사상, 독립사상인지를 밝혀라.

(2) 사상 C와 사상 D는 배반사상, 독립사상인지를 밝혀라.

(3) 사상 A와 사상 C는 배반사상, 독립사상인지를 밝혀라.

(4) 사상 B와 사상 D는 배반사상, 독립사상인지를 밝혀라.

16 어느 지역에서 개업 의사 200명 중에 여의사는 60명이고 피부과 의사는 20명 중 여의사는 6명이라고 한다.

(1) 여의사인 사상과 피부과 의사인 사상은 배반사상인지를 밝혀라.

(2) 여의사인 사상과 피부과 의사인 사상은 독립사상인지를 밝혀라.

17 1개의 공평한 정사면체 주사위와 1개의 공평한 동전을 동시에 던질 때 A는 주사위 눈이 짝수가 나오는 사상이고, B는 동전의 앞면이 나오는 사상으로 정의하면 $P(A|B)$를 구하여라.

18 100개의 정밀부품은 1개의 상자에 포장되어 출하된다. 품질관리 절차는 이 상자에서 임의로 2개의 정밀부품을 차례로 비복원추출하여 두 개 다 결함이 있으면 출하하지 않는다. 만약 상자 안에 9개의 불량부품이 들어있다면 이 상자가 출하되지 않을 확률을 구하여라.

19 대학원 졸업을 위해서는 전공 자격시험과 어학시험을 치러야 한다. 두 과목 모두 60점 이상을 받아야 졸업할 수 있다. 시험제도가 생긴 이래 지금까지 합격자 자료에 대한 통계분석결과에 의하면 전공 자격시험에 합격한 학생이 어학시험에도 합격할 확률은 0.8이었으며, 어학시험에 합격한 학생이 전공 자격시험에 합격할 확률은 0.4이었다. 전공 및 어학시험에 모두 합격할 확률은 0.3이었다. 임의로 선택한 어느 학생이 전공 자격시험 혹은 어학시험에 합격할 확률을 구하여라.

20 직업인 1,000명을 대상으로 본인의 직업과 자신의 인생에 만족하는지를 조사하였다. 1,000명 중 30%가 직업과 인생 모두에 불만족이었고, 10%는 직업과 인생 모두 만족하였고, 55%는 직업에는 만족하나 인생에는 불만족하였다. 직업인 1,000명 중 임의로 선택한 어느 한 직업인이 직업에는 만족하지 못하나 인생에는 만족하는 확률을 구하여라.

21 전체 1,000명의 회원으로 구성된 건강동호회에는 여자가 600명, 채식주의자가 250명, 여성 채식주의자가 100명이다. 전체 1,000명의 회원 중 임의로 선택한 어느 한 회원이 남자 또는 채식주의자일 확률을 구하여라.

22 총 55명이 수강하고 있는 기초통계학 교과목에서 학년별, 성별 분포는 다음과 같다. 반에서 임의로 1명을 선택했을 때 그 학생이 여학생이거나 2학년일 확률을 구하여라.

	1학년	2학년	3학년	4학년	합계
남학생	17	4	3	2	26
여학생	20	6	2	1	29
합계	37	10	5	3	55

23 어느 직장에서 300명의 직원을 대상으로 현재의 정치적 상황과 경제적 상황에 대한 만족도 조사를 하였다. 300명 중 60%가 정치 및 경제적 상황 모두에 불만족이었고, 10%는 정치 및 경제적 상황 모두에 만족하였으며, 20%는 정치적 상황에는 만족하나 경제적 상황에는 불만족이었다. 직원 300명 중 임의로 선택한 어느 한 직원이 정치적 상황에는 불만족이지만 경제적 상황에는 만족하는 확률을 구하여라.

24 빨간색 상자에는 4개의 검은색 구슬과 3개의 흰색 구슬이 있고 파란색 상자에는 3개의 검은색 구슬과 2개의 흰색 구슬이 있다. 빨간색 상자에서 임의로 하나의 구슬을 꺼내 파란색 상자에 넣었다. 파란색 상자에서 하나의 구슬을 꺼낼 때 그 구슬이 검은색 구슬일 확률을 구하여라.

25 어느 꼬마의 외투 왼쪽 주머니에는 2개의 빨간색 구슬과 4개의 파란색 구슬이, 오른쪽 주머니에는 3개의 빨간색 구슬과 2개의 파란색 구슬이 들어있다. 이 꼬마가 왼쪽 주머니에서 임의로 하나의 구슬을 오른쪽 주머니로 옮긴 다음 오른쪽 주머니에서 파란색 구슬을 선택할 확률을 구하여라.

26 2개의 흰색 공과 4개의 검은색 공이 들어있는 상자에서 A, B 두 사람이 한 개씩 ABABAB...의 순서로 비복원추출을 한다고 할 때 흰색 공을 A가 먼저 꺼낼 확률을 구하여라.

27 부품 10개가 들어있는 상자에서 3개가 불량품이라 한다. 이 상자에서 차례로 2개를 비복원추출했을때 두 번째 추출한 부품이 불량품일 확률을 구하여라.

28 한 신용협동조합의 고객 20명 중 15명은 대출이자를 매월 기일 이내에 갚지만 5명은 매월 연체하였다. 이 고객 20명 중에서 2명을 랜덤하게 선택하였을 때 한 명은 대출이자를 기일 이내에 갚고 다른 한 명은 연체할 확률을 구하여라.

29 어느 국민의 5%가 신종 전염병에 걸렸다고 한다. 이 전염병에 대한 진단검사법에 의하면 감염자의 90%가 양성반응을, 나머지 10%가 음성반응을 나타내며 비감염자의 경우는 1%가 양성반응을 99%가 음성반응을 나타낸다고 한다. 지금 어느 한 사람을 검사한 결과가 양성반응을 보였다면 이 사람이 전염병에 걸렸을 확률을 구하여라.

30 메일시스템에서 사람들이 받는 메일의 10% 정도가 스팸메일이라는 것이 알려졌다. 스팸메일의 제목을 살펴보니 30%는 'sex'란 단어가 삽입되어 있었고 내용 또한 실제로 매우 원색적인 내용이었다고 한다. 보통 일반적인 메일에서 gender 의미의 'sex'란 단어를 쓰는 경우는 0.5%에 불과하다고 한다. 만약 메일 제목이 'sex'인 경우라면 그 메일이 스팸메일일 확률을 구하여라.

31 최근 몇 년간의 임상자료를 바탕으로 분석해보니 임파선암 수술을 받은 암 환자의 90%가 5년 이상 생존하였고, 5년 이상 생존 환자의 20%가 임파선에 암세포가 전이된 환자였다. 또한 수술 후 5년 이내에 사망한 환자의 70%가 임파선에 암세포가 전이된 환자였다. 임파선에 암세포가 전이된 환자가 수술을 받은 후, 5년 이상 생존할 확률을 구하여라.

32 어느 날 아침 일기예보에서 그날 눈이 올 확률이 70%라고 하였다. 여학생들의 95%는 눈이 오는 날에 우산을 가지고 다니며, 눈이 오지 않는 날에도 10%는 우산을 가지고 다닌다고 한다. 만약 그날 어떤 여학생이 우산을 지참하였다면 실제로 눈이 올 확률을 구하여라.

33 미세먼지예보에 관한 과거 자료를 정리해보니 실제로 청명한 날에 미세먼지 주의를 예보한 비율이 0.1, 실제로 미세먼지가 있는 날에 청명한 날이라고 예보한 비율이 0.3, 실제로 청명한 날의 비율은 0.7이다. 기상예보가 청명한 날이라고 예보했는데 실제로 미세먼지가 있을 확률을 구하여라.

CHAPTER

04 확률변수

CHAPTER 04
확률변수

4.1 확률변수

앞 장에서 확률계산의 대상은 집합으로 표시되는 사상이었다. 그러나 사상을 실숫값으로 바꾸어 보다 편하게 확률을 계산할 수 있다. 이제 본 절에서는 확률변수(random variable)에 관해서 설명하기로 한다.

공평한 $King$카드 2장과 Ace카드 3장이 잘 섞여 들어있는 주머니에서 임의로 카드 1장씩 2장을 비복원 추출하는 확률실험에서 카드가 $King$인지 혹은 Ace인지를 관측하는 확률실험을 생각해 보자. 이때 표본공간은

$$S = \{(King, King), (King, Ace), (Ace, King), (Ace, Ace)\}$$

이다. 표본공간의 원소가 문자의 경우에는 다루기 편리하도록 숫자로 바꾸어 주어도 아무런 문제가 되지 않는다. 예를 들면, 위의 표본공간에서 X를 $King$의 수라 정의하면 $X=2$는 $(King, King)$, $X=1$은 $(King, Ace)$ 또는 $(Ace, King)$, 그리고 $X=0$은 (Ace, Ace)의 결과에 상응한다. 이리하여 X의 가능한 값은 0, 1, 2이다. 이때 임의로 카드 1장씩 2장을 추출하여 나오는 결과에 따라 X의 값은 랜덤하게 변하므로 X는 랜덤한 변수이고, 이를 확률변수라 부른다. 이제 확률변수를 다음과 같이 정의할 수 있다.

확률변수(random variable)

표본공간에 속하는 모든 원소에 실숫값을 대응시킨 함수이다. 즉, 표본공간 위에서 정의되는 실숫값 함수이다.

확률변수는 보통 X, Y 혹은 Z 등과 같은 알파벳 대문자로 표시하고, 이들 확률변수가 갖는 실제의 값을 표시할 때는 알파벳 소문자 x, y, z로 표시한다. 예를 들어 위에서 정의된 확률실험에서 $King$의 수 X를 관측하는 실험에서 $X=\{0, 1, 2\}$인데, 이것이 의미하는 바는

$$X(\{(King, King)\}) = 2$$

$$X(\{(King, Ace)\}) = 1$$

$$X(\{(Ace, King)\}) = 1$$

$$X(\{(Ace, Ace)\}) = 0$$

이 되므로 확률변수 X는 표본공간 위에서 정의되는 실숫값 함수로서 역할을 한다.

반면 확률변수 Y를 $King$의 수에 따라 10,000원씩 받는 게임에서 얻게 되는 수익이라 정의하면,

$$Y(\{(King, King)\}) = 20{,}000$$

$$Y(\{(King, Ace)\}) = Y(\{(Ace, King)\}) = 10{,}000$$

$$Y(\{(Ace, Ace)\}) = 0$$

이 되어 $Y=\{0, 10000, 20000\}$이다. 따라서 같은 표본공간이라 할지라도 확률변수의 정의에 따라 확률변수의 값이 달라진다. 하지만 [표 4.1]에서 확률변수의 각 값에 부여되는 확률은 같다.

표 4.1 사상, 확률변수 X와 Y의 확률

사상	x	y	$P(X=x)=P(Y=y)$	누적확률
$\{Ace, Ace\}$	0	0	$(\frac{3}{5})(\frac{2}{4})=\frac{3}{10}$	$\frac{3}{10}$
$\{King, Ace\}$, $\{Ace, King\}$	1	10,000	$(\frac{2}{5})(\frac{3}{4})+(\frac{3}{5})(\frac{2}{4})=\frac{6}{10}$	$\frac{9}{10}$
$\{King, King\}$	2	20,000	$(\frac{2}{5})(\frac{1}{4})=\frac{1}{10}$	1

확률변수가 취하는 각 값에 확률을 대응시켰을 때의 관계를 확률변수의 분포(distribution) 또는 확률분포(probability distribution)라 한다. 이때 확률변수 X가 셀 수 있는 이산형의 값을 가진다면 X는 이산형 확률변수(discrete random variable)라 하고 이때 대응되는 확률함수를 확률질량함수(probability mass function)라고 하며, 간단히 pmf로 나타낸다. 이산형 확률변수는 다음과 같은 성질을 가진다.

이산형 확률변수의 성질

1. 이산형 확률변수 X는 셀 수 있는 값 $x_1, x_2, \dots, x_n$을 가진다.
2. 이산형 확률변수 X의 확률분포는 X가 갖는 값 x_i에 확률 p_i를 대응시킴으로써 주어진다.
3. 확률 $p_i(i=1,2,\cdots,n)$은 다음이 성립한다.
   (a) $0 \le p_i \le 1,\ i=1,2,\dots,n$
   (b) $p_1+p_2+\cdots+p_n=1$
4. 이산형 확률변수 X값의 집합인 A에 대한 확률은 $P(A)=\sum_{x_i \in A} p_i$

예제 4.1 [표 4.2]는 2023년 5월 우리나라 주민등록 인구 현황에서 세대원 수별 세대 수를 나타낸다. 우리나라 전체 세대 중 임의로 한 세대를 선택하여 세대원 수를 관측하는 확률실험에서 이산형 확률변수 X를 세대원 수라 정의하고 확률변수 X의 관측값으로 1인, 2인, 3인, 4인 세대원 수에 대하여 각각 1, 2, 3, 4의 값을 대응시키고 5인 이상 세대원 수에 대하여 5의 값을 대응시켰을 때 다음 물음에 답하여라.

표 4.2 세대원 수별 세대 수

세대원 수	1인	2인	3인	4인	5인 이상
세대 수	9,862,054	5,800,240	4,023,476	3,200,085	952,453

(1) 확률변수 X의 확률분포를 구하여라.

(2) 최소한 세대원 수가 2인일 확률을 구하여라.

(3) 많아야 세대원 수가 2인일 확률을 구하여라.

(4) 세대원 수가 4인 이상일 확률을 구하여라.

(5) 세대원 수가 5인 이상일 확률을 구하여라.

풀이 (1) [표 4.2]에서 각 세대원 수별 세대 수를 총 세대 수 23,838,308로 나누어 얻은 결과인 [표 4.3]은 이산형 확률변수 X의 확률분포이다.

표 4.3 이산형 확률변수 X의 확률분포

x	1	2	3	4	5
$P(X=x)$	0.414	0.243	0.169	0.134	0.040

(2) 최소한 세대원 수가 2인일 확률은 다음과 같다.

$$P(X \geq 2) = 1 - P(X=1) = 1 - 0.414 = 0.586$$

(3) 많아야 세대원 수가 2인일 확률은 다음과 같다.

$$P(X \leq 2) = P(X=1) + P(X=2) = 0.414 + 0.243 = 0.657$$

(4) 세대원 수가 4인 이상일 확률은 다음과 같다.

$$P(X \geq 4) = P(X=4) + P(X=5) = 0.134 + 0.04 = 0.174$$

(5) 확률변수 X의 정의에서 $x=5$의 경우는 세대원 수가 5인 이상을 의미한다. 따라서 세대원 수가 5인 이상일 확률은 $P(X=5) = 0.04$이다.

이산형 확률분포를 그린 그림을 **확률 히스토그램(probability histogram)**이라 한다. [그림 4.1]은 [표 4.3]의 이산형 확률분포를 그림으로 표현한 확률 히스토그램이다.

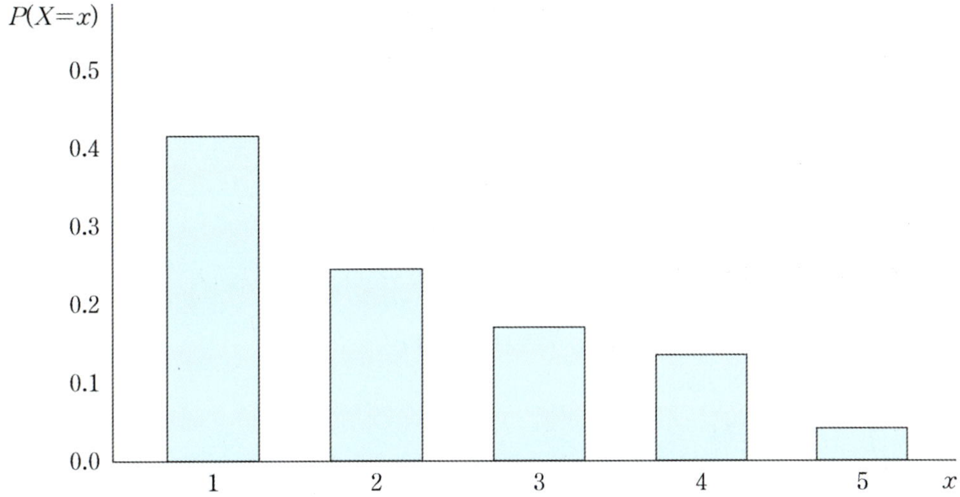

그림 4.1 이산형 확률변수의 확률 히스토그램

```
> # [R-program 4.1] 예제 4.1 - [그림 4.1]
>
> n = c(9862054, 5800240, 4023476, 3200085, 952453)
> (p = round(n/sum(n), 3))
[1] 0.414 0.243 0.169 0.134 0.040
> sum(p)
[1] 1
> x = c(1, 2, 3, 4, 5)
>
> library(graphics)
> barplot(p, names.arg = x, xlab = "x", ylab = "P(X=x)", ylim = c(0, 0.5))
> grid()
```

확률변수 X가 지정된 어느 단위시간에 은행에 들어오는 고객의 수라면 X는 이산형 확률변수이지만, 만약 X가 어느 날 은행에 첫 고객이 들어올 때까지 기다리는 시간이라 정의하면 X는 실수 구간의 값을 갖는다. 이렇게 확률변수 X의 값이 실수 구간의 값을 취할 때 X를 연속형 확률변수(continuous random variable)라 한다. 많은 경우 측정자료는 연속형 확률변수에 해당한다. 즉, 시간 이외에도 길이, 무게, 온도, 거리, 밀도 등이 있다.

연속형 확률변수는 어떤 실수 구간에서의 함수로 확률을 나타낸다. 이때 확률함수 $f(x)$를 연속형 확률변수 X의 **확률밀도함수(probability density function)**라 하고 보통 pdf로 표기한다. 연속형 확률변수는 아래와 같은 성질을 가진다.

연속형 확률변수의 성질

1. 연속형 확률변수 X는 실수 구간의 모든 값을 가진다.

2. 확률밀도함수 $f(x)$는 다음의 조건을 만족시켜야 한다.
   (a) 모든 x에 대하여 $f(x) \geq 0$
   (b) $\int_{-\infty}^{\infty} f(x)\, dx = 1$
   (c) $f(X=x)=0$

3. 연속형 확률변수 X값들의 집합인 A에 대한 확률은 구간 A 위에서 확률밀도함수 $f(x)$ 아래의 넓이와 같다. 즉 $P(A) = \int_A f(x)\, dx$이다.

위의 연속형 확률변수의 성질 2의 (c)에서 연속형 확률변수 X가 하나의 실숫값을 가질 확률은 0이므로

$$P(a < X < b) = P(a \leq X < b) = P(a < X \leq b) = P(a \leq X \leq b) = \int_a^b f(x)\, dx$$

가 성립함을 알 수 있다. [그림 4.2]는 위의 연속형 확률변수의 성질 3에서 설명하는 연속형 확률변수의 확률밀도함수를 보여준다.

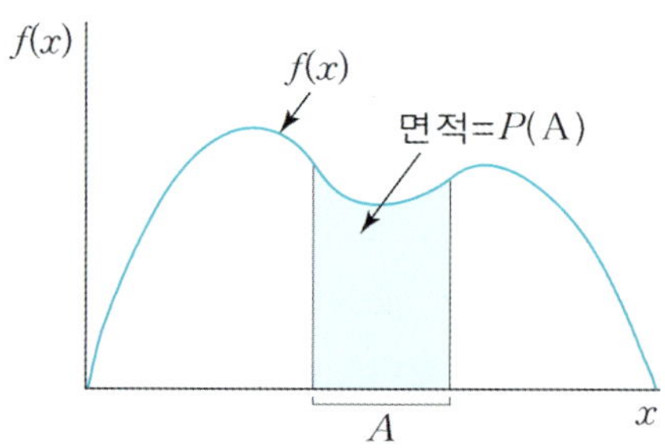

그림 4.2 연속형 확률변수의 확률밀도함수

예제 4.2 어느 스마트폰 배터리의 수명(단위: 년)을 나타내는 확률변수 X의 확률밀도함수로서

$$f(x) = ke^{-x/2},\ \ 0 < x < \infty$$

를 이용한다고 한다.

(1) 함수 $f(x)$가 확률밀도함수가 되기 위한 상수 k의 값을 구하여라.

(2) 이 배터리를 최소한 3년 동안 고장 없이 사용할 확률을 구하여라.

풀이 (1) $\dfrac{d\{e^{-x/2}\}}{dx} = -\dfrac{1}{2}e^{-x/2}$ 이므로 연속형 확률변수의 성질 2의 (b)를 이용하면

$$\begin{aligned} 1 = \int_{-\infty}^{\infty} f(x)dx &= \int_{0}^{\infty} ke^{-x/2}dx \\ &= (-2k)\int_{0}^{\infty} -\frac{1}{2}e^{-x/2}dx \\ &= (-2k)[e^{-x/2}]_{0}^{\infty} \\ &= 2k \end{aligned}$$

이다. 따라서 $k = \dfrac{1}{2}$ 이다.

(2) 이 배터리를 최소한 3년 동안 고장 없이 사용할 확률은 다음과 같다.

$$P(X \geq 3) = \int_{3}^{\infty} f(x)dx = \int_{3}^{\infty} \frac{1}{2}e^{-x/2}dx = [-e^{-x/2}]_{3}^{\infty} = e^{-3/2} = 0.223$$

4.2 확률변수의 기댓값과 분산

크기가 N인 모집단에서 관측값들의 산술평균인 $\sum_{i=1}^{N}\frac{1}{N}x_i$는 모든 관측값에 똑같은 가중치 $\frac{1}{N}$을 주고 계산한 가중평균의 의미이다. 이산형 확률변수 X가 취할 수 있는 값이 $x_1, x_2, \ldots, x_N$이고 X가 x_i값을 취할 확률이 $p_i = P(X = x_i)$라고 하자. 이제 발생 가능성이 큰 확률을 가지는 확률변수의 값에는 큰 가중치를 주고 발생 가능성이 작은 확률을 가지는 확률변수의 값에는 작은 가중치를 주고 계산한 가중평균, 즉 $\sum_{i=1}^{N}x_i p_i$를 확률변수 X의 기댓값(expected value) 또는 확률변수 X의 평균(mean)이라고 한다. 이를 다음과 같이 μ_X 또는 $E(X)$로 표기한다.

$$\mu_X = E(X) = \sum_{i=1}^{N}x_i p_i$$

연속형 확률변수 X가 확률밀도함수 $f(x)$를 가진다면 X의 기댓값 또는 평균은

$$\mu_X = E(X) = \int_{-\infty}^{\infty} x f(x)dx$$

가 된다.

확률변수의 평균(기댓값)

$$\mu_X = E(X) = \begin{cases} \sum_{i=1}^{N}x_i p_i, & X\text{가 이산형 확률변수일 때} \\ \int_{-\infty}^{\infty} x f(x)dx, & X\text{가 연속형 확률변수일 때} \end{cases}$$

예제 4.3 즉석식 인쇄복권 '스피또 500'은 스크래치 부분을 긁어서 즉시 당첨 여부를 확인할 수 있는 것이 특징이다. 정가 500원인 즉석복권 '스피또 500'은 총 1,200만 매가 발행되며, 2억 원, 100만 원, 5천 원, 5백 원의 당첨금에 해당하는 복권은 각각 3매, 60매, 18만 매, 360만 매가 발매된다고 한다. 즉석복권 1매를 샀을 때 기대되는 당첨금액을 구하여라.

풀이 확률변수 X를 복권 1매의 당첨금액이라 정의하면 X의 확률분포는 다음과 같다.

x(단위: 원)	x(단위: 만 원)	$P(X=x)$
2억 원	20,000	3/12,000,000
100만 원	100	60/12,000,000
5천 원	0.5	180,000/12,000,000
5백 원	0.05	3,600,000/12,000,000
0원	0	1−(3+60+180,000+3,600,000)/12,000,000

확률변수 X의 기댓값은 다음과 같이 계산된다.

$$\mu_X = E(X) = \sum_{i=1}^{5} x_i p_i$$

$$= \frac{1}{12000000}\left\{ \begin{array}{l} (20000)(3)+(100)(60)+(0.5)(180000) \\ +(0.05)(3600000) \end{array} \right\}$$

$$= 0.028\text{만 원} = 280\text{원}$$

즉, 즉석복권 1매의 기대되는 당첨금액은 280원이다. 물론 280원이란 당첨금은 없으나 수없이 많은 복권을 구매할 때 평균적으로 280원 정도의 당첨금을 기대할 수 있다. 따라서 즉석복권 1매를 500원 주고 구매할 때 기대되는 손실금액은 $500-280=220$원이 된다.

확률변수의 기댓값의 성질은 이산형 확률변수의 경우 $\sum$의 성질, 연속형 확률변수의 경우는 적분의 성질을 이용하면 쉽게 증명되므로 결과만 적어보면 다음과 같다.

기댓값의 성질

a, b가 상수이고, X와 Y가 확률변수일 때 다음의 성질이 성립한다.

1. $E(a+bX)=a+bE(X)$
2. $E(aX+bY)=aE(X)+bE(Y)$

확률변수 X의 분산(variance)은 X가 취하는 각 값이 평균 μ_X를 중심으로 흩어진 정도의 기대되는 값, 즉 $E[(X-\mu_X)^2]$을 나타내는 것으로 σ_X^2 또는 $Var(X)$로 표시한다. 분산의 제곱근 $\sqrt{Var(X)}$을 확률변수 X의 표준편차(standard deviation)라 하고 σ_X 또는 $SD(X)$로 표시한다.

확률변수의 분산

$$\sigma_X^2 = Var(X) = E[(X-\mu_X)^2] = \begin{cases} \sum_{i=1}^{N}(x_i-\mu_X)^2 p_i, & X\text{가 이산형 확률변수일 때} \\ \int_{-\infty}^{\infty}(x-\mu_X)^2 f(x)dx, & X\text{가 연속형 확률변수일 때} \end{cases}$$

또는 계산을 위한 간편 공식은 다음과 같다.

$$\sigma_X^2 = Var(X) = E(X^2) - \mu_X^2 = \begin{cases} \sum_{i=1}^{N}x_i^2 p_i - \mu_X^2, & X\text{가 이산형 확률변수일 때} \\ \int_{-\infty}^{\infty}x^2 f(x)dx - \mu_X^2, & X\text{가 연속형 확률변수일 때} \end{cases}$$

확률변수의 분산의 성질은 기대값의 성질과 분산의 정의를 이용하여 증명되며 그것의 유용한 결과는 다음과 같다.

확률변수의 분산의 성질

a, b가 상수이고, X가 확률변수이면 다음의 성질이 성립한다.

1. $Var(aX) = a^2 Var(X)$
2. $Var(aX+b) = a^2 Var(X)$

예제 4.4 공평한 1개의 동전을 2회 던져 앞면(H) 혹은 뒷면(T)을 관측하는 확률실험에서 앞면의 출현 횟수를 확률변수 X라 정의한다.

(1) 확률변수 X의 평균과 분산을 구하여라.

(2) 확률변수 Y를 $Y=3X+5$라 정의할 때 확률변수 Y의 평균과 분산을 구하여라.

풀이 확률실험에서 모든 결과의 집합인 표본공간 S의 원소 s와 확률변수 X의 관측값 x의 관계는 다음과 같다.

s	HH	HT	TH	TT
x	2	1	1	0

따라서 X의 확률분포는 아래 표와 같다.

x	0	1	2
$P(X=x)$	1/4	1/2	1/4

(1) X의 확률분포로부터 확률변수 X의 평균은

$$\mu_X = E(X) = \sum_{i=1}^{3} x_i p_i = (0)(\frac{1}{4}) + (1)(\frac{1}{2}) + (2)(\frac{1}{4}) = 1$$

이고 X의 분산은

$$\sigma_X^2 = Var(X) = E(X^2) - \mu_X^2 = \sum_{i=1}^{3} x_i^2 p_i - \mu_X^2$$

$$= \left\{(0^2)(\frac{1}{4}) + (1^2)(\frac{1}{2}) + (2^2)(\frac{1}{4})\right\} - 1^2$$

$$= \frac{1}{2}$$

이다. 표준편차는 분산의 제곱근으로 다음과 같다.

$$\sigma_X = SD(X) = \frac{1}{\sqrt{2}}$$

(2) 확률변수 $Y=3X+5$의 평균과 분산은 다음과 같이 계산한다.

$$\mu_Y = E(Y) = E(3X+5) = 3E(X) + 5 = (3)(1) + 5 = 8$$

$$\sigma_Y^2 = Var(Y) = Var(3X+5) = (3^2)\,Var(X) = (9)(\frac{1}{2}) = \frac{9}{2}$$

4.3 이변량 확률분포

지금까지는 하나의 확률변수에 대한 분포만을 다루어왔는데, 이제는 두 개의 확률변수를 동시에 고려하는 결합분포를 알아보자.

4.3.1 두 확률변수의 결합분포

X와 Y가 이산형 확률변수일 때, 두 변수를 동시에 고려하는 확률질량함수를

$$P(X=x,\ Y=y)=f(x,y)$$

라고 쓰고, 이때 $f(x,y)$를 X와 Y의 결합확률질량함수(joint probability mass function)라고 한다. 만약 X와 Y가 연속형 확률변수이면 $f(x,y)$를 X와 Y의 결합확률밀도함수(joint probability density function)라고 한다. 보통 이산형이나 연속형을 구별하지 않고 $f(x,y)$를 결합확률함수라고 부르기도 한다. 확률변수 X와 Y가 취할 수 있는 모든 쌍 (x,y)에 대응하여 확률 $f(x,y)$를 나타내며 확률의 총합이 1이 되도록 나타낸 것을 확률변수 X와 Y의 결합확률분포 혹은 간단히 결합분포라고 한다.

결합확률함수의 성질

확률변수 X, Y의 결합확률함수 $f(x,y)$에 대하여 다음이 성립한다.

1. 모든 x, y에 대하여 $f(x,y)\geq 0$

2. $$\begin{cases} \sum_{x\in R}\sum_{y\in R} f(x,y)=1, & \text{확률변수 } X, Y\text{가 이산형인 경우} \\ \int_{-\infty}^{\infty}\int_{-\infty}^{\infty} f(x,y)\,dx\,dy=1, & \text{확률변수 } X, Y\text{가 연속형인 경우} \end{cases}$$

3. $$P(a<X<b,\ c<Y<d)=\begin{cases} \sum_{c<y<d}\ \sum_{a<x<b} f(x,y), & \text{확률변수 } X,\ Y\text{가 이산형인 경우} \\ \int_{c}^{d}\int_{a}^{b} f(x,y)\,dx\,dy, & \text{확률변수 } X,\ Y\text{가 연속형인 경우} \end{cases}$$

예제 4.5 각 면에 1, 2의 숫자가 적혀있는 공평한 동전 1개와 4개의 각 면에 1, 2, 3, 4의 숫자가 적혀있는 공평한 정사면체 주사위 1개를 동시에 던져서 동전과 정사면체의 면에 적힌 숫자를 관측하는 확률실험을 시행한다. 홀수의 횟수를 확률변수 X, 3의 배수의 횟수를 확률변수 Y라 정의할 때 X와 Y의 결합확률분포를 구하여라.

풀이 주어진 확률실험에 대한 표본공간 S의 원소 s와 확률변수 X와 Y의 관측값 x, y, 그리고 대응되는 각 확률 $P(X=x, Y=y)$의 관계는 다음 표와 같다.

s	x	y	$P(X=x, Y=y)$
(1, 1)	2	0	1/8
(1, 2)	1	0	1/8
(1, 3)	2	1	1/8
(1, 4)	1	0	1/8
(2, 1)	1	0	1/8
(2, 2)	0	0	1/8
(2, 3)	1	1	1/8
(2, 4)	0	0	1/8

위의 표로부터 확률변수 X와 Y의 결합확률분포는 다음과 같이 주어진다.

x \ y	0	1	합
0	2/8	0	1/4
1	3/8	1/8	1/2
2	1/8	1/8	1/4
합	3/4	1/4	1

4.3.2 주변확률분포

두 이산형 확률변수 X와 Y의 결합확률 $f(x,y)$에서 모든 y값에 대하여 결합확률을 더하여 X의 주변확률분포를 얻게 되고 같은 방법으로 모든 x값에 대하여 결합확률을 더하여 Y의 주변확률분포(marginal probability distribution)를 얻게 된다. 이때 $f(x)$와 $f(y)$를 각각 확률변수 X와 Y에 의해 얻게 되는 주변확률함수라는 의미에서 $f_X(x)$와 $f_Y(y)$라 표기하고 다음과 같이 계산된다.

$$f_X(x) = \sum_{y \in R} f(x,y) \tag{4.1}$$

$$f_Y(y) = \sum_{x \in R} f(x,y) \tag{4.2}$$

확률변수 X와 Y가 연속형인 경우에 주변확률함수는 위의 식에서 총합 기호 대신에 적분 기호로 대체하여 얻을 수 있다.

예제 4.6 (예제 4.5 계속) 확률변수 X와 Y의 주변확률분포를 구하여라.

풀이 식 (4.1)에 의하여 확률변수 X가 갖는 확률은 아래와 같이 계산된다.

$$f_X(0) = \sum_{y \in \{0,1\}} f(0,y) = f(0,0) + f(0,1) = \frac{2}{8} + 0 = \frac{1}{4}$$

$$f_X(1) = \sum_{y \in \{0,1\}} f(1,y) = f(1,0) + f(1,1) = \frac{3}{8} + \frac{1}{8} = \frac{1}{2}$$

$$f_X(2) = \sum_{y \in \{0,1\}} f(2,y) = f(2,0) + f(2,1) = \frac{1}{8} + \frac{1}{8} = \frac{1}{4}$$

따라서 확률변수 X의 주변확률분포는 다음과 같이 주어진다.

x	0	1	2
$f_X(x)$	1/4	1/2	1/4

식 (4.2)에 의하여 확률변수 Y가 갖는 확률은 아래와 같이 계산된다.

$$f_Y(0) = \sum_{x \in \{0,1,2\}} f(x,0) = f(0,0) + f(1,0) + f(2,0) = \frac{2}{8} + \frac{3}{8} + \frac{1}{8} = \frac{3}{4}$$

$$f_Y(1) = \sum_{x \in \{0,1,2\}} f(x,1) = f(0,1) + f(1,1) + f(2,1) = 0 + \frac{1}{8} + \frac{1}{8} = \frac{1}{4}$$

따라서 확률변수 Y의 주변확률분포는 다음과 같이 주어진다.

y	0	1
$f_Y(y)$	3/4	1/4

4.4 상관계수

4.4.1 두 확률변수의 독립성

3.5절에서 다루었던 서로 독립사상인 A와 B에 대한 개념을 확률변수 X와 Y에 적용하여 두 확률변수의 독립성을 정의할 수 있다. 즉, 두 확률변수가 서로 독립이라는 것은 확률변수 X와 Y가 갖는 모든 x, y에 대해 사상 $\{X = x\}$와 사상 $\{Y = y\}$가 독립임을 의미한다. 다음은 두 확률변수의 독립성에 관한 정의이다.

두 확률변수의 독립성

두 확률변수 X, Y의 결합확률함수 $f(x,y)$ 및 주변확률함수 $f_X(x)$, $f_Y(y)$가 모든 x, y에 대하여

$$f(x,y) = f_X(x) f_Y(y)$$

가 성립하면, 확률변수 X와 Y는 서로 **독립(independence)**이라고 한다. 위 식이 성립되지 않을 때 X와 Y는 **종속(dependence)**이라 한다.

예제 4.7 (예제 4.5 계속) 두 확률변수 X와 Y가 서로 독립인지를 밝혀라.

풀이 $x = 0,\ y = 0$인 경우에 $\frac{2}{8} = f(0,0) \neq f_X(0) \cdot f_Y(0) = \left(\frac{1}{4}\right)\left(\frac{3}{4}\right) = \frac{3}{16}$이다. 따라서 확률변수 X와 Y는 서로 독립이 아니며 종속이다.

4.4.2 공분산

두 확률변수 X와 Y의 연관성의 측도로서 $E[(X-\mu_X)(Y-\mu_Y)]$를 $Cov(X,Y)$라고 표시하고, X와 Y의 공분산(covariance)이라고 한다. 만약 X와 Y가 독립이면

$$\begin{aligned} Cov(X,Y) &= E[(X-\mu_X)(Y-\mu_Y)] = E[XY-\mu_Y X-\mu_X Y+\mu_X\mu_Y] \\ &= E(XY)-\mu_Y E(X)-\mu_X E(Y)+\mu_X\mu_Y \\ &= \sum_x\sum_y xyf(x,y)-\mu_X\mu_Y \\ &= \sum_x\sum_y xyf_X(x)f_Y(y)-\mu_X\mu_Y \\ &\quad (X\text{와 } Y\text{는 독립이므로 } f(x,y)=f_X(x)f_Y(y)) \\ &= \sum_x xf_X(x)\sum_y yf_Y(y)-\mu_X\mu_y \\ &= E(X)E(Y)-\mu_X\mu_y = 0 \end{aligned}$$

이고, 종속이면 $Cov(X,Y)\neq 0$이 된다.

만약 확률변수 X 및 Y 가 각각의 평균인 μ_X 및 μ_Y보다 크면 클수록 혹은 작으면 작을수록 공분산은 양의 큰 값을 갖는다. 또는 확률변수 X는 평균 μ_X보다 크지만(작지만) Y는 평균 μ_Y보다 작으면(크면) 공분산은 음의 값을 갖는다. 따라서 공분산 $Cov(X,Y)$는 두 변수 X와 Y의 연관성 크기의 정도와 연관성의 방향을 나타내는 측도로 사용될 수 있다. 공분산을 이용하여 다음과 같이 두 확률변수의 합의 분산을 나타낼 수 있다.

공분산과 독립성

1. 두 확률변수 X와 Y의 공분산

$$Cov(X,Y) = E[(X-\mu_X)(Y-\mu_Y)] = E(XY)-\mu_X\mu_Y$$

2. a,b가 상수일 때, 두 확률변수 X와 Y에 대하여 다음을 얻는다.

$$Var(aX+bY) = a^2 Var(X)+b^2 Var(Y)+2abCov(X,Y)$$

3. 만약 두 확률변수 X와 Y가 독립이면, $Cov(X, Y) = 0$이 되어

$$Var(aX+bY) = a^2 Var(X) + b^2 Var(Y)$$

4. 두 확률변수 X와 Y의 독립성 여부에 상관없이 다음의 기댓값은 항상 성립한다.

$$E(aX+bY) = aE(X) + bE(Y)$$

4.4.3 상관계수

한편 X와 Y의 공분산은 확률변수의 단위에 따라 그 크기가 다르게 나타나므로 분포가 다른 집단들에 대하여 공분산을 이용하여 두 확률변수의 연관성을 비교하는 것은 적절하지 않다. 그러므로 단위에 무관하게 연관성 비교를 위한 척도를 생각할 필요가 있으며, 그러한 연관성의 척도로서 상관계수(correlation coefficient)를 다음과 같이 정의한다.

상관계수

$$\rho_{XY} = Corr(X, Y) = E\left[\left(\frac{X-\mu_X}{\sigma_X}\right)\left(\frac{Y-\mu_Y}{\sigma_Y}\right)\right] = \frac{Cov(X, Y)}{\sigma_X \sigma_Y}$$

이때 상관계수의 범위는 $-1 \le \rho_{XY} \le 1$이고, $\rho_{XY} > 0$이면 두 확률변수는 양의 상관관계를 갖는다고 말한다. 즉, 어느 한 확률변수가 평균보다 큰 값을 가지면 다른 확률변수도 역시 평균보다 큰 값을 갖는 경향이 있으며, 반대로 어느 한 변수가 평균보다 작은 값을 가지면 다른 변수도 평균보다 작은 값을 갖는 경향이 있다. 또한 $\rho_{XY} < 0$이면 두 확률변수는 음의 상관관계를 갖는다고 말한다. 즉, 어느 한 확률변수가 평균보다 큰(작은) 값을 가지면 다른 확률변수는 평균보다 작은(큰) 값을 갖는 경향이 있다. 특히 $\rho_{XY} = 1$이면 완전한 양의 상관관계가 있고, $\rho_{XY} = -1$이면 완전한 음의 상관관계가 있다.

두 양적변수의 관계를 파악하는 가장 일반적인 방법은 산점도(scatter plot)를 그려 보는 것이다. 산점도는 두 양적변수 중 하나를 가로축에, 다른 하나를 세로축에 나타

내며 각 개별 관측값 쌍을 좌표 위에 점으로 표시한다.

확률변수 X와 Y의 관측값 (x, y)의 산점도에서 여러 상관계수의 예를 보여주는 [그림 4.3]에서 ρ_{XY}는 두 확률변수의 선형(linear) 연관성 측도임을 확실히 알 수 있다. 두 확률변수 X와 Y가 독립이면, $Cov(X, Y) = 0$이므로 상관계수도 $\rho_{XY} = 0$이다. 따라서 독립인 두 확률변수는 서로 간에 선형 연관성이 없다. 그러나 $\rho_{XY} = 0$이라면 두 확률변수는 선형 연관성이 없음을 의미하지만 두 확률변수가 반드시 독립임을 의미하지는 않는다. [그림 4.3]의 3번째 행에 있는 산점도에서 상관계수는 0이지만 만약 x와 y가 함수관계로 표현 가능하다면 두 확률변수 X와 Y는 종속일 것이다. (상관계수에 관한 논의는 9.1절에서 다시 다룬다.)

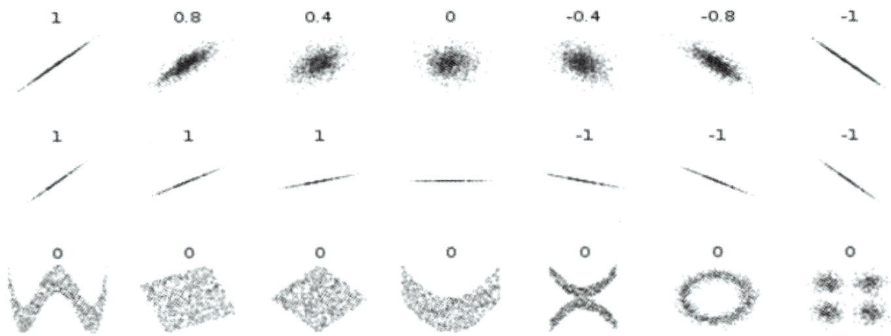

그림 4.3 확률변수 X와 Y의 관측값 (x, y)의 산점도에서 상관계수의 예(출처: Wikipedia)

예제 4.8 공평한 동전을 3회 던져 앞면(H) 혹은 뒷면(T)을 관측하는 확률실험에서 확률변수 X는 처음 두 번에서 앞면이 나오는 개수, 확률변수 Y는 세 번째에서 앞면이 나오는 개수로 정의한다.

(1) 기댓값 $E(XY)$, $E(X)$, $E(Y)$, 그리고 확률변수 X와 Y의 공분산을 구하여라.

(2) 기댓값 $E(X^2)$, $E(Y^2)$, 분산 $Var(X)$, $Var(Y)$, 표준편차 σ_X, σ_Y, 그리고 확률변수 X와 Y의 상관계수를 구하여라.

(3) 확률변수 X와 Y의 관측값 (x, y)의 산점도를 그리고 위에서 계산된 공분산 및 상관계수가 무엇을 의미하는지 설명하여라.

(4) 확률변수 X와 Y는 독립이라 말할 수 있는지 설명하여라.

(5) 기댓값 $E(2X+3Y)$, $Var(2X+3Y)$를 구하여라.

풀이 주어진 확률실험에 대한 표본공간 S의 원소 s와 확률변수 X와 Y의 관측값 x, y, 그리고 대응되는 각 확률 $P(X=x, Y=y)$의 관계는 다음 표와 같다.

s	x	y	$P(X=x, Y=y)$
HHH	2	1	1/8
HHT	2	0	1/8
HTH	1	1	1/8
HTT	1	0	1/8
THH	1	1	1/8
THT	1	0	1/8
TTH	0	1	1/8
TTT	0	0	1/8

위의 표로부터 확률변수 X와 Y의 결합확률분포 및 각 주변확률분포는 아래 표의 각 칸의 확률로 주어진다.

x \ y	0	1	$f_X(x)$
0	1/8	1/8	1/4
1	1/4	1/4	1/2
2	1/8	1/8	1/4
$f_Y(y)$	1/2	1/2	1

즉, X와 Y의 결합확률함수 $f(x,y)$와 주변확률함수 $f_X(x)$, $f_Y(y)$는 각각 다음과 같이 표현된다.

$$f(x,y) = \begin{cases} 1/8, & (x,y)=(0,0),\ (0,1),\ (2,0),\ (2,1) \\ 1/4, & (x,y)=(1,0),\ (1,1) \\ 0\ , & \text{그외 다른 값에서} \end{cases}$$

$$f_X(x)=\begin{cases}1/4, & x=0,2\\ 1/2, & x=1\\ 0\ , & \text{그외 다른 값에서}\end{cases} \qquad f_Y(y)=\begin{cases}1/2, & y=0,1\\ 0\ , & \text{그외 다른 값에서}\end{cases}$$

(1) 확률변수 XY와 X 및 Y의 기댓값은 다음과 같다.

$$E(XY)=\sum_{(x,y)} xy f(x,y)=(2)(1)\left(\frac{1}{8}\right)+(1)(1)\left(\frac{1}{4}\right)=\frac{1}{2}$$

$$E(X)=\sum_x x f_X(x)=(2)\left(\frac{1}{4}\right)+(1)\left(\frac{1}{2}\right)=1$$

$$E(Y)=\sum_y y f_Y(y)=(1)\left(\frac{1}{2}\right)=\frac{1}{2}$$

따라서 확률변수 X와 Y의 공분산은 다음과 같다.

$$Cov(X,Y)=E(XY)-\mu_X\mu_Y=\frac{1}{2}-(1)\left(\frac{1}{2}\right)=0$$

(2) 기댓값 $E(X^2)$, $E(Y^2)$은 다음과 같다.

$$E(X^2)=\sum_x x^2 f_X(x)=(2^2)\left(\frac{1}{4}\right)+(1^2)\left(\frac{1}{2}\right)=\frac{3}{2}$$

$$E(Y^2)=\sum_y y^2 f_Y(y)=(1^2)(\frac{1}{2})=\frac{1}{2}$$

따라서 확률변수 X와 Y의 분산은 각각

$$Var(X)=E(X^2)-\mu_X^2=\frac{3}{2}-1^2=\frac{1}{2}$$

$$Var(Y)=E(Y^2)-\mu_Y^2=\frac{1}{2}-\left(\frac{1}{2}\right)^2=\frac{1}{4}$$

과 같고, 확률변수 X와 Y의 표준편차는 $\sigma_X=\sqrt{Var(X)}=1/\sqrt{2}$, $\sigma_Y=\sqrt{Var(Y)}=1/2$이다. 마지막으로 확률변수 X와 Y의 상관계수는 다음과 같이 계산된다.

$$\rho_{XY} = \frac{Cov(X, Y)}{\sigma_X \sigma_Y} = 0$$

(3) 공분산 및 상관계수가 0인 것은 X와 Y가 선형 연관성이 없음을 의미한다. X와 Y의 연관성을 검토하기 위한 산점도 [그림 4.4]에서 X와 Y는 선형 연관성이 없음이 명백하다.

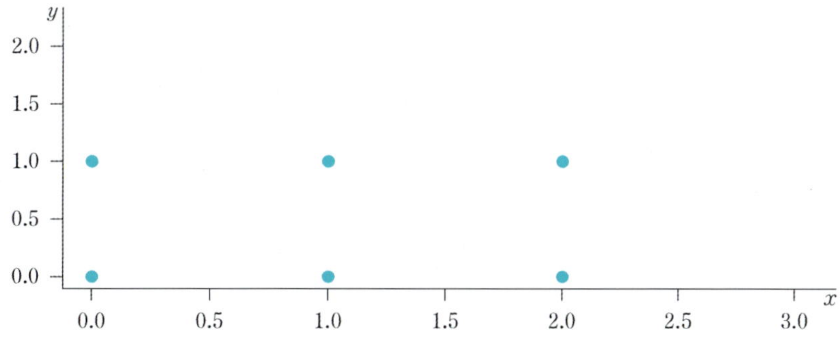

▌그림 4.4 X와 Y의 산점도

(4) 공분산 및 상관계수가 0인 것은 확률변수 X와 Y의 선형 연관성이 없다는 것을 의미하지만 두 확률변수의 독립성을 반드시 보장하지는 않는다. 그러나 위에서 정의된 확률변수 X와 Y의 결합확률분포 및 각 주변확률분포에서 모든 x, y에 대하여

$$f(x, y) = f_X(x) f_Y(y)$$

가 성립한다. 따라서 두 확률변수 X와 Y는 독립이다.

(5) 확률변수 X와 Y의 선형결합인 $2X+3Y$의 기댓값 및 분산은 다음과 같이 계산된다.

$$E(2X+3Y) = 2E(X) + 3E(Y) = (2)(1) + (3)\left(\frac{1}{2}\right) = \frac{7}{2}$$

$$Var(2X+3Y) = 2^2 Var(X) + 3^2 Var(Y) = (4)\left(\frac{1}{2}\right) + (9)\left(\frac{1}{4}\right) = \frac{17}{4}$$

```
> # [R-program 4.2] 예제 4.8 - [그림 4.4]
>
> xy = matrix(c(2, 2, 1, 1, 1, 1, 0, 0, 1, 0, 1, 0, 1, 0, 1, 0),
+            nrow = 8, ncol = 2, dimnames = list(c(1:8), c("x", "y")))
>
> (xy = data.frame(xy))
  x y
1 2 1
2 2 0
3 1 1
4 1 0
5 1 1
6 1 0
7 0 1
8 0 0
>
> with(plot(xy$x, xy$y, pch = 16, xlab = "x", ylab = "y",
+          xlim = c(0,3), ylim = c(0, 2)), grid())
```

이제 두 개의 확률변수를 확장해서 여러 개의 확률변수 $X_1, X_2, \ldots, X_n$을 생각해 보자. 이들의 결합확률함수를 $f(x_1, x_2, \ldots, x_n)$로 표시할 때, 만약

$$f(x_1, x_2, \ldots, x_n) = f_1(x_1)f_2(x_2)\cdots f_n(x_n)$$

이 성립하면, 확률변수 $X_1, X_2, \ldots, X_n$은 모두 서로 독립이라고 말한다. 여기서 $f_i(x_i)$는 확률변수 X_i의 주변확률함수이다. 예를 들어, 하나의 확률실험을 여러 차례 시행하면서 매번의 실험이 독립적으로 이뤄질 때, 각 실험의 결과를 확률변수 X_i라고 하면 $X_1, X_2, \ldots, X_n$은 서로 독립인 확률변수들이 된다. 이런 상황은 다음 장을 포함하여 앞으로 자주 등장하게 된다.

연/습/문/제

01 학생들의 리포트 성적을 A, B, C, D, F등급으로 나누고 각 등급에 20%. 25%, 35%, 15%, 5%의 학생을 할당하여 상대평가하려고 한다. 그리고 A, B, C, D, F등급에 각각 5점, 4점, 3점, 2점, 0점의 점수를 주어 성적에 반영하려고 한다.

(1) 학생들 리포트 점수의 확률분포를 구하여라.

(2) 학생들이 아무리 못해도 4점은 받을 확률을 구하여라.

(3) 학생들이 잘해야 4점을 받을 확률을 구하여라.

02 상자 안에 0, 1, 2, 3, 4, 5, 6, 7, 8, 9와 같은 난수가 적힌 공 10개가 들어있다. 상자 안에서 임의로 한 개의 공이 추출된다. 확률변수 X는 4의 배수가 선택되면 $X=1$, 4의 배수가 선택되지 않으면 $X=0$이 정의된다. 확률변수 X의 확률분포와 평균 및 분산을 구하여라.

03 옷장 서랍에 3켤레의 검은색 양말과 2켤레의 베이지색 양말이 들어있다. 이때 5켤레 양말들은 모두 다른 무늬를 가지고 있어 서로 구별된다. 주 2일간 바지를 입고 출근할 때 맞추어 신을 2켤레의 양말을 임의로 차례로 꺼낼 때 검은색 양말의 수(단위: 켤레)를 X라 하면 확률변수 X의 확률분포와 평균 및 분산을 다음의 경우에 각각 구하여라.

(1) 복원 추출

(2) 비복원 추출

04 빨간색과 파란색의 공평한 정사면체 주사위 2개를 동시에 던져서 나오는 눈의 수를 관측하는 확률실험에서 확률변수 X를 두 눈 수의 합으로 정의할 때 확률변수 X의 확률분포와 평균 및 분산을 구하여라.

05 어느 조사에 따르면 한 대학의 전체 통계학 수강생 중 70%가 통계학 시험에 관해 걱정하는 것으로 드러났다. 이 대학에서 임의로 세 학생을 선택하였다. 이 세 학생 중 통계학 시험에 대하여 걱정하는 학생의 수를 확률변수 X라 하자. X의 확률분포와 평균 및 분산을 구하여라.

06 여론조사에서 부동산, 주식, 은행 적금, 가상화폐, 펀드 중 가장 유리하다고 생각하여 선호하는 재테크 방법을 성인들에게 물은 결과 가장 선호하는 재테크 방법은 44%가 부동산이라 답하였다. 임의로 선택된 성인 2명 중 가장 선호하는 재테크 방법이 부동산이라고 답한 성인의 수를 확률변수 X라 정의할 때 확률변수 X의 확률분포와 평균 및 분산을 구하여라.

07 여론조사에서 성인 77%가 국민연금 기금 고갈에 대해 걱정하는 우려감을 나타내었다. 임의로 선택된 성인 3명 중 국민연금 기금 고갈에 대해 걱정하는 성인의 수를 확률변수 X라 정의할 때 확률변수 X의 확률분포와 평균 및 분산을 구하여라.

08 여론조사에서 초등학생에게 줄 세뱃돈으로 얼마 정도가 적당한지 성인들에게 물은 결과 초등학생에게는 5천 원이 10%, 1만 원이 55%, 2만 원이 14%, 3만 원이 13%, 그리고 5만 원이 8%이었다. 임의로 선택된 한 명의 초등학생에게 줄 세뱃돈을 확률변수 X라 정의하자. 확률변수 X의 확률분포와 평균 및 분산을 구하여라.

09 확률변수 X의 확률밀도함수가

$$f(x) = \begin{cases} k(1-x), & 0 \le x \le 1 \\ 0, & \text{그외 다른 값에서} \end{cases}$$

로 주어질 때 다음을 구하여라.

(1) 상수 k의 값

(2) μ_X와 σ_X

(3) $P(1/4 \le X \le 3/4)$

(4) $P(X = 1/3)$

(5) $P(X > 1/2)$

10 확률변수 X의 확률밀도함수가

$$f(x) = \begin{cases} (x+1)/k, & -1 \leq x \leq 1 \\ 0, & \text{그외 다른 값에서} \end{cases}$$

로 주어질 때 다음을 구하여라.

(1) 상수 k의 값

(2) μ_X와 σ_X

(3) $P(-1/4 \leq X \leq 1/2)$

(4) $P(X=0)$

(5) $P(X < -1/2)$

11 어떤 항아리에 0, 0, 1의 숫자가 하나씩 적혀있는 3개의 공이 들어있다. 이 항아리에서 임의로 하나의 공을 선택할 때, 이 공에 적혀있는 숫자를 확률변수 X라고 하자. 확률변수 $Y = aX + b$의 평균과 분산이 각각 7/3과 2/9일 때 $a+b$의 값을 구하여라. 단, a는 양수이다.

12 어느 내기 게임에서 1만 원을 먼저 내놓고 게임을 시작한다. 1, 2, 3만 원의 상금을 탈 확률이 각각 30/100, 10/100, 5/100이며 1만 원을 잃을 확률은 55/100이다. 내기에 이겼을 때는 상금에 더하여 처음 맡겼던 1만 원을 되돌려 받는다고 한다. 확률변수 X를 이 게임에서 최종적으로 얻게 될 금액이라면 X의 확률분포와 평균을 구하여라.

13 어느 도박에서 참가비는 15,000원이라고 한다. 한 주머니 속에 3개의 칩이 들어있다. 이들 칩 중 2개는 각각 5천 원, 나머지 1개는 2만 원으로 표시되어 있다. 도박 참여자는 이 주머니 속에서 임의로 1개의 칩을 뽑은 후 칩에 적혀있는 액수와 같은 상금을 받는다고 한다. 기대되는 손실금액을 구하여라.

14 어느 대학에서 축제 기간에 발행한 1,000원짜리 쿠폰의 총 발행액은 600만 원이고 그 중 당첨금으로 지출하고 남은 이익금을 불우이웃돕기에 사용하기로 하였다. 아래와 같은 당첨금의 표로부터 어느 학생이 1,000원을 주고 쿠폰 1매를 구매했을 때 기대할 수 있는 당첨금을 구하여라.

등수	당첨매수	당첨금
1등	10매	10만 원
2등	30매	5만 원
행운상	500매	1,000원

15 상가 건물의 리모델링 입찰에서 어느 리모델링 업체가 그 입찰을 따내면 3억 원의 순이익을 얻게 되고 따내지 못하면 1천만 원의 손해를 본다고 한다. 만약 그 입찰을 따내게 될 확률이 1/5이라면 기대수익(단위: 천만 원)을 구하여라.

16 빨간색과 파란색의 공평한 동전의 앞면에는 장미가 그려져 있고 뒷면에는 숫자 10이 적혀 있다. 위의 동전 2개를 동시에 던져서 나오는 면을 관측하는 확률실험에서 확률변수 X는 뒷면의 개수이고 확률변수 Y는 두 개 동전 모두 앞면이 나오면 1의 값을, 그 밖에는 0의 값을 갖는다고 정의한다.

(1) X와 Y의 결합확률분포를 구하여라.

(2) X와 Y의 관측값 (x, y)의 산점도를 그려라.

(3) X와 Y의 상관계수 ρ_{XY}를 구하여라.

(4) 산점도와 상관계수 값을 연관하여 해석하여라.

17 1개의 공평한 동전의 앞면에는 0, 뒷면에는 1의 숫자가 적혀있다. 이 동전을 2회 던져서 나오는 숫자를 관측하는 확률실험에서 확률변수 X와 Y를 다음과 같이 정의한다.

$X=$ 두 동전 숫자의 합
$Y=$ 두 동전 숫자의 차의 절댓값

(1) X와 Y의 결합확률분포를 구하여라.

(2) X와 Y의 관측값 (x, y)의 산점도를 그려라.

(3) X와 Y의 상관계수 ρ_{XY}를 구하여라.

(4) 산점도와 상관계수 값을 연관하여 해석하여라.

18 서로 다른 3개의 공평한 동전 A, B, C 를 동시에 던져 동전의 표면 혹은 이면을 관측하는 확률실험에서 확률변수 X와 Y를 다음과 같이 정의한다.

$$X = \begin{cases} 1, & \text{동전 } A\text{가 표면일 때} \\ 0, & \text{동전 } A\text{가 이면일 때} \end{cases}$$

$$Y = \begin{cases} 1, & \text{동전 } B,\ C\text{가 모두 표면일 때} \\ 0, & \text{그 밖에} \end{cases}$$

(1) X와 Y의 결합확률분포를 구하여라.

(2) X와 Y의 관측값 (x, y)의 산점도를 그려라.

(3) X와 Y의 상관계수 ρ_{XY}를 구하여라.

(4) 산점도와 상관계수 값을 연관하여 해석하여라.

19 1개의 공평한 동전의 앞면에는 0, 뒷면에는 1의 숫자가 적혀있다. 이 동전을 3회 던져서 나오는 숫자를 관측하는 확률실험에서 확률변수 X와 Y를 다음과 같이 정의한다.

$X=$ 3회 중 숫자 0이 나온 횟수
$Y=$ 세 번째 던졌을 때 숫자 0이 나온 횟수

(1) X와 Y의 결합확률분포를 구하여라.

(2) X와 Y의 관측값 (x, y)의 산점도를 그려라.

(3) X와 Y의 상관계수 ρ_{XY}를 구하여라.

(4) 산점도와 상관계수 값을 연관하여 해석하여라.

20 동전의 양면에 각각 1, 2의 숫자가 적혀있는 공평한 동전 1개와 4개의 면에 1, 2, 3, 4의 숫자가 적혀있는 공평한 정사면체 주사위 1개를 동시에 던지는 확률실험에서 확률변수 X와 Y가 다음과 같이 정의된다.

$X=$ 동전과 주사위 면에 나타난 숫자의 합
$Y=$ 동전과 주사위 면에 나타난 숫자의 곱

(1) X와 Y의 결합확률분포를 구하여라.

(2) X와 Y의 관측값 (x, y)의 산점도를 그려라.

(3) X와 Y의 상관계수 ρ_{XY}를 구하여라.

(4) 산점도와 상관계수 값을 연관하여 해석하여라.

CHAPTER

05 여러 가지 분포

CHAPTER 05
여러 가지 분포

5.1 이항분포

확률실험의 결과가 오직 두 가지 형태의 결과(성공 혹은 실패)만 존재하는 실험을 베르누이 시행(Bernoulli trial)이라고 한다. 실험결과가 오직 두 가지인 예는 여론조사에서 어느 특정 정책에 대한 찬성 혹은 반대, 특정 후보의 지지 혹은 지지하지 않음, 입학시험에서 합격 혹은 불합격, 품질검사에서 양품 혹은 불량품, 동전을 던져 동전의 면을 관측하는 실험에서 동전의 앞면 혹은 뒷면 등이 있다.

베르누이 시행을 독립적으로 n회 반복하여 성공의 횟수를 관측하는 실험을 이항실험(binomial experiment)이라 한다. 여기서 성공의 의미는 베르누이 시행의 두 가지 결과 중에서 관심 있는 결과를 의미한다. 예를 들면 위의 예에서 찬성, 지지, 합격, 불량품, 앞면이 관심 있는 결과라면 이들이 성공에 해당하고 나머지 다른 한 결과는 실패에 해당한다. 이항실험에서 성공의 횟수를 확률변수 X라고 정의하면, 이를 이항확률변수(binomial random variable)라 한다. 이항확률변수는 이산형 확률변수(discrete random variable)이다.

여론조사 혹은 소비자 선호도 조사 등에서 얻게 되는 관측값들은 흔히 이항확률변수의 관측값들에 해당한다. 예를 들면, 어느 지역에서 200명의 지역민에게 중요한 이슈인 지역 정책에 대해 찬성 혹은 반대를 묻는 여론조사를 생각해 보자. 이는 찬성 혹은 반대라는 둘 중 하나의 실험결과를 가지는 베르누이 시행을 독립으로 200회 반복하여 찬성하는 사람 수인 확률변수 X를 관측하는 이항실험으로 볼 수 있고 이때 X는 이항확률변수이다. 다음은 이항확률변수의 특성을 요약하고 있다.

이항확률변수의 특성

1. 베르누이 시행이 n회 독립 시행된다.
2. 각 베르누이 시행은 오직 두 가지의 결과만 가진다. 이 중 한 결과를 성공(혹은 S), 다른 한 결과를 실패(혹은 F)라고 나타낸다.
3. 성공의 확률은 모든 베르누이 시행에서 똑같으며 이 확률을 p로 표시하고 실패의 확률은 $q=1-p$ 로 표시한다.
4. 이항확률변수 X는 서로 독립인 n회의 베르누이 시행에서 성공의 횟수이다.

예제 5.1 다음 실험에서 확률변수 X를 관측하는 확률실험이 이항실험인지를 검토하고 만약 이항실험이라면 베르누이 시행횟수 n, 성공의 확률 p, 실패의 확률 q, 그리고 이항확률변수 X의 가능한 값 x를 나타내어라. 만약 이항실험이 아니라면 그 이유를 설명하여라.

(1) 어느 병원에서 과거의 통계에 의하면 심장병 환자 중 수술을 받고 치유될 확률이 0.88이다. 이 병원에서 심장병 수술을 받은 30명 환자 중에서 치유된 환자 수를 확률변수 X라고 정의한다.

(2) 항아리에 세 개의 빨간색 공, 두 개의 노란색 공, 한 개의 파란색 공이 들어 있다. 총 네 개의 공을 랜덤하게 하나씩 비복원 추출했을 때 네 개의 공 중 노란색 공의 개수를 확률변수 X라고 정의한다.

풀이 (1) 한 번의 수술이 치유와 치유되지 않음의 오직 두 가지 결과만을 가지고 있으며, 각 수술이 서로 영향을 미치지 않고 독립적이라면 각 수술은 베르누이 시행으로 볼 수 있다. 이 경우 확률변수 X는 이항실험에서 성공의 횟수, 즉 치유된 환자 수를 나타낸다. 이때, $n=30$, $p=0.88$, $q=1-0.88=0.12$, $x=0,1,2,\ldots,30$과 같다.

(2) 이 실험에서 각 공의 추출은 하나의 시행이 되며 추출된 공이 노란색이면 성공이다. 그러나 각 시행에서 추출된 공이 노란색인지 아닌지에 따라 다음에 추출된 공이 노란색일 확률이 달라지므로 각 시행은 독립적이지 않다. 따라서 이 실험은 이항실험이 아니다.

이항실험에서, n회 베르누이 시행 중 성공의 횟수인 확률변수 X가 가지는 각 값에 대한 확률값을 얻는 방법은 몇 가지가 있는데 그중 한 가지 방법은 이항확률변수의 확률질량함수를 사용하여 얻을 수 있다. 다음은 이항확률변수의 확률분포인 이항분포(binomial distribution)를 정의한다.

이항분포

성공의 확률이 p인 베르누이 시행을 n회 독립적으로 반복하였을 때 성공의 횟수를 X라고 하면, 이항확률변수 X는 이항분포 $b(n,p)$를 따르고 $X \sim b(n,p)$라고 표기한다.
이항확률변수 X의 확률질량함수는 다음과 같다.

$$f(x) = P(X=x) = \binom{n}{x} p^x q^{n-x}, \qquad x = 0,1,2,\ldots,n$$

여기서 $n=$베르누이 시행횟수
$p=$ 베르누이 시행에서 성공의 확률
$q=1-p=$ 베르누이 시행에서 실패의 확률
$x=n$회 베르누이 시행에서 성공의 횟수
$\binom{n}{x} = \dfrac{n!}{x!(n-x)!}$

예제 5.2 각 면에 숫자 1, 2, 3, 4가 적혀있는 공평한 정사면체 주사위를 3회 던져 나오는 주사위 면의 수를 관측하는 확률실험에서 4가 2회 나올 확률을 구하여라

풀이 3회 베르누이 시행에서 4가 나오면 성공(S)이고 4 이외의 수가 나오면 실패(F)로 간주하는 이항실험에서 이항확률변수 X는 4의 횟수이다. 주어진 실험은 3회 베르누이 시행에서 성공의 확률이 1/4, 실패의 확률이 3/4, 그리고 성공의 횟수가 2이다. 즉, $n=3$, $p=1/4$, $q=3/4$, $x=2$인 이항실험이다.
이 문제에 답하기 위하여 다음의 [표 5.1]을 참고한다. 이 확률실험에서 표본공간은 $\{(1,1,1),(1,1,2),\ldots,(4,4,4)\}$이고 근원사상의 개수는 $4^3=64$가지이다. [표 5.1]에서 정확하게 4, 즉 S가 2회 나오는 경우는 밑줄 친 3가지 경우로서 이때 각 확률은 3/64이다. 따라서 4가 2회 나올 확률은

$(3)(3/64) = 0.1406$이다. 이제 이항확률변수의 확률질량함수를 이용하여 계산하면 4가 2회 나올 확률은 다음과 같다.

$$f(2) = P(X=2) = \frac{3!}{2!(3-2)!}\left(\frac{1}{4}\right)^2\left(\frac{3}{4}\right)^1 = (3)\left(\frac{3}{64}\right) = 0.1406$$

표 5.1 정사면체 주사위 면의 수를 관측하는 확률실험에서 확률계산

베르누이 시행결과 (1회, 2회, 3회)	도수	S의 개수	확률
(S,S,S)	(1)(1)(1)=1	3	1/64
(S,S,F)	(1)(1)(3)=3	2	3/64
(S,F,S)	(1)(3)(1)=3	2	3/64
(S,F,F)	(1)(3)(3)=9	1	9/64
(F,S,S)	(3)(1)(1)=3	2	3/64
(F,S,F)	(3)(1)(3)=9	1	9/64
(F,F,S)	(3)(3)(1)=9	1	9/64
(F,F,F)	(3)(3)(3)=27	0	27/64

비슷하게 $x = 0, 1, 3$인 경우 $f(x)$는 다음과 같고, 이들 계산된 확률로부터 [표 5.2] 및 [그림 5.1]과 같이 이항분포를 나타낼 수 있다.

$$f(0) = P(X=0) = \frac{3!}{0!(3-0)!}\left(\frac{1}{4}\right)^0\left(\frac{3}{4}\right)^3 = (1)\left(\frac{27}{64}\right) = 0.4219$$

$$f(1) = P(X=1) = \frac{3!}{1!(3-1)!}\left(\frac{1}{4}\right)^1\left(\frac{3}{4}\right)^2 = (3)\left(\frac{9}{64}\right) = 0.4219$$

$$f(3) = P(X=3) = \frac{3!}{3!(3-3)!}\left(\frac{1}{4}\right)^3\left(\frac{3}{4}\right)^0 = (1)\left(\frac{1}{64}\right) = 0.0156$$

표 5.2 이항분포

x	$f(x)$
0	0.4219
1	0.4219
2	0.1406
3	0.0156
합	1

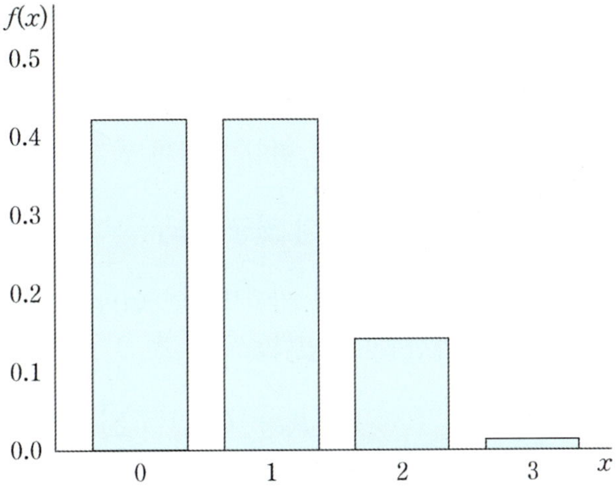

그림 5.1 이항 확률 히스토그램

```
> # [R-program 5.1] 예제 5.2 - [그림 5.1]
>
> x = c(0, 1, 2, 3)
> p = c(0.4219, 0.4219, 0.1406, 0.0156)
>
> library(graphics)
> barplot(p, names.arg = x, xlab = "x", ylab = "f(x)", ylim = c(0, 0.5))
> grid()
```

이항분포의 평균과 분산을 구하기 위하여 다음과 같은 공식을 이용하면 쉽게 구할 수 있다.

이항분포 $b(n,p)$의 평균, 분산, 표준편차

1. 평균 : $\mu_X = np$
2. 분산 : $\sigma_X^2 = np(1-p)$
3. 표준편차 : $\sigma_X = \sqrt{np(1-p)}$

예제 5.3 (예제 5.2 계속) 이항확률변수 X는 공평한 정사면체 주사위를 3회 던져서 나오는 주사위 면의 수 4의 횟수이다. 이제 X의 평균과 분산을 구하여라.

풀이 4.2절에서 이산형 확률변수 X가 취할 수 있는 값이 $x_1, x_2, \ldots, x_N$이고 X가 x_i값을 취할 확률이 $p_i = P(X = x_i)$라고 할 때 확률변수 X의 기댓값, 즉 X의 평균은 $\mu_X = E(X) = \sum_{i=1}^{N} x_i p_i$으로 계산된다고 하였다. 따라서 이산형 확률변수인 이항확률변수X의 평균은 다음의 식에 의해서 계산될 수 있다.

$$\mu_X = E(X) = \sum x \cdot P(X = x) = \sum x \cdot f(x)$$

이제 주사위 면의 수 4의 횟수를 나타내는 확률변수 X의 확률분포인 [표 5.2]로부터

$$\mu_X = (0)(0.4219) + (1)(0.4219) + (2)(0.1406) + (3)(0.0156) = 0.75$$

이며, 또한 이항분포의 평균 공식을 이용하면 $X \sim b(n = 3,\ p = \frac{1}{4})$이므로

$$\mu_X = np = (3)(\frac{1}{4}) = 0.75$$

이다. 즉, 주어진 이항실험을 무수히 반복시행하면 3회 중 평균 0.75회는 주사위 면의 수가 4가 나온다는 의미이다. 다음으로 4.2절에서 이산형 확률변수의 분산은

$$\sigma_X^2 = E(X^2) - \mu_X^2 = \sum_{i=1}^{N} x_i^2 p_i - \mu_X^2$$

으로 계산된다. 비슷하게 이산형 확률변수인 이항확률변수 X의 분산은

$$\begin{aligned}\sigma_X^2 &= \sum x^2 f(x) - \mu_X^2 \\ &= \{(0^2)(0.4219) + (1^2)(0.4219) + (2^2)(0.1406) + (3^2)(0.0156)\} - 0.75^2 \\ &= 0.56\end{aligned}$$

이며, 또한 이항분포의 분산식을 이용하면

$$\sigma_X^2 = np(1-p) = (3)(\frac{1}{4})(\frac{3}{4}) = 0.56$$

이며, 이때 표준편차는 $\sigma = \sqrt{\sigma^2} = \sqrt{0.56} = 0.75$와 같다.

이항실험에서 이항확률변수의 확률질량함수를 사용하여 확률을 계산하는 것보다 간편한 방법은 부록 [표 1]의 이항확률표를 이용하는 것이다. 이항확률변수 X가 이항분포 $b(n,p)$를 따를 때, 표 안의 각 수치는 주어진 n, p, x값에 대하여 다음 식과 같이 계산되는 누적이항확률을 의미한다.

$$P(X \le x) = f(0) + f(1) + \cdots + f(x-1) + f(x) = \sum_{k=0}^{x} \binom{n}{k} p^k q^{n-k}$$

따라서 상수 a, $b(a<b)$가 $[0, 1, 2, \ldots, n]$에서 임의의 정수라고 하면 다음과 같이 누적이항확률을 이용하여 여러 형태의 이항확률들을 계산할 수 있다.

$$P(X = a) = P(X \le a) - P(X \le a-1)$$
$$P(X > a) = P(X \ge a+1) = 1 - P(X \le a)$$
$$P(X < a) = P(X \le a-1)$$
$$P(a \le X \le b) = P(X \le b) - P(X \le a-1)$$

예제 5.4 (예제 5.2 계속) [표 5.3]은 부록 [표 1]의 이항확률표의 일부를 발췌하였다. 예제 5.2에서 이항확률변수의 확률질량함수에 의해 계산한 확률을 이항확률표를 이용하여 다시 계산하여라.

풀이 주어진 이항실험에서 $n=3$, $p=0.25$이므로 관련된 확률들은 [표 5.3]의 사각형선 안에 있는 수치들로부터 얻을 수 있다. 즉,

$$f(0) = P(X=0) = P(X \le 0) = 0.4219$$
$$f(1) = P(X=1) = P(X \le 1) - P(X \le 0) = 0.8438 - 0.4219 = 0.4219$$
$$f(2) = P(X=2) = P(X \le 2) - P(X \le 1) = 0.9844 - 0.8438 = 0.1406$$
$$f(3) = P(X=3) = P(X \le 3) - P(X \le 2) = 1.0000 - 0.9844 = 0.0156$$

이외에도

$$P(X > 1) = P(X \geq 2) = 1 - P(X \leq 1) = 1 - 0.8438 = 0.1562$$
$$P(1 \leq X \leq 2) = P(X \leq 2) - P(X \leq 0) = 0.9844 - 0.4219 = 0.5625$$

표 5.3 부록 [표 1]의 이항확률표의 일부

$$F(x) = P(X \leq x) = \sum_{k=0}^{x} \frac{n!}{k!(n-k)!} p^k (1-p)^{n-k}$$

n	x	p									
		0.05	0.10	0.15	0.20	0.25	0.30	0.35	0.40	0.45	0.50
2	0	0.9025	0.8100	0.7225	0.6400	0.5625	0.4900	0.4225	0.3600	0.3025	0.2500
	1	0.9975	0.9900	0.9775	0.9600	0.9375	0.9100	0.8775	0.8400	0.7975	0.7500
	2	1.0000	1.0000	1.0000	1.0000	1.0000	1.0000	1.0000	1.0000	1.0000	1.0000
3	0	0.8574	0.7290	0.6141	0.5120	0.4219	0.3430	0.2746	0.2160	0.1664	0.1250
	1	0.9928	0.9720	0.9392	0.8960	0.8438	0.7840	0.7182	0.6480	0.5748	0.5000
	2	0.9999	0.9990	0.9966	0.9920	0.9844	0.9730	0.9571	0.9360	0.9089	0.8750
	3	1.0000	1.0000	1.0000	1.0000	1.0000	1.0000	1.0000	1.0000	1.0000	1.0000

```
> # [R-program 5.2] 예제 5.4
>
> # pbinom(x, size = n, prob = p) : b(n, p)에서 x이하 하위누적확률
>
> n = 3; p = 0.25
>
> (cp0 = pbinom(0, size = n, prob = p))
[1] 0.421875
>
> (cp1 = pbinom(1, size = n, prob = p))
[1] 0.84375
>
> (cp2 = pbinom(2, size = n, prob = p))
[1] 0.984375
>
```

```
> (cp3 = pbinom(3, size = n, prob = p))
[1] 1
>
> # p0 = P(X = 0)
> (p0 = cp0)
[1] 0.421875
>
> # p1 = P(X = 1)
> (p1 = cp1 - cp0)
[1] 0.421875
>
> # p2 = P(X = 2)
> (p2 = cp2 - cp1)
[1] 0.140625
>
> # p3 = P(X = 3)
> (p3 = cp3 - cp2)
[1] 0.015625
>
> # p4 = P(X > 1)
> (p4 = 1 - cp1)
[1] 0.15625
>
> # p5 = P(1 <= X <= 2)
> (p5 = cp2 - cp0)
[1] 0.5625
```

한편, 이항확률표(부록 [표 1])에는 성공의 확률 p가 0.5 이하인 경우만 나와 있는데 0.5보다 큰 경우에도 다음의 사실을 이용하여 이항확률의 계산이 가능하다.

$$\binom{n}{x} p^x q^{n-x} = \binom{n}{n-x} q^{n-x} p^x$$

즉, 좌변의 식에서 시행횟수 n, 성공의 확률 p, 성공의 횟수 X인 이항확률은 우변의 식에서 시행횟수 n, 성공의 확률 $q = 1 - p$, 성공의 횟수 $Y = n - X$인 이항확률과 같다.

예제 5.5 [표 5.3]을 이용하여 이항분포 $b(3, 0.8)$에서 $X=2$일 때의 이항확률을 계산하여라.

풀이 $n=3, p=0.8$인 이항분포에서 $X=2$일 때의 이항확률은 시행횟수 $n=3$, 성공의 확률 $q=1-p=1-0.8=0.2$, 그리고 성공의 횟수는 $Y=n-X=3-2=1$인 이항확률과 같다. 즉 $Y\sim b(3, 0.2)$이므로 구하는 확률은 다음과 같다.

$$\begin{aligned}P(X=2)=P(Y=1)&=P(Y\le 1)-P(Y\le 0)=0.8960-0.5120\\&=0.384\end{aligned}$$

```
> # [R-program 5.3] 예제 5.5
>
> # pbinom(x, size = n, prob = p) : b(n, p)에서 x이하 하위누적확률
>
> n = 3; p = 0.8
>
> (cp1 = pbinom(1, size = n, prob = p))
[1] 0.104
>
> (cp2 = pbinom(2, size = n, prob = p))
[1] 0.488
>
> # p = P(X = 2)
> (p = cp2 - cp1)
[1] 0.384
```

이항분포는 베르누이 시행횟수 n과 성공의 확률 p에 따라 확률분포의 모양이 달라진다. [그림 5.2]는 $n=10$이고 $p=0.1, 0.5, 0.9$인 이항분포를 비교한 그림이다. 일반적으로 $p=0.5$일 때 이항분포는 대칭분포이고, p가 0에 가까워질수록 오른쪽으로 기울어진 우비대칭 분포, p가 1에 가까워질수록 왼쪽으로 기울어진 좌비대칭 분

포의 형태를 보임을 알 수 있다.

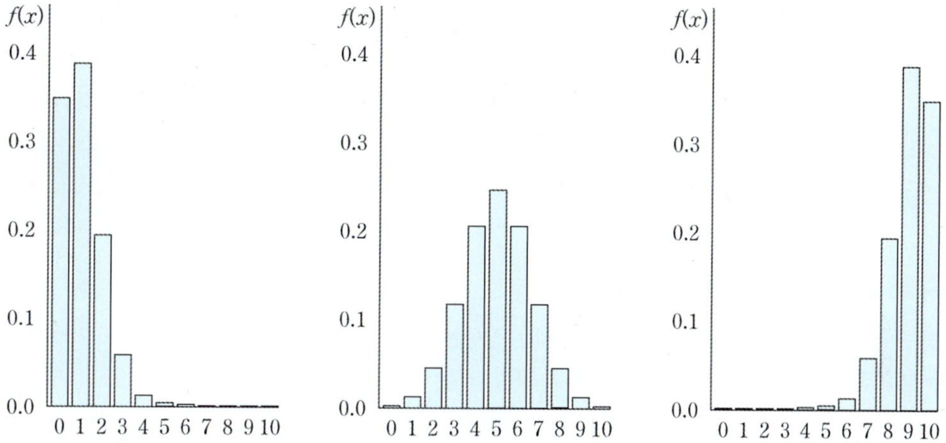

▎그림 5.2 이항분포 $b(10, p)$의 비교: (왼편) $p=0.1$, (중앙) $p=0.5$, (오른편) $p=0.9$

5.2 정규분포

정규분포(normal distribution)는 통계학에서 가장 중요한 확률분포라고 해도 지나침이 없다. 그 이유로는 실생활에서 관측되는 많은 연속형 확률변수 값들이 근사적으로 정규분포에 가깝기 때문이다. 예를 들면 [그림 5.3]은 통계학 과목을 수강하는 120명 학생의 기말시험 점수의 히스토그램이 정규분포의 정규곡선에 근사함을 보여주고 있다.

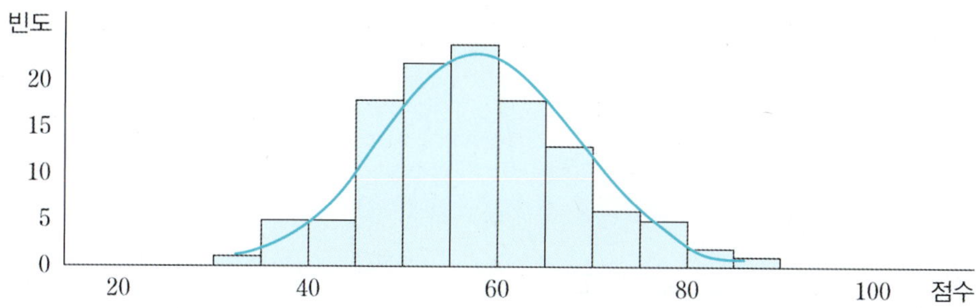

▎그림 5.3 통계학 점수의 히스토그램과 정규곡선

또한, 이론적으로 자료의 원래 모집단 분포와는 상관없이 표본의 크기가 상당히 큰 경우에 표본평균의 분포가 근사하게 정규분포에 비슷해진다는 의미인 중심극한정리(central limit theorem) 때문에 정규분포는 추론통계학에서 매우 중요한 역할을 한다. Carl Friedrich Gauss(1777−1855)는 천문학연구에서 관측치들의 랜덤오차가 보여주는 곡선의 수학식, 즉 정규확률분포의 식을 발견하였다. 이러한 이유로 정규분포를 가우시안분포(Gaussin distribution)라고도 부른다. 정규분포의 확률밀도함수(probability density function)는 다음과 같다.

정규분포

확률변수 X가 평균 μ와 표준편차 σ를 가지는 정규분포를 따른다면 $X \sim N(\mu,\sigma^2)$라 표기하고 정규확률변수 X의 확률밀도함수는 다음과 같다.

$$f(x) = \frac{1}{\sigma\sqrt{2\pi}} \cdot \exp\left\{-\frac{1}{2}\left(\frac{x-\mu}{\sigma}\right)^2\right\}, \qquad -\infty < x < \infty$$

[그림 5.4]에서 보여주는 종 모양의 곡선형인 정규분포는 평균 μ에 관해 대칭이며 평균 μ의 구간에서 최대 확률을 가진다. 또한, 확률밀도함수의 곡선 아래 면적은 1이다. 여러 가지 평균 μ와 표준편차 σ를 가지는 정규분포를 비교하는 [그림 5.5]에서 평균 μ는 정규분포의 중심 위치를, 그리고 표준편차 σ는 정규분포에서 산포의 정도를 나타냄을 알 수 있다.

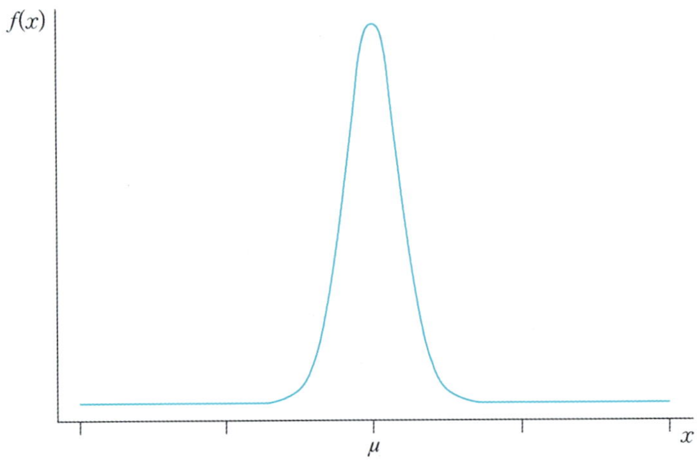

그림 5.4 정규분포 $N(\mu,\sigma^2)$의 확률밀도함수

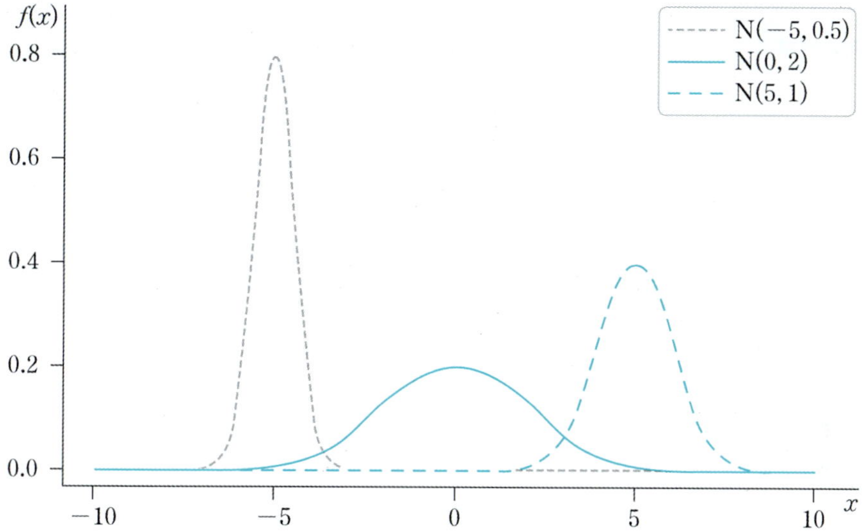

▍그림 5.5 여러 가지 정규분포 $N(\mu,\sigma^2)$

5.2.1 표준정규분포

정규분포 $N(\mu,\sigma^2)$을 따르는 정규확률변수 X가 어느 구간 $[a, b]$ 내에 있을 확률을 구하기 위하여 정규확률밀도함수의 식 $f(x)$를 사용하여 $\int_a^b f(x)dx$를 계산하는 것은 수학적으로 매우 어려운 일이다. 그러나 이미 통계학책 등에서 제공하는 표준정규확률표(부록 [표 2])를 이용하여 확률을 쉽게 구할 수 있다. 표준정규확률표를 이용하기 위해서는 정규확률변수 X를 먼저 다음과 같은 표준화 확률변수로 변환해야 한다.

$$Z = \frac{X-\mu}{\sigma}$$

정규분포의 중요한 성질 중 하나는 확률변수 X가 평균 μ와 표준편차 σ를 가지는 정규분포 $N(\mu,\sigma^2)$을 따른다면 표준화 확률변수 Z는 평균 0와 표준편차 1을 가지는 정규분포 $N(0, 1^2)$를 따른다는 것이다. 특히 이 분포를 **표준정규분포(standard normal distribution)**라고 부르고, Z를 **표준정규확률변수(standard normal random variable)**라 부른다. 표준정규분포의 확률밀도함수는 다음과 같다.

표준정규분포

확률변수 X가 평균 μ와 표준편차 σ를 가지는 정규분포 $N(\mu,\sigma^2)$를 따를 때 표준정규 확률변수

$$Z=\frac{X-\mu}{\sigma}$$

는 평균 0와 표준편차 1을 가지는 표준정규분포를 따르며 $Z \sim N(0,1)$로 표기하고 표준정규확률변수 Z의 확률밀도함수는 다음과 같다.

$$f(z)=\frac{1}{\sqrt{2\pi}}\cdot\exp\left\{-\frac{z^2}{2}\right\},\qquad -\infty<z<\infty$$

[그림 5.6]에서 보여주는 종 모양의 곡선형인 표준정규분포, $N(0,1)$분포는 평균 0에 관해 대칭이며 평균 0의 구간에서 최대 확률을 가진다. 또한, 확률밀도함수의 곡선 아래 면적은 1이다.

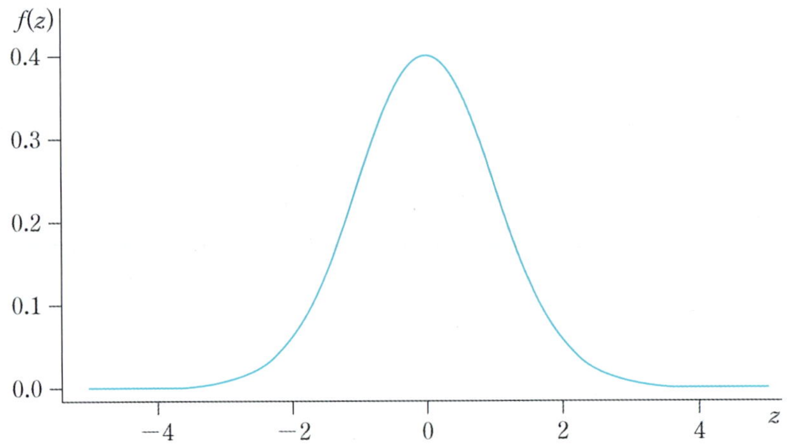

그림 5.6 표준정규분포 $N(0,1)$의 확률밀도함수

부록 [표 2]의 표준정규확률표 내의 각 수치는 $P(0<Z<z)$의 확률을 의미하며, 이것은 [표 5.4]의 상단에 있는 표준정규분포 그림에서 그림자 표시된 부분의 면적과 같다. 이때 z값은 첫 열과 첫 행의 값을 합한 값이다. [표 5.4]는 부록 [표 2]의 표준정규확률표 일부를 나타낸다. 예를 들어 $z=0$과 $z=1.16$ 사이의 표준정규곡선

아래의 면적은 [표 5.4]에서 첫 열의 1.1과 첫 행의 0.06(즉, $1.1+0.06=1.16$)이 만나는 지점의 확률, 즉 $P(0<Z<1.16)=0.3770$과 같다. 이제 표준정규확률표로 부터 표준정규확률값을 구하는 예제를 풀어보기로 하자.

표 5.4 부록 [표 2]의 표준정규확률표의 일부

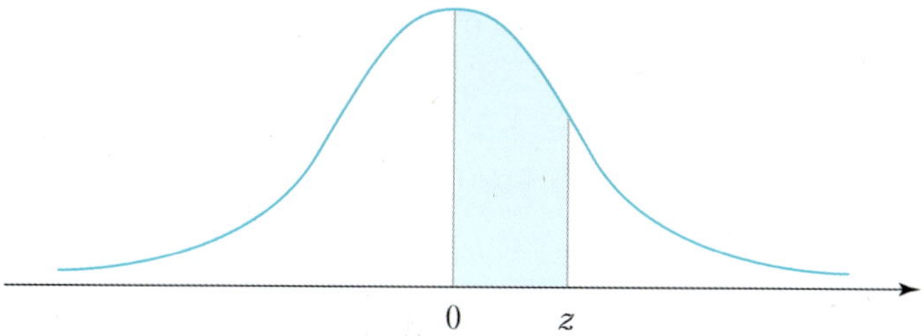

z	.00	.01	.02	.03	.04	.05	.06	.07	.08	.09
.0	.0000	.0040	.0080	.0120	.0160	.0199	.0239	.0279	.0319	.0359
.1	.0398	.0438	.0478	.0517	.0557	.0596	.0636	.0675	.0714	.0753
.2	.0793	.0832	.0871	.0910	.0948	.0987	.1026	.1064	.1103	.1141
.3	.1179	.1217	.1255	.1293	.1331	.1368	.1406	.1443	.1480	.1517
.4	.1554	.1591	.1628	.1664	.1700	.1736	.1772	.1808	.1844	.1879
.5	.1915	.1950	.1985	.2019	.2054	.2088	.2123	.2157	.2190	.2224
.6	.2257	.2291	.2324	.2357	.2389	.2422	.2454	.2486	.2517	.2549
.7	.2580	.2611	.2642	.2673	.2704	.2734	.2764	.2794	.2823	.2852
.8	.2881	.2910	.2939	.2967	.2995	.3023	.3051	.3078	.3106	.3133
.9	.3159	.3186	.3212	.3238	.3264	.3289	.3315	.3340	.3365	.3389
1.0	.3413	.3438	.3461	.3485	.3508	.3531	.3554	.3577	.3599	.3621
1.1	.3643	.3665	.3686	.3708	.3729	.3749	.3770	.3790	.3810	.3830
1.2	.3849	.3869	.3888	.3907	.3925	.3944	.3962	.3980	.3997	.4015
1.3	.4032	.4049	.4066	.4082	.4099	.4115	.4131	.4147	.4162	.4177
1.4	.4192	.4207	.4222	.4236	.4251	.4265	.4279	.4292	.4306	.4319
1.5	.4332	.4345	.4357	.4370	.4382	.4394	.4406	.4418	.4429	.4441

예제 5.6 다음은 표준정규확률표(부록 [표 2])를 이용하여 여러 경우의 확률들을 계산한 예시들이다. 특히 z값이 음수일 때는 정규분포의 대칭성을 이용한다.

(1) $P(0 < Z < 1.28) = 0.3997$

(2) $P(-1.15 < Z < 0) = P(0 < Z < 1.15) = 0.3749$

(3) $P(Z < 1.48) = 0.5 + P(0 < Z < 1.48) = 0.5 + 0.4306 = 0.9306$

(4) $P(Z > 0.49) = 0.5 - P(0 < Z < 0.49) = 0.5 - 0.1879 = 0.3121$

(5) $P(Z < -0.85) = P(Z > 0.85) = 0.5 - P(0 < Z < 0.85)$

$= 0.5 - 0.3023 = 0.1977$

(6) $P(Z > -0.98) = 0.5 + P(0 < Z < 0.98) = 0.5 + 0.3365 = 0.8365$

(7) $P(-0.56 < Z < 1.2) = P(0 < Z < 0.56) + P(0 < Z < 1.2)$

$= 0.2123 + 0.3849 = 0.5972$

(8) $P(0.28 < Z < 1.32) = P(0 < Z < 1.32) - P(0 < Z < 0.28)$

$= 0.4066 - 0.1103 = 0.2963$

(9) $P(-1.24 < Z < -0.07) = P(0.07 < Z < 1.24)$

$= P(0 < Z < 1.24) - P(0 < Z < 0.07)$

$= 0.3925 - 0.0279 = 0.3646$

```
> # [R-program 5.4] 예제 5.6
>
> # pnorm(z, 0, 1, lower.tail = TRUE) : N(0,1)에서 z이하 하위누적확률
> # pnorm(z, 0, 1, lower.tail = FALSE) : N(0,1)에서 z이상 상위누적확률
>
> # (1) P(0 < Z < 1.28)
> p1 = pnorm(1.28, mean = 0, sd = 1, lower.tail = TRUE) - 0.5; p1
[1] 0.3997274
>
> # (2) P(-1.15 < Z <0)
> p2 = 0.5 - pnorm(-1.15, mean = 0, sd = 1, lower.tail = TRUE); p2
[1] 0.3749281
>
> # (3) P(Z < 1.48)
```

```
> p3 = pnorm(1.48, mean = 0, sd = 1, lower.tail = TRUE); p3
[1] 0.9305634
>
> # (4) P(Z > 0.49)
> p4 = pnorm(0.49, mean = 0, sd = 1, lower.tail = FALSE); p4
[1] 0.3120669
>
> # (5) P(Z < -0.85)
> p5 = pnorm(-0.85, mean = 0, sd = 1, lower.tail = TRUE); p5
[1] 0.1976625
>
> # (6) P(Z > -0.98)
> p6 = pnorm(-0.98, mean = 0, sd = 1, lower.tail = FALSE); p6
[1] 0.8364569
>
> # (7) P(-0.56 < Z < 1.2)
> p7 = pnorm(1.2, mean = 0, sd = 1, lower.tail = TRUE) -
+      pnorm(-0.56, mean = 0, sd = 1, lower.tail = TRUE); p7
[1] 0.5971906
>
> # (8) P(0.28 < Z <1.32)
> p8 = pnorm(1.32, mean = 0, sd = 1, lower.tail = TRUE) -
+      pnorm(0.28, mean = 0, sd = 1, lower.tail = TRUE); p8
[1] 0.2963212
>
> # (9) P(-1.24 < Z < -0.07)
> p9 = pnorm(-0.07, mean = 0, sd = 1, lower.tail = TRUE) -
+      pnorm(-1.24, mean = 0, sd = 1, lower.tail = TRUE); p9
[1] 0.3646091
```

5.2.2 정규분포의 응용

정규분포 $N(\mu, \sigma^2)$을 따르는 정규확률변수가 어느 구간 내에 있을 확률을 구하기 위해서는 정규확률변수 X를 표준정규확률변수 Z로 변환한 후 표준정규확률표를 이용하여 확률을 구할 수 있다고 하였다.

정규확률변수 X가 $N(\mu, \sigma^2)$을 따를 때 X가 평균 μ로부터 $\pm 1\sigma$, $\pm 2\sigma$, $\pm 3\sigma$ 이내

에 있을 확률은 각각 0.68, 0.95, 0.99이며 이것은 표준정규확률변수 Z가 ± 1, ± 2, ± 3 이내에 있을 확률과 같음을 아래의 확률 계산식에 의해 알 수 있다. ([그림 5.7] 참고)

$$P(\mu-\sigma < X < \mu+\sigma) = P\left(\frac{(\mu-\sigma)-\mu}{\sigma} < \frac{X-\mu}{\sigma} < \frac{(\mu+\sigma)-\mu}{\sigma}\right)$$
$$= P(-1 < Z < 1) = 2 \cdot P(0 < Z < 1)$$
$$= (2)(0.3413) = 0.6826$$

$$P(\mu-2\sigma < X < \mu+2\sigma) = P\left(\frac{(\mu-2\sigma)-\mu}{\sigma} < \frac{X-\mu}{\sigma} < \frac{(\mu+2\sigma)-\mu}{\sigma}\right)$$
$$= P(-2 < Z < 2) = 2 \cdot P(0 < Z < 2)$$
$$= (2)(0.4772) = 0.9544$$

$$P(\mu-3\sigma < X < \mu+3\sigma) = P\left(\frac{(\mu-3\sigma)-\mu}{\sigma} < \frac{X-\mu}{\sigma} < \frac{(\mu+3\sigma)-\mu}{\sigma}\right)$$
$$= P(-3 < Z < 3) = 2 \cdot P(0 < Z < 3)$$
$$= (2)(0.4987) = 0.9974$$

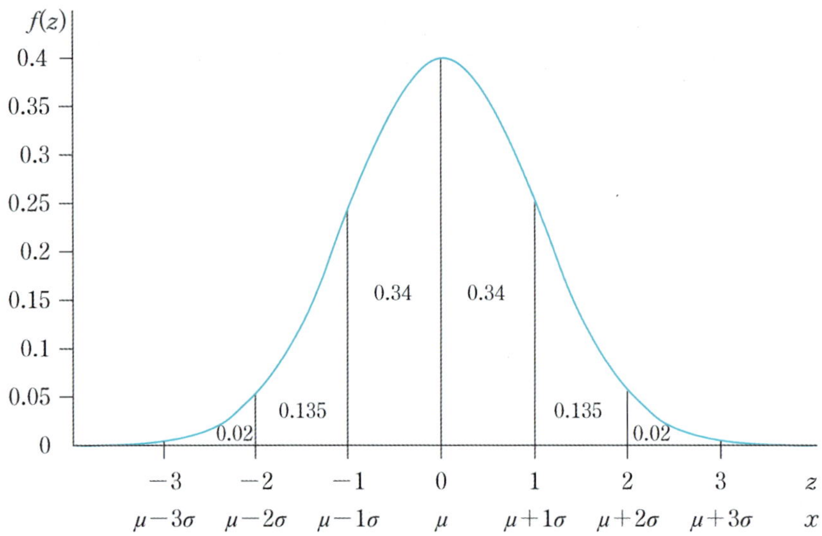

| 그림 5.7 정규분포와 표준정규분포에서의 68%, 95%, 99% 확률

68%–95%–99% 확률 : 정규분포 $N(\mu, \sigma^2)$를 따르는 관측값들의

1. 68%는 평균 μ에서 $\pm 1\sigma$ 이내에 들어 있다.
2. 95%는 평균 μ에서 $\pm 2\sigma$ 이내에 들어 있다.
3. 99%는 평균 μ에서 $\pm 3\sigma$ 이내에 들어 있다.

예제 5.7 어느 조사에서 성인의 IQ 점수는 평균이 100이고 표준편차가 20인 정규분포를 근사하게 따른다고 한다. 임의로 선택한 한 성인의 IQ가 130 이상일 확률을 구하여라.

풀이 성인의 IQ 점수를 확률변수 X라고 하면 $X \sim N(100,\ 20^2)$이다. 따라서 임의로 선택한 한 성인의 IQ 점수가 130 이상일 확률은 다음과 같다.

$$P(X \geq 130) = P\left(\frac{X-100}{20} \geq \frac{130-100}{20}\right) = P(Z \geq 1.5)$$

$$= 0.5 - P(0 < Z < 1.5) = 0.5 - 0.4332$$

$$= 0.0668$$

예제 5.8 어느 자동차회사에서 제조된 특정 브랜드의 승용차들은 ℓ 당 주행거리가 평균 21.7km이고 표준편차는 2km인 정규분포를 근사하게 따른다고 한다. 이 승용차 중에서 누군가가 구매한 승용차의 ℓ 당 주행거리가 20km 이하일 확률을 구하여라.

풀이 승용차의 ℓ 당 주행거리를 확률변수 X라고 하면 $X \sim N(21.7,\ 2^2)$이다. 따라서 누군가가 구매한 승용차의 ℓ 당 주행거리가 20km 이하일 확률은 다음과 같다.

$$P(X \leq 20) = P\left(\frac{X-21.7}{2} \leq \frac{20-21.7}{2}\right) = P(Z \leq -0.85)$$

$$= 0.5 - P(0 < Z < 0.85) = 0.5 - 0.3023 = 0.1977$$

예제 5.9 전국 고등학교 1학년 모의고사에서 과학영역 점수의 평균은 65점이고 표준편차는 10점인 정규분포를 근사하게 따른다고 한다. 학교에서는 모의고사에서 과학영역 점수가 상위 3%에 해당하는 학생들을 선발하여 과학경시대회 준비를 위한 실험 교육을 강화하려고 한다. 과학경시대회 준비를 위해 선발될 학생들의 과학 최저점수를 구하여라.

풀이 모의고사에서 과학영역의 점수를 확률변수 X라고 하면 $X \sim N(65, 10^2)$이다. 상위 3% 학생들의 최저 과학점수를 x_0라고 놓으면 $P(X \geq x_0) = 0.03$을 만족하는 x_0를 구해야 한다. 즉,

$$P(X \geq x_0) = P\left(\frac{X-65}{10} \geq \frac{x_0-65}{10}\right) = P\left(Z \geq \frac{x_0-65}{10}\right) = 0.03$$

이므로 $P\left(0 < Z < \frac{x_0-65}{10}\right) = 0.47$을 만족하는 x_0값을 찾아야 한다. 표준정규확률표(부록 [표 2])로부터 $(x_0-65)/10 = 1.88$로 놓는다. 따라서 $x_0 = (1.88)(10) + 65 \fallingdotseq 84$점이 최저점수에 해당한다.

```
> # [R-program 5.5] 예제 5.9
>
> # qnorm(p, 0, 1, lower.tail = FALSE) : N(0, 1)에서 상위누적확률 p 분위수
>
> mu = 65; sigma = 10
> (z = qnorm(0.03, mean = 0, sd = 1, lower.tail = FALSE))
[1] 1.880794
> (x0 = sigma*z + mu)
[1] 83.80794
```

5.2.3 정규성 검토

추론통계의 많은 문제 해결에서는 자료에 대한 정규분포 혹은 근사적으로 정규분포의 가정을 한다. 예를 들면 5.2.2절의 예제 문제들에서 자료들은 근사적으로 정규분포를 따른다고 자주 언급하였다. 따라서 추론하기에 앞서 주어진 자료가 과연 정규 모집단으로부터 추출된 자료인지를 검토하는 것은 실제 통계자료 분석에서 중요한 일이다. 자료의 정규성(normality) 검토를 위하여 보통 사용되는 기술통계적 방법들은 다음과 같다.

정규성 검토법

1. 자료의 히스토그램과 줄기와 잎 그림이 대칭이고 종 모양의 곡선 형태를 가지며, 상자와 수염 그림이 대칭 형태를 보이면 자료들은 근사적으로 정규분포를 따른다.
2. 자료에 대한 정규 Q–Q 그림이 직선의 형태에 가까우면 자료들은 근사적으로 정규분포를 따른다.

분위수(quantile)란 % 대신 분수로 표시된 백분위수이다. 예를 들면 제25백분위수 (P_{25})는 제0.25분위수이다. 정규 Q–Q 그림은 정규분포의 분위수와 자료들이 갖는 분포의 분위수를 산점도로 나타낸 것으로 정규 분위수–분위수 그림(quantile–quantile plot)이라고도 한다. 자료의 분포가 정규분포에 근사할수록 두 분위수의 산점도인 정규 Q−Q 그림은 직선의 형태에 가까울 것이나 정규분포와 다를수록 산점도는 직선에서 이탈할 것이다.

[그림 5.8]은 $N(5, 0.2^2)$, $t(2)$, $\chi^2(3)$분포로부터 생성된 각 100개씩의 모의실험 자료에 대한 정규 Q−Q 그림이다. 정규분포인 $N(5, 0.2^2)$분포로부터 생성된 자료는 정규 Q−Q 그림이 직선 형태를 보여주나 우비대칭분포의 특성을 가지고 있는 $t(2)$ 분포 및 $\chi^2(3)$분포로부터 생성된 자료는 직선추세에서 이탈하고 있음을 보여준다.

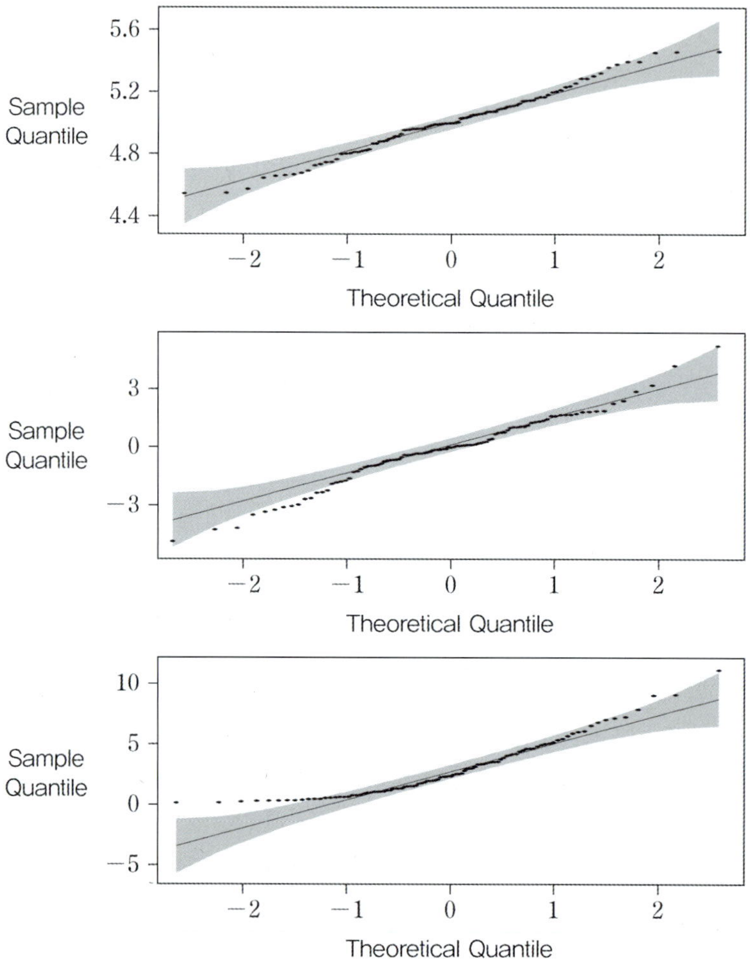

그림 5.8 (상) $N(5, 0.2^2)$ (중) $t(2)$ (하) $\chi^2(3)$분포로부터 생성된 모의실험 자료들의 정규 Q–Q 그림

```
> # [R-program 5.6] [그림 5.8]
>
> # (1) Z ~ N(5, 0.2^2)
>
> set.seed(20241028) # 동일한 난수 생성을 위한 난수생성기의 초기화
> z = rnorm(n = 100, mean = 5, sd = 0.2)
>
```

```
> library(ggpubr) # ggqqplot{ggpubr}
> ggqqplot(z)
>
> # (2) T ~ t(2)
>
> set.seed(20241128)
> t = rt(n = 100, df = 2)
> ggqqplot(t)
>
> # (3) x ~ chisq(3)
>
> set.seed(20241228)
> x = rchisq(n = 100, df = 3)
> ggqqplot(x)
```

5.3 이항분포의 정규분포로의 근사

베르누이 시행횟수가 n이고 성공의 확률이 p인 이항분포에서 시행횟수 n이 상당히 크면 이항확률의 계산이 매우 어려워진다. 그러나 n이 상당히 클 때(보통은 $np \geq 5$이고 $n(1-p) \geq 5$인 경우를 기준으로 함) 이항분포는 평균이 $\mu = np$이고 분산이 $\sigma^2 = np(1-p)$인 정규분포에 잘 근사하므로 정규확률의 계산으로 이항확률 계산을 대신할 수 있다.

[그림 5.9]는 $n=200$, $p=0.06$인 이항분포의 이항 확률 히스토그램을 간격 없이 히스토그램처럼 나타낸 그림이다. 겹쳐 그려있는 곡선은 평균이 $\mu = np = (200)(0.06) = 12$이고 분산이 $\sigma^2 = np(1-p) = (200)(0.06)(1-0.06) = 11.28$인 정규분포를 나타낸다. 이항확률변수 X가 이항분포 $b(200,\ 0.06)$를 따를 때 이항확률 $P(8 \leq X \leq 14)$의 정확한 계산식과 확률은 다음과 같다.

$$P(8 \leq X \leq 14) = \sum_{x=8}^{14} \binom{200}{x} (0.06)^x (0.94)^{200-x} = 0.69$$

이제 위의 이항확률을 정규분포로의 근사로 구해보기로 하자. 이때 오직 정숫값만을 가지는 이항확률변수 값 X=8은 실수 공간에서는 $8-0.5=7.5$에서 시작하고 $X=14$는 $14+0.5=14.5$에서 끝남을 [그림 5.9]에서 볼 수 있다. 이렇게 이산형의 변숫값을 연속형의 변숫값으로 바꿀 때 0.5를 더하고 빼는 연속성 수정(continuity correction)을 해주어야 한다. 따라서 정규분포로의 근사에 의한 이항확률의 계산은 다음과 같다.

$$P(8 \le X \le 14) = P(7.5 \le X \le 14.5)$$
$$= P\left(\frac{7.5-12}{\sqrt{11.28}} \le \frac{X-12}{\sqrt{11.28}} \le \frac{14.5-12}{\sqrt{11.28}}\right)$$
$$\approx P(-1.34 \le Z \le 0.74) = 0.68$$

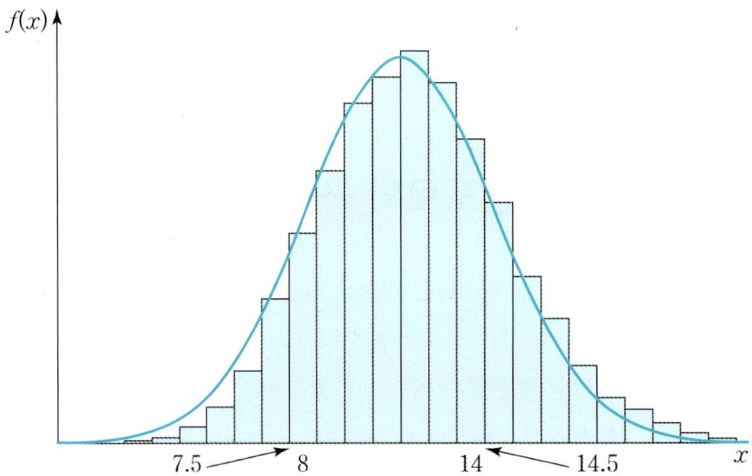

그림 5.9 이항분포 $b(200,0.06)$의 정규분포 $N(12, 11.28)$로의 근사

이항분포의 정규분포로의 근사

확률변수 X가 이항분포 $b(n,p)$를 따르고 $np \ge 5$이고 $n(1-p) \ge 5$이라면 이항분포 $b(n,p)$는 $\mu = np$이고 $\sigma^2 = np(1-p)$인 정규분포 $N(\mu, \sigma^2)$로 근사시킬 수 있다.
이때 이항확률의 정규분포로의 근사에 의한 확률계산은 연속성 수정이 필요하다.

예제 5.10 화장이 국민의 장묘문화로 받아들여져 2020년에 전국의 화장률은 약 90%에 이르렀다. 만약 2020년에 200명에게 선호하는 장묘법을 물었을 때 이 중에서 최소한 180명 이상이 화장을 선호할 확률을 구하여라.

풀이 200명 중 화장을 선호하는 사람들의 수를 확률변수 X라고 한다면 X는 이항분포 $b(200, 0.9)$을 따른다. 이때 $np=(200)(0.9)=180$과 $n(1-p)=(200)(1-0.9)=20$이 모두 5보다 크므로 이항분포 $b(200, 0.9)$는 평균 $\mu=np=180$과 분산 $\sigma^2=np(1-p)=(200)(0.9)(1-0.9)=18$을 가지는 정규분포 $N(180, 18)$에 근사한다. 이제 연속성의 수정을 고려하여 200명 중 최소한 180명 이상이 화장을 선호할 확률은 다음과 같이 계산된다.

$$\begin{aligned} P(X \geq 180) &= P(X \geq 179.5) \\ &= P\left(\frac{X-180}{\sqrt{18}} \geq \frac{179.5-180}{\sqrt{18}}\right) \approx P(Z \geq -0.12) \\ &= 0.5 + P(0 \leq Z \leq 0.12) = 0.5 + 0.0478 = 0.5478 \end{aligned}$$

5.4 표본분포

5.4.1 표본과 통계량

모집단의 특성을 파악하기 위해서 모집단 내의 개체 모두를 조사하는 것을 전수조사(census)라고 한다. 2015년 이전에 우리나라에서 5년마다 실시하는 인구주택총조사가 대표적인 전수조사의 예이었으나 2015년부터는 우리나라 총가구의 20%만 방문 조사하는 것으로 조사방법이 바뀌었다. 모집단의 개체의 수가 많다면 조사에 드는 비용과 시간 등을 고려할 때 모집단 전체를 조사하는 것은 현실적으로 많은 어려움이 따른다. 또는 파괴조사의 경우도 전수조사는 적절치 않다. 예를 들면 어느 공장에서 생산되는 전구의 평균 수명을 알고자 할 때 생산되는 모든 전구의 수명을 관측한다면 전구를 팔기도 전에 전구를 다 사용해 버리는 결과가 된다. 따라서 모집단을 잘 대표하는 모집단의 부분만 조사하여 모집단의 특성을 파악할 수 있다면 바람직하다. 이렇게 모집단의 부분만 조사하는 것을 표본조사(sampling survey)라 하고 이렇게 조사된 모집단 일부인 자료를 표본(sample)이라고 한다.

전수조사와 표본조사

전수조사 : 모집단 전체를 조사
표본조사 : 모집단을 대표하는 모집단의 부분만 조사

만약 모집단의 개체들이 어떤 확률분포를 따른다면 표본은 모집단의 부분이므로 표본의 개체들도 모집단과 같은 확률분포를 갖는다. 표본조사를 위해 모집단으로부터 표본추출을 할 때 각 개체가 완전히 독립적으로 추출되는 표본을 랜덤표본(random sample), 확률표본, 혹은 임의표본이라고 한다. 즉, 랜덤표본을 이루는 각 개체는 서로 독립이고 모집단과 같은 분포를 갖는다.

통계적 추론이란 모집단의 부분인 표본에 기초하여 모집단의 특성값인 모수(parameter)에 대한 결론을 유추해내는 과정이다. 흔히 관심 있는 모수로는 연속형 자료에서 모집단의 대푯값인 모평균 μ, 산포도인 모분산 σ^2, 혹은 범주형 자료에서 모집단의 모비율 p 등이 있다.

만약 우리나라 19세 남자들의 평균 신장 μ를 알고 싶다면 19세 남자 모두의 키를 측정하기는 어려워서 적절한 크기(n)의 랜덤표본을 추출하여 신장을 측정한다. 실제 신장이 측정되기 전의 크기 n의 랜덤표본을 확률변수의 집합 $\{X_1, X_2, \ldots, X_n\}$으로 놓으면, 신장의 모평균 μ를 랜덤표본 $\{X_1, X_2, \ldots, X_n\}$으로부터 계산된 표본평균 $\overline{X} = (X_1 + X_2 + \cdots + X_n)/n$으로 추정할 수 있다. 이처럼 랜덤표본의 함수인 표본의 특성값을 통계량(statistic)이라 하고 통계량의 관측된 값을 통계치 혹은 통곗값이라고 한다. 특히 모수의 추정에 사용된 통계량을 추정량(estimator)이라고 하고 추정량의 관측값을 추정치(estimate) 혹은 추정값이라 부른다.

위 예에서 $\overline{X}$는 랜덤표본 $\{X_1, X_2, \ldots, X_n\}$의 함수이므로 통계량이면서 모평균 μ의 추정에 사용된 추정량이다. 이때 랜덤표본 $\{X_1, X_2, \ldots, X_n\}$에 대해서 실제 $\{x_1, x_2, \ldots, x_n\}$이 관측되었다면 이들 관측값을 이용하여 계산된 추정량 $\overline{X}$의 관측값 $\overline{x} = (x_1 + x_2 + \cdots + x_n)/n$는 추정치이다.

랜덤표본, 모수, 통계량, 통계치, 추정량, 추정치

랜덤표본 : 서로 독립이며 모집단과 같은 분포를 가지는 확률변수들의 집합
모수 : 모집단의 특성값
통계량 : 랜덤표본의 함수로서 표본의 특성값
통계치(값) : 관측된 표본으로부터 계산된 통계량의 값
추정량 : 모수의 추정에 사용된 통계량
추정치(값) : 관측된 표본으로부터 계산된 추정량의 값

5.4.2 표본평균의 표본분포

연속형 자료에 대한 모집단의 모수로서 가장 중요한 모수인 모평균을 추론하기 위해서는 표본평균과 같은 통계량이 사용된다. 예를 들어 모평균 μ를 추정하기 위해서 추출된 표본으로부터 계산되는 통계치로서 표본평균 $\overline{x}$와 표본의 중앙값 M을 사용한다고 하자. 모평균 μ의 값은 미지의 값으로 알 수 없지만, 만약 $\overline{x}$와 M 중 $\overline{x}$가 더 모평균 μ에 가까운 값이라 하더라도 $\overline{x}$가 M에 비해 더 좋은 추정치라고 말할 수는 없을 것이다. 그 이유는 $\overline{x}$와 M이 우연히 추출된 하나의 표본으로부터 계산된 값들이고, 또 다른 표본을 추출한다면 다른 결과가 나올 수 있기 때문이다.

이제 어느 추정량과 모수의 차이인 오차에 대한 확률의 정의를 하기 위해서는 하나의 표본이 아니라 무수히 많이 반복하여 추출된 표본들을 관측하여 계산된 통계치들의 분포, 즉, 확률변수인 통계량의 확률분포인 **표본분포(sampling distribution)**를 알아야 한다.

표본분포

통계량의 확률분포

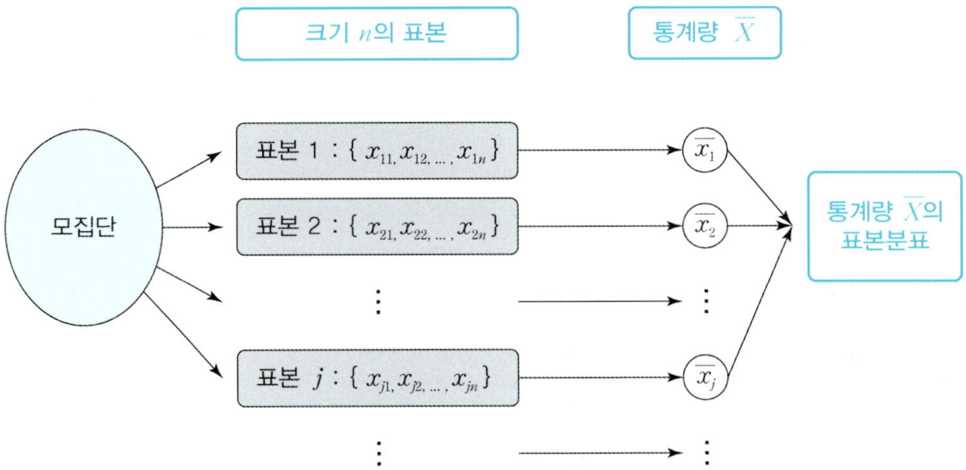

그림 5.10 **표본평균 $\overline{X}$의 표본분포**

[그림 5.10]과 같이 어느 모집단에서 무수히 많이 반복하여 추출한 표본 1, 표본 2, 표본 3,… 등에서 각각 표본평균 $\overline{x}_1$, $\overline{x}_2$, $\overline{x}_3$,…이 얻어진다면 표본평균 $\overline{x}_1$, $\overline{x}_2$, $\overline{x}_3$,…은 하나의 분포를 이루고 이때의 분포는 확률변수이기도 한 표본평균 $\overline{X}$의 확률분포이다. 특히 통계량의 확률분포를 표본분포라 하므로 통계량인 표본평균 $\overline{X}$의 표본분포이다.

표본평균 $\overline{X}$의 평균과 분산은 다음과 같이 계산된다. $X_1, X_2, \ldots, X_n$ 이 평균 μ와 표준편차 σ를 가지는 모집단에서 추출한 랜덤표본일 때, 4.2절에서 확률변수의 기댓값의 성질을 이용하면 표본평균 $\overline{X}$의 평균은

$$\begin{aligned}\mu_{\overline{X}} = E(\overline{X}) &= E\left[\frac{1}{n}(X_1 + X_2 + \cdots + X_n)\right] \\ &= \frac{1}{n}\{E(X_1) + E(X_2) + \cdots + E(X_n)\} \\ &= \frac{1}{n}(n\mu) = \mu\end{aligned}$$

이다. 또한, 4.2절에서 확률변수의 분산의 성질과 4.4.2절에서 확률변수의 독립성을 이용하면 표본평균 $\overline{X}$의 분산은

$$Var(\overline{X}) = Var\left[\frac{1}{n}(X_1 + X_2 + \cdots + X_n)\right]$$

$$= \frac{1}{n^2}\{Var(X_1) + Var(X_2) + \cdots + Var(X_n)\}$$

$$= \frac{1}{n^2}(n\sigma^2) = \frac{\sigma^2}{n}$$

이다. 따라서 표본평균 $\overline{X}$의 표준편차는 $\sigma_{\overline{X}} = \frac{\sigma}{\sqrt{n}}$과 같다.

표본평균의 평균과 분산

$X_1, X_2, \ldots, X_n$이 평균 μ와 분산 σ^2을 가지는 모집단에서 추출한 랜덤표본일 때

1. 표본평균 $\overline{X}$의 평균은 $\mu_{\overline{X}} = \mu$
2. 표본평균 $\overline{X}$의 분산은 $Var(\overline{X}) = \frac{\sigma^2}{n}$, 표준편차는 $\sigma_{\overline{X}} = \frac{\sigma}{\sqrt{n}}$

이제까지 표본평균 $\overline{X}$의 평균과 분산에 관해 기술하였으나 $\overline{X}$의 분포 자체에 관해서는 설명하지 못하였다. $\overline{X}$의 분포형태는 모집단의 분포형태에 의존한다. 특히 모집단이 정규분포를 따르는 경우는 표본평균의 표본분포는 정규분포이다. 즉, $N(\mu, \sigma^2)$를 따르는 정규모집단으로부터 추출된 크기 n인 표본에서 표본평균 $\overline{X}$의 표본분포는 $N(\mu,\, \sigma^2/n)$이다.

정규모집단으로부터 표본평균의 표본분포

$X_1, X_2, \ldots, X_n$이 평균 μ와 분산 σ^2을 가지는 정규분포 $N(\mu, \sigma^2)$에서 추출한 랜덤표본일 때, 표본평균 $\overline{X}$의 표본분포는 정규분포 $N(\mu, \frac{\sigma^2}{n})$이다.

모집단의 분포가 정규분포가 아니라면 표본평균 $\overline{X}$의 분포는 무엇일까? 모집단의 분포와 상관없이 표본의 크기 n이 상당히 크다면 표본평균 $\overline{X}$의 분포는 정규분포와 근사하다. 이것은 통계학에서 가장 중요한 결과 중 하나인 중심극한정리(central limit theorem)의 결과이다.

중심극한정리

$X_1, X_2, ..., X_n$ 이 평균 μ와 분산 σ^2을 가지는 모집단에서 추출한 랜덤표본일 때, 표본의 크기 n이 충분히 클 때(보통 $n \geq 30$) 표본평균 $\overline{X}$의 표본분포는 정규분포 $N(\mu, \frac{\sigma^2}{n})$에 근사하다.

표본평균의 표본분포가 정규분포에 근사할 정도로 충분히 큰 표본의 크기 n은 어느 정도의 크기일까? 모집단이 기울어진 분포라면 대칭인 분포보다도 표본 크기 n은 더욱 커야 할 것이다. 대체로 정규근사를 위해서는 표본의 크기는 $n \geq 30$이 충분하다고 한다. 따라서 이후로 표본의 크기가 최소 30일 때 표본평균의 표본분포로서 정규분포를 사용할 것이다. 서로 다른 모집단과 서로 다른 표본 크기에 따른 표본평균의 표본분포 변화를 보여 주는 [그림 5.11]에서 모집단 형태와 관계없이 표본 크기가 점점 커질수록 정규분포의 형태와 비슷해짐을 볼 수 있다.

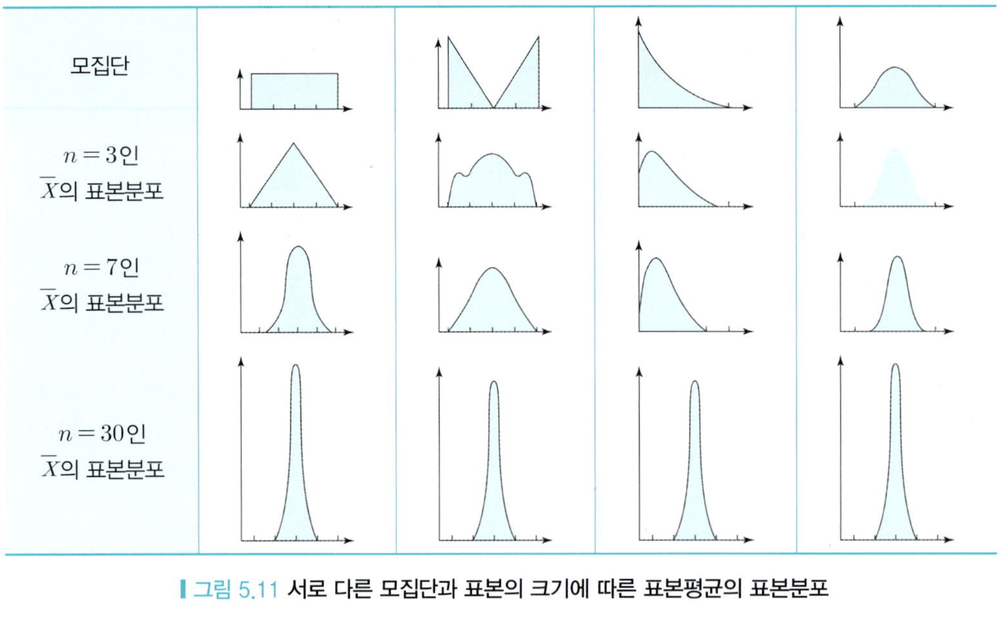

그림 5.11 서로 다른 모집단과 표본의 크기에 따른 표본평균의 표본분포

예제 5.11 어느 대학교에서 지난 1년 동안 학생들이 읽은 교양 도서의 수는 평균 10권이고 표준편차는 4권인 정규분포를 따른다고 한다. 임의로 선택한 10명의 학생이 읽은 교양 도서의 평균 권수가 9권에서 12권일 확률을 구하여라.

풀이 학생들이 읽은 교양 도서의 수를 확률변수 X라 하면, 확률변수 X의 분포는 정규분포 $N(10, 4^2)$이다. 임의로 선택한 10명 학생이 읽은 교양 도서의 평균 권수 $\overline{X}$는 평균 $\mu_{\overline{X}} = \mu = 10$과 표준편차 $\sigma_{\overline{X}} = \sigma/\sqrt{n} = 4/\sqrt{10} \approx 1.26$인 정규분포 $N(10, 1.26^2)$를 따른다. 이리하여 10명의 학생의 평균 독서 권수가 9권에서 12권일 확률은 다음과 같다.

$$\begin{aligned} P(9 \le \overline{X} \le 12) &= P\left(\frac{9-10}{1.26} \le \frac{\overline{X}-10}{1.26} \le \frac{12-10}{1.26}\right) \\ &= P(-0.79 \le Z \le 1.58) \\ &= P(0 < Z \le 0.79) + P(0 < Z \le 1.58) \\ &= 0.2852 + 0.4429 = 0.7281 \end{aligned}$$

예제 5.12 어느 산업군에 속하는 기업들의 신입직원의 평균 연봉은 5,800만 원이고 표준편차는 720만 원이라고 한다. 임의로 선택한 신입직원 36명의 평균 연봉이 6,000만 원 이상일 확률을 구하여라.

풀이 신입직원의 연봉을 확률변수 X라 하면, 확률변수 X의 분포는 평균 5,800만 원, 표준편차 720만 원을 갖는다. 표본의 크기가 $n = 36 > 30$이므로 중심극한정리에 의해 임의로 선택한 36명 신입직원의 평균 연봉 $\overline{X}$는 평균이 $\mu_{\overline{X}} = \mu = 5,800$만 원, 표준편차 $\sigma_{\overline{X}} = \sigma/\sqrt{n} = 720/\sqrt{36} = 120$만 원인 정규분포 $N(5800, 120^2)$를 근사적으로 따른다. 이리하여 36명 신입직원의 평균 연봉이 6,000만 원 이상일 확률은 다음과 같다.

$$P(\overline{X} \geq 6000) = P(\frac{\overline{X} - 5800}{120} \geq \frac{6000 - 5800}{120})$$

$$= P(Z \geq 1.67)$$

$$= 0.5 - P(0 < Z < 1.67)$$

$$= 0.5 - 0.4525 = 0.0475$$

지금까지는 표본평균의 표본분포에 관해서 다루었지만 많은 다른 통계량들, 예를 들면 표본 분산, 표본의 중위수, 표본 범위, 표본비율 등의 표본분포가 있다. 이 중에서 표본비율의 표본분포에 대해서 살펴보기로 한다.

5.4.3 표본비율의 표본분포

표본평균, 표본분산 등은 연속형 자료의 요약을 위한 통계량들이라고 하면 범주형 자료의 요약을 위한 중요한 통계량에는 표본비율이 있다. 모집단에서 특정한 속성을 갖는 개체들의 비율을 모비율(population proportion)이라고 하는데 모비율에 대한 통계적 추론이 중요한 경우는 매우 많다. 예를 들면 대통령선거에서 특정 후보의 지지율이나, 히트상품 선정에서 어느 제품에 대한 소비자 선호율, 어느 지역사업에 대한 지역민들의 찬성률 등이다.

모비율 p에 대한 추론을 위하여 표본비율 $\hat{p}$의 표본분포를 알아야 한다. 표본비율 $\hat{p}$의 표본분포는 5.1절에서 다루었던 베르누이 시행과 관련성이 있다. 베르누이 시행의 결과는 성공 아니면 실패이다. 성공의 확률이 p인 베르누이 시행을 n회 독립적으로 반복했을 때 성공의 횟수는 $\sum_{i=1}^{n} X_i$로 표현할 수 있다. 여기서 X_i는 i번째 베르누이 시행의 결과로서 아래와 같이 정의된다. 이때 $P(X_i = 1) = p$ 그리고 $P(X_i = 0) = 1 - p$이다.

$$X_i = \begin{cases} 1, & \text{성공일 때} \\ 0, & \text{실패일 때} \end{cases}$$

따라서 베르누이 확률변수의 평균과 분산은 각각 다음과 같이 계산된다.

$$\mu_{X_i} = E(X_i) = (1)(p) + (0)(1-p) = p$$

$$\sigma^2_{X_i} = Var(X_i) = E(X_i^2) - \mu^2_{X_i} = (1^2)(p) + (0^2)(1-p) - p^2 = p(1-p)$$

표본에서 특정한 속성을 갖는 개체들의 비율인 표본비율 $\hat{p} = \sum_{i=1}^{n} X_i / n = \overline{X}$는 평균이 p이고 분산이 $p(1-p)$인 모집단으로부터 표본의 크기 n을 가지는 표본평균과 같다. 따라서 표본의 크기 n이 상당히 큰 경우에 중심극한정리에 의해 표본비율 $\hat{p}$은 근사적으로 평균 $\mu_{\overline{X}} = \mu_{X_i} = p$와 분산 $\sigma^2_{\overline{X}} = \sigma^2_{X_i}/n = p(1-p)/n$를 가지는 정규분포 $N(p, p(1-p)/n)$를 따른다.

표본비율의 표본분포

특정한 속성을 갖는 모비율이 p인 모집단에서 표본 크기 n이 충분히 큰 랜덤표본 $X_1, X_2, \ldots, X_n$을 추출하였을 때 표본비율 $\hat{p}$의 표본분포는 정규분포 $N(p, p(1-p)/n)$에 근사한다. 이때 충분히 큰 표본의 크기 n은 $np \ge 5$이고 $n(1-p) \ge 5$를 기준으로 한다.

예제 5.13 어느 제약회사에서 생산되는 감기 시럽 약 중에서 적절한 기준의 농도를 갖지 않는 시럽 약은 불량품 처리를 한다. 이 회사의 시럽 약 생산공정에서 시럽 약의 불량률은 3%로 알려졌다. 임의로 추출된 시럽 약 500병의 불량률이 2% 이하로 나올 확률을 구하여라.

풀이 특정한 속성의 비율, 즉 불량품의 비율인 모비율이 $p = 0.03$인 모집단에서 표본의 크기가 500인 랜덤표본을 추출하였을 때, 500병의 시럽 약의 불량률을 표본비율 $\hat{p}$이라 놓고, 확률 $P(\hat{p} \le 0.02)$을 정규근사에 의해 구하기 위한 조건을 검토해보자.

$np = (500)(0.03) = 15 > 5$이고 $n(1-p) = (500)(0.97) = 485 > 5$이므로 중심극한정리에 의해 표본비율 $\hat{p}$은 근사적으로 평균 $\mu_{\hat{p}} = p = 0.03$과 분산 $\sigma^2_{\hat{p}} = p(1-p)/n = (0.03)(1-0.03)/500 = 0.0076^2$을 가지는 정규분

포 $N(0.03, 0.0076^2)$를 따른다.

이제 임의로 추출된 시럽 약 500병의 불량률이 2% 이하로 나올 확률은 다음과 같이 계산한다.

$$P(\hat{p} \le 0.02) = P(\frac{\hat{p} - 0.03}{0.0076} \le \frac{0.02 - 0.03}{0.0076})$$

$$= P(Z \le -1.31)$$

$$= 0.5 - P(0 \le Z \le 1.31)$$

$$= 0.5 - 0.4049 = 0.095$$

5.5 그 밖의 표본분포

5.5.1 t-분포

정규모집단 $N(\mu, \sigma^2)$에서 추출된 크기가 n인 랜덤표본의 표본평균 $\overline{X}$는 정규분포 $N(\mu, \sigma^2/n)$를 따른다고 하였다. 그러면 표준화된 표본평균

$$Z = \frac{\overline{X} - \mu}{\sigma / \sqrt{n}}$$

는 표준정규분포를 따른다. 이때 모표준편차 σ를 표본표준편차 S로 대체하면 다음의 통계량

$$T = \frac{\overline{X} - \mu}{S / \sqrt{n}}$$

는 자유도가 $n-1$인 t-분포를 따른다.

t-분포는 연속형 확률분포로서 자유도(degree of freedom)에 의해 모양이 결정된다. 위에서 정의된 통계량 T의 자유도는 분모에 있는 표본표준편차 S에 의해서 결정되는데, S의 자유도는 $n-1$이다. 그 이유는 S를 계산할 때 n개의 편차 $(X_i - \overline{X})$

들이 사용되며 이들의 합은 항상 0이 된다. 따라서 임의의 $n-1$개 편차를 알면 나머지 한 개의 편차는 자동으로 결정된다. 이때 독립적인 편차들의 수 $n-1$이 S의 자유도, 즉 통계량 T의 자유도가 되는 것이다. 이제 자유도 k를 가지는 $t-$분포를 $t(k)$분포라고 표기하자.

$t-$분포의 확률밀도함수는 표준정규분포처럼 0을 중심으로 대칭이며 종 모양의 곡선을 가진다. 일반적으로 $t-$분포의 분산은 표준정규분포의 분산보다 더 커서 양 꼬리가 더 두껍다.

[그림 5.12]는 각각 자유도 $k=1$, 3, 그리고 7을 가지는 $t(1)$, $t(3)$, $t(7)$분포 및 표준정규분포를 비교해서 보여 준다. $t-$분포는 자유도 k가 점점 커질수록 표준정규분포에 근사해짐을 알 수 있다. $t-$분포는 6.3절에서 정규모집단의 소표본에서 모평균에 대해 추론할 때 중요하게 사용되는 분포이다.

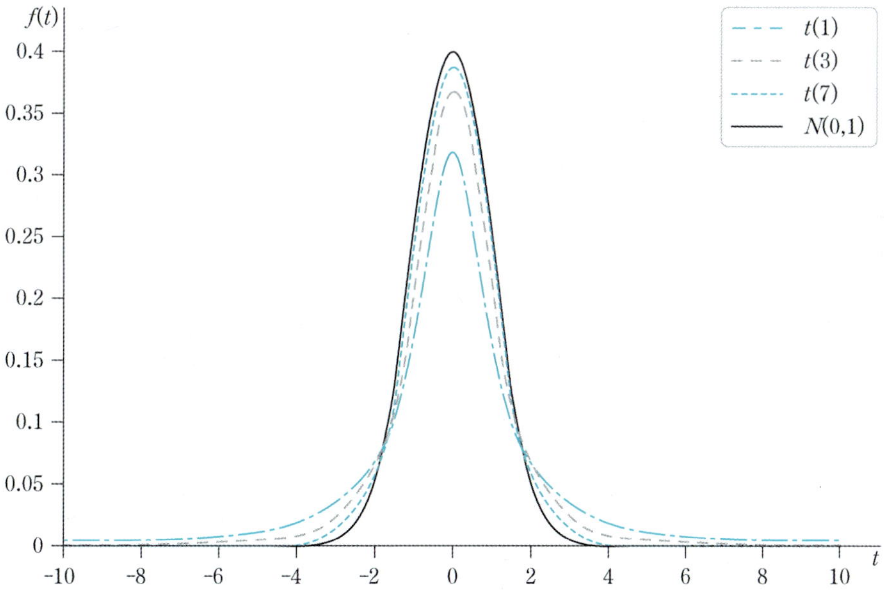

그림 5.12 표준정규분포와 여러 가지 자유도를 가지는 $t(k)$분포

부록 [표 3]은 $t-$확률표로서 표 안의 각 수치는 주어진 자유도 k를 가지는 $t(k)$분포에서 상위 누적확률이 α가 되는 T 확률변수의 값이다([표 5.5]의 상단에 있는 $t-$분포 그림 참고). 이때 표 안의 수치는 $P(T > t_\alpha(k)) = \alpha$를 만족하는 $t_\alpha(k)$값이다.

표 5.5 부록 [표 3]의 t-확률표 일부

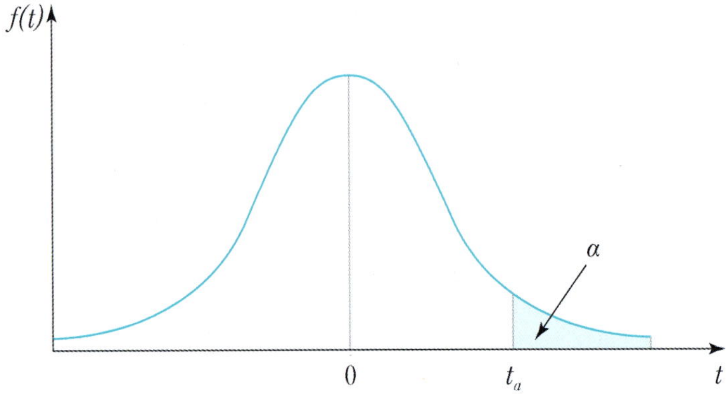

자유도	$t_{.100}$	$t_{.050}$	$t_{.025}$	$t_{.010}$	$t_{.005}$	$t_{.001}$	$t_{.0005}$
1	3.078	6.314	12.706	31.821	63.657	318.31	636.62
2	1.886	2.920	4.303	6.965	9.925	22.326	31.598
3	1.638	2.353	3.182	4.541	5.841	10.213	12.924
4	1.533	2.132	2.776	3.747	4.604	7.173	8.610
5	1.476	2.015	2.571	3.365	4.032	5.893	6.869
6	1.440	1.943	2.447	3.143	3.707	5.208	5.959
7	1.415	1.895	2.365	2.998	3.499	4.785	5.408
8	1.397	1.860	2.306	2.896	3.355	4.501	5.041
9	1.383	1.833	2.262	2.821	3.250	4.297	4.781
10	1.372	1.812	2.228	2.764	3.169	4.144	4.587

예제 5.14 자유도 10을 가지는 $t(10)$분포에서 하위 누적확률이 0.005인 t값을 a라 하고 상위 누적확률이 0.01인 t값을 b라 할 때 a, b 및 $P(a \le T \le b)$을 구하여라.

풀이 [표 5.5]로부터 $a = t_{0.995}(10) = -t_{0.005}(10) = -3.169$, $b = t_{0.01}(10) = 2.764$를 얻을 수 있다. 이리하여 $P(a \le T \le b) = P(-3.169 \le T \le 2.764) = 1 - 0.005 - 0.01 = 0.985$이다.

```
> # [R-program 5.7] 예제 5.14
>
> # pt(t, df, lower.tail = TRUE) : t(df)에서 t이하 하위누적확률
> # pt(t, df, lower.tail = FALSE) : t(df)에서 t이상 상위누적확률
>
> # qt(p, df, lower.tail = TRUE) : t(df)에서 하위누적확률 p 분위수
> # qt(p, df, lower.tail = FALSE) : t(df)에서 상위누적확률 p 분위수
>
> df = 10
> (a = qt(0.005, df, lower.tail = TRUE))
[1] -3.169273
> (b = qt(0.01, df, lower.tail = FALSE))
[1] 2.763769
>
> # p = P(a <= T <= b)
> (p = pt(b, df, lower.tail = TRUE) - pt(a, df, lower.tail = TRUE))
[1] 0.985
```

5.5.2 χ^2-분포

카이제곱(χ^2)분포(chi-square distribution)는 연속형 확률분포로서 양의 값을 가지고 자유도에 의해 분포의 모양이 결정된다. 자유도 k를 가지는 χ^2-분포를 $\chi^2(k)$ 분포라고 표기하자. χ^2-분포는 일반적으로 우비대칭 형태를 가지나 자유도가 커지면 대칭의 형태를 가진다.

[그림 5.13]은 자유도 $k = 2, 5, 10, 20$을 가지는 $\chi^2(k)$분포의 곡선을 비교해서 보여 준다. χ^2-분포는 6.4절의 정규모집단에서 모분산에 대한 추론이나, 8장의 범주형자료의 추론에서 중요하게 사용되는 분포이다.

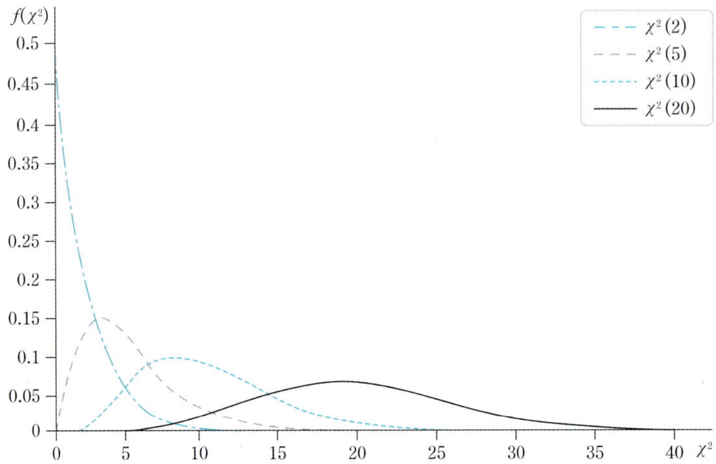

그림 5.13 여러 가지 자유도 k를 가지는 $\chi^2(k)$분포

부록 [표 4]는 χ^2 −확률표로서 표 안의 각 수치는 주어진 자유도 k를 가지는 $\chi^2(k)$ 분포에서 상위 누적확률이 α가 되는 X^2 −확률변수의 값이다([표 5.6]의 상단에 있는 χ^2 −분포 그림 참고). 즉, 표 안의 수치는 $P(X^2 > \chi^2_\alpha(k)) = \alpha$를 만족하는 $\chi^2_\alpha(k)$값이다.

표 5.6 부록 [표 4]의 χ^2−확률표 일부

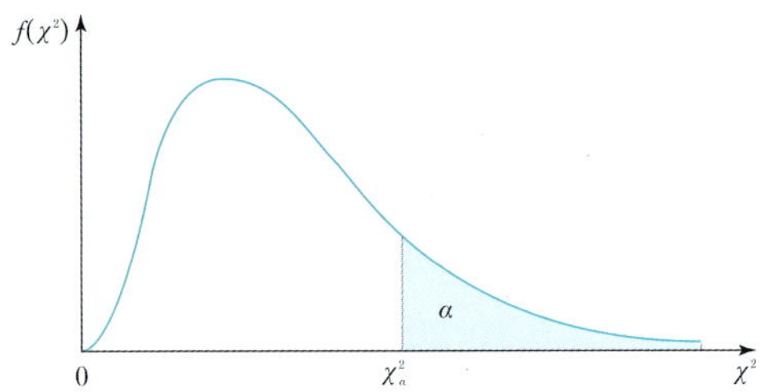

자유도	$\chi^2_{.995}$	$\chi^2_{.990}$	$\chi^2_{.975}$	$\chi^2_{.950}$	$\chi^2_{.900}$
1	.0000393	.0001571	.0009821	.0039321	.0157908
2	.0100251	.0201007	.0506356	.102587	.210720
3	.0717212	.114832	.215795	.351846	.584375
4	.206990	.297110	.484419	.710721	1.063623
5	.411740	.554300	.831211	1.145476	1.61031
6	.675727	.872085	1.237347	1.63539	2.20413
7	.989265	1.239043	1.68987	2.16735	2.83311

자유도	$\chi^2_{.100}$	$\chi^2_{.050}$	$\chi^2_{.025}$	$\chi^2_{.010}$	$\chi^2_{.005}$
1	2.70554	3.84146	5.02389	6.63490	7.87944
2	4.60517	5.99147	7.37776	9.21034	10.5966
3	6.25139	7.81473	9.34840	11.3449	12.8381
4	7.77944	9.48773	11.1433	13.2767	14.8602
5	9.23635	11.0705	12.8325	15.0863	16.7496
6	10.6446	12.5916	14.4494	16.8119	18.5476
7	12.0170	14.0671	16.0128	18.4753	20.2777

예제 5.15 자유도 7을 가지는 $\chi^2(7)$분포에서 하위 누적확률이 0.025인 χ^2값을 a라 하고 상위 누적확률이 0.05인 χ^2값을 b라 할 때 a와 b 및 $P(a \le X^2 \le b)$을 구하여라.

풀이 [표 5.6]으로부터 $a = \chi^2_{0.975}(7) = 1.68987$ 및 $b = \chi^2_{0.05}(7) = 14.0671$을 얻을 수 있다. 이리하여 $P(a \le X^2 \le b) = P(1.68987 \le X^2 \le 14.0671)$ $= 1 - 0.025 - 0.05 = 0.925$이다.

```
> # [R-program 5.8] 예제 5.15
>
> # pchisq(x, df, lower.tail = TRUE) : chisq(df)에서 x이하 하위누적확률
> # pchisq(x, df, lower.tail = FALSE) : chisq(df)에서 x이상 상위누적확률
>
> # qchisq(p, df, lower.tail=TRUE): chisq(df)에서 하위누적확률 p 분위수
> # qchisq(p, df, lower.tail=FALSE): chisq(df)에서 상위누적확률 p 분위수
>
> df = 7
> (a = qchisq(0.025, df, lower.tail = TRUE))
[1] 1.689869
> (b = qchisq(0.05, df, lower.tail = FALSE))
[1] 14.06714
>
> # p = P(a <= X2 <= b)
> (p = pchisq(b, df, lower.tail = TRUE) - pchisq(a, df, lower.tail = TRUE))
```

```
[1] 0.925
```

5.5.3 F-분포

F-분포는 연속형 확률분포로서 양의 값을 가지고 두 개의 자유도에 의해 분포의 모양이 결정된다. 두 개의 자유도 ν_1과 ν_2을 갖는 F-분포를 보통 $F(\nu_1, \nu_2)$로 표기한다. F-분포는 일반적으로 우비대칭 형태를 가지나 두 개의 자유도가 커지면 대칭의 형태를 가진다. [그림 5.14]는 자유도 $(\nu_1, \nu_2) = (1, 10), (10, 10), (100, 100), (10, 1)$인 $F(\nu_1, \nu_2)$분포를 보여준다. F-분포는 7.4절의 두 개의 정규모집단에서 두 모분산의 비에 대한 추론이나, 9장의 회귀분석 및 10장의 분산분석에서 중요하게 사용되는 분포이다.

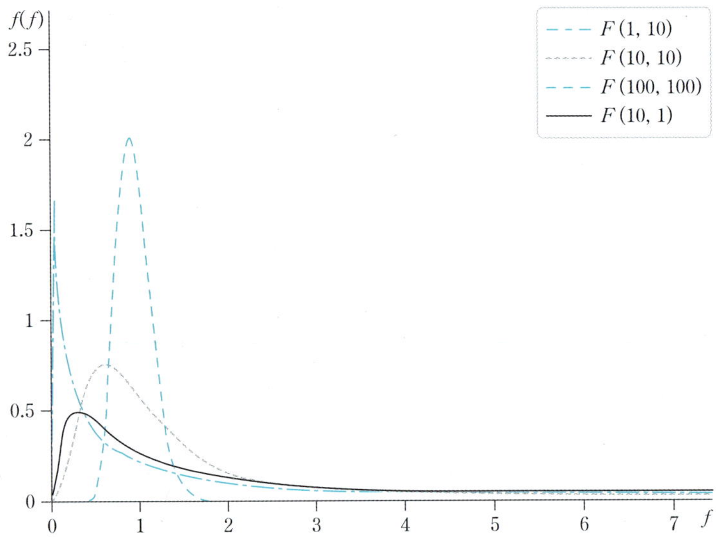

그림 5.14 여러 가지 자유도를 가지는 $F(\nu_1, \nu_2)$분포

부록의 [표 5]부터 [표 8]까지는 F－확률표로서 F－분포의 상위 누적확률이 0.1, 0.05, 0.025, 및 0.01인 F값이 제시되어 있다. 표 안의 각 수치는 주어진 자유도 ν_1과 ν_2를 가지는 $F(\nu_1,\nu_2)$분포에서 상위 누적확률이 α가 되는 F값이다([표 5.7]의 상단에 있는 F－분포 그림 참고). 즉, 표 안의 수치는 $P(F > F_\alpha(\nu_1,\nu_2)) = \alpha$를 만족하는 $F_\alpha(\nu_1,\nu_2)$값이다. 하위 누적확률에 대한 F값은 F－분포의 다음의 성질을 이용하면 주어진 표의 F값에 의해 구할 수 있다.

$$F_{1-\alpha}(\nu_1,\nu_2) = \frac{1}{F_\alpha(\nu_2,\nu_1)} \tag{5.1}$$

표 5.7 부록 [표 8]의 F–확률표($\alpha = 0.01$) 일부

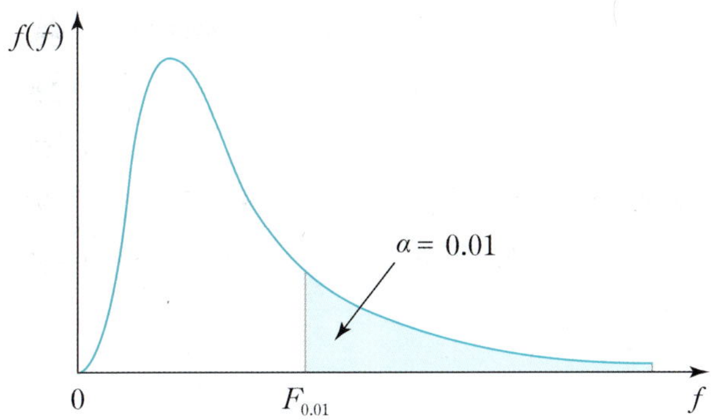

v_2 \ v_1		분자의 자유도								
		1	2	3	4	5	6	7	8	9
분모의 자유도	1	4,052	4,999.5	5,403	5,625	5,764	5,859	5,928	5,982	6,022
	2	98.50	99.00	99.17	99.25	99.30	99.33	99.36	99.37	99.39
	3	34.12	30.82	29.46	28.71	28.24	27.91	27.67	27.49	27.35
	4	21.20	18.00	16.69	15.98	15.52	15.21	14.98	14.80	14.66
	5	16.26	13.27	12.06	11.39	10.97	10.67	10.46	10.29	10.16
	6	13.75	10.92	9.78	9.15	8.75	8.47	8.26	8.10	7.98
	7	12.25	9.55	8.45	7.85	7.46	7.19	6.99	6.84	6.72
	8	11.26	8.65	7.59	7.01	6.63	6.37	6.18	6.03	5.91

▎표 5.8 부록 [표 5]의 F-확률표($\alpha = 0.1$) 일부

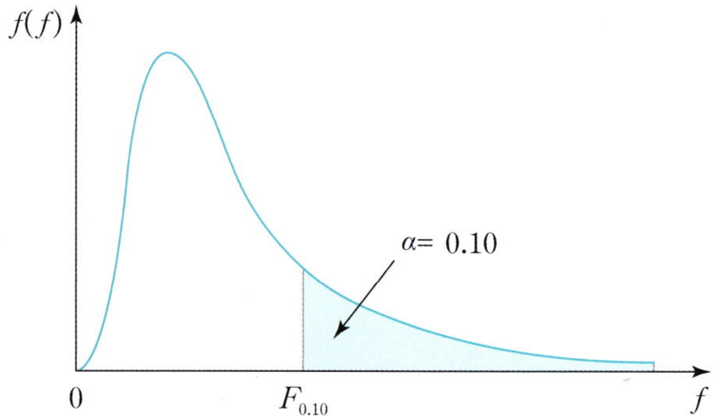

v_2 \ v_1		분자의 자유도								
		1	2	3	4	5	6	7	8	9
분모의 자유도	1	39.86	49.50	53.59	55.83	57.24	58.20	58.91	59.44	59.86
	2	8.53	9.00	9.16	9.24	9.29	9.33	9.35	9.37	9.38
	3	5.54	5.46	5.39	5.34	5.31	5.28	5.27	5.25	5.24
	4	4.54	4.32	4.19	4.11	4.05	4.01	3.98	3.95	3.94
	5	4.06	3.78	3.62	3.52	3.45	3.40	3.37	3.34	3.32
	6	3.78	3.46	3.29	3.18	3.11	3.05	3.01	2.98	2.96
	7	3.59	3.26	3.07	2.96	2.88	2.83	2.78	2.75	2.72
	8	3.46	3.11	2.92	2.81	2.73	2.67	2.62	2.59	2.56

예제 5.16 $F(5,6)$분포에서 하위 누적확률이 0.01인 f값을 a라 하고 상위 누적확률이 0.1인 f값을 b라 할 때 a와 b 및 $P(a \le F \le b)$을 구하여라.

풀이 [표 5.7]과 식 (5.1)로부터 $a = F_{0.99}(5,6) = F_{0.01}(6,5)^{-1} = 1/10.67 = 0.0937$ 그리고 [표 5.8]로부터 $b = F_{0.1}(5,6) = 3.11$을 얻을 수 있다. 따라서 $P(a \le F \le b) = P(0.0937 \le F \le 3.11) = 1 - 0.01 - 0.1 = 0.89$이다.

```
> # [R-program 5.9] 예제 5.16
>
> # pf(f, df1, df2, lower.tail = TRUE) : F(df1, df2)에서 f이하 하위누적확률
> # pf(f, df1, df2, lower.tail = FALSE) : F(df1, df2)에서 f이상 상위누적확률
>
> # qf(p, df1, df2, lower.tail = TRUE): F(df1, df2)에서 하위누적확률 p 분위수
> # qf(p, df1, df2, lower.tail = FALSE): F(df1, df2)에서 상위누적확률 p 분위수
>
> df1 = 5; df2 = 6
> (a = qf(0.01, df1, df2, lower.tail = TRUE))
[1] 0.09370091
> (b = qf(0.1, df1, df2, lower.tail = FALSE))
[1] 3.107512
>
> # p = P(a <= F <= b)
> (p = pf(b, df1, df2, lower.tail = TRUE) - pf(a, df1, df2, lower.tail =
TRUE))
[1] 0.89
```

연/습/문/제

01 확률변수 X가 이항분포 $b(n,p)$를 따를 때 다음 각 경우에 대하여 확률 $f(x)=P(X=x)$를 이항확률표(부록 [표 1]) 혹은 R을 사용하여 구하여라.

(1) $n=7,\ p=0.3,\ x=5$ (2) $n=13,\ p=0.45,\ x=5$

(3) $n=10,\ p=0.7,\ x=2$ (4) $n=20,\ p=0.85,\ x=15$

02 확률변수 X가 이항분포 $b(n,p)$를 따를 때 다음 각 경우에 대하여 이항확률표(부록 [표 1]) 혹은 R을 사용하여 구하여라.

(1) $n=10,\ p=0.35$에 대하여 $P(X<6)$

(2) $n=5,\ p=0.2$에 대하여 $P(X\geq 2)$

(3) $n=25,\ p=0.8$에 대하여 $P(18\leq X<23)$

03 질병관리청이 조사한 바에 따르면 우리나라 국민은 10명 중 3명이 아침 식사를 거르는 것으로 나타났다.

(1) 확률변수 X는 임의로 선택한 6명의 국민 중 아침 식사를 거르는 사람의 수로 정의한다. 확률변수 X의 확률분포, 확률 히스토그램, 기댓값, 그리고 표준편차를 구하여라.

(2) 만약 임의로 선택한 6명의 국민에게 아침 식사를 거르는지를 물었을 때 다음의 확률을 구하여라.

(a) 3명이 "예"라고 응답 (b) 6명 중 최소한 3명이 "예"라고 응답

(c) 6명 중 많아야 3명이 "예"라고 응답 (d) 6명 모두 "예"라고 응답

(e) 6명 모두 "아니오"라고 응답

04 한국의 인터넷 사용비율은 전체 가구의 약 98%에 이른다고 한다. 확률변수 X를 임의로 선택한 7가구 중 인터넷을 사용하는 가구의 수라 정의한다. 확률변수 X의 확률분포, 확률 히스토그램, 기댓값, 그리고 표준편차를 구하여라.

05 만 19세 이상 성인남녀 중 최근 1년 내 복권을 구매 경험이 있는 사람은 60%로 조사되었다. 확률변수 X를 임의로 선택된 만 19세 이상 성인남녀 5명 중 최근 1년 내 복권을 구매한 경험이 있는 사람의 수라 정의한다. 확률변수 X의 확률분포, 확률 히스토그램, 기댓값, 그리고 표준편차를 구하여라.

06 명중률이 75%인 사수가 있다. 1개의 공평한 정사면체 주사위를 던져서 2개의 눈이 나오면 2회 쏘고, 그 외의 눈들이 나오면 3회 쏘기로 한다. 1개의 공평한 정사면체 주사위를 1회 던져서 이에 따라 목표물을 쏠 때 오직 1회만 명중할 확률을 구하여라.

07 불량률이 0.03인 제품을 20개씩 한 상자에 넣어서 포장하였다. 100개의 상자를 구매했을 때 기대되는 불량품의 총 개수를 구하여라.

08 네 개의 보기 중 맞는 것에 ○표를 하는 사지선다형의 문제가 5문제 주어졌다. 즉, 네 개의 보기 중에서 정답은 오직 한 개이고, 수험생은 그중 한 개만 ○표를 하는 것으로 한다. 한 학생이 시험공부를 전혀 하지 않아 다섯 문제 모두 임의로 ○표를 하려고 한다. 다음의 확률을 구하여라.

(1) 최소 3문제를 맞으면 합격한다고 했을 때 이 학생이 합격할 확률

(2) 많아야 3문제 맞을 확률

(3) 5문제 모두 맞을 확률

(4) 5문제 모두 틀릴 확률

09 어느 복권은 발행된 100만 장 중에서 1/10이 당첨금을 갖는다고 한다. 만약 1년 동안 매월 복권 1매씩 구매했을 때 최소한 한 번은 당첨금을 받을 확률을 구하여라.

10 독감 환자 1명이 포함된 5명이 함께 모여 영어공부를 하였다. 독감 환자와 밀폐된 공간에서 일정 시간 같이 있을 때 독감에 전염될 확률이 0.7이라고 가정하자. 건강했던 4명 중 많아야 1명이 독감에 걸릴 확률을 구하여라.

11 한 프로 농구 선수가 던진 자유투의 성공률이 80%라 한다. 이 비율이 모든 자유투에 똑같이 적용된다면 이 농구 선수가 10회 자유투의 시도에서 정확히 9회 성공할 확률을 구하여라.

12 어느 농장에서 수확한 포도송이의 5%는 불량 품질이라고 평가된다. 포도는 10송이들이 한 상자씩 판매된다. 상자에 불량 포도송이가 두 송이 이상 들어 있지 않을 확률을 구하여라.

13 확률변수 X가 정규분포 $N(25, 3^2)$를 따른다고 한다. 다음의 확률들을 표준정규확률표(부록 [표 2]) 혹은 R을 사용하여 구하여라.

(1) $P(16.66 < X < 25.48)$ (2) $P(X \geq 28.45)$ (3) $P(X \leq 31.69)$

(4) $P(X < 23.29)$ (5) $P(20.92 \leq X < 32.62)$ (6) $P(X > 19.54)$

14 1kg의 중량 표시가 되어 있는 세탁기용 가루 세제 30봉지를 무작위로 추출하여 무게(단위: kg)를 측정한 자료가 아래 표와 같다. 이 자료가 근사적으로 정규분포를 갖는다고 볼 수 있는지 다음 그림을 그려서 종합적으로 판단하여라.

(1) 정규 Q−Q그림 (2) 줄기와 잎 그림 (3) 히스토그램 (4) 상자그림

0.989	0.993	0.993	0.987	0.995	0.994	1.015	0.992	0.994	1.006
0.997	0.989	0.991	1.004	1.018	1.010	1.011	0.999	0.995	1.008
1.007	0.981	1.002	1.021	1.000	1.003	0.999	0.984	1.003	1.010

15 국가건강검진을 받은 어느 회사 근로자 중 임의로 선택한 50명 근로자의 총 콜레스테롤 수치(단위: mg/dl)가 아래 표와 같다. 이 자료가 근사적으로 정규분포를 갖는다고 볼 수 있는지 다음 그림을 그려서 종합적으로 판단하여라.

(1) 정규 Q−Q그림 (2) 줄기와 잎 그림 (3) 히스토그램 (4) 상자그림

200	167	239	194	212	212	187	222	192	215
201	221	220	193	182	195	217	187	184	186
196	166	207	208	197	173	210	215	189	203
190	171	200	207	206	231	207	203	199	202
223	199	190	213	191	198	204	175	208	214

16 남자 고등학생들의 흡연율은 약 7%라는 조사가 있었다. 100명의 남자 고등학생들을 임의로 선택하여 흡연 여부를 물었을 때 흡연율이 10% 이상일 확률을 구하여라.

17 어느 조사에서 종이신문의 열독율은 대략 10%임을 밝혔다. 임의로 선택된 70명에게 뉴스 정보를 어느 매체를 통하여 얻는지를 물었을 때 10명이 종이신문이라고 대답할 확률을 구하여라.

18 한국인의 약 34%가 A형 혈액형을 보유하고 있다고 한다. 임의로 선택된 100명 중 40명 이상이 A형 혈액형일 확률을 구하여라.

19 사형 집행 필요성 여부를 묻는 여론조사에서 사형 집행이 필요하다고 응답한 비율은 70%였다. 임의로 선택된 50명의 표본에 대하여 사형 집행이 필요하다고 응답한 사람 수가 40명 이상일 확률을 구하여라.

20 어느 지역에서 혈액 속에 높은 수준의 납 위험에 처한 고위험군에 속한 어린이가 5%를 차지했다. 이 지역에서 임의로 선택한 200명 어린이 중 15명 이상이 고위험군에 속할 확률을 구하여라.

21 원격전이가 없는 대장암 4기 환자의 치료 후 5년 이상 생존율은 32%이다. 만약 원격전이가 없는 대장암 4기 환자 100명이 치료를 받았다면 치료 후 5년 이상 생존자 수가 40명 이상일 확률을 구하여라.

22 어느 제약회사에서 생산하고 있는 진통제는 복용 후 진통 효과가 나타날 때까지 걸리는 시간이 평균 30분, 표준편차 10분인 정규분포를 따른다고 한다. 임의로 선택한 1,000명의 환자에게 진통제를 복용시킬 때 복용 후 40분에서 50분 사이에 진통 효과가 나타나는 환자의 수를 구하여라.

23 혈당측정 기계의 측정오차는 평균이 0.05, 표준편차 1.0인 정규분포를 따른다고 한다. 단, 측정오차는 참값과 측정값의 차이이다. 측정오차가 2.5 이상인 기계는 불량품이라 한다. 임의로 선택한 1,000개의 혈당측정 기계 중 불량품의 개수를 구하여라.

24 중량이 12g으로 표시되어 판매되는 커피믹스 1봉지의 중량은 평균이 12g이고 표준편차는 0.5g의 정규분포를 따른다고 한다.

(1) 임의로 선택한 커피믹스 1봉지의 중량이 11.8g 이하일 확률을 구하여라.

(2) 임의로 선택한 20봉지의 커피믹스 평균 중량이 11.8g 이하일 확률을 구하여라.

25 1회 용 용기에 담아져 있는 냉동식품의 무게는 평균 30g이고 표준편차 1.5g인 확률분포를 따른다. 그 식품은 36개 용기씩 하나의 아이스박스에 포장되어 출하된다고 한다. 임의로 선택된 하나의 아이스박스 안에 내용물의 총 무게가 1,100g을 넘을 확률을 구하여라.

26 어느 고등학교 1학년 학생의 신장은 평균이 165cm이고 표준편차는 10cm이다. 이 고등학교 1학년 학생 중 임의로 선택된 100명 학생의 평균 키가 167cm 이상일 확률을 구하여라.

27 커피믹스 제조공장에서는 자동화 기계가 15g 중량 표시의 커피믹스 봉지에 커피믹스를 채운다. 이 자동화 기계가 봉지에 담는 커피믹스의 양은 평균 15g, 표준편차가 1g인 분포를 따른다고 한다. 49명의 손님에게 나누어 줄 49개 커피믹스의 내용물 평균이 14.85g보다 작을 확률을 구하여라.

28 한 제과 회사에서는 포장기계로 포장되는 과자 무게의 평균은 정해진 무게이고 표준편차는 3g을 갖는다. 회사는 소비자 단체와의 마찰을 피하려고 150g이라고 표시된 과자를 포장하는 생산공정에서 기계가 151g으로 포장하도록 맞추어 놓았다. 임의로 추출한 36개 과자의 평균 무게가 150g보다 작을 확률을 구하여라.

29 어떤 컴퓨터의 부팅시간은 평균 30초이고 표준편차는 3초라고 알려져 있다. 이 컴퓨터를 81회 켜면서 부팅시간을 기록할 때, 기록된 부팅시간의 평균이 29초 이하일 확률을 구하여라.

30 어느 입사 시험의 성적분포는 평균 70점이고 표준편차가 10점인 정규분포를 따른다고 한다. 경영진에서는 성적의 하위 39.74%를 불합격시키기로 정하였다. 합격하기 위한 최소점수를 구하여라. 단, 점수는 정수이다.

31 어느 정밀전자기계의 수명은 평균 10년이고 표준편차는 1년인 정규분포를 따른다고 한다. 만약 보증기간 전에 제품의 수명에 문제가 생기면 제조회사는 새로운 제품으로 교체해주어야 한다. 제조회사에서는 생산 제품 중에서 최대 0.1% 정도만 교체해주려고 했을 때 공지해야 할 보증기간을 구하여라.

32 아래의 각 값에 대하여 확률변수 T가 $t(k)$분포를 따를 때 $P(a \le T \le b)$의 확률을 구하기 위하여 $t-$확률표 (부록 [표 3]) 혹은 R을 사용하여라.

(1) $k = 9,\quad a = -2.262,\quad b = 3.250$

(2) $k = 17,\quad a = 1.333,\quad b = 2.898$

(3) $k = 30,\quad a = -3.385,\quad b = -1.697$

33 아래의 각 값에 대하여 확률변수 T가 $t(k)$분포를 따를 때 $t(k)$분포의 하위 누적확률이 α인 t값을 a라 하고 상위 누적확률이 β인 t값을 b라 할 때 a와 b 및 $P(a \le \chi^2 \le b)$를 구하기 위하여 $t-$확률표(부록 [표 3]) 혹은 R을 사용하여라.

(1) $k=5, \quad \alpha=0.05, \quad \beta=0.1$

(2) $k=15, \quad \alpha=\beta=0.01$

(3) $k=2, \quad \alpha=0.1, \quad \beta=0.05$

(4) $k=120, \quad \alpha=0.01, \quad \beta=0.025$

34 아래의 각 값에 대하여 확률변수 X^2이 $\chi^2(k)$분포를 따를 때 $P(a \le X^2 \le b)$의 확률을 구하기 위하여 χ^2-확률표(부록 [표 4]) 혹은 R을 사용하여라.

(1) $k=5, \quad a=0.831211, \quad b=16.7496$

(2) $k=18, \quad a=6.26481, \quad b=25.9894$

(3) $k=10, \quad a=4.86518, \quad b=23.2093$

35 아래의 각 값에 대하여 확률변수 X^2이 $\chi^2(k)$분포를 따를 때 $\chi^2(k)$분포의 하위 누적확률이 α인 χ^2값을 a라 하고 상위 누적확률이 β인 χ^2값을 b라 할 때 a, b 및 $P(a \le X^2 \le b)$를 구하기 위하여 χ^2-확률표(부록 [표 4]) 혹은 R을 사용하여라.

(1) $k=3, \quad \alpha=0.05, \quad \beta=0.1$

(2) $k=8, \quad \alpha=\beta=0.01$

(3) $k=25, \quad \alpha=0.1, \quad \beta=0.05$

(4) $k=90, \quad \alpha=0.01, \quad \beta=0.025$

36 아래의 각 값에 대하여 확률변수 F가 $F(\nu_1, \nu_2)$분포를 따를 때 $F(\nu_1, \nu_2)$분포의 하위 누적확률이 α인 f값을 a라 하고 상위 누적확률이 β인 f값을 b라 할 때 a, b 및 $P(a \le F \le b)$를 구하기 위하여 $F-$확률표(부록 [표 5]−[표 8]) 혹은 R을 사용하여라.

(1) $\nu_1 = 3,\quad \nu_2 = 15,\quad \alpha = 0.05,\quad \beta = 0.1$

(2) $\nu_1 = 7,\quad \nu_2 = 5,\quad \alpha = \beta = 0.01$

(3) $\nu_1 = 20,\quad \nu_2 = 9,\quad \alpha = 0.1,\quad \beta = 0.05$

(4) $\nu_1 = 6,\quad \nu_2 = 13,\quad \alpha = 0.01,\quad \beta = 0.025$

CHAPTER

06 통계적 추론 – 단일 모집단

CHAPTER 06

통계적 추론 – 단일 모집단

6.1 통계적 추론

자동차를 새로 구매할 때 여러 자동차 모델의 평균 연비를 비교하여 자동차 구매에 참고한다. 전등의 광고지에는 전등의 평균 수명이 적혀 있다. 공장에서는 지름 1 mm의 정밀 부품을 생산하는 생산 공정이 정상인지를 검토해야 한다. 국민은 대통령 선거를 앞두고 각 후보자의 지지율을 알고 싶어 한다. 이처럼 일상생활에서 알려지지 않은 미지의 값에 대해 추측해야 할 상황이 자주 발생한다.

위의 예에서 자동차의 평균 연비, 전등의 평균 수명, 정밀 부품 지름의 분산, 그리고 대통령 후보자의 지지율 등은 모집단의 특성값인 모수에 해당한다. 이들 알려지지 않은 모수를 추론하기 위하여 모집단을 대표하는 표본을 추출하여 표본의 정보를 이용하여 모수를 추론하는 과정을 통계적 추론(statistical inference)이라 한다.

통계적 추론에서 가장 빈번하게 추론의 대상이 되는 모수들은 평균, 분산, 비율이며 아래 표와 같이 정리할 수 있다. 일반적으로 모수는 그리스어 알파벳으로 표기한다. 분석자료의 형태가 양적자료 혹은 질적자료인지에 따라 관심 대상이 되는 모수가 다르다. 즉, 양적자료에 대해서는 모집단의 평균이나 분산을 추론하는 데 관심이 있으며, 질적자료에 대해서는 범주의 비율을 추론하는 데 관심이 있다.

모수 표기	모수의 의미	분석자료의 형태
μ	모평균	양적자료
σ^2	모분산	양적자료
p	모비율	질적자료

통계적 추론은 추정(estimation)과 가설검정(hypothesis testing)으로 나눌 수 있다. 추정은 표본의 정보를 이용하여 모집단의 특성값이 얼마인지에 대해 추측하는 과정이다. 가설검정은 표본의 정보를 이용하여 모집단 특성값에 대한 두 가지 가설의 옳고 그름의 여부를 판정하는 과정이다.

제6장에서는 특히 하나의 모집단에 대한 모평균 및 모분산에 대한 통계적 추론으로서 추정과 검정의 기본 개념과 절차를 다룬다. 두 모집단의 모평균과 모분산에 대한 추론은 제7장에서 다룰 예정이며, 모비율에 대한 추론과 범주형 자료에 대한 분석은 제8장에서 다루게 된다.

제6장에서 다루는 통계적 추론에 대한 기본 개념 및 절차는 다음 장부터 나오는 다른 여러 상황에도 적용될 뿐만 아니라 통계소프트웨어를 사용하여 얻은 결과를 해석하는 데도 필요하므로 정확한 이해가 필요하다. 특히 5.4절에서 배운 통계량의 확률분포인 표본분포에 기초해서 통계적 추론 결과에 대한 확률적 표현이 가능하다. 이러한 확률적 표현은 통계적 추론에 대한 신뢰의 근거가 되므로 그 확률적 의미를 정확하게 이해하여야 통계적 추론의 결과를 올바로 해석할 수 있게 된다.

6.2절에서는 대표본을 사용할 때 모평균의 추정 및 검정, 6.3절에서는 소표본을 사용할 때 모평균의 추정 및 검정, 그리고 6.4절에서는 모분산의 추정과 검정을 다룬다.

6.2 대표본에서 모평균에 대한 추론

모평균에 대한 추론을 위하여 사용되는 표본평균이 추정량으로 어떤 좋은 성질이 있는지 우선 살펴보기로 한다. 모수를 추정하기 위해서 사용되는 통계량을 추정량(estimator)이라 한다. 정확한 추론을 위하여 추정량으로서 가져야 할 몇 가지 바람직한 특성들이 있지만 여기서는 가장 기본적인 불편성(unbiasedness), 일치성(consistency), 그리고 유효성(efficiency)을 소개해보기로 한다.

추정해야 할 모수를 θ라 놓고, 그 추정량을 $\hat{\theta}$라고 할 때, 만약 $E(\hat{\theta})=\theta$이면 $\hat{\theta}$을 불편추정량(unbiased estimator)이라 부른다. 이는 모든 가능한 표본을 추출하여 각 표본으로부터 추정량을 계산하여 그것들을 평균하면 모수와 같다는 것을 의미한다. 즉 추정치는 표본에 따라 달라질 수 있으나 평균을 내면 모수와 같게 된다는 의미이다.

예를 들어 5.4.2절에서 증명했듯이 $E(\overline{X}) = \mu$이므로 모평균 μ를 추정하는 데 사용되는 통계량인 표본평균 $\overline{X}$는 모평균 μ의 불편추정량이다. 또한, 표본분산 S^2은 $E(S^2) = E\left(\sum_{i=1}^{n}(X_i - \overline{X})^2/(n-1)\right) = \sigma^2$이므로 표본분산 S^2 역시 모분산 σ^2의 불편추정량이다.

불편추정량은 평균적으로 모수와 같다는 것을 의미하는 것이지 그것이 얼마나 모수에 가까운지는 나타내주지 못한다. 만약 표본 크기가 증가함에 따라 불편추정량이 점점 모수에 가까운 값을 가지게 되면 그러한 추정량을 일치추정량(consistent estimator)이라고 부른다. 5.4.2절에서 $\overline{X}$의 분산은 σ^2/n임을 보였다. 이제 표본의 크기 n이 증가할수록 $\overline{X}$의 분산은 0으로 수렴하게 된다. 즉, $\overline{X}$의 많은 $\overline{x}$값들이 모평균 μ와 일치해짐을 의미한다. 그러므로 $\overline{X}$는 일치추정량이다.

만약 두 개의 추정량들이 모두 불편추정량이면 어느 것을 선택해야 하는가? 당연히 분산이 작은 추정량을 선택할 것이다. 두 개의 불편추정량 $\hat{\theta}_1$과 $\hat{\theta}_2$의 분산이 $Var(\hat{\theta}_1) < Var(\hat{\theta}_2)$의 관계라면 $\hat{\theta}_1$을 $\hat{\theta}_2$에 비하여 상대적으로 더 유효한 추정량(relatively more efficient estimator)이라고 한다. 정규분포를 따르는 자료에 대하여 $Var(\text{표본평균}) < Var(\text{표본중위수})$이므로 표본평균은 표본중위수에 비하여 상대적으로 더 유효한 추정량이다.

위와 같이 표본평균 $\overline{X}$는 모평균 μ를 추정하기 위한 추정량으로서 바람직한 성질들인 불편성, 일치성, 유효성 등을 가지고 있다. 이제 표본평균 $\overline{X}$를 사용하여 단일 모집단에서 모평균 μ에 대한 추정을 다루어 보자.

6.2.1 대표본에서 모평균에 대한 추정

표본평균 $\overline{X}$의 관측된 표본평균 $\overline{x}$는 미지의 모평균 μ에 대한 추정치로 사용되는데 이 $\overline{x}$값을 μ의 점추정치(point estimate)라 부른다. 그러나 $\overline{x}$는 추출된 표본에 따라 다른 값을 가질 수 있으므로 점추정치 $\overline{x}$가 μ를 정확하게 추정한다고 기대할 수 없다. 이에 반해 구간으로 나타내는 구간추정치(interval estimate)는 점추정치의 정확도에 대하여 확률적인 설명을 할 수 있다. 따라서 통계적 추정에서의 추정은 일반적으로 구간추정을 의미한다.

평균이 μ이고 분산이 σ^2인 모집단으로부터 추출된 크기 n인 랜덤표본에서 표본평균 $\overline{X}$와 표본표준편차 S를 다음과 같이 정의하자.

$$\overline{X}=\frac{1}{n}\sum_{i=1}^{n}X_i \qquad S=\sqrt{\frac{1}{n-1}\sum_{i=1}^{n}(X_i-\overline{X})^2}$$

모평균 μ에 대한 추정량으로 사용되는 $\overline{X}$의 성질로서 $\overline{X}$의 평균은 μ이고 표준편차는 $\sigma/\sqrt{n}$임을 5.4.2절에서 증명하였다. 이때 평균의 표준편차 $\sigma/\sqrt{n}$를 **평균의 표준오차(standard error)**라 하고 보통 표본자료로부터 $S/\sqrt{n}$로 추정하며 이것은 추정량의 오차한계를 나타낼 때 사용된다.

제5장에서 중심극한정리에 따르면 대표본(일반적으로 표본 크기 n이 30 이상의 경우)에서 표본평균 $\overline{X}$의 표본분포는 평균 μ와 표준편차가 $\sigma/\sqrt{n}$인 정규분포로 근사시킬 수 있다. 따라서 다음이 성립한다. 대표본의 경우에

$$Z=\frac{\overline{X}-\mu}{\sigma/\sqrt{n}} \sim N(0,1) \tag{6.1}$$

이때 위의 식에서 모표준편차 σ 대신 표본표준편차 S로 대체했을 때도 다음이 성립한다.

$$Z=\frac{\overline{X}-\mu}{S/\sqrt{n}} \sim N(0,1) \tag{6.2}$$

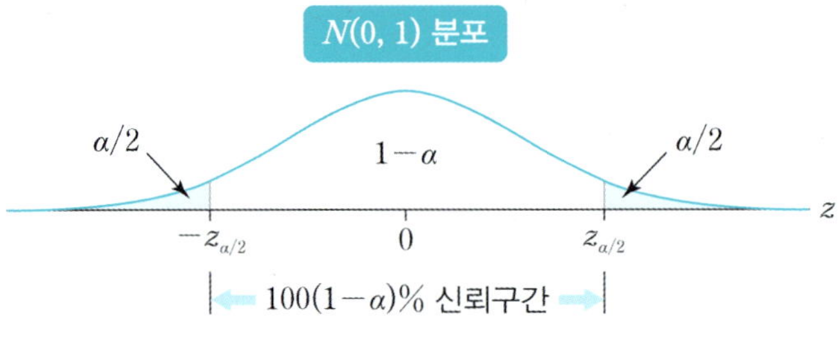

그림 6.1 $N(0,1)$분포에서 신뢰수준 $100(1-\alpha)\%$ 신뢰구간

[그림 6.1]에서 식 (6.2)의 관계를 이용하여 $P(-z_{\alpha/2} < Z < z_{\alpha/2}) = 1-\alpha$임을 보이는 과정으로부터 모평균 μ의 신뢰구간을 아래와 같이 유도할 수 있다. 이때 $z_{\alpha/2}$

는 $N(0,1)$분포에서 상위 $\alpha/2$ 분위수로서 $P(Z > z_{\alpha/2}) = \alpha/2$이다.

$$\begin{aligned} 1-\alpha &= P(-z_{\alpha/2} < Z < z_{\alpha/2}) \\ &= P\left(-z_{\alpha/2} < \frac{\overline{X}-\mu}{S/\sqrt{n}} < z_{\alpha/2}\right) \\ &= P\left(\overline{X}-z_{\alpha/2}\frac{S}{\sqrt{n}} < \mu < \overline{X}+z_{\alpha/2}\frac{S}{\sqrt{n}}\right) \qquad (6.3) \end{aligned}$$

위의 결과로부터 모평균 μ에 대한 신뢰수준 $100(1-\alpha)\%$ 신뢰구간의 공식은 다음과 같다.

대표본의 경우 모평균 μ에 대한 신뢰수준 $100(1-\alpha)\%$ 신뢰구간

$$\left[\overline{X}-z_{\alpha/2}\frac{S}{\sqrt{n}},\quad \overline{X}+z_{\alpha/2}\frac{S}{\sqrt{n}}\right]$$

예제 6.1 형광등 생산업체에서는 형광등의 평균수명이 9,000시간이라고 광고하였다. 소비자단체에서는 이 주장이 사실인지를 확인하기 위하여 100개의 형광등을 임의로 추출하여 수명을 측정한 결과 형광등 수명의 평균은 $\overline{x} = 8,894$시간, 표준편차는 $s = 723$시간이었다. 형광등 평균수명 μ에 대한 신뢰수준 95% 신뢰구간을 구하여라.

풀이 표본의 크기 $n = 100$은 대표본이다. 따라서 $Z-$추정량에 의한 구간추정을 수행한다. 신뢰수준 $100(1-\alpha)\% = 95\%$이므로 $\alpha/2 = 0.025$이다. 부록 [표 2]의 표준정규확률표로부터 $P(Z > z_{0.025}) = 0.025$를 만족하는 값은 $z_{0.025} = 1.96$이다. 형광등 수명의 평균 μ의 점추정치는 $\hat{\mu} = \overline{x} = 8,894$점이다. 이제 형광등 수명의 평균 μ에 대한 95% 신뢰구간은 다음과 같이 계산된다.

$$\overline{x} \pm z_{\alpha/2}\frac{s}{\sqrt{n}} = 8894 \pm 1.96 \times \frac{723}{\sqrt{100}} = 8894 \pm 142 = [8752,\ 9036]$$

```
> # [R-program 6.1] 예제 6.1 : 대표본-모평균-구간추정-Z-추정량
>
> # qnorm(p, 0, 1, lower.tail = FALSE) : N(0,1)에서 상위누적확률 p 분위수
>
> xmean = 8894; sd = 723; n = 100; cl = 0.95;
> half.alpha = (1-cl)/2
> (sandard.error = sd/sqrt(n))
[1] 72.3
> (z.half.alpha = qnorm(half.alpha, 0, 1, lower.tail = FALSE))
[1] 1.959964
> (sampling.error = z.half.alpha*sandard.error)
[1] 141.7054
> (ci.lower = xmean - sampling.error)
[1] 8752.295
> (ci.upper = xmean + sampling.error)
[1] 9035.705
```

예제 6.1에서 표본으로 랜덤하게 선택된 100개의 형광등으로부터 계산된 추정치는 $\overline{x}=8894$ 및 $s=723$이지만 또 다른 표본을 선택했다면 추정치 $\overline{x}$는 다른 값일 수 있다. 만약 크기가 $n=100$인 표본을 모집단에서 1,000개 추출할 수 있다면 1,000개의 95% 신뢰구간

$$[\overline{x_j} - 1.96\times\frac{s_j}{\sqrt{100}},\ \overline{x_j} + 1.96\times\frac{s_j}{\sqrt{100}}], \qquad j=1,2,\ldots,1000$$

이 구해지며 1,000개 중에서 대략 950개 정도의 신뢰구간은 미지의 상수인 평균수명 μ를 포함할 것으로 기대된다. 이런 의미에서 95% 신뢰구간(confidence interval)이 정의되며 95%를 신뢰수준(confidence level)이라 한다. 이때 통계치 $\overline{x}=8894$ 및 $s=723$을 사용한 신뢰구간 [8752, 9036]이 실제로는 미지의 모수 μ를 포함하지 않을 수도 있지만 95%의 가능성으로 μ를 포함할 것으로 기대할 수 있다([그림 6.2] 참고).

▌그림 6.2 μ에 대한 신뢰수준 95% 신뢰구간의 의미

μ의 95% 신뢰구간 [8752, 9036]에 대한 해석에서 평균 수명 μ가 8,752시간 이상이고 9,036시간 이하일 확률이 0.95라는 해석은 옳지 않다. 즉, 모수 μ는 확률변수가 아닌 상수이므로 확률의 주체가 될 수 없다. 그러나 확률변수 혹은 통계량은 확률분포를 가지므로 확률의 주체가 될 수 있다. 즉, 구간 $[\overline{X}-1.96\frac{S}{\sqrt{100}},\ \overline{X}+1.96\frac{S}{\sqrt{100}}]$이 μ를 포함할 확률은 0.95이다.

식 (6.3)은 다음과 같이 다시 쓸 수 있다.

$$1-\alpha = P\left(-z_{\alpha/2} < \frac{\overline{X}-\mu}{S/\sqrt{n}} < z_{\alpha/2}\right)$$

$$= P\left(|\overline{X}-\mu| < z_{\alpha/2}\frac{S}{\sqrt{n}}\right)$$

이때 $|\overline{X}-\mu|$는 추정오차를 의미하며 $z_{\alpha/2}\frac{S}{\sqrt{n}}$는 신뢰수준 $100(1-\alpha)\%$의 구간추정에서 **오차한계**(limit of error) 혹은 **표본오차**(sampling error)라고 부른다. 예제 6.1에서 표본오차는 $1.96\frac{723}{\sqrt{100}} = 142$이다.

예제 6.1에서 신뢰수준 95%의 구간추정 결과인 $8894 \pm 142 = [8752,\ 9036]$는 보통 다음과 같이 진술한다.

(1) "95% 신뢰수준에서 형광등의 평균수명은 8,752시간 이상, 9,036시간 이하이다." 혹은

(2) "형광등의 평균수명은 8,894시간이고 표본오차는 95% 신뢰수준에서 ±142시간이다."

대표본을 사용한 구간추정에서 가장 흔히 사용되는 신뢰수준과 그에 대응되는 $z_{\alpha/2}$값들을 정리하면 다음과 같다.

표 6.1 신뢰수준과 그에 대응되는 $z_{\alpha/2}$값

신뢰수준 $100(1-\alpha)\%$	$z_{\alpha/2}$
90%	1.645
95%	1.96
99%	2.58

[표 6.1]로부터, 신뢰수준이 커질수록 $z_{\alpha/2}$값이 증가하고 신뢰구간의 길이는 $2z_{\alpha/2}\dfrac{S}{\sqrt{n}}$ 이므로 신뢰구간도 넓어진다. 이러한 구간추정의 특성은 만약 우리가 찾으려 하는 μ를 포함하고 신뢰도를 높이고 싶으면 너비가 더 넓은 구간이 필요하다는 것을 의미한다. 그러나 이때 추정의 정확도는 떨어질 수 있음에 유념해야 한다.

예제 6.2 (예제 6.1 계속) 형광등 평균 수명 μ를 추론하기 위하여 임의 추출한 100개의 형광등 수명의 평균은 $\bar{x}=8,894$시간, 표준편차는 $s=723$시간이었다. 형광등 평균수명 μ에 대한 신뢰수준 90% 및 99% 신뢰구간을 구하고 예제 6.1에서 구한 95% 신뢰구간과 함께 신뢰수준과 신뢰구간 길이의 관계에 대해 논의하여라.

풀이 형광등 평균 수명 μ에 대한 신뢰수준 90% 및 99% 신뢰구간은 각각 다음과 같다.

(1) 신뢰수준 $100(1-\alpha)\%=90\%$에서 $\alpha=0.1$, $z_{\alpha/2}=z_{.05}=1.645$이므로

90% 신뢰구간 :

$$\bar{x}\pm z_{\alpha/2}\frac{s}{\sqrt{n}}=8894\pm 1.645\times\frac{723}{\sqrt{100}}=8894\pm 119=[8775,\ 9013]$$

(2) 신뢰수준 $100(1-\alpha)\%=99\%$에서 $\alpha=0.01$, $z_{\alpha/2}=z_{.005}=2.58$이므로

99% 신뢰구간 :

$$\overline{x} \pm z_{\alpha/2}\frac{s}{\sqrt{n}} = 8894 \pm 2.58 \times \frac{723}{\sqrt{100}} = 8894 \pm 187 = [8707,\ 9081]$$

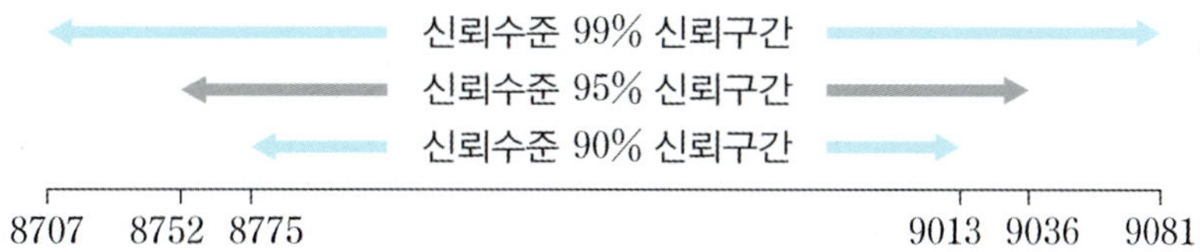

신뢰수준에 따른 구간추정 결과를 나타낸 위 그림으로부터 신뢰수준이 높아질수록 신뢰구간은 더 넓어진다. 극단적으로 구간 $[0, \infty)$는 어떠한 평균수명 μ도 포함하므로 100% 신뢰수준을 가지겠지만 추정의 정확도가 떨어져 추정의 의미가 없음은 분명하다.

6.2.2 표본 크기의 결정

만약 표본의 크기를 모집단의 크기만큼 계속 증가시키면 추정오차는 줄어들고 추정의 정확도는 높아진다. 그러나 현실에서는 비용 때문에 표본의 크기를 한없이 크게 할 수 없다. 이제 구간추정에서 원하는 신뢰수준과 오차한계 하에서 표본의 크기가 어떻게 정해지는지를 살펴보기로 한다.

모분산 σ^2 이 알려져 있다면 식 (6.1)의 관계를 식 (6.3)과 같이 전개하여 모평균 μ에 대한 신뢰수준 $100(1-\alpha)\%$ 신뢰구간은 다음과 같다.

$$\overline{X} \pm z_{\alpha/2}\frac{\sigma}{\sqrt{n}}$$

여기서 $z_{\alpha/2}\frac{\sigma}{\sqrt{n}}$는 표본오차이다. 이제 모평균 μ에 대한 신뢰수준 $100(1-\alpha)\%$의 구간추정에서 허용되는 최대 표본오차의 값을 e라 놓으면 다음과 같이 쓸 수 있다.

$$z_{\alpha/2}\frac{\sigma}{\sqrt{n}} \le e \tag{6.4}$$

식 (6.4)에서 표본의 크기 n이 커질수록 표본오차 값은 작아진다. 즉, 표본의 크기를 증가시키면 추정의 정확도가 향상된다. 그렇다면 원하는 정확도를 얻기 위해서는 표본의 크기 n이 어느 정도로 필요할까? 하는 의문이 생기게 된다. 적절한 표본 크기를 결정하기 위해서는 다음 3가지 정보가 필요하다.

(1) 사전에 허용할 수 있는 최대 표본오차 e
(2) 사전에 원하는 신뢰수준 $100(1-\alpha)\%$
(3) 모표준편차 σ의 값. 그러나 σ는 모집단의 값이므로 일반적으로 알 수 없다. 만약 가정할 수 있는 σ의 값이 있다면 사용하거나 혹 그렇지 않으면 종종 예비조사를 통해 추정치를 사용한다.

위의 3가지 정보가 주어져 있다면 식 (6.4)를 n에 관해 풀어 다음과 같은 공식을 얻는다.

모평균 μ에 대한 구간추정에서 신뢰수준 $100(1-\alpha)\%$ 및 최대 표본오차 e를 갖기 위한 표본의 크기

$$n \ge \frac{(z_{\alpha/2})^2\sigma^2}{e^2}$$

예제 6.3 어느 지역 고등학교 1학년 학생들의 평균 수학 능력 점수 μ에 대한 신뢰수준 95%의 구간추정을 위하여 임의로 학생들의 표본을 추출하려 한다. 최대 허용하는 표본오차를 1점으로 하려 한다면 표본 크기 n은 얼마로 해야 하는가? 과거의 자료로부터 모표준편차는 $\sigma = 12$로 가정될 수 있다고 한다.

풀이 신뢰수준 $100(1-\alpha)\% = 95\%$에서 $\alpha = 0.05$, $z_{\alpha/2} = z_{.025} = 1.96$이다. 신뢰수준 95% 구간추정을 위해서는

$$n \geq \frac{(z_{.025})^2\sigma^2}{e^2} = \frac{(1.96)^2(12)^2}{(1)^2} = 553.19$$

이므로 필요한 표본의 크기는 $n = 554$이다.

예제 6.4 형광등의 평균수명 μ에 대한 구간추정을 하려 한다. 만약 최대 허용하는 표본오차를 반으로 줄여서 추정의 정확도를 높이려면 표본의 크기는 어떻게 변화시켜야 하는가?

풀이 모평균 μ에 대한 구간추정에서 신뢰수준 $100(1-\alpha)\%$ 및 최대 표본오차 e를 갖기 위한 표본의 크기는

$$n \geq \frac{(z_{\alpha/2})^2\sigma^2}{e^2}$$

이고, 최대 표본오차를 반으로 줄이기 위한 표본의 크기는

$$n \geq \frac{(z_{\alpha/2})^2\sigma^2}{(e/2)^2} = 4 \cdot \frac{(z_{\alpha/2})^2\sigma^2}{e^2}$$

이다. 따라서 표본오차를 반으로 줄여서 추정의 정확도를 높이려면 표본의 크기는 4배로 증가시켜야 한다.

6.2.3 대표본에서 모평균에 대한 검정

6.2.1절에서는 모평균에 대한 추론 중 추정의 방법인 구간추정을 다루었다. 또 다른 통계적 추론의 방법으로는 가설검정(hypothesis testing)이 있다. 예를 들어 모평균 μ에 대한 가설검정이란, 연구자가 μ에 대한 값을 주장하는 가설을 설정한 후 모집단으로부터 표본을 추출하여 표본평균 $\bar{x}$를 계산한다. 이렇게 계산된 표본평균과 가설에서 주장한 모평균을 비교함으로써 가설의 기각 여부를 결정하는 과정을 의미한다.

가설검정은 형사재판의 경우와 비슷하다. 재판에서의 가설은 피고인이 결백하다

는 것이다. 피고인이 결백하다는 가설이 사실이라는 가정하에, 검사에 의한 증거자료의 제출과 증언 등에 의하여 재판이 이루어진다. 만약 증거자료와 증언이 피고인이 결백하다는 가설을 기각하기에 충분하다면 피고인은 유죄로 확정이 될 것이다. 그러나 증거자료가 가설을 기각하기에 충분하지 못하다면 피고인이 결백하다는 가설은 여전히 유지되고, 법정은 어떠한 법적인 행동도 취할 수 없게 된다.

예제 6.5 어느 병원에서 개발한 새로운 치료법이 기존에 알려진 치료법보다 말기 암 환자들의 생존 기간 연장에 더 효과적이라고 주장하였다. 기존의 치료법을 처치하였을 때 평균 생존 기간이 5년으로 알려진 말기 암 환자 60명에게 새로운 치료법으로 치료하였더니 생존 기간의 평균은 6.1년이고 표준편차는 2.5년이었다. 이 결과는 새로운 치료법이 효과적이라는 주장을 뒷받침하는지 가설검정을 수행하고자 한다. 적절한 가설을 설정하여라.

풀이 일반적으로 가설검정에서는 기존에 알려진 사실을 귀무가설로 설정한다. 대립가설은 귀무가설과 반대로 설정하는데 보통 표본자료에 의하여 입증하여 주장하고자 하는 사실을 설정한다. 귀무가설은 보통 H_0로 표기하고 대립가설은 H_1으로 표기한다.

말기 암 환자들의 평균 생존 기간을 μ라 할 때, 가설은 다음과 같이 설정한다.

H_0 : $\mu = 5$, 즉, 새로운 치료법이 생존 기간 연장에 효과가 없다.

H_1 : $\mu > 5$, 즉, 새로운 치료법이 생존 기간 연장에 효과가 있다.

귀무가설(H_0) : 기존에 알려진 사실

대립가설(H_1) : 귀무가설에 반대되는 가설로서 표본자료에 의해 입증하여 주장하고자 하는 사실

가설검정의 오류

가설검정에서는 최종적으로 귀무가설 H_0를 채택하거나 혹은 H_0를 기각한다. H_0가 사실일 때 H_0를 채택하고, H_0가 거짓일 때 H_0를 기각하는 것이 가설검정의 최상

의 결과이다. 하지만 가설검정에서는 모집단 전체를 조사하는 것이 아니라 모집단의 부분인 표본의 정보에 의해 판단을 내리기 때문에 필연적으로 검정오류가 존재한다.

가설검정에서 검정오류는 제1종 오류와 제2종 오류가 있다. **제1종 오류(Type I error)**는 H_0가 사실인데 H_0를 기각하는 오류이다. **제2종 오류(Type II error)**는 반대로 H_0가 거짓임에도 불구하고 H_0를 채택하는 오류이다.

> 제1종 오류(Type I error) : H_0가 사실임에도 불구하고 H_0를 기각함
> 제2종 오류(Type II error) : H_0가 거짓임에도 불구하고 H_0를 채택함

가설검정의 결과 \ 모집단의 실제 현상	H_0 사실	H_0 거짓
H_0 채택	옳은 결정$(1-\alpha)$	제2종 오류(β)
H_0 기각	제1종 오류(α)	옳은 결정$(1-\beta)$

그림 6.3 가설검정에서 검정오류와 관련된 확률

잘 만들어진 가설검정은 가능한 검정오류가 최소화되도록 설계되어야 하지만 일반적으로 두 가지 검정오류 중 하나를 작게 하면 다른 검정오류는 커진다. 따라서 가설검정에서는 두 가지 오류 중에서 제1종 오류를 범할 최대 확률을 미리 정해 놓고 검정을 수행하는데 이 확률값을 **유의수준(significance level)**이라 부르고 보통 α로 표기한다. 흔히 사용되는 유의수준 값은 $\alpha = 0.01, 0.05, 0.1$이다. 참고로 제2종 오류를 범할 확률을 β로 표기한다.

$$\alpha = \text{제1종 오류를 범할 확률}$$
$$\beta = \text{제2종 오류를 범할 확률}$$

예제 6.6 (예제 6.5 계속) 예제 6.5의 말기 암 환자들의 평균 생존 기간에 대한 가설들은 다음과 같다.

H_0 : $\mu = 5$, 즉, 새로운 치료법이 생존 기간 연장에 효과가 없다.

H_1 : $\mu > 5$, 즉, 새로운 치료법이 생존 기간 연장에 효과가 있다.

이 가설검정에서 제1종 오류와 제2종 오류를 정의하여라.

풀이 제1종 오류는 H_0가 사실임에도 불구하고 H_0를 기각하게 되는 잘못된 선택을 하게 되는 경우이다. 즉, 새로운 치료법이 효과가 없음에도 효과가 있다고 결론 내리고 기존의 처치 시스템을 버리고 새로운 시스템으로 바꾸는 데 있어서 비용이 들거나 혹은 오랫동안에 걸쳐 검증되지 않은 새로운 치료법으로 인해 인체에 어떤 부작용을 일으킬 수 있다. 반면에, 제2종 오류는 H_1이 사실임에도 불구하고 H_0를 채택하게 되는 잘못된 선택을 하게 되는 경우이다. 이 경우에는 새로운 치료법을 처치하여 환자들의 생존 기간을 연장할 수 있음에도 그 기회를 활용하지 못하고 기존의 현상이 그대로 유지될 뿐이다.

가설검정을 위한 결정규칙

지금까지 귀무가설과 대립가설의 설정 그리고 가설검정에서 필연적으로 존재하는 두 가지 검정오류인 제1종 오류와 제2종 오류를 살펴보았다. 또한, 두 가지 검정오류를 동시에 줄일 수 없어 제1종 오류를 범할 최대 확률인 유의수준(significance level)을 미리 정해 놓고 검정을 수행한다고 하였다. 이제 최종적으로 귀무가설을 기각할 것인지, 채택할 것인지를 결정할 수 있게 해주는 결정규칙은 어떻게 만들어지는지에 대해 그 논리를 자세히 설명할 것이다. 이러한 검정 논리는 이 책에서 이후에 소개되는 여러 검정에서도 그대로 적용된다.

이제 표본 크기 n이 30 이상인 대표본을 이용할 때 모평균에 대한 가설검정의 절차에 대하여 알아보기로 한다.

아래와 같이 일반적인 가설을 생각해보자. 여기서 μ_0는 알려진 상수이다. 예제 6.5의 말기 암 환자들의 평균 생존 기간 μ에 대한 가설의 예를 들면 $\mu_0 = 5$이다.

$$H_0 : \mu = \mu_0 \quad vs. \quad H_1 : \mu > \mu_0 \tag{6.5}$$

가설 (6.5)의 검정을 위하여 6.2.1절의 모평균의 추정에서 사용되었던 다음의 $Z-$통계량이 사용된다.

$$Z = \frac{\overline{X} - \mu}{S/\sqrt{n}} \sim N(0,\ 1) \tag{6.6}$$

$H_0 : \mu = \mu_0$가 사실이라면 식 (6.6)은

$$Z = \frac{\overline{X} - \mu_0}{S/\sqrt{n}} \tag{6.7}$$

가 된다. 식 (6.5)에서 설정된 두 개의 가설 H_0와 H_1 중 어느 주장을 받아들일 것인지를 결정하기 위하여 모집단에서 크기가 n인 표본을 임의로 추출하여 계산한 표본평균 $\overline{x}$ 및 표본표준편차 s를 사용한다. 그리고 $H_0 : \mu = \mu_0$가 사실이라면 식 (6.7)의 통계량으로부터 다음과 같이 $z-$통계치를 계산할 수 있다.

$$z = \frac{\overline{x} - \mu_0}{s/\sqrt{n}} \tag{6.8}$$

식 (6.8)에서 분모는 항상 양수이므로 z값의 부호는 분자의 부호와 일치한다. 만약에 z값이 커질수록, 즉 표본평균 $\overline{x}$의 값이 μ_0에 비해 크면 클수록 표본은 대립가설 $H_1 : \mu > \mu_0$에서 주장하는 모집단에서 추출되었을 가능성이 커질 것이다. 따라서 [그림 6.4]의 (위) 그림에서 z값이 커질수록 귀무가설 $H_0 : \mu = \mu_0$을 기각하고 대립가설 $H_1 : \mu > \mu_0$을 체택하는 결정규칙을 정하면 된다.

이제 z값이 어느 정도로 클때 귀무가설 $H_0 : \mu = \mu_0$을 기각할 것인가를 판단해야 한다. 이를 위해서 가설검정에서는 다음의 확률을 계산하는데 이 확률을 유의확률($p-value$)이라 부른다.

$$p-value = P(Z > z) = P\left(Z > \frac{\overline{x} - \mu_0}{s/\sqrt{n}}\right) \tag{6.9}$$

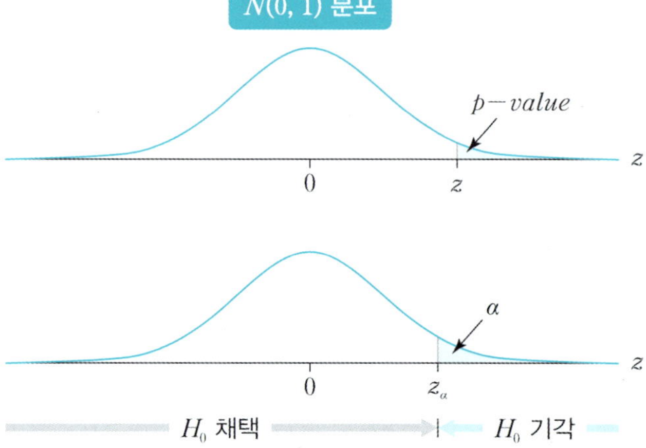

▎그림 6.4 $H_0 : \mu = \mu_0$ vs. $H_1 : \mu > \mu_0$ 검정에서 (위) 유의확률, 검정통계치 (아래) 유의수준, 기각값, 기각역

[그림 6.4]의 (위) 그림과 식 (6.9)에서 z값이 커질수록 유의확률은 작아진다. 따라서 유의확률이 작으면 작을수록 표본은 귀무가설을 기각하고 대립가설을 체택하는 강력한 증거가 될 수 있지만 가설검정에서는 기준값으로 유의수준을 사용하여 유의확률을 유의수준과 비교하는 것으로 결정규칙의 기준을 정한다. 즉, 유의확률을 유의수준 α와 비교하여 유의확률이 유의수준보다 작으면 귀무가설을 기각한다.

"유의확률 $P(Z > z) < \alpha$이면 H_0를 기각한다."

한편 [그림 6.4]에서 유의확률에 위한 결정규칙의 조건 $p-value = P(Z > z) < \alpha$은 $z > z_\alpha$와 같다. 따라서 동일하게

"$z > z_\alpha$이면 H_0를 기각한다."

여기서 영역 $z > z_\alpha$를 가설 (6.5)의 검정에서 H_0를 기각하는 기각역(reject region), z_α를 기각값(critical value)이라 부른다.

가설검정을 위해 사용되는 통계량을 검정통계량(test statistic)이라 하고 실제 표본으로부터 계산된 검정통계량의 값을 검정통계치라 부른다. 식 (6.7)은 검정통계량이고 식 (6.8)은 검정통계치의 예이다.

두 번째로 다음과 같이 설정된 가설

$$H_0 : \mu = \mu_0 \quad vs. \quad H_1 : \mu < \mu_0 \tag{6.10}$$

의 검정에서도 앞에서 논의된 절차와 비슷하게 설명할 수 있다. 즉, 만약에 z값이 작아질수록, 즉 표본평균 $\overline{x}$의 값이 μ_0에 비해 작으면 작을수록 표본은 대립가설 $H_1 : \mu < \mu_0$에서 주장하는 모집단에서 추출되었을 가능성이 커질 것이다. 따라서 [그림 6.5]의 (위) 그림에서 z값이 작을수록 귀무가설 $H_0 : \mu = \mu_0$을 기각하고 대립가설 $H_1 : \mu < \mu_0$을 채택하는 결정규칙을 정하면 된다. 다음과 같은 유의확률

$$p-value = P(Z < z) = P\left(Z < \frac{\overline{x} - \mu_0}{s/\sqrt{n}}\right)$$

을 계산하여

"유의확률 $P(Z < z) < \alpha$ 이면 H_0 를 기각한다."

한편 [그림 6.5]에서 유의확률에 위한 결정규칙의 조건 $p-value = P(Z < z) < \alpha$은 $z < -z_\alpha$와 같다. 따라서 동일하게

"$z < -z_\alpha$ 이면 H_0 를 기각한다."

여기서 영역 $z < -z_\alpha$를 가설 (6.10)의 검정에서 H_0를 기각하는 기각역(reject region), $-z_\alpha$를 기각값(critical value)이라 부른다.

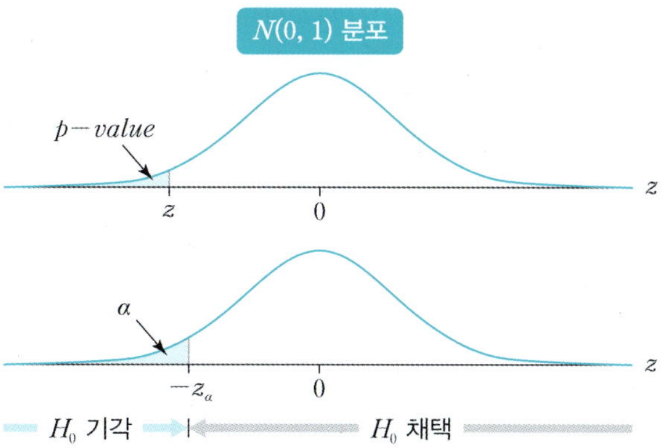

그림 6.5 $H_0 : \mu = \mu_0$ $vs.$ $H_1 : \mu < \mu_0$ 검정에서 (위) 유의확률, 검정통계치 (아래) 유의수준, 기각값, 기각역

이제 마지막으로 아래와 같은 가설을 생각해보자.

$$H_0 : \mu = \mu_0 \quad vs. \quad H_1 : \mu \neq \mu_0 \tag{6.11}$$

만약에 표본평균 $\bar{x}$가 귀무가설 $H_0 : \mu = \mu_0$에서 주장하는 모집단에서 추출한 표본이라면 표본평균 $\bar{x}$의 값도 $\mu = \mu_0$와 비슷한 값이어서 식 (6.8)의 검정통계치 $|z|$값이 0과 비슷할 것이다. 반대로 $|z|$값이 크면 클수록, 즉 표본평균 $\bar{x}$의 값이 $H_0 : \mu = \mu_0$와 차이가 클수록 표본은 대립가설 $H_1 : \mu \neq \mu_0$에서 주장하는 모집단에서 추출했을 가능성이 커질 것이다. 따라서 [그림 6.6]의 (위) 그림에서 $|z|$값이 커질수록 귀무가설 $H_0 : \mu = \mu_0$을 기각하고 대립가설 $H_1 : \mu \neq \mu_0$을 체택하는 결정규칙을 정한다.

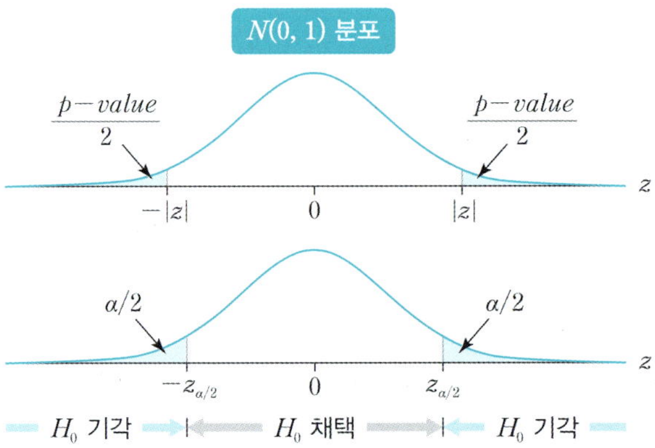

| 그림 6.6 $H_0 : \mu = \mu_0 \ vs. \ H_1 : \mu \neq \mu_0$ 검정에서 (위) 유의확률, 검정통계치 (아래) 유의수준, 기각값, 기각역

이제 $|z|$값이 어느 정도로 클 때 귀무가설 $H_0 : \mu = \mu_0$을 기각할 것인가를 판단해야 한다. 이를 위해서 가설검정에서는 다음과 같은 유의확률($p-value$)

$$p-value = P(|Z| > |z|) = 2P(Z > |z|) = 2P\left(Z > \left|\frac{\bar{x} - \mu_0}{s/\sqrt{n}}\right|\right) \tag{6.12}$$

을 계산하여 유의확률이 유의수준 α보다 작으면 귀무가설을 기각한다. 즉,

"유의확률 $2P(Z > |z|) < \alpha$ 이면 H_0 를 기각한다."

한편 [그림 6.6]에서 조건 $p-value = 2P(Z > |z|) < \alpha$은 $|z| > z_{\alpha/2}$와 같다. 따라서 동일하게

"$|z| > z_{\alpha/2}$이면 H_0를 기각한다."

여기서 영역 $|z| > z_{\alpha/2}$를 가설 (6.11)의 검정에서 H_0를 기각하는 기각역(reject region), $-z_{\alpha/2}$ 및 $z_{\alpha/2}$를 기각값(critical value)이라 부른다.

가설 (6.5), (6.10), (6.11)을 검정하기 위한 귀무가설 H_0의 기각역은 $N(0,1)$분포의 우측, 좌측, 양측에 각각 설정되므로 각각의 검정을 우측검정, 좌측검정, 양측검정이라 부른다.

모평균 μ 에 대한 가설 검정의 형태

우측검정	좌측검정	양측검정
$H_0 : \mu = \mu_0$	$H_0 : \mu = \mu_0$	$H_0 : \mu = \mu_0$
$H_1 : \mu > \mu_0$	$H_1 : \mu < \mu_0$	$H_1 : \mu \neq \mu_0$

통계적 가설검정에서 결정규칙의 전략은 표본으로부터 대립가설을 입증할 수 있는 증거를 찾는 데 있다. 이리하여 검정통계치가 가능한 귀무가설에서 주장하는 모수에서 멀어지고 대립가설에서 주장하는 모수에 가까워지는 증거를 찾는데 이를 위해 계산하는 값이 유의확률이다. 앞서 유의확률을 계산할 때 귀무가설이 사실이라는 가정하에서 계산되고 있음에 유념하자.

유의확률($p-value$)

유의확률은 귀무가설 H_0가 사실이라는 가정하에서 관측된 표본이 귀무가설보다는 대립가설을 지지하는 방향으로 관측될 확률이다. 유의확률이 작을수록 대립가설을 지지하는 증거가 된다.

가설검정에서 필요한 $p-value$의 확률계산이나 혹은 기각값을 계산하기 위해 각 분포의 상위누적확률 혹은 하위누적확률에 해당하는 분위수를 손으로 계산하여 직접 구하는 것은 대부분 경우에 어렵다. 그러나 통계소프트웨어는 이 문제를 쉽게 해결해 준다.

통계소프트웨어 등에서는 통계분석에서 흔히 사용되는 여러 통계적 가설검정의

결과로서 유의확률을 제공한다. 가설검정에서 결정규칙은 다음과 같이 유의확률과 유의수준의 비교로부터 쉽게 결정한다.

유의수준 α 의 가설검정에서 유의확률($p-value$)에 의한 결정규칙

유의확률($p-value$) $< \alpha$이면 H_0를 기각한다.

유의확률($p-value$) $\geq \alpha$이면 H_0를 기각할 수 없다.

유의수준은 앞서 검정오류 중에서 제1종 오류를 범할 최대 확률이라 정의하였다. 이 유의수준이 귀무가설 H_0를 기각하는 반증의 기준값, 혹은 대립가설 H_1을 입증하는 증거의 기준값으로 사용됨을 알 수 있다. 유의확률이 유의수준보다 작으면 귀무가설 H_0를 기각하는 반증의 정도가 강함을 의미하므로 유의수준 5%에서 귀무가설을 기각한다면 검정결과가 "유의(significant)하다."라고 한다. 특히 유의수준 1%에서 귀무가설을 기각한다면 검정결과는 "매우 유의(highly significant)하다."라고 한다.

지금까지 모평균 μ에 대한 세 가지 다른 형태의 대립가설에 대하여 표준정규분포를 따르는 검정통계량 Z에 기초하여 유의확률을 계산하였다. 이렇게 검정통계량 Z에 기초한 검정을 Z-검정(Z-test)이라 부른다.

이제 앞서 논의한 결정규칙에 따라 모평균 μ에 대한 유의수준 α에서의 가설검정을 다음의 예제들에서 학습해보기로 한다.

예제 6.7 (예제 6.5 계속) 어느 병원에서 개발한 새로운 치료법이 기존에 알려진 치료법보다 말기 암 환자들의 생존 기간 연장에 더 효과적이라고 주장하였다. 기존의 치료법을 처치하였을 때 평균 생존 기간이 5년으로 알려진 말기 암 환자 60명에게 새로운 치료법으로 치료하였더니 생존 기간(단위: 년)의 평균은 6.1년, 표준편차는 2.5년이었다. 새로운 치료법이 생존 기간 연장에 효과적이라는 주장에 대해 유의수준 1%에서 검정하여라.

풀이 표본의 크기 $n = 60(\geq 30)$은 대표본이다. 따라서 $Z-$검정을 수행한다. 말기 암 환자들의 평균 생존 기간(단위: 년)을 μ라 놓으면 다음과 같이 가설을 설정할 수 있다.

$$H_0 : \mu = 5 \quad vs. \quad H_1 : \mu > 5$$

$H_0 : \mu = 5$가 사실이라는 가정하에서 표본 통계치 $\bar{x} = 6.1$, $s = 2.5$를 사용하여 다음과 같이 검정통계치와 우측검정에 대한 유의확률을 계산한다.

$$z = \frac{\bar{x} - 5}{s/\sqrt{n}} = \frac{6.1 - 5}{2.5/\sqrt{60}} = 3.4082$$

$$p - value = P(Z > z) = P(Z > 3.4082) = 0.0003$$

이때 유의확률$= 0.0003 < \alpha = 0.01$이므로 귀무가설 H_0는 기각된다. 또는

$$z = 3.4082 > z_{0.01} = 2.33$$

이므로 귀무가설 H_0는 기각된다. 즉, 1% 유의수준의 가설검정에서 표본자료는 새로운 치료법이 말기 암 환자의 생존 기간 연장에 효과적이라는 증거가 되며 검정결과는 매우 유의하다.

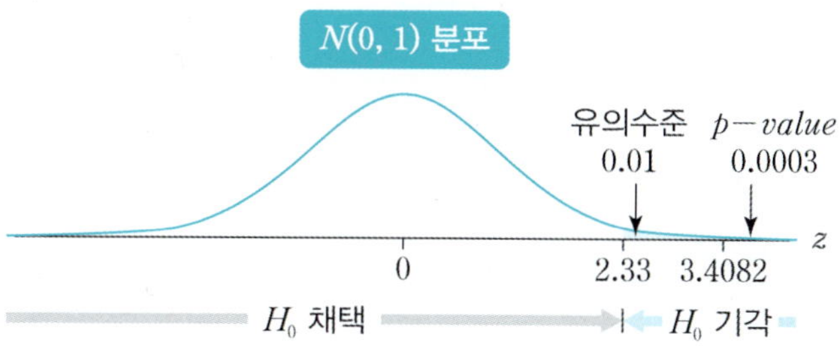

그림 6.7 예제 6.7 : $H_0 : \mu = 5$ vs. $H_1 : \mu > 5$ 검정

```
> # [R-program 6.2] 예제 6.7 : 대표본-모평균-Z-검정-우측검정
>
> # pnorm(z, 0, 1, lower.tail = FALSE) : N(0,1)에서 z이상 상위누적확률
> # qnorm(p, 0, 1, lower.tail = FALSE) : N(0,1)에서 상위누적확률 p 분위수
>
> mu0 = 5; xmean = 6.1; sd = 2.5; n = 60; alpha = 0.01
```

```
> (z = (xmean-mu0)/(sd/sqrt(n)))
[1] 3.408225
> (p.value =pnorm(z, 0, 1, lower.tail = FALSE))
[1] 0.0003269344
> (critical.value = qnorm(alpha, 0, 1, lower.tail = FALSE))
[1] 2.326348
```

예제 6.7에서 유의확률은 귀무가설 H_0가 사실일 때 계산된다. 따라서 다음과 같은 조건부 확률

$$p-value = P(Z > 3.4082 | H_0 : \mu = 5) = 0.0003$$

은 다음 두 가지 중 하나가 사실일 것이다. 그러나 통계적 가설검정에서는 (2)를 선택하고 표본을 귀무가설이 거짓임을 주장하는 증거로 간주한다.

(1) 귀무가설이 사실이지만 표본의 발생 가능성이 0.0003의 정도로 매우 작다. 즉, 표본이 $H_0 : \mu = 5$인 모집단에서 추출된 것은 맞지만 z값이 3.4082보다도 더 클 가능성은 매우 희박하다.

(2) 귀무가설이 사실이라는 가정하에서 계산된 확률이 0.0003처럼 작다는 것은 애초에 가정된 귀무가설이 거짓이다.

예제 6.8 35세에서 44세 사이 연령대에 있는 일반 남자들의 수축기 혈압(단위: $mmHg$)이 평균 128이라는 조사보고가 있었다. 한 보건연구소에서는 무작위로 같은 연령대의 회사 중역 35명을 조사하였더니 평균 혈압은 $\overline{x} = 126.5$이고 표준편차는 $s = 10$이었다. 회사 중역의 평균 혈압이 일반 남자들의 평균 혈압보다 더 낮다고 볼 수 있는지를 5% 유의수준에서 검정하여라.

풀이 표본의 크기 $n = 35(\geq 30)$가 대표본이므로 $Z-$검정을 수행한다. 회사 중역의 평균 혈압(단위: $mmHg$)을 μ라 놓으면 다음과 같이 가설을 설정한다.

$$H_0 : \mu = 128 \quad vs. \quad H_1 : \mu < 128$$

귀무가설 H_0 : $\mu = 128$이 사실이라는 가정하에서 표본 통계치 $\bar{x} = 126.5$, $s = 10$을 사용하여 다음과 같이 검정통계치와 좌측검정에 대한 유의확률을 계산한다.

$$z = \frac{\bar{x} - 128}{s/\sqrt{n}} = \frac{126.5 - 128}{10/\sqrt{35}} = -0.8874$$

$$p-value = P(Z < z) = P(Z < -0.8874) = 0.1874$$

이때 유의확률$= 0.1874 > \alpha = 0.05$이므로 귀무가설 H_0는 기각될 수 없다. 또는

$$z = -0.8874 > -z_{\alpha} = -z_{0.05} = -1.645$$

이므로 귀무가설 H_0는 기각될 수 없다. 즉, 5% 유의수준에서 표본자료는 35세에서 44세 사이 연령대에 있는 회사 중역의 평균 혈압이 같은 연령대에 있는 일반인의 평균 혈압보다 더 낮다는 충분한 증거가 되지 않는다.

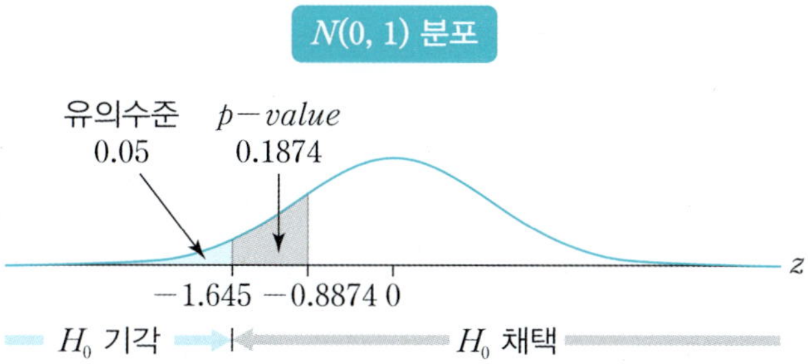

그림 6.8 예제 6.8 : H_0 : $\mu = 128$ *vs.* H_1 : $\mu < 128$ 검정

예제 6.8에서 귀무가설이 채택되었을 때 이는 귀무가설이 옳다고 받아들이는 것보다는 대립가설이 입증될 만큼 표본자료가 충분하지 않았다고 보수적으로 해석해야 한다. 따라서 "H_0 채택" 혹은 "H_0 옳음"의 의미보다는 "H_0 기각 실패"의 의미로 진술한다.

```
> # [R-program 6.3] 예제 6.8 : 대표본-모평균-Z-검정-좌측검정
>
> # pnorm(z, 0, 1, lower.tail = TRUE) : N(0,1)에서 z이하 하위누적확률
> # qnorm(p, 0, 1, lower.tail = TRUE) : N(0,1)에서 하위누적확률 p 분위수
>
> mu0 = 128; xmean = 126.5; sd = 10; n = 35; alpha = 0.05
> (z = (xmean-mu0)/(sd/sqrt(n)))
[1] -0.887412
> (p.value = pnorm(z, 0, 1, lower.tail = TRUE))
[1] 0.1874286
> (critical.value = qnorm(alpha, 0, 1, lower.tail = TRUE))
[1] -1.644854
```

예제 6.9 모든 콘텐츠를 100% 영어로 진행하는 영어 방송국에서 주요 청취자들의 평균 연령이 21세라는 방송국의 주장에 근거하여 광고주들은 광고계약을 체결하고자 한다. 방송국의 경영자는 자신의 주장에 대한 근거를 제시하기 위해서 방송 청취자 중에서 임의로 선택한 100명에 대해서 연령(단위: 세)을 조사하였더니 평균 연령은 $\overline{x}=20.3$이고 표준편차는 $s=3$이었다. 방송 청취자 평균 연령이 21세인지를 5% 유의수준에서 검정하여라.

풀이 표본의 크기 $n=100(\geq 30)$은 대표본이므로 $Z-$검정을 수행한다. 영어 방송국 청취자의 평균 연령(단위: 세)을 μ라 놓으면 다음과 같이 가설을 설정한다.

$$H_0 : \mu = 21 \quad vs. \quad H_1 : \mu \neq 21$$

귀무가설 $H_0 : \mu = 21$이 사실이라는 가정하에서 표본 통계치 $\overline{x}=20.3$, $s=3$을 사용하여 다음과 같이 검정통계치와 양측검정에 대한 유의확률을 계산한다.

$$z = \frac{\overline{x}-21}{s/\sqrt{n}} = \frac{20.3-21}{3/\sqrt{100}} = -2.3333$$

$$p-value = P(|Z| > |z|) = 2 \cdot P(Z > |-2.3333|) = 0.0196$$

이때 유의확률$= 0.0196 < \alpha = 0.05$이므로 귀무가설 H_0는 기각된다. 또는

$$|z| = |-2.3333| > z_{\alpha/2} = z_{0.025} = 1.96$$

이므로 귀무가설 H_0는 기각된다. 즉, 5% 유의수준에서 표본자료는 영어 방송국 청취자 평균 연령이 21세가 아니라는 증거가 되며 검정결과는 유의하다.

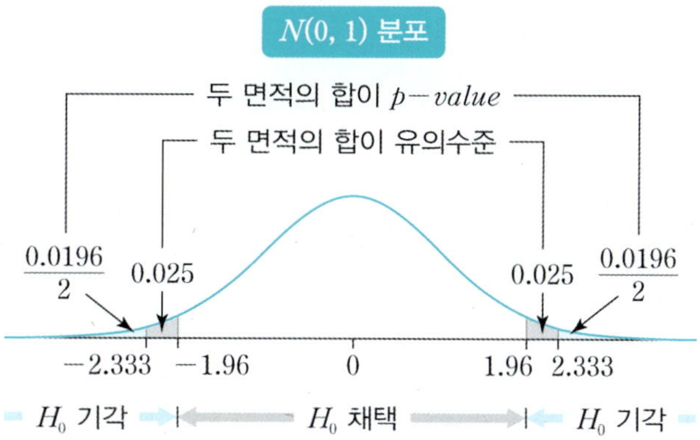

그림 6.9 예제 6.9 : H_0 : $\mu = 21$ vs. H_1 : $\mu \neq 21$ 검정

```
# [R-program 6.4] 예제 6.9 : 대표본-모평균-Z-검정-양측검정
>
> # pnorm(z, 0, 1, lower.tail = FALSE) : N(0,1)에서 z이상 상위누적확률
> # qnorm(p, 0, 1, lower.tail = FALSE) : N(0,1)에서 상위누적확률 p 분위수
>
> mu0 = 21; xmean = 20.3; sd = 3; n = 100; alpha = 0.05
> (z = (xmean-mu0)/(sd/sqrt(n)))
[1] -2.333333
> (p.value = 2*pnorm(abs(z), 0, 1, lower.tail = FALSE))
[1] 0.01963066
> (critical.value = qnorm(alpha/2, 0, 1, lower.tail = FALSE))
[1] 1.959964
```

표본크기 n이 30 이상인 대표본의 경우 유의수준 α에서 모평균 μ에 대한 $Z-$검정을 요약하면 다음과 같다.

대표본의 경우 유의수준 α에서 모평균 μ에 대한 Z–검정

대표본 : 표본의 크기(n), 표본평균($\bar{x}$), 표본표준편차(s)

(1) 귀무가설 H_0 : $\mu = \mu_0$ 하에서 Z–검정통계량 : $Z = \dfrac{\overline{X} - \mu_0}{S/\sqrt{n}} \sim N(0,1)$

(2) z–검정통계치 : $z = \dfrac{\bar{x} - \mu_0}{s/\sqrt{n}}$

(3) 각 대립가설에 대한 유의확률과 기각역

대립가설	유의확률($p-value$)	기각역
$H_1 : \mu > \mu_0$	$P(Z > z)$	$z > z_\alpha$
$H_1 : \mu < \mu_0$	$P(Z < z)$	$z < -z_\alpha$
$H_1 : \mu \neq \mu_0$	$P(\lvert Z\rvert > \lvert z\rvert) = 2P(Z > \lvert z\rvert)$	$\lvert z\rvert > z_{\alpha/2}$

만약 모표준편차 σ가 알려져 있다면 식 (6.7)의 검정통계량에서 표본표준편차 S를 σ로 대체한 후 위에서 요약정리된 검정방법을 그대로 적용하면 된다.

표준정규분포의 상위 누적 확률이 α가 되는 z값을 z_α라 놓으면 대표본을 이용할 때 유의수준 α 에서 모평균 μ에 대한 $Z-$검정의 세 가지 형태와 그에 상응하는 결정규칙이 [그림 6.10]에 요약되어 있다.

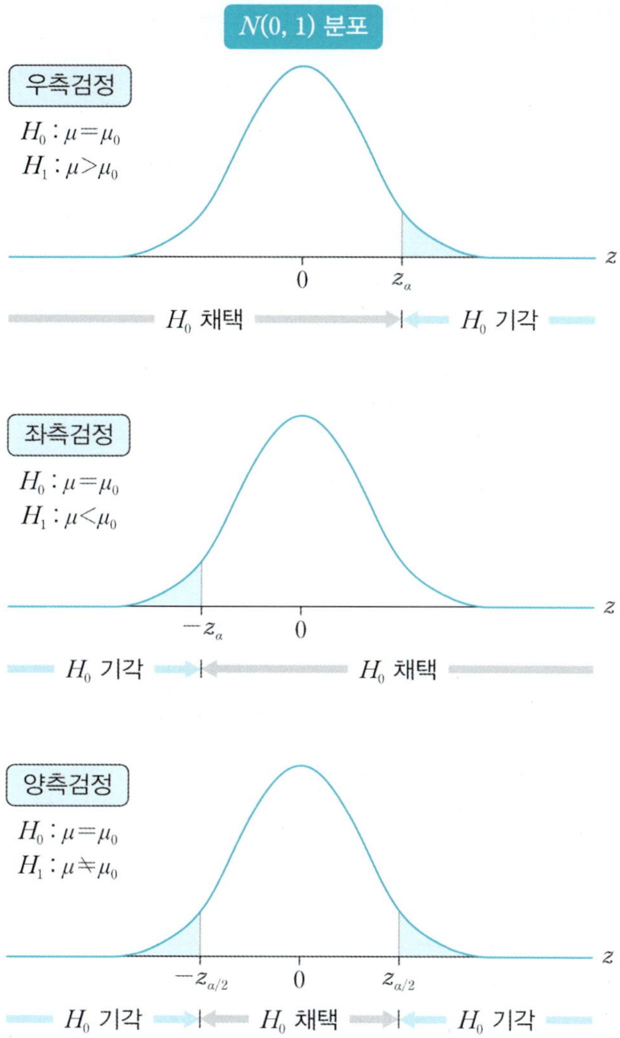

그림 6.10 대표본을 이용한 모평균에 대한 Z-검정의 결정규칙 요약

6.3 소표본에서 모평균에 대한 추론

6.3.1 소표본에서 모평균에 대한 추정

대표본의 경우에는 모집단의 분포에 대한 가정이 없어도 중심극한정리에 의하여 모평균 μ의 추론을 위하여 표준정규분포를 따르는 $Z-$통계량이 사용되었다. 이제 표본의 크기가 30 미만의 소표본에서 모평균 μ의 추론 방법에 관하여 알아보기로 한다. 소표본을 이용하여 모평균의 추론을 하고자 할 때는 정규 모집단의 가정이 필요하다.

정규 모집단 $N(\mu, \sigma^2)$로부터 추출된 크기 n인 랜덤표본 $\{X_1, X_2, \cdots, X_n\}$의 표본평균과 표본표준편차가 각각 $\overline{X}$와 S이라 하면 다음과 같이 정의된 $T-$통계량은 자유도(degree of freedom)가 $n-1$인 $t-$분포 $t(n-1)$을 따른다. $t-$분포에 관해선 5.5.1절을 참고한다.

$$T = \frac{\overline{X} - \mu}{S/\sqrt{n}} \sim t(n-1) \tag{6.13}$$

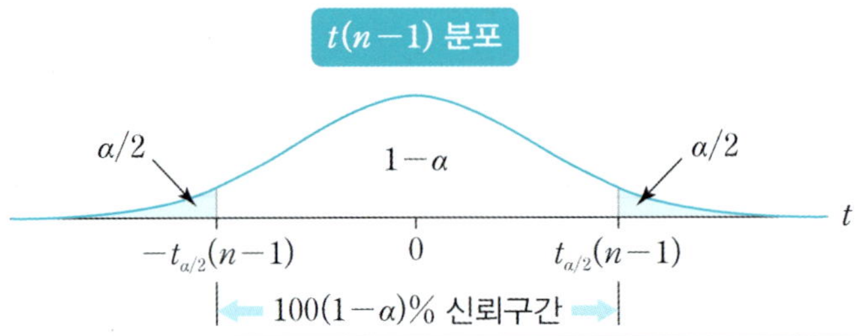

▎그림 6.11 $t(n-1)$분포에서 신뢰수준 $100(1-\alpha)\%$ 신뢰구간

[그림 6.11]에서 식 (6.13)의 관계를 이용하여 $P(-t_{\alpha/2}(n-1) < T < t_{\alpha/2}(n-1)) = 1-\alpha$임을 보이는 과정으로부터 모평균 μ의 신뢰구간을 아래와 같이 유도할 수 있다. 이때 $t_{\alpha/2}(n-1)$은 $t(n-1)$분포에서 상위 $\alpha/2$ 분위수로서 $P(T > t_{\alpha/2}(n-1)) = \alpha/2$이다.

$$
\begin{aligned}
1-\alpha &= P(-t_{\alpha/2}(n-1) < T < t_{\alpha/2}(n-1)) \\
&= P\left(-t_{\alpha/2}(n-1) < \frac{\overline{X}-\mu}{S/\sqrt{n}} < t_{\alpha/2}(n-1)\right) \\
&= P\left(\overline{X}-t_{\alpha/2}(n-1)\frac{S}{\sqrt{n}} < \mu < \overline{X}+t_{\alpha/2}(n-1)\frac{S}{\sqrt{n}}\right)
\end{aligned}
$$

위의 결과로부터 소표본을 이용한 모평균 μ에 대한 신뢰수준 $100(1-\alpha)\%$ 신뢰구간의 공식은 다음과 같다.

소표본의 경우 모평균 μ에 대한 신뢰수준 $100(1-\alpha)\%$ 신뢰구간

$$
\left[\overline{X}-t_{\alpha/2}(n-1)\frac{S}{\sqrt{n}},\quad \overline{X}+t_{\alpha/2}(n-1)\frac{S}{\sqrt{n}}\right]
$$

대표본의 경우에는 정규 모집단의 가정이 없어도 Z−통계량을 이용하여 모평균 μ에 대한 추론을 할 수 있으나 소표본의 경우에는 모평균을 추론하고자 할 때는 정규 모집단의 가정이 필요하다. 그런데 5.5.1절에서 t−분포의 자유도가 충분히 커지면 t−분포는 표준정규분포에 근사해진다고 하였다. 따라서 정규 모집단으로부터 추출한 대표본이라면 자유도가 충분히 크므로 T−통계량에 의한 구간추정의 결과는 Z−통계량에 의한 구간추정의 결과와 거의 같아질 것이다.

예제 6.10 진돗개의 평균 수태 기간을 추정하기 위하여 임의로 16마리의 진돗개를 선택하여 이들의 수태 기간(단위: 일)을 측정한 결과 다음의 자료를 얻었다.

62.0	61.4	59.8	62.2	60.3	60.4	59.4	60.2
60.4	60.8	61.8	59.2	61.1	60.4	60.9	58.6

만약에 진돗개의 수태 기간이 정규분포를 따른다고 할 때 진돗개의 평균 수태 기간 μ에 대해 신뢰수준 95%에서 구간추정하여라.

풀이 진돗개의 수태 기간(단위: 일)이 정규분포를 따르고 표본의 크기 $n = 16 (< 30)$은 소표본이므로 $T-$추정량을 사용하여 구간추정을 수행한다. 표본자료로부터 진돗개의 평균 수태 기간은 $\overline{x} = 60.556$ 이고 표준편차는 $s = 1.012$이다. 신뢰수준은 $100(1-\alpha)\% = 95\%$이므로 $\alpha/2 = 0.025$이다. 따라서 부록 [표 3]의 $t-$확률표에 의하여 자유도 $n-1 = 16-1 = 15$인 $t-$분포의 상위 0.025 분위수는 $t_{0.025}(15) = 2.131$이다.

이제 진돗개의 평균 수태 기간 μ에 대한 점추정치는 $\hat{\mu} = \overline{x} = 60.556$ 이고 95% 신뢰구간은 다음과 같다.

$$\begin{aligned} \overline{x} \pm t_{0.025}(15)\frac{s}{\sqrt{n}} &= 60.556 \pm 2.131 \times \frac{1.012}{\sqrt{16}} \\ &= 60.556 \pm 0.539 \\ &= [60.017,\ 61.095] \end{aligned}$$

즉, 진돗개의 평균 수태 기간은 60.556일이고 표본오차는 95% 신뢰수준에서 ± 0.539일이다.

```
> # [R-program 6.5] 예제 6.10 : 소표본-모평균-구간추정-T-추정량
>
> # qt(p, df, lower.tail = FALSE) : t(df)에서 상위누적확률 p 분위수
>
> cl = 0.95
> x = c(62.0, 61.4, 59.8, 62.2, 60.3, 60.4, 59.4, 60.2, 60.4, 60.8, 61.8,
+       59.2, 61.1, 60.4, 60.9, 58.6)
> (xmean = mean(x))
[1] 60.55625
> (sd = sd(x))
[1] 1.011908
> (n = length(x))
[1] 16
> (sandard.error = sd/sqrt(n))
[1] 0.2529771
```

```
> half.alpha = (1-cl)/2
> (t.half.alpha = qt(half.alpha, df = n-1, lower.tail = FALSE))
[1] 2.13145
> (sampling.error = t.half.alpha*sandard.error)
[1] 0.5392079
> (ci.lower = xmean - sampling.error)
[1] 60.01704
> (ci.upper = xmean + sampling.error)
[1] 61.09546
```

예제 6.10에서는 편의상 진돗개의 수태 기간이 정규분포를 따른다고 가정하고 문제를 풀었지만 실제로는 모집단이 정규분포를 따르는지는 알 수 없다. 그러나 정규모집단에서 추출한 랜덤표본이라면 표본 역시 정규분포를 따라야 하므로 표본자료에 대하여 5.2.3절에서 논의된 정규성 검토가 선행된 후에 $T-$통계량에 의한 추론이 이루어져야 한다.

6.3.2 소표본에서 모평균에 대한 검정

모평균 μ에 대한 가설검정도 앞에서 논의한 신뢰구간을 구할 때 사용된 식 (6.13)의 T 통계량을 이용하여 검정할 수 있다. 유의확률에 의한 결정규칙 혹은 기각역에 의한 결정규칙 등은 6.2.3절에서 대표본에서의 검정 논리를 비슷하게 적용하여 설명할 수 있다. 소표본의 경우 유의수준 α에서 모평균 μ에 대한 T-검정을 요약하면 다음과 같다.

소표본의 경우 유의수준 α에서 모평균 μ에 대한 T-검정

정규모집단으로부터 추출한 소표본 : 표본의 크기(n), 표본평균($\bar{x}$), 표본표준편차(s)

(1) 귀무가설 H_0 : $\mu=\mu_0$ 하에서 T-검정통계량 : $T=\dfrac{\overline{X}-\mu_0}{S/\sqrt{n}} \sim t(n-1)$

(2) t-검정통계치 : $t=\dfrac{\bar{x}-\mu_0}{s/\sqrt{n}}$

(3) 각 대립가설에 대한 유의확률과 기각역

대립가설	유의확률($p-value$)	기각역
$H_1 : \mu > \mu_0$	$P(T>t)$	$t>t_\alpha(n-1)$
$H_1 : \mu < \mu_0$	$P(T<t)$	$t< -t_\alpha(n-1)$
$H_1 : \mu \neq \mu_0$	$P(\lvert T\rvert > \lvert t\rvert)=2P(T>\lvert t\rvert)$	$\lvert t\rvert > t_{\alpha/2}(n-1)$

$t(n-1)$분포의 상위 누적 확률이 α가 되는 t값을 t_α라 놓으면 소표본을 이용할 때 유의수준 α에서 모평균 μ에 대한 T-검정의 세 가지 형태와 그에 상응하는 결정규칙이 [그림 6.12]에 요약돼 있다.

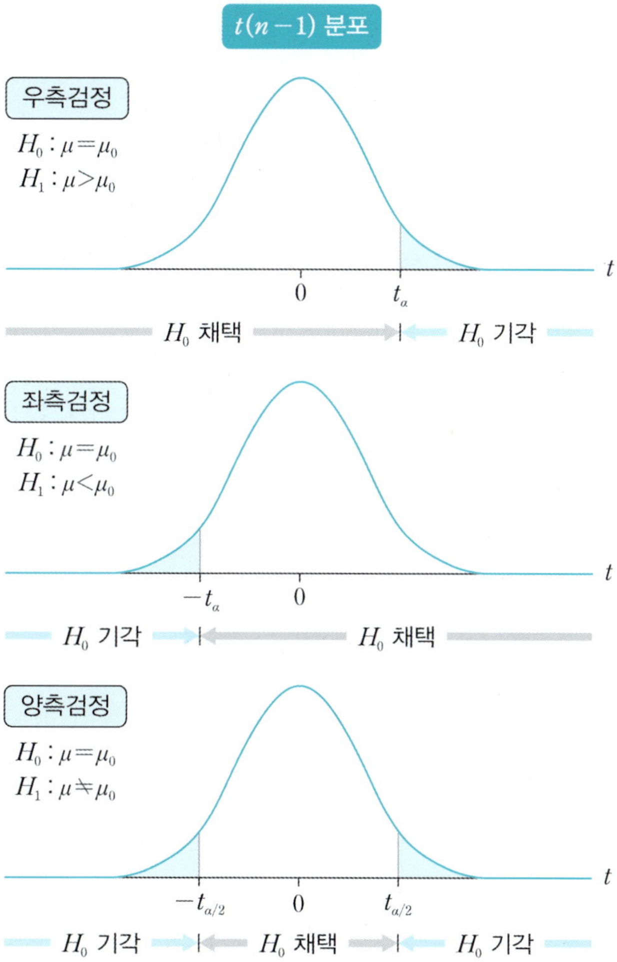

그림 6.12 소표본을 이용한 모평균에 대한 T-검정의 결정규칙 요약

예제 6.11 어느 정밀기계 부품 생산회사에서는 하루에 평균 100개의 부품을 생산하고 있다. 안전에 관한 법령이 공표됨에 따라 새로운 안전장치가 생산공정에 장착되었다. 안전장치 장착 후 일일 부품 생산량이 아래 표와 같다. 일일 부품 생산량이 정규분포를 따른다고 할 때, 안전장치 장착 후 일 평균 부품 생산량이 감소했는지 5% 유의수준에서 검정하여라.

93	103	95	101	91	105	96	94	101	88	98	94	101	92	95

풀이 일일 부품 생산량이 정규분포를 따르고 표본의 크기 $n=15(<30)$는 소표본이므로 $T-$검정을 수행한다. 일 평균 부품 생산량(단위: 개)을 μ 라 놓으면 다음과 같이 가설을 설정할 수 있다.

$$H_0 : \mu = 100 \quad vs. \quad H_1 : \mu < 100$$

표본자료로부터 일일 부품 생산량의 평균은 $\overline{x}=96.467$, 표준편차는 $s=4.853$이다. 귀무가설 $H_0 : \mu=100$이 사실이라는 가정하에서 검정통계량 T는 자유도 $n-1=15-1=14$인 $t(14)$분포를 따른다. 이제 다음과 같이 검정통계치와 좌측검정에 대한 유의확률을 계산한다.

$$t=\frac{\overline{x}-100}{s/\sqrt{n}}=\frac{96.467-100}{4.853/\sqrt{15}}=-2.82$$

$$p-value=P(T<t)=P(T<-2.82)=0.0068$$

이때 유의확률$=0.0068<\alpha=0.05$이므로 귀무가설 H_0는 기각된다. 또는

$$t=-2.82<-t_{\alpha}(n-1)=-t_{0.05}(14)=-1.761$$

이므로 귀무가설 H_0는 기각된다. 즉, 5% 유의수준에서 표본자료는 안전장치 장착 후 일 평균 부품 생산량이 감소했다고 믿을만한 증거가 되며 검정결과는 유의하다.

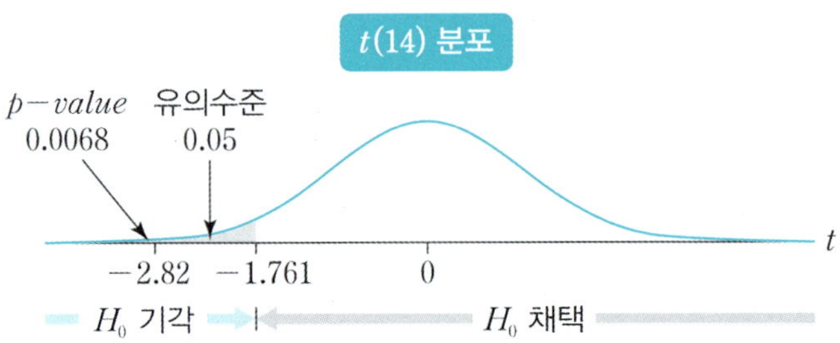

그림 6.13 예제 6.11 : $H_0 : \mu=100$ $vs.$ $H_1 : \mu<100$ 검정

```
> # [R-program 6.6] 예제 6.11 : 소표본-모평균-T-검정-좌측검정
>
> # pt(t, df, lower.tail = TRUE) : t(df)에서 t이하 하위누적확률
> # qt(p, df, lower.tail = TRUE) : t(df)에서 하위누적확률 p 분위수
>
> mu0 = 100; alpha = 0.05
> x=c(93, 103, 95, 101, 91, 105, 96, 94, 101, 88, 98, 94, 101, 92, 95)
> (xmean = mean(x))
[1] 96.46667
> (sd = sd(x))
[1] 4.85308
> (n = length(x))
[1] 15
> (sandard.error = sd/sqrt(n))
[1] 1.25306
> (t = (xmean-mu0)/sandard.error)
[1] -2.819764
> (p.value = pt(t, df = n-1, lower.tail = TRUE))
[1] 0.006819529
> (critical.value = qt(alpha, df = n-1, lower.tail = TRUE))
[1] -1.76131
```

6.4 모분산에 대한 추론

모집단의 분산인 모분산은 분포의 흩어진 정도, 즉 산포를 나타내는 중요한 모수이다. 고도의 정밀도를 요구하는 현대산업에서 분산에 관한 정보는 매우 중요하게 여겨진다. 보통 측정의 정밀도를 표현할 때 분산(혹은 표준편차)이 사용되는데 제품의 균일성을 위해서 혹은 품질의 향상을 위해서 분산을 줄이는 것이 최선이다. 예를 들면 1g중량 표시의 정밀기계 부품을 생산하는 공정 A, B가 있다면, [그림 6.14]에서 부품 중량의 분포는 평균이 1g이고 분산은 작을수록 부품 중량의 정밀도를 보장하는 공정이므로 공정 A가 공정 B보다 공정관리가 잘 되어 있다고 볼 수 있다. 이제 모분산 σ^2에 대한 통계적 추론에 대해서 알아보기로 한다.

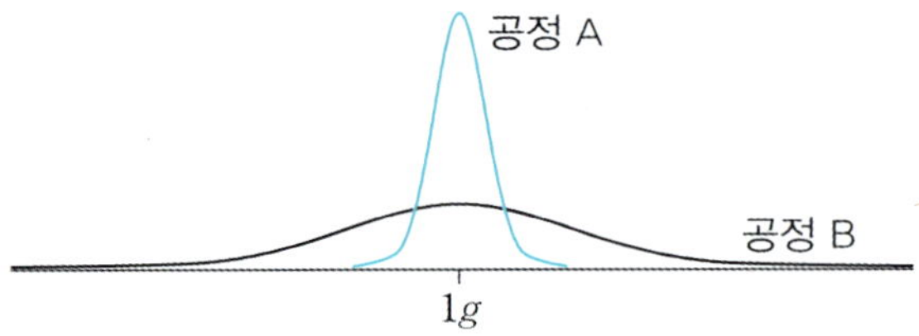

그림 6.14 분산의 비교

6.4.1 모분산에 대한 추정

정규분포 $N(\mu, \sigma^2)$에서 추출한 크기 n인 랜덤표본 $\{X_1, X_2, \cdots, X_n\}$의 표본분산

$$S^2 = \frac{1}{n-1}\sum_{i=1}^{m}\left(X_i - \overline{X}\right)^2$$

은 모분산 σ^2의 불편추정량이며 모분산 σ^2의 추론에 사용된다. 아래와 같이 정의되는 카이제곱 통계량은 자유도 $n-1$인 카이제곱분포를 따른다. 카이제곱분포에 관해선 5.5.2절을 참고한다.

$$X^2 = \frac{(n-1)S^2}{\sigma^2} \sim \chi^2(n-1) \tag{6.14}$$

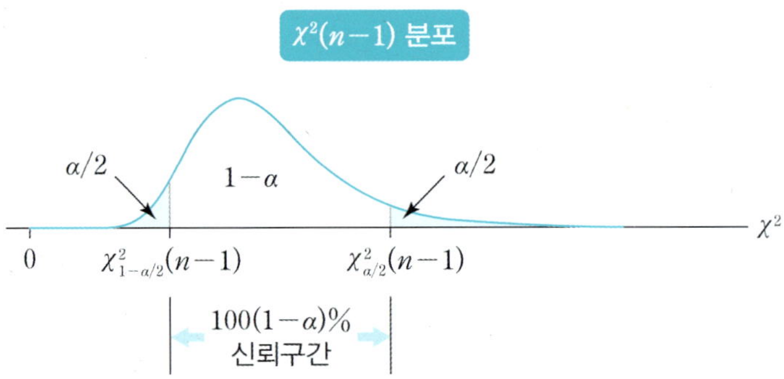

그림 6.15 $\chi^2(n-1)$분포에서 신뢰수준 $100(1-\alpha)\%$ 신뢰구간

[그림 6.15]에서 식 (6.14)의 관계를 이용하여 $P\left(\chi^2_{1-\alpha/2}(n-1) < X^2 < \chi^2_{\alpha/2}(n-1)\right) = 1-\alpha$임을 보이는 과정으로부터 모분산 σ^2의 신뢰구간을 아래와 같이 유도할 수 있다. 이때 $\chi^2_{\alpha/2}(n-1)$는 $\chi^2(n-1)$분포에서 상위 $\alpha/2$ 분위수로서 $P(X^2 > \chi^2_{\alpha/2}(n-1))$

$= \alpha/2$이다.

$$1-\alpha = P\left(\chi^2_{1-\alpha/2}(n-1) < X^2 < \chi^2_{\alpha/2}(n-1)\right)$$
$$= P\left(\chi^2_{1-\alpha/2}(n-1) < \frac{(n-1)S^2}{\sigma^2} < \chi^2_{\alpha/2}(n-1)\right)$$
$$= P\left(\frac{(n-1)S^2}{\chi^2_{\alpha/2}(n-1)} < \sigma^2 < \frac{(n-1)S^2}{\chi^2_{1-\alpha/2}(n-1)}\right)$$

위의 결과에서 정규모집단으로부터 추출한 랜덤표본을 이용한 모평균 σ^2에 대한 신뢰수준 $100(1-\alpha)\%$ 신뢰구간의 공식은 다음과 같다.

모분산 σ^2에 대한 신뢰수준 $100(1-\alpha)\%$ 신뢰구간

$$\left[\frac{(n-1)S^2}{\chi^2_{\alpha/2}(n-1)},\quad \frac{(n-1)S^2}{\chi^2_{1-\alpha/2}(n-1)}\right]$$

예제 6.12 어느 정밀기계회사에서 생산되는 지름 10*mm* 볼트 중에서 임의로 20개를 추출하여 이들의 지름(단위: *mm*)을 측정한 결과가 다음과 같다. 볼트 지름의 분산 σ^2에 대해 신뢰수준 95%에서 구간추정하여라. 이때 볼트의 생산 공정에서 생산되는 볼트의 지름은 정규분포를 따른다고 가정한다.

10.03	9.89	9.99	9.96	10.10	10.08	9.95	10.00	9.94	10.01
10.05	9.95	10.03	9.98	10.05	10.03	9.99	10.08	10.02	9.98

풀이 볼트의 지름이 정규분포를 따르므로 카이제곱 추정량에 의해 모분산의 구간추정을 수행한다. $n = 20$개 볼트 지름의 표본으로부터 계산된 표본분산은 $s^2 = 0.0028$이다. 신뢰수준이 $100(1-\alpha)\% = 95\%$이므로 $\alpha/2 = 0.025$, $1-\alpha/2 = 0.975$이다. 또한, 자유도는 $n-1 = 19$이므로 부록 [표 4]의 χ^2-확률표로부터 상위 및 하위 $\alpha/2$ 분위수는 각각 다음과 같다.

$$\chi^2_{0.025}(19) = 32.8523 \qquad \chi^2_{0.975}(19) = 8.9066$$

이제 볼트 지름의 분산 σ^2에 대한 95% 신뢰구간은 다음과 같다.

$$\left[\frac{(n-1)s^2}{\chi^2_{\alpha/2}(n-1)},\quad \frac{(n-1)s^2}{\chi^2_{1-\alpha/2}(n-1)}\right]$$

$$=\left[\frac{(20-1)\times 0.0028}{32.8523},\quad \frac{(20-1)\times 0.0028}{8.9066}\right]$$

$$=[0.0016,\ 0.0060]$$

즉, 95% 신뢰수준에서 볼트 지름의 분산 σ^2은 $0.0016mm$ 이상 0.006 mm이하이다.

```
> # [R-program 6.7] 예제 6.12 : 모분산-구간추정-chisq-추정량
>
> # qchisq(p, df, lower.tail = TRUE): chisq(df)에서 하위누적확률 p 분위수
> # qchisq(p, df, lower.tail = FALSE): chisq(df)에서 상위누적확률 p 분위수
>
> cl = 0.95;
> diameter = c(10.03, 9.89, 9.99, 9.96, 10.10, 10.08, 9.95, 10.00,
+              9.94, 10.01, 10.05, 9.95, 10.03, 9.98, 10.05, 10.03,
+              9.99, 10.08, 10.02, 9.98)
> (sd2 = var(diameter))
[1] 0.002826053
> (n = length(diameter))
[1] 20
> (df = n-1)
[1] 19
> half.alpha = (1-cl)/2
> (u.half.alpha = qchisq(half.alpha, df, lower.tail = FALSE))
[1] 32.85233
> (l.half.alpha = qchisq(half.alpha, df, lower.tail = TRUE))
[1] 8.906516
> (ci.lower = df*sd2/u.half.alpha)
[1] 0.001634435
> (ci.upper = df*sd2/l.half.alpha)
[1] 0.006028732
```

6.4.2 모분산에 대한 검정

모분산 σ^2에 대한 가설검정도 앞에서 논의한 신뢰구간을 구할 때 사용된 카이제곱 통계량을 이용하여 검정한다.

이제 정규분포 $N(\mu, \sigma^2)$에서 추출한 크기 n인 랜덤표본 $\{X_1, X_2, \cdots, X_n\}$을 이용하여 모분산 σ^2에 대한 가설검정의 절차에 대하여 알아보기로 한다. 다음과 같은 가설을 생각해보자. 여기서 σ_0^2는 알려진 상수이다.

$$H_0 : \sigma^2 = \sigma_0^2 \quad vs. \quad H_1 : \sigma^2 > \sigma_0^2 \tag{6.15}$$

귀무가설 $H_0 : \sigma^2 = \sigma_0^2$이 사실이라는 가정하에서 식 (6.14)의 통계량으로부터 다음과 같은 X^2 – 검정통계량이 정의된다.

$$X^2 = \frac{(n-1)S^2}{\sigma_0^2} \sim \chi^2(n-1)$$

정규모집단으로부터 추출된 랜덤표본의 관측된 표본분산이 s^2이라 할 때 χ^2 – 검정통계치는 다음과 같다.

$$\chi^2 = \frac{(n-1)s^2}{\sigma_0^2}$$

만약에 표본분산 s^2이 귀무가설 $H_0 : \sigma^2 = \sigma_0^2$에서 주장하는 모집단에서 추출한 표본의 것이라면 s^2의 값도 σ_0^2와 비슷한 값이어서 검정통계치 χ^2값이 $n-1$과 비슷할 것이다. 반대로 표본분산 s^2의 값이 σ_0^2보다 클수록 즉, 검정통계치 χ^2값이 크면 클수록 표본은 대립가설 $H_1 : \sigma^2 > \sigma_0^2$에서 주장하는 모집단에서 추출했을 가능성이 커질 것이다. 따라서 [그림 6.16]의 (위) 그림에서 검정통계치 χ^2값이 커질수록 귀무가설 $H_0 : \sigma^2 = \sigma_0^2$을 기각하고 대립가설 $H_1 : \sigma^2 > \sigma_0^2$을 채택하는 결정규칙을 정하면 된다.

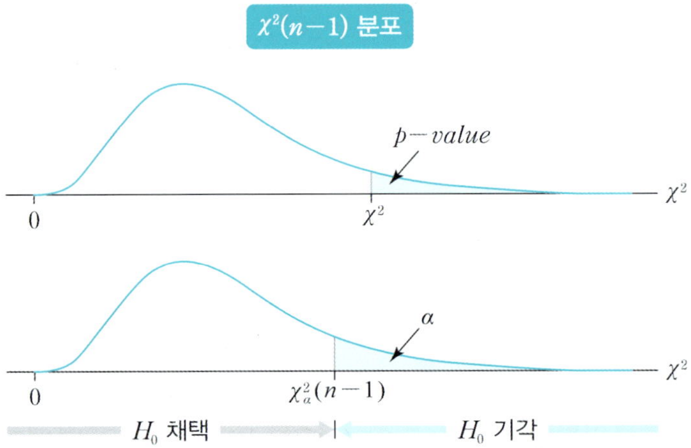

▎그림 6.16 $H_0 : \sigma^2 = \sigma_0^2$ vs. $H_1 : \sigma^2 > \sigma_0^2$ 검정에서
(위) 유의확률, 검정통계치 (아래) 유의수준, 기각값, 기각역

이제 검정통계치 χ^2값이 어느 정도로 커야지 귀무가설 $H_0 : \sigma^2 = \sigma_0^2$을 기각할 것인가를 판단해야 한다. 이를 위해서 다음과 같이 계산되는 유의확률

$$p-value = P(X^2 > \chi^2) = P\left(X^2 > \frac{(n-1)s^2}{\sigma_0^2}\right)$$

이 유의수준 α보다 작으면 귀무가설을 기각한다. 즉,

"유의확률 $P(X^2 > \chi^2) < \alpha$ 이면 H_0 를 기각한다."

한편 [그림 6.16]에서 조건 $p-value = P(X^2 > \chi^2) < \alpha$은 $\chi^2 > \chi^2_\alpha(n-1)$과 같다. 따라서 동일하게

"$\chi^2 > \chi^2_\alpha(n-1)$ 이면 H_0 를 기각한다."

여기서 영역 $\chi^2 > \chi^2_\alpha(n-1)$를 가설 (6.15)의 검정에서 H_0를 기각하는 기각역(reject region), $\chi^2_\alpha(n-1)$를 기각값(critical value)이라 부른다.

대립가설 $H_1 : \sigma^2 < \sigma_0^2$ 혹은 $H_1 : \sigma^2 \neq \sigma_0^2$인 경우에도 유의확률에 의한 결정규칙 혹은 기각역에 의한 결정규칙 등이 비슷한 논리로 유도될 수 있다. 정규모집단에서 모분산 σ^2에 대한 유의수준 α에서의 χ^2-검정을 요약하면 다음과 같다.

모분산 σ^2에 대한 유의수준 α에서의 χ^2–검정

정규모집단으로부터 추출된 표본 : 표본의 크기(n), 표본분산(s^2)

(1) 귀무가설 $H_0 : \sigma^2 = \sigma_0^2$ 하에서 χ^2–검정통계량 : $X^2 = \dfrac{(n-1)S^2}{\sigma_0^2} \sim \chi^2(n-1)$

(2) χ^2–검정통계치 : $\chi^2 = \dfrac{(n-1)s^2}{\sigma_0^2}$

(3) 각 대립가설에 대한 유의확률과 기각역

대립가설	유의확률($p-value$)	기각역
$H_1 : \sigma^2 > \sigma_0^2$	$P(X^2 > \chi^2) = P\left(X^2 > \dfrac{(n-1)s^2}{\sigma_0^2}\right)$	$\chi^2 > \chi_\alpha^2(n-1)$
$H_1 : \sigma^2 < \sigma_0^2$	$P(X^2 < \chi^2) = P\left(X^2 < \dfrac{(n-1)s^2}{\sigma_0^2}\right)$	$\chi^2 < \chi_{1-\alpha}^2(n-1)$
$H_1 : \sigma^2 \neq \sigma_0^2$	$2 \times \min\{P(X^2 > \chi^2),\ 1-P(X^2 > \chi^2)\}$	$\chi^2 > \chi_{\alpha/2}^2(n-1)$ 혹은 $\chi^2 < \chi_{1-\alpha/2}^2(n-1)$

예제 6.13 (예제 6.12 계속) 볼트의 생산 공정에서 볼트 지름의 표준편차가 0.045보다 크면 생산 공정이 정상이 아니라고 판단한다. 랜덤하게 추출한 $n=20$개 볼트 지름(단위: mm)의 표본으로부터 계산된 표본분산은 $s^2=0.0028$이었다. 볼트 생산 공정이 정상이 아닌지를 유의수준 5%에서 검정하여라. 이때 볼트의 생산 공정에서 생산되는 볼트의 지름들은 정규분포를 따른다고 가정한다.

풀이 볼트의 지름은 정규분포를 따른다고 가정하였으므로 χ^2–검정을 수행한다. 볼트 지름의 모분산을 σ^2으로 놓고 다음과 같이 가설을 설정한다.

$$H_0 : \sigma^2 = 0.045^2 \quad vs. \quad H_1 : \sigma^2 > 0.045^2$$

귀무가설 $H_0 : \sigma^2 = 0.045^2$이 사실이라는 가정하에서 검정통계량 X^2는 자유도가 $n-1=20-1=19$인 $\chi^2(19)$분포를 따른다.

이제 $s^2 = 0.0028$을 사용하여 다음과 같이 검정통계치와 우측검정에 대한 유의확률을 계산한다.

$$\chi^2 = \frac{(n-1)s^2}{\sigma_0^2} = \frac{(20-1)\times 0.0028}{0.045^2} = 26.2716$$

$$p-value = P(X^2 > \chi^2) = P(X^2 > 26.2716) = 0.1228$$

이때 유의확률$= 0.1228 > \alpha = 0.05$이므로 귀무가설 H_0는 기각되지 않는다. 또는 동일하게

$$\chi^2 = 26.2716 < \chi^2_{\alpha}(n-1) = \chi^2_{0.05}(19) = 30.1435$$

이므로 귀무가설 H_0는 기각되지 않는다. 즉, 5% 유의수준에서 표본자료는 볼트 생산 공정에 이상이 있다고 볼만한 충분한 증거가 되지 않는다.

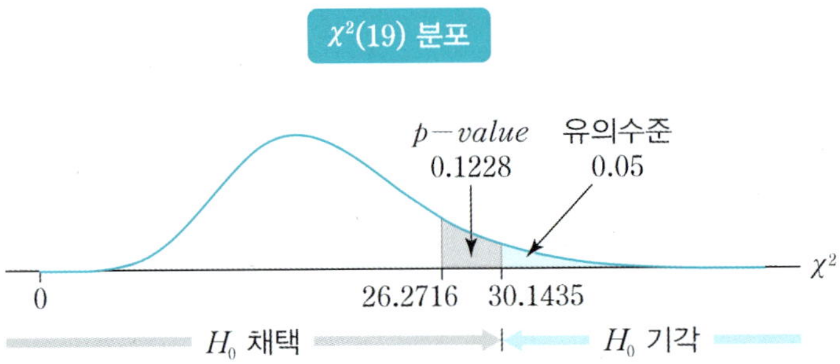

그림 6.17 예제 6.13 : $H_0 : \sigma^2 = 0.045^2$ *vs.* $H_1 : \sigma^2 > 0.045^2$ 검정

```
> # [R-program 6.8] 예제 6.13 : 모분산-chisq-검정-우측검정
>
> # pchisq(x, df, lower.tail = FALSE) : chisq(df)에서 x이상 상위누적확률
> # qchisq(p, df, lower.tail = FALSE): chisq(df)에서 상위누적확률 p 분위수
>
> sigma2 = 0.045^2; alpha = 0.05
> diameter = c(10.03, 9.89, 9.99, 9.96, 10.10, 10.08, 9.95, 10.00,
+              9.94, 10.01, 10.05, 9.95, 10.03, 9.98, 10.05, 10.03,
+              9.99, 10.08, 10.02, 9.98)
> (sd2 = round(var(diameter), 4))
[1] 0.0028
> (n = length(diameter))
[1] 20
> (df = n-1)
[1] 19
> (x = (df*sd2)/sigma2)
[1] 26.2716
> (p.value = pchisq(x, df, lower.tail = FALSE))
[1] 0.1227972
> (critical.value = qchisq(alpha, df, lower.tail = FALSE))
[1] 30.14353
```

연/습/문/제

01 어느 학생은 버스를 타고 매일 등교한다고 한다. 이 학생의 평균 등교 시간을 추정하기 위하여 50일 동안 매일 등교 시간을 측정한 결과 평균은 $\overline{x}= 15.3$분, 표준편차는 $s = 1.3$분을 얻었다. 이 학생의 평균 등교 소요시간에 대해 신뢰수준 95%에서 구간추정하여라.

02 어느 대학교에서는 교양통계시험을 치른 직후에 36개 답안지를 무작위로 추출하여 바로 채점한다. 만약 36개 답안지를 채점한 점수들의 평균과 표준편차가 각각 $\overline{x}= 72$점, $s = 15$점이라면 이 대학에서 교양통계시험을 치른 전체 학생들의 평균 점수에 대해 신뢰수준 90%에서 구간추정하여라.

03 어느 도시지역의 아파트 전문 리모델링 회사는 거주자가 집을 비운 사이 집을 리모델링하는데 그 비용을 추정하려고 한다. '국민 평수'라 부르는 33평($108.9m^2$) 아파트 중에서 임의로 선택된 49채의 아파트에 대한 평균 수리 비용은 8,600만 원이었고, 표준편차는 1,200만 원이었다. 33평 아파트의 평균 수리 비용에 대해 신뢰수준 95%에서 구간추정하여라.

04 한 은행이 임의로 선정된 100명의 고객을 대상으로 평균 대기시간을 조사한 결과 7.2분이었고 표준편차는 15분이었다. 은행의 모든 고객의 평균 대기시간에 대해 신뢰수준 99%에서 구간추정하여라.

05 어느 보험회사에서는 도시근로자의 평균 연령을 추정하려고 한다. 임의로 선택된 도시근로자 50명의 평균 연령이 $\overline{x}= 36.38$세이고 표준편차는 $s = 11.07$세이다. 도시근로자의 평균 연령에 대해 신뢰수준 95%에서 구간추정하여라.

06 어느 지역 고등학교 1학년 학생들의 수학 능력을 추측하기 위하여 100명의 학생을 무작위로 선택하였다. 표본으로 선택된 100명 학생을 대상으로 수학 모의고사를 시행한 결과 수학 능력 점수의 평균은 $\overline{x} = 72.5$점, 표준편차는 $s = 12$점을 얻었다. 이 지역 고등학교 1학년 학생들의 평균 수학 능력 점수에 대해 신뢰수준 99%에서 구간추정하여라.

07 대학 졸업생의 초기 연봉의 표준편차는 대략 200만 원이라고 조사되었다. 초기 연봉의 평균에 대한 95% 신뢰구간을 추정하려고 할 때 다음과 같은 최대 표본오차를 고려한다면 얼마나 많은 표본이 추출되어야 하는가?

(1) 50만 원 (2) 20만 원 (3) 10만 원

08 대표본에서 신뢰수준 90%를 갖도록 모평균을 추정하였더니 신뢰구간의 길이가 5이었다. 같은 조건에서 표본의 크기만을 1/9로 줄이면 신뢰구간의 길이는 어떻게 변화하는가?

(1) 1/9로 줄어든다. (2) 1/3로 줄어든다. (3) 변함없다.

(4) 3배로 늘어난다. (5) 9배로 늘어난다.

09 대표본에서 신뢰수준 95%를 갖도록 모평균을 추정하였더니 신뢰구간의 길이가 4.34이었다. 같은 조건에서 표본의 크기만을 9배로 늘리면 신뢰구간의 길이는 어떻게 변화하는가?

(1) 1/9로 줄어든다. (2) 1/3로 줄어든다. (3) 변함없다.

(4) 3배로 늘어난다. (5) 9배로 늘어난다.

10 어느 제조 회사에서 일하는 한 품질관리 검사자가 정밀기계 운용을 위한 부품 치수를 조사하려 한다. 바람직한 부품 지름의 평균은 $2cm$이다. 부품 표본은 정기적으로 추출하여 각 부품의 크기를 측정한다. 품질관리 검사자가 표본을 통해서 모집단에 대한 평균 부품 지름이 너무 크거나 너무 작다고 여기게 된다면, 그 기계 장치를 끄고 재조정을 하게 될 것이다. 다음 중 어느 가설검정이 기계를 중단할지 안 할지를 결정하는 데 사용되어야 하는가?

A	B	C
$H_0 : \mu = 2$	$H_0 : \mu = 2$	$H_0 : \mu = 2$
$H_1 : \mu \neq 2$	$H_1 : \mu < 2$	$H_1 : \mu > 2$

11 평균 지름이 0.5$inch$인 볼베어링을 만들어내는 기계가 있다. 표본 추출된 50개의 볼베어링의 지름(단위: $inch$)의 평균과 표준편차가 각각 $\overline{x}=0.51$, $s=0.05$이다. 볼베어링의 평균 지름은 0.5$inch$라고 판단할 수 있는지 유의수준 5%에서 검정하여라.

12 어느 헬스장에서는 50회 실시하는 개인 PT 프로그램에 참여하면 평균 체중 감량이 5kg보다 더 크다고 광고하였다. 실제 이 프로그램에 참여한 회원 중 임의로 선택한 100명의 평균 체중 감량이 5.5kg이고 표준편차는 3.5kg이었다. 헬스장 측의 주장이 타당한지를 10% 유의수준에서 검정하여라.

13 어느 임상 대상인 모집단의 혈중콜레스테롤 평균 농도는 230mg/ml로 알려져 있다. 새로운 다이어트 제품이 혈중콜레스테롤 농도를 낮추는지를 알아보기 위하여 이 모집단의 구성원들로부터 랜덤하게 선택한 100명에게 3주 동안 다이어트 제품을 복용하게 한 후 측정한 혈중콜레스테롤 평균 농도는 220mg/ml이고 표준편차는 50mg/ml이었다. 새로운 다이어트 제품이 혈중콜레스테롤 농도를 낮추는지를 5% 유의수준에서 검정하여라.

14 다이어트에 성공한 어느 연예인은 자신의 다이어트 방법을 사용하면 3개월 동안 4kg보다 더 많이 체중을 줄일 수 있다고 광고하였다. 36명의 지원자를 대상으로 해당 다이어트 방법을 시행하여 체중 감소량을 측정하였더니 평균이 4.5kg, 표준편차가 3kg이었다. 이 표본에 근거해서 연예인의 주장이 옳다고 할 수 있는지를 유의수준 5%에서 검정하여라.

15 어느 페인트에는 평균 도포 면적이 리터 당 400m^2라는 표식이 붙어 있다. 도포 면적이 400m^2보다 크면 페인트가 너무 얇게 칠해져서, 도포 면적이 400m^2보다 작으면 페인트가 너무 두껍게 칠해져서 불만족스럽다고 한다. 임의로 페인트 30리터를 추출하여 페인트 도포 면적을 조사하였더니 평균이 $\overline{x}=380\,m^2$, 표준편차가 $s=25\,m^2$이었다. 평균 도포 면적이 리터 당 400m^2라는 표식이 타당한지를 유의수준 5%에서 검정하여라.

16 자동차 회사의 조립공정은 평균 12.2분이라는 완성 시간의 일정에 맞춰 작동된다. 완성 시간이 조립공정의 운용 속도에 미치는 영향 때문에 12.2분이라는 표준을 유지하는 것이 중요하다. 45개의 완성 시간으로 이루어진 랜덤표본의 평균과 표준편차는 각각 $\overline{x} = 12.39$분과 $s = 1.20$분이었다. (1) 평균 완성시간에 대하여 99% 신뢰수준에서 구간 추정하여라. (2) 이 자동차 회사의 조립공정은 완성 시간의 일정에 맞춰 정상적으로 작동되고 있는지를 유의수준 1%에서 검정하여라.

17 시립 주차장 운영에 관한 연구에서 과거에는 평균 주차 시간이 자동차 1대당 220분이라는 결과가 있었다. 최근에 주차장을 리모델링하여 주차 요금을 올린 후에 자동차 50대의 주차 시간으로 이루어진 랜덤표본의 평균과 표준편차는 각각 $\overline{x} = 208$분과 $s = 80$분이었다. (1) 평균 주차시간에 대하여 95% 신뢰수준에서 구간추정하여라. (2) 주차 요금 인상이 주차장 고객의 평균 주차 시간에 영향을 미쳤는지를 유의수준 5%에서 검정하여라.

18 매일 $6km$의 조깅을 하는 사람이 실제로 소요되는 조깅시간(단위: 분)과 조깅거리를 기록하였다. 기록 중에서 25개를 임의로 뽑아 계산해보니 조깅시간의 평균은 30분이고 표준편차는 4분이었다. 조깅시간이 정규분포를 따른다고 가정할 때, 그 사람의 평균 조깅시간에 대해 신뢰수준 95%에서 구간추정하여라.

19 어느 전자제품의 수명을 추정하기 위해서 가속시험을 실행하였으며 임의로 추출한 9개의 전자제품 표본에 대한 가속 수명(단위: 시간)의 평균은 50시간이고 표준편차는 6시간이었다. 전자제품의 가속 수명이 정규분포를 따른다고 가정할 때, 평균 가속 수명에 대해 신뢰수준 99%에서 구간추정하여라.

20 자동차의 크랭크 샤프트는 피스톤 그룹에 의해 구동되는 자동차 엔진의 부품이다. 크랭크 샤프트의 둘레 측정치는 정규분포를 따르며 공정 평균은 $224mm$가 되도록 맞추어져 있다. 다음은 크랭크 샤프트의 둘레 측정치(단위: mm)의 랜덤표본이다. 공정은 정상적으로 작동하는지를 유의수준 1%에서 검정하여라.

224.120	224.001	224.017	223.982	223.989	223.961	223.960	224.089
223.987	223.976	223.902	223.980	224.098	224.057	223.913	223.999

21 1회 용 커피 포장기계는 한 봉지당 $6g$의 커피를 포장하게 되어 있다. 포장된 커피 중량은 정규분포를 따른다고 알려져 있다. 다음은 포장된 커피 중량(단위: g)의 랜덤표본이다. 커피 포장기계가 정상적으로 작동되는지를 유의수준 1%에서 검정하여라.

6.1	6.0	6.0	5.7	6.1	5.9	5.6	5.6	5.9	6.1
5.8	6.2	6.1	6.3	6.0	6.0	5.8	5.9	5.6	6.1

22 배터리의 수명은 정규분포를 따른다고 알려져 있다. 임의로 10개의 배터리를 추출하여 이들의 수명(단위: 개월)을 측정한 결과가 다음과 같다.

57.6	58.7	54.3	59.0	52.9
59.6	59.4	60.2	66.5	64.7

(1) 평균 배터리 수명에 대해 신뢰수준 95%에서 구간추정하여라.

(2) 배터리 제작자들은 배터리 평균수명이 60개월이라고 광고하였다. 이들의 주장이 타당한지를 유의수준 5%에서 검정하여라.

23 전국에 시판되는 귤 한 상자당 판매가격(단위: 원)은 정규분포를 따른다고 알려져 있다. 올해 임의로 16상자의 가격을 조사한 결과는 다음과 같다.

4,300	4,000	4,260	4,020	3,750	4,410	4,520	4,180
3,500	3,460	3,790	4,420	4,450	3,820	4,240	3,910

(1) 귤 한 상자당 평균 판매가격에 대해 신뢰수준 95%에서 구간추정하여라.

(2) 작년의 판매가격이 평균 4,000원이었다면 올해의 가격이 작년 가격과 다르다고 볼 수 있는지 유의수준 5%에서 검정하여라.

24 어느 회사의 직원노조에서는 회사 측과 협의하여 오후의 중간 휴식시간을 30분으로 정하였다. 그런데 직원노조 측에서는 직원들이 규정된 휴식시간보다 더 적은 시간을 쉬고 있다고 추측하였다. 이를 확인하기 위하여 전체 종업원 30,000명 중에서 25명을 랜덤하게 선택하여 조사한 결과 평균 휴식시간은 28분이고 표준편차는 8분으로 계산되었다. 종업원들의 휴식시간은 정규분포를 따른다고 가정할 때 노조 측의 추측이 타당한지 유의수준 5%에서 검정하여라.

25 건강한 사람들의 평균 칼륨 농도(단위: mEq/l)는 4.6이라고 알려져 있다. 어느 병원에서 임의로 선택된 입원 환자 16명의 혈액 중 평균 칼륨 농도가 3.9495이고 표준편차가 1이었다. 16명 환자의 평균 칼륨 농도는 건강한 사람들의 평균 칼륨 농도보다 낮다고 말할 수 있는지 유의수준 5%에서 검정하여라. 이때 사람들의 칼륨 농도는 정규분포를 따른다고 가정한다.

26 건강한 젊은 성인의 혈중 칼슘 농도(단위: mg)는 평균이 약 9.5라고 알려져 있다. 한 도시의 보건소에서 임의로 선택된 25명의 건강한 임산부의 혈중 칼슘 농도를 측정했더니 평균은 9.7, 표준편차는 0.4로 계산되었다. 임산부들의 평균 혈중 칼슘 농도가 건강한 젊은 성인의 평균 혈중 칼슘 농도와 다르다고 말할 수 있는지를 유의수준 5%에서 검정하여라. 이때 성인의 혈중 칼슘 농도는 정규분포를 따른다고 가정한다.

27 어느 볼트 생산 공정에서 지름(단위: mm)의 산포를 $\sigma^2 = 0.01$로 품질관리를 하고 있다. 랜덤하게 선택한 10개 볼트의 지름을 측정한 결과 표본평균은 $\overline{x} = 3.494$이고 표본분산은 $s^2 = 0.008$이었다. 이때 볼트 생산 공정에서 지름은 정규분포를 따른다고 알려져 있다.

(1) 볼트 지름의 분산에 대해 95% 신뢰수준에서 구간추정하여라.

(2) 볼트 생산 공정은 정상적으로 관리되고 있는지를 유의수준 5%에서 검정하여라.

28 전국의 서점에서 판매하는 특정 책의 판매가격(단위 : 천 원)이 일정한지를 알아보기 위해서 임의로 25개 지역의 서점을 선택하여 똑같은 책의 판매가격을 조사한 자료가 다음과 같다. 이때 특정 책의 판매가격은 정규분포를 따른다고 알려져 있다.

28	25	26	21	27	31	32	30	25	29	28	23	25
24	25	26	30	23	26	33	23	24	23	28	31	

(1) 판매가격의 표준편차에 대해 95% 신뢰수준에서 구간추정하여라.

(2) 판매가격의 표준편차가 3.5천 원 이상이라고 할 수 있는지 유의수준 5%에서 가설검정하여라.

29 커피 제조업체의 생산 공정에서는 한 팩에 포장되는 액상 커피 부피가 표준편차 $1ml$ 이하로 관리되고 있다. 공정이 잘 작동되는지를 알아보기 위해서 임의의 선택된 20개의 커피 팩에 들어 있는 액상 커피 부피(단위: ml)가 다음과 같이 측정되었다. 이때 한 팩에 포장되는 액상 커피 부피는 정규분포를 따른다고 알려져 있다.

250.3	250.2	249.5	250.3	249.3	249.9	248.4	247.9	251.2	249.7
248.8	250.1	248.9	251.1	250.2	248.9	250.4	250.5	249.8	248.8

(1) 포장된 액상 커피 부피의 분산에 대해 95% 신뢰수준에서 구간추정하여라.

(2) 공정이 잘 작동되는지 유의수준 5%에서 검정하여라.

30 플라스틱 사출기에 의해서 자동으로 생산되는 플라스틱판 두께(단위: mm)는 표준편차가 $1.5mm$ 이하로 관리되고 있다. 임의로 10개의 플라스틱을 무작위로 추출하여 두께를 측정한 결과 다음의 자료를 얻었다. 이때 플라스틱판 두께는 정규분포를 따른다고 알려져 있다.

226	229	227	225	224	228	227	229	225	230

(1) 플라스틱판 두께의 분산에 대해 95% 신뢰수준에서 구간추정하여라.

(2) 플라스틱판 생산 공정에 이상이 있는지 유의수준 5%에서 검정하여라.

CHAPTER

07 통계적 추론 – 두 모집단

CHAPTER 07
통계적 추론 – 두 모집단

두 모집단의 모평균을 비교하는 것은 여러 분야에서 매우 중요한 관심사이다. 예를 들어, 온라인 강의와 오프라인 강의 중 어느 강의가 더 학생들의 학습능력을 높이는지, 고혈압 환자의 수축기 혈압을 낮추는 데 있어서 새로 개발된 혈압강하제가 기존 제품보다 더 혈압을 낮추는지, 두 종류의 스마트폰 보조배터리 중 어느 것의 수명이 더 긴지, 혹은 언어적 능력에 있어 남녀 간에 차이가 있는지 등 많은 관심 사례가 있다.

모집단이 1개인 경우에 모평균 및 모분산에 대한 통계적 추론을 다루었던 제6장의 이론에 기초해서 제7장에서는 모집단이 2개인 경우로 확장하여 모평균 및 모분산의 비교를 다룬다.

7.1절에서는 대표본을 사용할 때 두 모평균 비교의 추정 및 검정, 7.2절에서는 소표본을 사용할 때 두 모평균 비교의 추정 및 검정을 소개한다. 7.1절 및 7.2절에서는 두 모집단의 모평균을 비교하기 위하여 서로 독립인 랜덤표본을 각 모집단으로부터 추출한 후 각 표본평균을 비교하여 두 모평균을 비교한다. 이렇게 두 모평균을 비교하는 문제를 이표본(two sample)문제라 하고 서로 독립인 표본을 이용하여 두 모평균을 비교하는 것을 독립표본 비교라 한다. 독립표본 비교에서 발생하는 문제점을 해결하는 방법으로서 7.3절에서는 대응표본을 사용하여 두 모평균 비교의 추정 및 검정을 다룬다. 마지막으로 7.4절에서는 두 모분산 비교의 추정 및 검정을 다룬다.

7.1 대표본에서 두 모집단의 모평균에 대한 추론

서로 독립인 두 모집단의 특정한 속성을 나타내는 확률변수를 각각 X_1과 X_2라 하고, 통계적 추론의 대상인 모수는 각 모집단의 평균과 분산이다. 두 모집단의 모수들은 다음과 같다.

모집단	확률변수	평균	분산
1	X_1	μ_1	σ_1^2
2	X_2	μ_2	σ_2^2

서로 독립인 두 모집단으로부터 크기가 각각 n_1, n_2인 랜덤표본 $\{X_{11}, X_{12}, \cdots, X_{1n_1}\}$과 $\{X_{21}, X_{22}, \cdots, X_{2n_2}\}$를 추출할 때, 두 표본으로부터 각각 얻을 수 있는 통계량을 아래 표와 같이 요약할 수 있다.

모집단	표본크기	표본평균	표본분산
1	n_1	$\overline{X}_1$	S_1^2
2	n_2	$\overline{X}_2$	S_2^2

두 개의 모평균 μ_1및 μ_2를 각각 새로 개발된 혈압강하제를 사용했을 경우와 기존 혈압강하제를 사용했을 경우의 평균 혈압이라 하자. 새로 개발된 혈압강하제가 기존 혈압강하제보다 더 혈압을 낮추는지 보는 것은 결국 μ_1이 μ_2에 비해 더 작은지, 즉 두 모평균의 차가 $\mu_1 - \mu_2 < 0$인지를 추론하는 문제이다. 따라서 두 모평균의 비교를 위하여 두 모평균의 차 $\mu_1 - \mu_2$에 관한 추론을 하려고 한다.

이제 두 모평균 차 $\mu_1 - \mu_2$에 대한 추론을 위하여 사용되는 통계량인 두 표본평균의 차 $\overline{X}_1 - \overline{X}_2$ 의 표본분포를 구해보자. 이것은 5.4.2절에서 다루었던 표본평균의 표본분포와 4.4.1절에서 다루었던 두 확률변수의 독립성에 관한 성질을 이용하면 쉽게 구할 수 있다.

두 표본평균의 차 $\overline{X}_1 - \overline{X}_2$의 평균은 다음과 같이 두 모평균의 차 $\mu_1 - \mu_2$와 같다.

$$E(\overline{X_1} - \overline{X_2}) = E(\overline{X_1}) - E(\overline{X_2}) = \mu_1 - \mu_2$$

또한, 두 랜덤표본은 서로 독립이므로 두 표본평균의 차 $\overline{X}_1 - \overline{X}_2$의 분산은 다음과 같이 이들 각각의 분산의 합이다. 즉,

$$Var(\overline{X_1} - \overline{X_2}) = Var(\overline{X_1}) + Var(\overline{X_2}) = \frac{\sigma_1^2}{n_1} + \frac{\sigma_2^2}{n_2}$$

두 표본의 크기 n_1, n_2가 충분히 큰 대표본의 경우에는 중심극한정리에 의해서 $\overline{X}_1 - \overline{X}_2$의 분포는 정규분포에 가까워진다. 즉,

$$\overline{X}_1 - \overline{X}_2 \sim N\left(\mu_1 - \mu_2, \frac{\sigma_1^2}{n_1} + \frac{\sigma_2^2}{n_2}\right)$$

이제 다음과 같은 표준화 확률변수는 표준정규분포를 따르게 된다.

$$Z = \frac{(\overline{X_1} - \overline{X_2}) - (\mu_1 - \mu_2)}{\sqrt{\frac{\sigma_1^2}{n_1} + \frac{\sigma_2^2}{n_2}}} \sim N(0,1)$$

그런데 이 확률변수는 미지의 모수 σ_1^2, σ_2^2을 가지고 있으므로, 이것을 각각의 표본분산 S_1^2, S_2^2으로 추정하여 대체한 다음의 확률변수도 역시 근사적으로 정규분포를 따른다. 즉,

$$Z = \frac{(\overline{X_1} - \overline{X_2}) - (\mu_1 - \mu_2)}{\sqrt{\frac{S_1^2}{n_1} + \frac{S_2^2}{n_2}}} \sim N(0,1) \tag{7.1}$$

앞으로 대표본에서 두 모평균 차 $\mu_1 - \mu_2$에 대한 추론은 식 (7.1)에서 정의되는 $Z-$통계량에 기초한다. 구간추정을 위하여 6.2.1절의 식 (6.3)을 유도하는 것과 같은 과정에 의하여 두 모평균의 차 $\mu_1 - \mu_2$에 대한 신뢰수준 $100(1-\alpha)\%$ 신뢰구간을 구할 수 있다.

두 모평균의 차 $\mu_1 - \mu_2$에 대한 검정을 하고자 할 때는 귀무가설은

$$H_0 : \mu_1 = \mu_2$$

이고 대립가설은 다음 세 개 중에서 하나로 설정한다.

$$H_1 : \mu_1 > \mu_2 \quad H_1 : \mu_1 < \mu_2 \quad H_1 : \mu_1 \neq \mu_2$$

각 대립가설에 대한 유의확률에 의한 결정규칙 및 기각역에 의한 결정규칙 등은 6.2.3절에서 설명했던 논리를 비슷하게 적용하여 유도할 수 있다. 다음은 대표본을 이용한 두 모평균의 차 $\mu_1 - \mu_2$에 대한 통계적 추론 결과를 요약한 표이다.

대표본을 이용한 두 모평균의 차 $\mu_1 - \mu_2$에 대한 추론 : 독립표본의 경우

가정 : 두 개의 독립인 모집단 (μ_1, σ_1^2), (μ_2, σ_2^2)

모집단 (μ_1, σ_1^2)의 대표본 1 : 표본의 크기(n_1), 표본평균($\bar{x}_1$), 표본표준편차(s_1)

모집단 (μ_2, σ_2^2)의 대표본 2 : 표본의 크기(n_2), 표본평균($\bar{x}_2$), 표본표준편차(s_2)

1. 두 모평균의 차 $\mu_1 - \mu_2$에 대한 신뢰수준 $100(1-\alpha)\%$ 신뢰구간

$$\left[(\bar{x}_1 - \bar{x}_2) - z_{\alpha/2}\sqrt{\frac{s_1^2}{n_1} + \frac{s_2^2}{n_2}},\quad (\bar{x}_1 - \bar{x}_2) + z_{\alpha/2}\sqrt{\frac{s_1^2}{n_1} + \frac{s_2^2}{n_2}} \right]$$

2 두 모평균의 차 $\mu_1 - \mu_2$에 대한 유의수준 α에서 Z-검정

(1) 귀무가설 $H_0 : \mu_1 = \mu_2$ 하에서 Z-검정통계량 : $Z = \dfrac{\overline{X}_1 - \overline{X}_2}{\sqrt{\dfrac{S_1^2}{n_1} + \dfrac{S_2^2}{n_2}}} \sim N(0,1)$

(2) z-검정통계치 : $z = \dfrac{\bar{x}_1 - \bar{x}_2}{\sqrt{\dfrac{s_1^2}{n_1} + \dfrac{s_2^2}{n_2}}}$

(3) 각 대립가설에 대한 유의확률과 기각역

대립가설	유의확률($p-value$)	기각역
$H_1 : \mu_1 > \mu_2$	$P(Z > z)$	$z > z_\alpha$
$H_1 : \mu_1 < \mu_2$	$P(Z < z)$	$z < -z_\alpha$
$H_1 : \mu_1 \neq \mu_2$	$P(\|Z\| > \|z\|) = 2P(Z > \|z\|)$	$\|z\| > z_{\alpha/2}$

만약 두 모집단의 모분산 σ_1^2, σ_2^2이 알려져 있다면 식 (7.1)의 통계량에서 표본분산 S_1^2, S_2^2을 각각 모분산 σ_1^2, σ_2^2로 대체한 후 위에서 요약정리된 추론 방법을 그대로 적용하면 된다.

예제 7.1 두 가지 벼의 품종 A와 B를 사용하였을 때 쌀의 생산량(단위: kg/ha)을 비교하기 위하여 벼의 재배 환경을 균일하게 유지한 재배지역들로부터 임의로 표본을 추출하여 쌀 생산량을 조사한 결과가 다음과 같다.

품종	표본의 크기	표본 평균	표본표준편차
A	$n_1 = 38$	$\bar{x}_1 = 6,923$	$s_1 = 462$
B	$n_2 = 36$	$\bar{x}_2 = 6,775$	$s_2 = 534$

(1) 두 품종의 쌀 생산량 평균차에 대해 신뢰수준 95%에서 구간추정하여라.

(2) 벼 품종 A의 쌀 생산량이 벼 품종 B의 쌀 생산량보다 크다고 할 수 있는지를 유의수준 5%에서 검정하여라.

풀이 표본의 크기가 각각 $n_1 = 38(\geq 30)$, $n_2 = 36(\geq 30)$이므로 대표본이다. 따라서 $Z-$통계량에 기초해서 추론한다. 벼 품종 A와 B에 의한 쌀의 평균 생산량을 각각 μ_1 및 μ_2라 정의하자.

(1) 벼 품종 A와 B에 의한 쌀 생산량의 평균차 $\mu_1 - \mu_2$의 점추정치는

$$\widehat{\mu_1 - \mu_2} = \bar{x}_1 - \bar{x}_2 = 6923 - 6775 = 148$$

이다. 신뢰수준은 $100(1-\alpha)\% = 95\%$이므로 $\alpha/2 = 0.025$이고 $z_{0.025} = 1.96$이다. 따라서 $\mu_1 - \mu_2$에 대한 95% 신뢰구간은 다음과 같다.

$$\begin{aligned}(\overline{x_1} - \overline{x_2}) \pm z_{\alpha/2}\sqrt{\frac{s_1^2}{n_1} + \frac{s_2^2}{n_2}} &= 148 \pm 1.96 \times \sqrt{\frac{462^2}{38} + \frac{534^2}{36}} \\ &= 148 \pm 228.05 \\ &= [-80.05,\ 376.05]\end{aligned}$$

즉, 벼 품종 A와 B에 의한 쌀 생산량의 평균차는 $148kg/ha$이고 표본오차는 95% 신뢰수준에서 $\pm 228.05\ kg/ha$이다. 혹은 95% 신뢰수준에서 벼 품종 A와 B에 의한 쌀 생산량의 평균차는 $-80.05kg/ha$ 이상 $376.05kg/ha$ 이하이다.

(2) 벼 품종 A의 평균 쌀 생산량(μ_1)이 벼 품종 B의 평균 쌀 생산량(μ_2)에 비해 더 크다고 할 수 있는지 검정하기 위한 가설은 다음과 같이 설정할 수 있다.

$$H_0 : \mu_1 = \mu_2 \quad vs. \quad H_1 : \mu_1 > \mu_2$$

귀무가설 $H_0 : \mu_1 = \mu_2$가 사실이라는 가정하에서 다음과 같이 검정통계치와 우측검정에 대한 유의확률을 계산한다.

$$z = \frac{\overline{x_1} - \overline{x_2}}{\sqrt{\frac{s_1^2}{n_1} + \frac{s_2^2}{n_2}}} = \frac{148}{\sqrt{\frac{462^2}{38} + \frac{534^2}{36}}} = 1.272$$

$$p-value = P(Z > z) = P(Z > 1.272) = 0.1017$$

이때 유의확률$= 0.1017 > \alpha = 0.05$이므로 귀무가설 H_0는 기각될 수 없다. 또는

$$z = 1.272 < z_\alpha = z_{0.05} = 1.645$$

이므로 귀무가설 H_0는 기각될 수 없다. 즉, 5% 유의수준의 가설검

정에서 표본자료는 벼 품종 A의 평균 쌀 수확량이 벼 품종 B의 평균 쌀 수확량보다 크다고 할 만큼 충분한 증거가 되지 못한다.

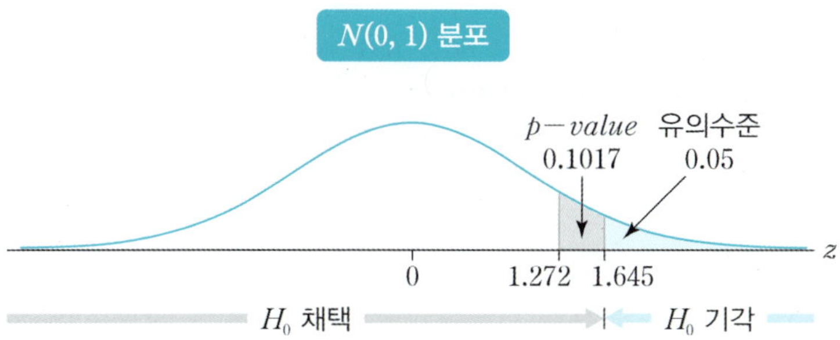

그림 7.1 예제 7.1 : H_0 : $\mu_1 = \mu_2$ $vs.$ H_1 : $\mu_1 > \mu_2$ 검정

```
> # [R-program 7.1] 예제 7.1 : 대표본-독립표본-모평균차-CI-Z-검정-우측검정
>
> # pnorm(z, 0, 1, lower.tail = FALSE) : N(0,1)에서 z이상 상위누적확률
> # qnorm(p, 0, 1, lower.tail = FALSE) : N(0,1)에서 상위누적확률 p 분위수
>
> xmean1 = 6923; sd1 = 462; n1 = 38;
> xmean2 = 6775; sd2 = 534; n2 = 36;
> cl = 0.95; alpha = 0.05
>
> # 대표본 & 독립표본에서 mu1-mu2에 대한 100(1-alpha)% 신뢰구간
> (xmean.diff = xmean1-xmean2)
[1] 148
> (standard.error = sqrt(sd1^2/n1+sd2^2/n2))
[1] 116.3527
>
> (half.alpha = (1-cl)/2)
[1] 0.025
> (z.half.alpha = qnorm(half.alpha, 0, 1, lower.tail = FALSE))
[1] 1.959964
> (sampling.error = z.half.alpha*standard.error)
[1] 228.0471
>
```

```
> (ci.lower = xmean.diff-sampling.error)
[1] -80.04707
> (ci.upper = xmean.diff+sampling.error)
[1] 376.0471
>
> # 대표본 & 독립표본에서 우측검정 : H0 : mu1-mu2=0 vs. H1: mu1-mu2>0
> (z = xmean.diff/standard.error)
[1] 1.271995
> (p.value = pnorm(z, 0, 1, lower.tail = FALSE))
[1] 0.1016875
> (critical.value = qnorm(alpha, 0, 1, lower.tail = FALSE))
[1] 1.644854
```

7.2 소표본에서 두 모집단의 모평균에 대한 추론

앞 절에서는 표본의 크기가 충분히 큰 대표본의 경우에 $Z-$통계량으로 두 모평균의 차 $\mu_1-\mu_2$에 대한 통계적 추론을 하였다. 그러나 실제 자료의 분석에서는 표본의 크기가 충분히 크지 않은 경우도 많이 있다. 이 절에서는 표본의 크기가 충분히 크지 않은 소표본의 경우에 $T-$통계량에 기초한 통계적 추론 방법에 대하여 알아보기로 한다.

7.2.1 두 정규모집단의 모분산이 같지 않은 경우

서로 독립인 두 정규모집단을 각각 $N(\mu_1, \sigma_1^2)$과 $N(\mu_2, \sigma_2^2)$이라 하자. 이때 두 모분산이 같지 않다고 가정한다. 즉, 이분산(unequal variance) $\sigma_1^2 \neq \sigma_2^2$ 을 가정한다. 그러면 두 표본평균의 차 $\overline{X}_1-\overline{X}_2$는 표본의 크기에 관계없이 다음과 같이 정규분포를 따른다.

$$\overline{X_1} - \overline{X_2} \sim N\left(\mu_1 - \mu_2,\ \frac{\sigma_1^2}{n_1} + \frac{\sigma_2^2}{n_2}\right)$$

이제 다음과 같은 표준화 확률변수는 표준정규분포를 따르게 된다.

$$Z=\frac{(\overline{X_1}-\overline{X_2})-(\mu_1-\mu_2)}{\sqrt{\frac{\sigma_1^2}{n_1}+\frac{\sigma_2^2}{n_2}}} \sim N(0,1) \tag{7.2}$$

그런데 이 확률변수는 미지의 모수 σ_1^2, σ_2^2을 가지고 있으므로, 이것을 각각의 표본분산 S_1^2, S_2^2으로 대체한 후 다음과 같이 정의되는 **이표본 T-통계량(two sample T-statistic)**

$$T=\frac{(\overline{X_1}-\overline{X_2})-(\mu_1-\mu_2)}{\sqrt{\frac{S_1^2}{n_1}+\frac{S_2^2}{n_2}}} \tag{7.3}$$

은 근사적으로 t-분포를 따른다. 이때 t-분포의 자유도는 다음과 같다.

$$df=\frac{\left(\frac{s_1^2}{n_1}+\frac{s_2^2}{n_2}\right)^2}{\frac{1}{n_1-1}\left(\frac{s_1^2}{n_1}\right)^2+\frac{1}{n_2-1}\left(\frac{s_2^2}{n_2}\right)^2}$$

이 자유도를 **세터스웨이트(Satterthwaite)**의 자유도라 하는데, 두 표본의 크기 n_1, n_2가 각각 5 이상의 경우에 정확하게 잘 맞는다.

이분산을 가지며 서로 독립인 두 개의 정규모집단에서 각각 추출된 소표본을 이용한 두 모평균 차 $\mu_1-\mu_2$에 대한 추론은 식 (7.3)에서 정의되는 T-통계량에 기초한다. 다음은 두 모평균의 차 $\mu_1-\mu_2$에 대한 통계적 추론 결과를 요약한 표이다.

소표본을 이용한 두 모평균의 차 $\mu_1-\mu_2$에 대한 추론 : 독립표본, 이분산의 경우

가정 : 두 개의 독립인 정규모집단 $N(\mu_1, \sigma_1^2)$, $N(\mu_2, \sigma_2^2)$ 그리고 이분산 $\sigma_1^2 \neq \sigma_2^2$

모집단 $N(\mu_1, \sigma_1^2)$의 소표본 1 : 표본의 크기(n_1), 표본평균($\bar{x}_1$), 표본표준편차(s_1)

모집단 $N(\mu_2, \sigma_2^2)$의 소표본 2 : 표본의 크기(n_2), 표본평균($\bar{x}_2$), 표본표준편차(s_2)

1. 두 모평균의 차 $\mu_1-\mu_2$에 대한 신뢰수준 $100(1-\alpha)\%$ 신뢰구간

$$\left[(\bar{x}_1-\bar{x}_2)-t_{\alpha/2}(df)\sqrt{\frac{s_1^2}{n_1}+\frac{s_2^2}{n_2}},\quad (\bar{x}_1-\bar{x}_2)+t_{\alpha/2}(df)\sqrt{\frac{s_1^2}{n_1}+\frac{s_2^2}{n_2}}\right]$$

$$\text{여기서 } df=\frac{\left(\frac{s_1^2}{n_1}+\frac{s_2^2}{n_2}\right)^2}{\frac{1}{n_1-1}\left(\frac{s_1^2}{n_1}\right)^2+\frac{1}{n_2-1}\left(\frac{s_2^2}{n_2}\right)^2}$$

2 두 모평균의 차 $\mu_1-\mu_2$에 대한 유의수준 α에서 T-검정

(1) 귀무가설 H_0 : $\mu_1=\mu_2$ 하에서 T-검정통계량 : $T=\dfrac{\bar{X}_1-\bar{X}_2}{\sqrt{\dfrac{S_1^2}{n_1}+\dfrac{S_2^2}{n_2}}}\sim t(df)$

(2) t-검정통계치 : $t=\dfrac{\bar{x}_1-\bar{x}_2}{\sqrt{\dfrac{s_1^2}{n_1}+\dfrac{s_2^2}{n_2}}}$

(3) 각 대립가설에 대한 유의확률과 기각역

대립가설	유의확률($p-value$)	기각역
$H_1: \mu_1>\mu_2$	$P(T>t)$	$t>t_\alpha(df)$
$H_1: \mu_1<\mu_2$	$P(T<t)$	$t< -t_\alpha(df)$
$H_1: \mu_1\neq\mu_2$	$P(\lvert T\rvert>\lvert t\rvert)=2P(T>\lvert t\rvert)$	$\lvert t\rvert>t_{\alpha/2}(df)$

예제 7.2 언어교육원에서는 외국인 학생들의 한국어 독해능력을 높일 수 있는 교수법에 관심이 있다. 외국인 신입생 중 임의로 41명을 선정하여 그중 20명은 기존 교수법으로 지도하고, 다른 21명은 새로 개발한 교수법으로 지도한지 15주 후에 독해능력을 측정하였다. 이들의 독해능력 측정 점수는 아래 표와 같다.

기존 교수법	65 43 58 25 62 39 33 41 19 54 31 46 30 71 42 21 17 60 53 37
새 교수법	45 58 72 42 49 63 43 48 53 56 58 52 67 51 58 32 46 48 62 47 42

(1) 각 교수법으로 지도한 후 평균 독해능력 점수 차에 대해 신뢰수준 95%에서 구간추정하여라.

(2) 새로운 교수법으로 지도한 후 독해능력이 더 높아졌다고 볼 수 있는지 5% 유의수준에서 검정하여라.

풀이 자료의 정규성 검토를 위한 아래의 정규 Q−Q 그림을 보면 대체로 직선 패턴을 보인다.

Normal Q−Q Plot

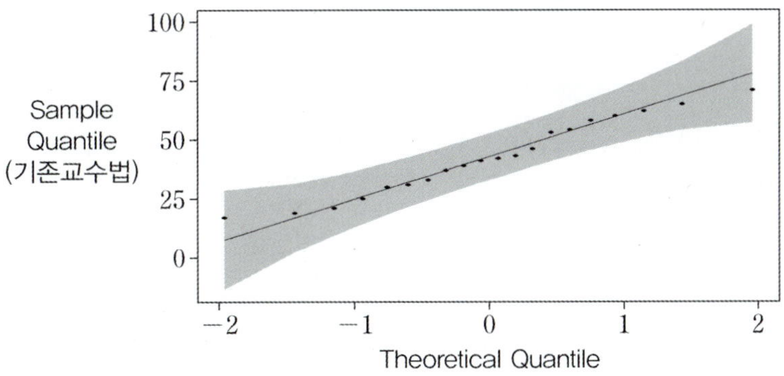

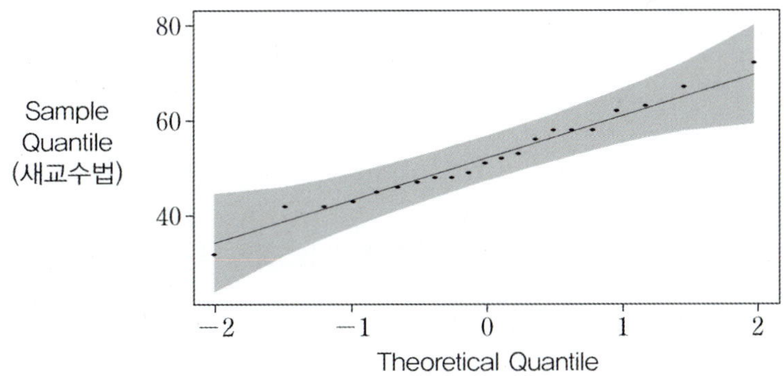

추가로 아래의 상자그림에서 자료 분포의 정규성 및 이분산 여부를 검

토할 수 있다. 각 교수법으로 지도한 후 독해능력 점수 분포는 좌우대칭이며, 기존 교수법으로 지도한 후 독해능력의 산포가 새 교수법으로 지도한 후 독해능력의 산포보다 상당히 큼을 알 수 있다. 따라서 각 표본은 이분산을 갖는 정규모집단으로부터 추출한 표본으로 추측한다.

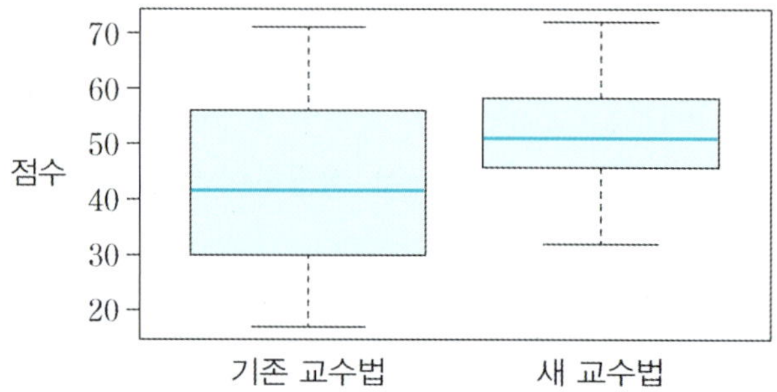

각 표본으로부터 계산한 통계치는 다음 표와 같다.

교수법	표본 크기	표본평균	표본표준편차
기존 교수법	$n_1 = 20$	$\overline{x}_1 = 42.35$	$s_1 = 16.05$
새 교수법	$n_2 = 21$	$\overline{x}_2 = 52.00$	$s_2 = 9.50$

이때 표본의 크기가 각각 $n_1 = 20(< 30)$, $n_2 = 21(< 30)$이므로 소표본이다. 따라서 근사 $T-$통계량에 기초해서 추론한다. 기존 교수법과 새로 개발한 교수법으로 지도했을 때 평균 독해능력 점수를 각각 μ_1 및 μ_2라 정의하자.

(1) 평균 독해능력 점수 차 $\mu_1 - \mu_2$의 점추정치는

$$\widehat{\mu_1 - \mu_2} = \overline{x}_1 - \overline{x}_2 = 42.35 - 52.00 = -9.65$$

이다. 근사 $t-$분포의 자유도는 다음과 같이 계산된다.

$$df = \frac{\left(\frac{s_1^2}{n_1} + \frac{s_2^2}{n_2}\right)^2}{\frac{1}{n_1 - 1}\left(\frac{s_1^2}{n_1}\right)^2 + \frac{1}{n_2 - 1}\left(\frac{s_2^2}{n_2}\right)^2}$$

$$= \frac{\left(\frac{16.05^2}{20} + \frac{9.50^2}{21}\right)^2}{\frac{1}{20-1}\left(\frac{16.05^2}{20}\right)^2 + \frac{1}{21-1}\left(\frac{9.50^2}{21}\right)^2} = 30.56$$

신뢰수준은 $100(1-\alpha)\% = 95\%$ 이므로 $\alpha/2 = 0.025$ 이고 $t_{0.025}(30.56) = 2.041$ 이다. 따라서 $\mu_1 - \mu_2$ 에 대한 95% 신뢰구간은 다음과 같다.

$$(\overline{x_1} - \overline{x_2}) \pm t_{\alpha/2}(df)\sqrt{\frac{s_1^2}{n_1} + \frac{s_2^2}{n_2}}$$

$$= -9.65 \pm 2.041 \times \sqrt{\frac{16.05^2}{20} + \frac{9.50^2}{21}}$$

$$= -9.65 \pm 8.46$$

$$= [-18.11,\ -1.19]$$

즉, 기존 교수법 및 새 교수법으로 지도한 후 평균 독해능력 점수 차는 -9.65점이고 표본오차는 95% 신뢰수준에서 ±8.46 점이다. 혹은 95% 신뢰수준에서 기존 교수법 및 새 교수법으로 지도한 후 평균 독해능력 점수 차는 -18.11점 이상 -1.19점 이하이다.

(2) 새로운 교수법으로 지도한 후 독해능력이 더 향상되었는지 검정하기 위한 가설은 다음과 같이 설정한다.

$$H_0 : \mu_1 = \mu_2 \quad vs. \quad H_1 : \mu_1 < \mu_2$$

귀무가설 $H_0 : \mu_1 = \mu_2$가 사실이라는 가정하에서 다음과 같이 검정통계치와 좌측검정에 대한 유의확률을 계산한다.

$$t = \frac{\overline{x_1} - \overline{x_2}}{\sqrt{\frac{s_1^2}{n_1} + \frac{s_2^2}{n_2}}} = \frac{-9.65}{\sqrt{\frac{16.05^2}{20} + \frac{9.50^2}{21}}} = -2.328$$

$$p-value = P(T < t) = P(T < -2.328) = 0.0133$$

이때 유의확률$= 0.0133 < \alpha = 0.05$이므로 귀무가설 H_0는 기각된다. 또는

$$t = -2.328 < -t_{\alpha}(df) = -t_{0.05}(30.56) = -1.696$$

이므로 귀무가설 H_0는 기각된다. 즉, 5% 유의수준에서 표본자료는 새로운 교수법이 기존 교수법보다 독해능력을 더 높였다고 볼 수 있는 증거가 되며 검정결과는 유의하다.

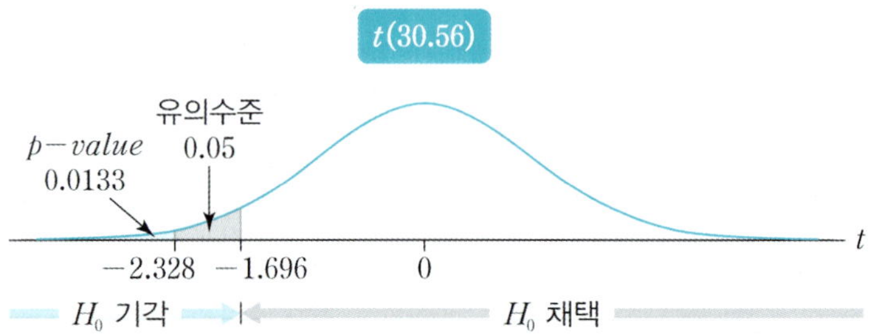

▎그림 7.2 예제 7.2 : H_0 : $\mu_1 = \mu_2$ vs. H_1 : $\mu_1 < \mu_2$ 검정

```
> # [R-program 7.2] 예제 7.2 : 소표본-독립표본-이분산-모평균차-CI-T-검정-좌측검정
>
> # pt(t, df, lower.tail = TRUE) : t(df)에서 t이하 하위누적확률
> # qt(p, df, lower.tail = TRUE) : t(df)에서 하위누적확률 p 분위수
> # qt(p, df, lower.tail = FALSE) : t(df)에서 상위누적확률 p 분위수
>
> x1 = c(65, 43, 58, 25, 62, 39, 33, 41, 19, 54, 31, 46, 30, 71, 42, 21,
+        17, 60, 53, 37)
> x2 = c(45, 58, 72, 42, 49, 63, 43, 48, 53, 56, 58, 52, 67, 51, 58, 32,
```

```
+       46, 48, 62, 47, 42)
> cl = 0.95; alpha = 0.05
>
> # 정규성 및 이분산 검토 : 상자그림
> boxplot(x1, x2, names = c("기존 교수법", "새 교수법"), ylab = "점수")
>
> # 정규성 검토 : 정규 Q-Q그림
> library(ggpubr) # ggqqplot{ggpubr}
> ggqqplot(x1)
> ggqqplot(x2)
>
> # 소표본 & 독립표본에서 mu1-mu2에 대한 100(1-alpha)% 신뢰구간
> (xmean1 = mean(x1))
[1] 42.35
> (sd1 = sd(x1))
[1] 16.05017
> (n1 = length(x1))
[1] 20
>
> (xmean2 = mean(x2))
[1] 52
> (sd2 = sd(x2))
[1] 9.497368
> (n2 = length(x2))
[1] 21
>
> (xmean.diff = xmean1 - xmean2)
[1] -9.65
> v1 = sd1^2/n1; v2 = sd2^2/n2
> (standard.error = sqrt(v1+v2))
[1] 4.14435
>
> (df = (v1+v2)^2/(v1^2/(n1-1)+v2^2/(n2-1)))
[1] 30.55666
>
> (half.alpha = (1-cl)/2 )
[1] 0.025
> (t.half.alpha = qt(half.alpha, df, lower.tail = FALSE))
```

```
[1] 2.040713
> (sampling.error = t.half.alpha*standard.error)
[1] 8.45743
>
> (ci.lower = xmean.diff-sampling.error)
[1] -18.10743
> (ci.upper = xmean.diff+sampling.error)
[1] -1.19257
>
> # 소표본 & 독립표본에서 좌측검정 : H0 : mu1-mu2=0 vs. H1: mu1-mu2<0
> (t = xmean.diff/standard.error)
[1] -2.328472
> (p.value = pt(t, df, lower.tail = TRUE))
[1] 0.01334186
> (critical.value = qt(alpha, df, lower.tail = TRUE))
[1] -1.696277
```

7.2.2 두 정규모집단의 모분산이 같은 경우

이 절에서는 서로 독립인 두 정규모집단 $N(\mu_1, \sigma_1^2)$, $N(\mu_2, \sigma_2^2)$의 분산이 같은 경우를 가정한다. 즉, 동분산(equal variance) $\sigma_1^2 = \sigma_2^2 = \sigma^2$을 가정한다. 그러면 식 (7.2)는 다음과 같이 수정된다.

$$Z = \frac{(\overline{X_1} - \overline{X_2}) - (\mu_1 - \mu_2)}{\sigma\sqrt{\frac{1}{n_1} + \frac{1}{n_2}}} \sim N(0,1) \qquad (7.4)$$

이제 두 모집단의 공통 모분산인 σ^2을 추정하기 위하여 두 개의 표본을 합하여 하나의 공통된 분산을 추정한다. 즉, 공통 모분산 σ^2의 추정량으로

$$S_p^2 = \frac{(n_1 - 1)S_1^2 + (n_2 - 1)S_2^2}{n_1 + n_2 - 2}$$

을 사용하고, 이를 공통 모분산 σ^2의 합동 표본분산(pooled sample variance)이라 부른다. 이는 두 개의 표본분산을 각각의 자유도로 가중하여 평균을 계산한 것과 같다.

이제 식 (7.4)의 $Z-$통계량에서 σ 대신에 추정량 S_p를 대입하면 다음과 같이 자유도가 n_1+n_2-2인 $t-$분포를 따르는 **이표본 $T-$통계량(two sample T-statistic)**을 얻을 수 있다.

$$T=\frac{(\overline{X_1}-\overline{X_2})-(\mu_1-\mu_2)}{S_p\sqrt{\dfrac{1}{n_1}+\dfrac{1}{n_2}}} \sim t(n_1+n_2-2) \tag{7.5}$$

동분산을 가지며 서로 독립인 두 개의 정규모집단에서 각각 추출된 소표본을 이용한 두 모평균 차 $\mu_1-\mu_2$에 대한 추론은 식 (7.5)에서 정의되는 $T-$통계량에 기초한다. 다음은 두 모평균의 차 $\mu_1-\mu_2$에 대한 통계적 추론 결과를 요약한 표이다.

소표본을 이용한 두 모평균의 차 $\mu_1-\mu_2$에 대한 추론 : 독립표본, 동분산의 경우

가정 : 동분산을 갖는 두 개의 독립인 정규모집단 $N(\mu_1, \sigma^2)$, $N(\mu_2, \sigma^2)$

모집단 $N(\mu_1, \sigma^2)$의 소표본 1 : 표본의 크기(n_1), 표본평균($\bar{x}_1$), 표본표준편차(s_1)

모집단 $N(\mu_2, \sigma^2)$의 소표본 2 : 표본의 크기(n_2), 표본평균($\bar{x}_2$), 표본표준편차(s_2)

1. 두 모평균의 차 $\mu_1-\mu_2$에 대한 신뢰수준 $100(1-\alpha)\%$ 신뢰구간

$$\left[(\bar{x}_1-\bar{x}_2)-t_{\alpha/2}(n_1+n_2-2)s_p\sqrt{\frac{1}{n_1}+\frac{1}{n_2}},\quad (\bar{x}_1-\bar{x}_2)+t_{\alpha/2}(n_1+n_2-2)s_p\sqrt{\frac{1}{n_1}+\frac{1}{n_2}}\right]$$

여기서 $s_p^2=\dfrac{(n_1-1)s_1^2+(n_2-1)s_2^2}{n_1+n_2-2}$

2 두 모평균의 차 $\mu_1-\mu_2$에 대한 유의수준 α에서 $T-$검정

(1) 귀무가설 H_0 : $\mu_1=\mu_2$ 하에서 $T-$검정통계량

$$T=\frac{\overline{X}_1-\overline{X}_2}{S_p\sqrt{\dfrac{1}{n_1}+\dfrac{1}{n_2}}} \sim t(n_1+n_2-2)$$

(2) t-검정통계치 : $t=\dfrac{\bar{x}_1-\bar{x}_2}{s_p\sqrt{\dfrac{1}{n_1}+\dfrac{1}{n_2}}}$

(3) 각 대립가설에 대한 유의확률과 기각역

대립가설	유의확률($p-value$)	기각역
$H_1 : \mu_1 > \mu_2$	$P(T>t)$	$t > t_\alpha(n_1+n_2-2)$
$H_1 : \mu_1 < \mu_2$	$P(T<t)$	$t < -t_\alpha(n_1+n_2-2)$
$H_1 : \mu_1 \neq \mu_2$	$P(\|T\| > \|t\|) = 2P(T>\|t\|)$	$\|t\| > t_{\alpha/2}(n_1+n_2-2)$

예제 7.3 어느 특정 집단에 소속된 구성원 중 성별에 따라 하루 섭취하는 탄수화물 양이 차이가 있는지를 알아보기 위해서 성별에 따라 두 그룹으로 구분하고, 이들 각 그룹에서 임의로 표본을 추출하여 하루 섭취하는 탄수화물 양(단위: g)을 조사한 결과가 아래 표와 같다.

여성	87 86 59 68 98 69 80 78 69 77
남성	51 86 73 66 65 49 65 85 62 72 55 58 65 73

(1) 여성과 남성이 하루 섭취하는 탄수화물 양의 평균차에 대해 신뢰수준 95%에서 구간추정하여라.

(2) 여성과 남성이 하루 섭취하는 탄수화물 양의 차이가 있는지 5% 유의수준에서 검정하여라.

풀이 자료의 정규성 검토를 위한 아래 정규 Q-Q 그림을 보면 대체로 직선 패턴을 보인다.

Normal Q-Q Plot

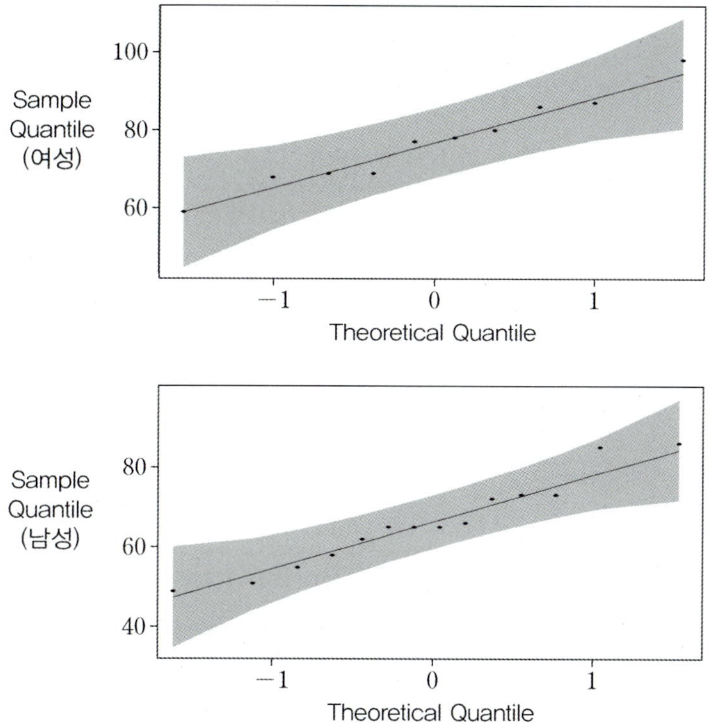

추가로 자료의 정규성 및 이분산 여부를 검토하기 위한 아래의 상자그림에서 성별로 탄수화물 양의 분포는 좌우대칭이며 산포가 서로 비슷하다. 따라서 성별 각 표본은 동분산을 갖는 정규모집단으로부터 추출한 표본으로 추측한다.

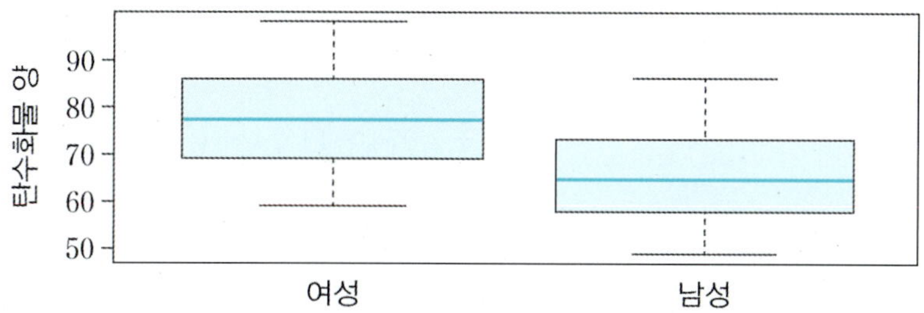

각 표본으로부터 계산한 통계치는 다음 표와 같다.

성별	표본의 크기	표본평균	표본표준편차
여성	$n_1 = 10$	$\overline{x}_1 = 77.10$	$s_1 = 11.38$
남성	$n_2 = 14$	$\overline{x}_2 = 66.07$	$s_2 = 11.14$

이때 표본의 크기가 각각 $n_1 = 10(< 30)$, $n_2 = 14(< 30)$이므로 소표본이다. 따라서 $T-$통계량에 기초해서 추론한다. 여성과 남성의 하루 탄수화물 섭취량의 평균을 각각 μ_1, μ_2라 정의하자.

(1) 성별 하루 탄수화물 섭취량의 평균차 $\mu_1 - \mu_2$의 점추정치는

$$\widehat{\mu_1 - \mu_2} = \overline{x}_1 - \overline{x}_2 = 77.10 - 66.07 = 11.03$$

이다. 합동 표본표준편차는 다음과 같이 계산된다.

$$s_p = \sqrt{\frac{(n_1 - 1)s_1^2 + (n_2 - 1)s_2^2}{n_1 + n_2 - 2}}$$

$$= \frac{(10-1)(11.38)^2 + (14-1)(11.14)^2}{10 + 14 - 2}$$

$$= 11.24$$

신뢰수준은 $100(1-\alpha)\% = 95\%$이므로 $\alpha/2 = 0.025$이고 $t-$분포의 자유도는 $n_1 + n_2 - 2 = 10 + 14 - 2 = 22$이다. 따라서 $t_{0.025}(22) = 2.074$이다. 이제 $\mu_1 - \mu_2$에 대한 95% 신뢰구간은 다음과 같다.

$$(\overline{x}_1 - \overline{x}_2) \pm t_{\alpha/2}(n_1 + n_2 - 2)s_p\sqrt{\frac{1}{n_1} + \frac{1}{n_2}}$$

$$= 11.03 \pm 2.074 \times 11.24 \times \sqrt{\frac{1}{10} + \frac{1}{14}}$$

$$= 11.03 \pm 9.65 = [1.38, 20.68]$$

즉, 여성과 남성의 하루 탄수화물 섭취량의 평균차는 $11.03g$이고 표본오차는 95% 신뢰수준에서 $\pm 9.65g$이다. 혹은 95% 신뢰수준에서 여성과 남성의 하루 탄수화물 섭취량의 평균차는 $1.38g$ 이상

20.68g 이하이다.

(2) 여성과 남성이 하루 섭취하는 탄수화물 양의 차이가 있는지를 검정하기 위한 가설은 다음과 같이 설정할 수 있다.

$$H_0 : \mu_1 = \mu_2 \quad vs. \quad H_1 : \mu_1 \neq \mu_2$$

귀무가설 $H_0 : \mu_1 = \mu_2$가 사실이라는 가정하에서 다음과 같이 검정통계치와 양측검정에 대한 유의확률을 계산한다.

$$t = \frac{(\overline{x_1} - \overline{x_2})}{s_p\sqrt{\frac{1}{n_1} + \frac{1}{n_2}}} = \frac{11.03}{11.24 \times \sqrt{\frac{1}{10} + \frac{1}{14}}} = 2.37$$

$$p-value = P(|T| > |t|) = 2P(T > |2.37|) = 0.027$$

이때 유의확률$= 0.027 < \alpha = 0.05$이므로 귀무가설 H_0는 기각된다. 또는

$$t = |2.37| > t_{\alpha/2}(n_1 + n_2 - 2) = t_{0.025}(22) = 2.074$$

이므로 귀무가설 H_0는 기각된다. 즉, 5% 유의수준의 가설검정에서 표본자료는 여성과 남성이 하루 섭취하는 탄수화물 양의 차이가 있다는 증거가 되며 검정결과는 유의하다.

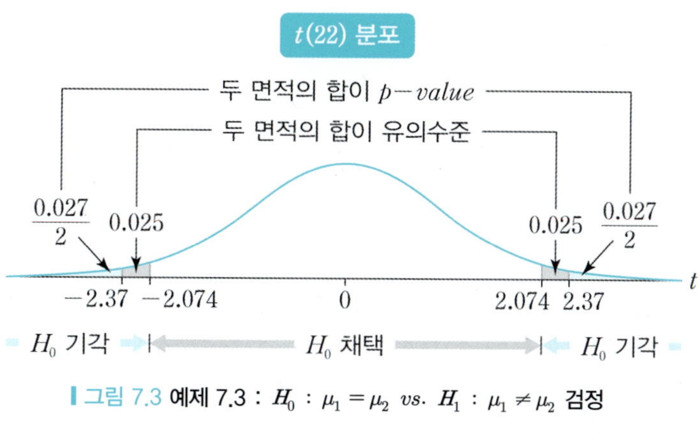

그림 7.3 예제 7.3 : $H_0 : \mu_1 = \mu_2$ $vs.$ $H_1 : \mu_1 \neq \mu_2$ 검정

```
> # [R-program 7.3] 예제 7.3 : 소표본-독립표본-동분산-모평균차-CI-T-검정-양측검정
>
> # pt(t, df, lower.tail = FALSE) : t(df)에서 t이상 상위누적확률
> # qt(p, df, lower.tail = FALSE) : t(df)에서 상위누적확률 p 분위수
>
> x1 = c(87, 86, 59, 68, 98, 69, 80, 78, 69, 77)
> x2 = c(51, 86, 73, 66, 65, 49, 65, 85, 62, 72, 55, 58, 65, 73)
> cl = 0.95; alpha = 0.05
>
> # 정규성 및 이분산 검토 : 상자그림
> boxplot(x1, x2, names = c("여성", "남성"), ylab = "탄수화물 양")
>
> # 정규성 검토 : 정규 Q-Q그림
> library(ggpubr) # ggqqplot{ggpubr}
> ggqqplot(x1)
> ggqqplot(x2)
>
> # 소표본 & 독립표본에서 mu1-mu2에 대한 100(1-alpha)% 신뢰구간
> (xmean1 = mean(x1))
[1] 77.1
> (sd1 = sd(x1))
[1] 11.37688
> (n1 = length(x1))
[1] 10
>
> (xmean2 = mean(x2))
[1] 66.07143
> (sd2 = sd(x2))
[1] 11.13874
> (n2 = length(x2))
[1] 14
>
> (xmean.diff = xmean1-xmean2)
[1] 11.02857
> (df = n1+n2-2)
[1] 22
> (pooled.sd = sqrt((((n1-1)*sd1^2)+((n2-1)*sd2^2))/df))
[1] 11.23677
```

```
> (standard.error = pooled.sd*sqrt(1/n1+1/n2))
[1] 4.652464
>
> (half.alpha = (1-cl)/2)
[1] 0.025
> (t.half.alpha = qt(half.alpha, df, lower.tail = FALSE))
[1] 2.073873
> (sampling.error = t.half.alpha*standard.error)
[1] 9.648619
>
> (ci.lower = xmean.diff - sampling.error)
[1] 1.379952
> (ci.upper = xmean.diff + sampling.error)
[1] 20.67719
>
> # 소표본 & 독립표본에서 양측검정 : H0 : mu1-mu2=0 vs. H1: mu1-mu2 not equal 0
> (t = xmean.diff/standard.error)
[1] 2.37048
> (p.value = 2*pt(abs(t), df, lower.tail = FALSE))
[1] 0.0269497
> (critical.value = qt(alpha/2, df, lower.tail = FALSE))
[1] 2.073873
```

7.3 대응표본에 의한 두 모집단의 모평균에 대한 추론

7.1절과 7.2절에서 두 모집단의 모평균을 비교하기 위해서 사용된 두 표본은 서로 독립인 독립표본이었다. 독립표본에 의해 모평균을 비교할 때는 각 표본의 환경이 서로 동질적이어야 함에 매우 유의해야 한다. 예를 들면 새로 개발된 사료가 기존의 사료보다 젖소의 착유량을 증가시키는지를 보기 위한 실험에서 독립표본에 의한 실험에서는 각 표본이 사료의 종류를 제외한 그 외의 모든 조건은 동질적이어야 한다. 만약 새로 개발된 사료를 먹인 젖소들의 표본이 건강한 젖소들이고 기존의 사료를 먹인 젖소들의 표본이 병약한 젖소들이라면 새로 개발된 사료를 먹인 젖소들의

평균 착유량이 기존의 사료를 먹인 젖소들의 평균 착유량보다 월등하게 많은 이유가 사료의 차이가 아니라 젖소의 차이 때문일 수 있다.

독립표본에 의한 모평균의 비교에서 각 표본의 환경을 동질적으로 만들기 어려울 때는 대응표본에 의한 모평균의 비교를 한다. 즉, 동질적인 실험단위로 쌍을 이루어 두 처리를 적용한 후 얻어지는 측정값들을 쌍으로 묶어서 대응표본(paired sample)을 구성한 다음, 각 쌍 내에서의 차를 이용하여 추론하는 방법을 대응표본에 의한 모평균의 비교라고 한다. 이 경우 얻어지는 자료의 구조는 다음과 같다.

대응표본의 번호	1	2	3	⋯	n
처리 1	X_1	X_2	X_3	⋯	X_n
처리 2	Y_1	Y_2	Y_3	⋯	Y_n
두 처리의 차	$D_1 = X_1 - Y_1$	$D_2 = X_2 - Y_2$	$D_3 = X_3 - Y_3$	⋯	$D_n = X_n - Y_n$

즉, n개의 실험단위에 처리 1과 처리 2를 각각 적용하여 측정값 $(X_1, Y_1), \ldots (X_n, Y_n)$을 얻고 각 측정값의 차 $D_1, D_2, \ldots, D_n$의 모평균은

$$\mu_D = E(D_i) = E(X_i - Y_i) = E(X_i) - E(Y_i) = \mu_1 - \mu_2$$

이므로, 이들의 평균과 표준편차

$$\overline{D} = \frac{1}{n}\sum_{i=1}^{n} D_i \quad , \ S_D = \sqrt{\frac{1}{n-1}\sum_{i=1}^{n}(D_i - \overline{D})^2}$$

를 이용하여 제6장에서 배운 단일 모집단에 대한 추론 방법을 적용하여 구간추정과 가설검정을 할 수 있다.

대표본에서 대응표본에 의한 두 모평균 차 $\mu_D = \mu_1 - \mu_2$에 대한 추론은 다음의 $Z-$통계량

$$Z = \frac{\overline{D} - \mu_D}{S_D / \sqrt{n}} \ \sim \ N(0, 1)$$

에 기초한다. 다음은 대표본에서 대응표본을 이용한 두 모평균의 차 $\mu_D = \mu_1 - \mu_2$에 대한 통계적 추론 결과를 요약한 표이다.

대표본을 이용한 두 모평균의 차 $\mu_D = \mu_1 - \mu_2$에 대한 추론 : 대응표본의 경우

하나의 모집단 $(\mu_D = \mu_1 - \mu_2\,,\, \sigma_D^2)$

대표본 : 표본의 크기(n), 표본평균$\left(\bar{d} = \frac{1}{n}\sum_{i=1}^{n} d_i\right)$, 여기서 $d_i = x_i - y_i$

표본표준편차$\left(s_d = \sqrt{\frac{1}{n-1}\sum_{i=1}^{n}(d_i - \bar{d})^2}\right)$

1. 두 모평균의 차 $\mu_D = \mu_1 - \mu_2$에 대한 신뢰수준 $100(1-\alpha)\%$ 신뢰구간

$$\left[\bar{d} - z_{\alpha/2}\frac{s_d}{\sqrt{n}},\quad \bar{d} + z_{\alpha/2}\frac{s_d}{\sqrt{n}}\right]$$

2. 두 모평균의 차 $\mu_D = \mu_1 - \mu_2$에 대한 유의수준 α에서 Z–검정

(1) 귀무가설 $H_0\ :\ \mu_D = \mu_1 - \mu_2 = 0$ 하에서 Z–검정통계량 : $Z = \frac{\overline{D}}{S_D / \sqrt{n}} \sim N(0,1)$

(2) z–검정통계치 : $z = \frac{\bar{d}}{s_d / \sqrt{n}}$

(3) 각 대립가설에 대한 유의확률과 기각역

대립가설	유의확률($p-value$)	기각역
$H_1\ :\ \mu_1 > \mu_2$	$P(Z > z)$	$z > z_\alpha$
$H_1\ :\ \mu_1 < \mu_2$	$P(Z < z)$	$z < -z_\alpha$
$H_1\ :\ \mu_1 \neq \mu_2$	$P(\lvert Z\rvert > \lvert z\rvert) = 2P(Z > \lvert z\rvert)$	$\lvert z\rvert > z_{\alpha/2}$

만약 모분산 σ_D^2가 알려져 있다면 위의 검정통계량 Z에서 표본분산 S_D^2를 모분산 σ_D^2로 대체한 후 위에서 요약정리된 검정방법을 그대로 적용하면 된다.

정규모집단 $N(\mu_D, \sigma_D^2)$으로부터 추출한 소표본에서 대응표본에 의한 두 모평균 차 $\mu_D = \mu_1 - \mu_2$에 대한 추론은 다음의 $T-$통계량

$$T = \frac{\overline{D} - \mu_D}{S_D / \sqrt{n}} \sim t(n-1)$$

에 기초한다. 다음은 소표본에서 대응표본에 의한 두 모평균의 차 $\mu_D = \mu_1 - \mu_2$에 대한 통계적 추론 결과를 요약한 표이다.

소표본을 이용한 두 모평균의 차 $\mu_D = \mu_1 - \mu_2$에 대한 추론 : 대응표본의 경우

하나의 정규모집단 $N(\mu_D = \mu_1 - \mu_2, \sigma_D^2)$

소표본 : 표본의 크기(n), 표본평균$\left(\bar{d} = \frac{1}{n}\sum_{i=1}^{n} d_i\right)$, 여기서 $d_i = x_i - y_i$

표본표준편차$\left(s_d = \sqrt{\frac{1}{n-1}\sum_{i=1}^{n}(d_i - \bar{d})^2}\right)$

1. 모평균 $\mu_D = \mu_1 - \mu_2$에 대한 신뢰수준 $100(1-\alpha)\%$ 신뢰구간

$$\left[\bar{d} - t_{\alpha/2}(n-1)\frac{s_d}{\sqrt{n}},\quad \bar{d} + t_{\alpha/2}(n-1)\frac{s_d}{\sqrt{n}}\right]$$

2. 모평균 $\mu_D = \mu_1 - \mu_2$에 대한 유의수준 α에서 T–검정

(1) 귀무가설 H_0 : $\mu_D = \mu_1 - \mu_2 = 0$ 하에서 T–검정통계량 : $T = \frac{\overline{D}}{S_D / \sqrt{n}} \sim t(n-1)$

(2) t–검정통계치 : $t = \frac{\bar{d}}{s_d / \sqrt{n}}$

(3) 각 대립가설에 대한 유의확률과 기각역

대립가설	유의확률($p-value$)	기각역
$H_1 : \mu_1 > \mu_2$	$P(T > t)$	$t > t_\alpha(n-1)$
$H_1 : \mu_1 < \mu_2$	$P(T < t)$	$t < -t_\alpha(n-1)$
$H_1 : \mu_1 \neq \mu_2$	$P(\lvert T \rvert > \lvert t \rvert) = 2P(T > \lvert t \rvert)$	$\lvert t \rvert > t_{\alpha/2}(n-1)$

예제 7.4 중학교 영어교사들의 언어청취력 향상을 위해서 4주 간의 하계연수를 하였다. 20명의 교사를 선발하여 교육 전에 청취력 검사를 하고, 교육 후에 청취력 검사를 하여 측정된 결과는 다음과 같다. 이때 점수 차는 교육 후 점수에서 교육 전 점수를 뺀 점수로 정의한다. 이때 교육 후와 교육 전 점수 차가 정규분포를 따른다고 알려져 있다.

교사	1	2	3	4	5	6	7	8	9	10
교육 후 점수	34	31	35	16	33	24	28	26	26	36
교육 전 점수	32	31	29	10	30	22	25	32	20	30
점수 차	2	0	6	6	3	2	3	−6	6	6
교사	11	12	13	14	15	16	17	18	19	20
교육 후 점수	26	27	24	32	15	34	26	26	31	36
교육 전 점수	20	24	24	31	15	32	33	23	30	33
점수 차	6	3	0	1	0	2	−7	3	1	3

(1) 교육 후와 교육 전 평균 점수 차에 대해 신뢰수준 90%에서 구간추정하여라.

(2) 언어청취력 향상을 위한 연수 프로그램이 효과가 있는지를 유의수준 10%에서 검정하여라.

풀이 대응표본으로부터 계산한 통계치는 다음 표와 같다.

표본 크기	표본평균	표본표준편차
$n = 20$	$\overline{d} = 2$	$s_d = 3.58$

정규모집단으로부터 추출된 대응표본의 크기가 $n = 20(< 30)$이므로 소표본이다. 따라서 $T-$통계량에 기초해서 추론한다. 모집단의 평균 점수 차를 $\mu_D = \mu_1 - \mu_2$로 정의하자. 이때 μ_1은 교육 후 평균 점수이고 μ_2는 교육 전 평균 점수이다.

(1) 평균 점수 차 μ_D에 대한 점추정치는 $\widehat{\mu_D} = \overline{d} = 2$이다. 신뢰수준은 $100(1-\alpha)\% = 90\%$이므로 $\alpha/2 = 0.05$이다. 따라서 부록 [표 3]의 $t-$확률표에 의하여 자유도가 $n-1 = 20-1 = 19$인 $t-$분포의 상

위 0.05 분위수는 $t_{0.05}(19) = 1.729$이다. 따라서 교육 후와 교육 전의 평균 점수 차 $\mu_D = \mu_1 - \mu_2$에 대한 90% 신뢰구간은 다음과 같다.

$$\bar{d} \pm t_{0.05}(19)\frac{s_D}{\sqrt{n}} = 2 \pm 1.729 \times \frac{3.58}{\sqrt{20}} = 2 \pm 1.39 = [0.61,\ 3.39]$$

즉, 교육 후와 교육 전 평균 점수 차는 2점이고 표본오차는 90% 신뢰수준에서 ± 1.39점이다. 혹은 90% 신뢰수준에서 교육 후와 교육 전 평균 점수 차는 0.61점 이상 3.39점 이하이다.

(2) 연수 프로그램이 언어청취력 향상에 효과가 있었는지를 검정하기 위하여 다음과 같이 가설을 설정한다.

$$H_0 : \mu_D = \mu_1 - \mu_2 = 0 \quad vs. \quad H_1 : \mu_D = \mu_1 - \mu_2 > 0$$

귀무가설 $H_0 : \mu_D = \mu_1 - \mu_2 = 0$가 사실이라는 가정하에서 검정통계치와 우측검정에 대한 유의확률은 다음과 같이 계산된다.

$$t = \frac{\bar{d}}{s_d/\sqrt{n}} = \frac{2}{3.58/\sqrt{20}} = 2.4959$$

$$p-value = P(T > t) = P(T > 2.4959) = 0.011$$

이때 유의확률$= 0.011 < \alpha = 0.10$이므로 귀무가설 H_0는 기각된다. 또는

$$t = 2.4959 > t_\alpha(n-1) = t_{0.10}(19) = 1.328$$

이므로 귀무가설 H_0는 기각된다. 즉, 10% 유의수준에서 표본자료는 언어청취력 향상을 위한 연수 프로그램이 효과가 있다고 믿을만한 증거가 된다.

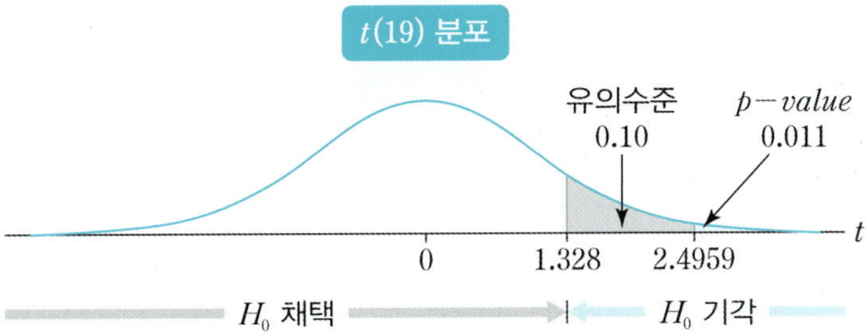

▍그림 7.4 예제 7.4 : $H_0 : \mu_D = \mu_1 - \mu_2 = 0$ vs. $H_1 : \mu_D = \mu_1 - \mu_2 > 0$ 검정

```
> # [R-program 7.4] 예제 7.4 : 소표본-대응표본-모평균차-CI-T-검정-우측검정
>
> # pt(t, df, lower.tail = FALSE) : t(df)에서 t이상 상위누적확률
> # qt(p, df, lower.tail = FALSE) : t(df)에서 상위누적확률 p 분위수
>
> x1=c(34, 31, 35, 16, 33, 24, 28, 26, 26, 36, 26, 27, 24, 32, 15, 34, 26,
+      26, 31, 36)
> x2=c(32, 31, 29, 10, 30, 22, 25, 32, 20, 30, 20, 24, 24, 31, 15, 32, 33,
+      23, 30, 33)
> cl = 0.90; alpha = 0.10
> (d = x1-x2)
 [1]  2  0  6  6  3  2  3 -6  6  6  6  3  0  1  0  2 -7  3  1  3
>
> # 소표본 & 대응표본에서 mud=mu1-mu2에 대한 100(1-alpha)% 신뢰구간
> (dmean = mean(d))
[1] 2
> (dsd = sd(d))
[1] 3.583588
> (n = length(d))
[1] 20
> (df = n-1)
[1] 19
>
> (standard.error = dsd/sqrt(n))
[1] 0.8013147
> (half.alpha = (1-cl)/2)
```

```
[1] 0.05
> (t.half.alpha = qt(half.alpha, df, lower.tail = FALSE))
[1] 1.729133
> (sampling.error = t.half.alpha*standard.error)
[1] 1.38558
>
> (ci.lower = dmean-sampling.error)
[1] 0.6144204
> (ci.upper = dmean+sampling.error)
[1] 3.38558
>
> # 소표본 & 대응표본에서 우측검정 : H0 : mud=mu1-mu2=0 vs. H1: mud=mu1-mu2>0
> (t = dmean/standard.error)
[1] 2.495898
> (p.value = pt(t, df, lower.tail = FALSE))
[1] 0.01096458
> (critical.value = qt(alpha, df, lower.tail = FALSE))
[1] 1.327728
```

7.4 두 모집단의 모분산에 대한 추론

7.2절에서 두 정규모집단의 모평균 차에 관한 추론을 할 때 두 모분산의 동일성 여부에 따라 식 (7.3) 혹은 식 (7.5)와 같이 서로 다른 $T-$통계량을 사용하였다. 7.2절의 예제들에서는 동분산 혹은 이분산의 판단을 위하여 상자그림과 같은 시각적인 수단에 의존했다. 그러나 보다 이론적인 방법으로는 두 모분산에 대한 동일성 검정을 수행한 후 그 결과에 따라서 적절한 $T-$통계량을 사용한다. 이 절에서는 정규모집단의 가정하에서 두 모분산에 대한 동일성 검정 절차를 알아보기로 한다.

두 개의 정규모집단 $N(\mu_1,\ \sigma_1^2)$과 $N(\mu_2,\ \sigma_2^2)$에서 추출한 크기가 각각 $n_1,\ n_2$인 랜덤표본을 $\left\{X_{11}, X_{12}, \cdots, X_{1n_1}\right\}$과 $\left\{X_{21}, X_{22}, \cdots, X_{2n_2}\right\}$라 할 때, 표본분산은 각각 다음과 같다.

$$S_1^2 = \frac{1}{n_1 - 1}\sum_{i=1}^{n_1}(X_{1i} - \overline{X_1})^2, \qquad S_2^2 = \frac{1}{n_2 - 1}\sum_{i=1}^{n_2}(X_{2i} - \overline{X_2})^2$$

정규모집단의 가정하에서 두 모분산의 동일성에 관한 추론은 다음과 같이 정의되는 $F-$통계량에 기초한다. 이때 정의되는 $F-$통계량은 자유도 $n_1 - 1$과 $n_2 - 1$를 갖는 $F-$분포를 따른다. $F-$분포에 관해선 5.5.3절을 참고한다.

$$F = \frac{S_1^2 / S_2^2}{\sigma_1^2/\sigma_2^2} \sim F(n_1 - 1, n_2 - 1) \tag{7.6}$$

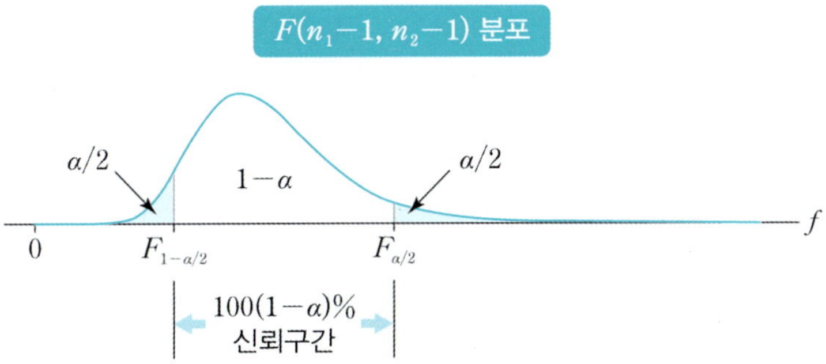

그림 7.5 $F(n_1-1, n_2-1)$분포에서 신뢰수준 $100(1-\alpha)\%$ 신뢰구간

[그림 7.5]에서 식 (7.6)의 관계를 이용하여

$$P(F_{1-\alpha/2}(n_1 - 1, n_2 - 1) < F < F_{\alpha/2}(n_1 - 1, n_2 - 1)) = 1 - \alpha$$

임을 보이는 과정으로부터 모분산 비 σ_1^2/σ_2^2의 신뢰구간을 아래와 같이 유도할 수 있다. 이때 $F_{\alpha/2}(n_1-1, n_2-1)$는 $F(n_1 - 1, n_2 - 1)$분포에서 상위 $\alpha/2$분위수로서 $P(F > F_{\alpha/2}(n_1 - 1, n_2 - 1)) = \frac{\alpha}{2}$를 만족한다. 또한 $F_{1-\alpha/2}(n_1 - 1, n_2 - 1)$값을 얻기 위해서는 5.5.3절의 식 (5.1)과 같은 F분포의 성질을 이용한다.

$$\begin{aligned} 1 - \alpha &= P(F_{1-\alpha/2}(n_1 - 1, n_2 - 1) < F < F_{\alpha/2}(n_1 - 1, n_2 - 1)) \\ &= P\left(F_{1-\alpha/2}(n_1 - 1, n_2 - 1) < \frac{S_1^2/S_2^2}{\sigma_1^2/\sigma_2^2} < F_{\alpha/2}(n_1 - 1, n_2 - 1)\right) \end{aligned}$$

$$= P\left(\frac{1}{F_{\alpha/2}(n_1-1, n_2-1)} \cdot \frac{S_1^2}{S_2^2} < \frac{\sigma_1^2}{\sigma_2^2} < F_{\alpha/2}(n_2-1, n_1-1) \cdot \frac{S_1^2}{S_2^2}\right)$$

두 정규모집단에서 두 모분산 비 σ_1^2/σ_2^2에 대한 신뢰수준 $100(1-\alpha)\%$ 신뢰구간

$$\left[\frac{1}{F_{\alpha/2}(n_1-1, n_2-1)} \cdot \frac{S_1^2}{S_2^2},\ F_{\alpha/2}(n_2-1, n_1-1) \cdot \frac{S_1^2}{S_2^2}\right]$$

이제 두 모분산 비 σ_1^2/σ_2^2 에 대한 가설검정의 절차에 대하여 알아보기로 한다. 다음과 같은 가설을 생각해보자.

$$H_0 : \sigma_1^2 = \sigma_2^2 \quad vs. \quad H_1 : \sigma_1^2 > \sigma_2^2 \tag{7.7}$$

귀무가설 $H_0 : \sigma_1^2 = \sigma_2^2$이 사실이라면 식 (7.6)의 통계량으로부터 다음과 같은 검정통계량이 정의된다.

$$F = \frac{S_1^2}{S_2^2} \sim F(n_1-1, n_2-1)$$

각 정규모집단으로부터 추출된 랜덤표본의 표본분산이 s_1^2 과 s_2^2이라 할 때 $f-$검정통계치는 다음과 같이 계산된다.

$$f = \frac{s_1^2}{s_2^2}$$

만약에 검정통계치 f값이 크면 클수록, 즉 표본분산 s_1^2 이 s_2^2에 비해 크면 클수록 표본은 대립가설 $H_1 : \sigma_1^2 > \sigma_2^2$에서 주장하는 모집단에서 추출했을 가능성이 커질 것이다. 그래서 [그림 7.6]의 (위)에서 검정통계치 f값이 커질수록 귀무가설 $H_0 : \sigma_1^2 = \sigma_2^2$을 기각하고 대립가설 $H_1 : \sigma_1^2 > \sigma_2^2$을 채택하는 결정규칙을 정하면 된다. 이제 검정통계치 f값이 어느 정도로 클 때 귀무가설 $H_0 : \sigma_1^2 = \sigma_2^2$을 기각할 것인가를 판단해야 한다. 이를 위해서 다음과 같은 유의확률

$$p-value = P(F > f) = P\left(F > \frac{s_1^2}{s_2^2}\right)$$

을 계산하여

"유의확률 $P(F > f) < \alpha$ 이면 H_0 를 기각한다."

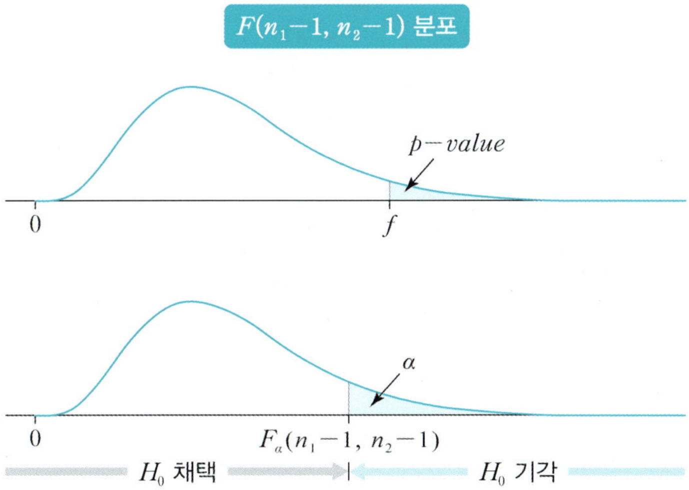

그림 7.6 $H_0 : \sigma_1^2 = \sigma_2^2$ *vs.* $H_1 : \sigma_1^2 > \sigma_2^2$ **검정에서**
(위) 유의확률, 검정통계치 (아래) 유의수준, 기각값, 기각역

한편 [그림 7.6]에서 $p-value = P(F > f) < \alpha$은 $f > F_\alpha(n_1-1, n_2-1)$과 같다. 따라서 동일하게

"$f > F_\alpha(n_1-1, n_2-1)$ 이면 H_0 를 기각한다."

여기서 영역 $f > F_\alpha(n_1-1, n_2-1)$를 가설 (7.7)의 검정에서 H_0를 기각하는 기각역(reject region), $F_\alpha(n_1-1, n_2-1)$를 기각값(critical value)이라 부른다.

대립가설 $H_1 : \sigma_1^2 < \sigma_2^2$ 및 $H_1 : \sigma_1^2 \neq \sigma_2^2$인 경우에도 지금까지 논의한 유의확률

에 의한 결정규칙 혹은 기각역에 의한 결정규칙 등이 비슷하게 적용될 수 있다. 정규모집단에서 두 모분산 비 σ_1^2/σ_2^2 에 대한 유의수준 α에서의 $F-$검정을 요약하면 다음과 같다.

두 모분산의 비교를 위한 검정 : 유의수준 α에서 F–검정

모집단 $N(\mu_1, \sigma_1^2)$의 표본 1 : 표본의 크기(n_1), 표본분산(s_1^2)
모집단 $N(\mu_2, \sigma_2^2)$의 표본 2 : 표본의 크기(n_2), 표본분산(s_2^2)

(1) 귀무가설 $H_0 : \sigma_1^2 = \sigma_2^2$ 하에서 F–검정통계량 : $F = S_1^2/S_2^2 \sim F(n_1-1, n_2-1)$

(2) f–검정통계치 : $f = s_1^2/s_2^2$

(3) 각 대립가설에 대한 유의확률과 기각역

대립가설	유의확률($p-value$)	기각역
$H_1 : \sigma_1^2 > \sigma_2^2$	$P(F>f) = P\left(F > \dfrac{s_1^2}{s_2^2}\right)$	$f > F_\alpha(n_1-1, n_2-1)$
$H_1 : \sigma_1^2 < \sigma_2^2$	$P(F<f) = P\left(F < \dfrac{s_1^2}{s_2^2}\right)$	$f < F_{1-\alpha}(n_1-1, n_2-1)$ 혹은 $f < \{F_\alpha(n_2-1, n_1-1)\}^{-1}$
$H_1 : \sigma_1^2 \neq \sigma_2^2$	$2 \times \min\{P(F>f),\ 1-P(F>f)\}$	$f > F_{\alpha/2}(n_1-1, n_2-1)$ 혹은 $\begin{cases} f < F_{1-\alpha/2}(n_1-1, n_2-1) \\ \text{혹은} \\ f < \{F_{\alpha/2}(n_2-1, n_1-1)\}^{-1} \end{cases}$

예제 7.5 (예제 7.3 계속) 예제 7.3에서는 성별에 따라 하루 섭취하는 탄수화물 양(단위: g)이 차이가 있는지를 추론하였다. 이때 상자그림을 그려서 성별로 하루 섭취하는 탄수화물 양의 분산은 같다고 추측하였다. 이러한 추측이 타당한지를 5% 유의수준에서 검정하여라.

풀이 각 표본으로부터 계산한 통계치는 다음 표와 같다.

성별	표본 크기	표본표준편차
여성	$n_1 = 10$	$s_1 = 11.38$
남성	$n_2 = 14$	$s_2 = 11.14$

여성과 남성의 하루 탄수화물 섭취량의 모분산을 각각 σ_1^2 , σ_2^2 라 정의하자. 두 모분산의 동일성 검정을 위한 가설을 다음과 같이 설정한다.

$$H_0 : \sigma_1^2 = \sigma_2^2 \quad vs. \quad H_1 : \sigma_1^2 \neq \sigma_2^2$$

정규모집단의 가정하에서 위 가설은 F－통계량에 기초해서 추론한다. 귀무가설 $H_0 : \sigma_1^2 = \sigma_2^2$ 이 사실이라는 가정하에서 검정통계량 F는 자유도 $n_1 - 1 = 10 - 1 = 9$와 $n_2 - 1 = 14 - 1 = 13$을 갖는 $F(9, 13)$분포를 따른다.

이제 귀무가설 $H_0 : \sigma_1^2 = \sigma_2^2$이 사실이라는 가정하에서 다음과 같이 검정통계치와 양측검정에 대한 유의확률을 계산한다.

$$f = \frac{s_1^2}{s_2^2} = \frac{11.38^2}{11.14^2} = 1.043$$

$$\begin{aligned} p-value &= 2 \times \min\{P(F > 1.043),\, 1 - P(F > 1.043)\} \\ &= 2 \times \min\{0.458,\, 0.542\} \\ &= 0.916 \end{aligned}$$

이때 유의확률$= 0.916 > \alpha = 0.05$이므로 귀무가설 H_0는 기각되지 않는다. 또는

$$0.26 = \frac{1}{F_{0.025}(13,9)} = F_{0.975}(9,13) < f = 1.043 < F_{0.025}(9,13) = 3.31$$

이므로 귀무가설 H_0는 기각되지 않는다. 즉, 5% 유의수준의 가설검정에서 표본자료는 여성과 남성의 하루 탄수화물 섭취량의 모분산이 서로 다르다는 충분한 증거를 보여주지 못한다.

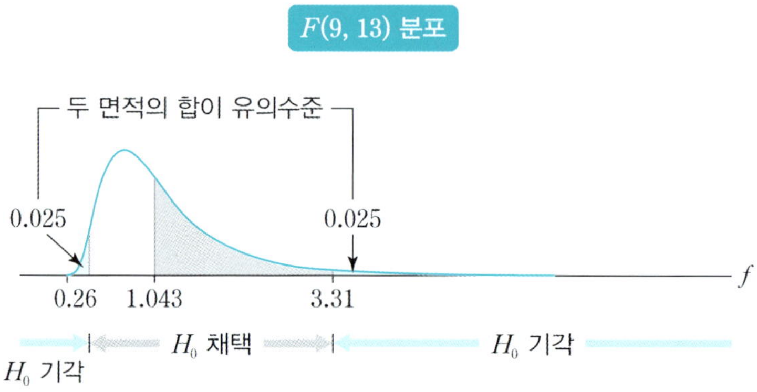

그림 7.7 예제 7.5 : H_0 : $\sigma_1^2 = \sigma_2^2$ $vs.$ $\sigma_1^2 \neq \sigma_2^2$ 검정

```
> # [R-program 7.5] 예제 7.5 : 분산비-분산동일성검정-F-검정-양측검정
>
> # pf(f, df1, df2, lower.tail=FALSE): F(df1,df2)에서 f이상 상위누적확률
> # qf(p, df1, df2, lower.tail=FALSE): F(df1,df2)에서 상위누적확률 p 분위수
> # qf(p, df1, df2, lower.tail=TRUE): F(df1,df2)에서 하위누적확률 p 분위수
>
> x1 = c(87, 86, 59, 68, 98, 69, 80, 78, 69, 77)
> x2 = c(51, 86, 73, 66, 65, 49, 65, 85, 62, 72, 55, 58, 65, 73)
> alpha = 0.05
>
> # 양측검정 : H0 : sigma1=sigma2 vs. H1: sigma1 & sigma2 not equal
> (sd1 = sd(x1))
[1] 11.37688
> (n1 = length(x1))
[1] 10
> (sd2 = sd(x2))
[1] 11.13874
> (n2 = length(x2))
[1] 14
> (df1 = n1-1)
[1] 9
> (df2 = n2-1)
[1] 13
>
```

```
> (f = sd1^2/sd2^2)
[1] 1.043216
> (p.value1 = pf(f, df1, df2, lower.tail = FALSE))
[1] 0.4581383
> (p.value2 = 1-p.value1)
[1] 0.5418617
> (p.value = 2*min(p.value1, p.value2))
[1] 0.9162765
>
> (right.critical.value=qf(alpha/2, df1, df2, lower.tail=FALSE))
[1] 3.312032
> (left.critical.value=qf(alpha/2, df1, df2, lower.tail=TRUE))
[1] 0.261056
```

지금까지의 논의에서 두 모분산의 비교를 위한 $F-$검정의 전제 조건은 정규모집단의 가정이었다. $F-$검정은 정규분포 가정의 이탈에 매우 민감하므로 $F-$검정을 사용하기 전에 표본자료가 정규분포를 따르는지를 검토해야 한다. 일반적으로 정규분포의 적합도 검토를 위해서 많이 사용되는 검정은 콜모고로브－스미르노브(Kolmogorov－Smirnov) 검정과 샤피로－윌크(Shapiro－Wilk) 검정이다. 또는 5.2.3절에서 다루었던 정규 Q－Q 그림을 사용하여 표본자료의 정규성을 간단하게 시각적으로 평가할 수도 있다. 만약 정규성에 대해 의심이 든다면, 정규분포 가정으로부터의 이탈에 덜 민감한 레베네(Levene) 검정을 사용하는 것이 더 좋다.

연/습/문/제

01 예제 7.1에서 모평균 차 $\mu_1 - \mu_2$에 대한 신뢰구간이 $[-80.05, 376.05]$이다. 아래의 추론 중에 어느 것이 옳은가?

(1) $\mu_1 > \mu_2$ (2) $\mu_1 < \mu_2$ (3) $\mu_1 = \mu_2$ (4) 평균 차이에 대한 유의성이 없다.

02 예제 7.2에서 모평균 차 $\mu_1 - \mu_2$에 대한 신뢰구간이 $[-18.11, -1.19]$이다. 아래의 추론 중에 어느 것이 옳은가?

(1) $\mu_1 > \mu_2$ (2) $\mu_1 < \mu_2$ (3) $\mu_1 = \mu_2$ (4) 평균 차이에 대한 유의성이 없다.

03 예제 7.3에서 모평균 차 $\mu_1 - \mu_2$에 대한 신뢰구간이 $[1.38, 20.68]$이다. 아래의 추론 중에 어느 것이 옳은가?

(1) $\mu_1 > \mu_2$ (2) $\mu_1 < \mu_2$ (3) $\mu_1 = \mu_2$ (4) 평균 차이에 대한 유의성이 없다.

04 어느 고급 호텔에서는 투숙고객 대상으로 호텔 서비스 품질에 대해 설문 조사하였다. 임의로 선택된 호텔 손님들은, 10개의 서비스 관련 문제에 대해 질문을 받았다. 각 질문은 5점 척도(1 =기대보다 훨씬 낮은, … , 5 =기대보다 훨씬 높은)로 답하게 되어있고 손님별로 10개 질문에 대한 답은 모두 합산하였다. 합산점수에 대한 통계치는 아래의 표와 같다.

성별	표본 크기	표본평균	표본표준편차
남성	132	41.23	5.97
여성	124	39.97	6.15

(1) 남성 손님과 여성 손님이 준 서비스 점수의 평균차에 대해 신뢰수준 95%에서 구간추정하여라.

(2) 손님의 성별에 따라 서비스의 품질에 대한 인식이 다른지에 대해 유의수준 5%에서 검정하여라.

(3) 문제 (1)과 (2)의 결과를 서로 상응 혹은 상충의 의미에서 비교하여라.

05 악력은 손아귀 힘을 의미한다. 악력은 몸속 근육의 강도를 대변해주기 때문에 건강을 측정할 수 있는 간단한 지표 중 하나다. 실제로 악력이 낮은 사람은 평균적인 악력을 가진 사람보다 심혈관계 질환, 암 등 질병 발병 위험이 크다는 연구보고도 있었다. 다음 표는 2019년과 2021년에 임의로 선택된 19세~24세 청년들의 악력(단위 : kg)을 측정한 자료의 통계이다. 남성의 경우 2021년과 2019년의 평균 악력을 각각 μ_{m1}, μ_{m2}이라 하고, 여성의 경우 2021년과 2019년의 평균 악력을 각각 μ_{w1}, μ_{w2}이라 하자.

	남성		여성	
	2019년	2021년	2019년	2021년
표본 크기	53	62	48	55
표본평균	41.3	44.5	24.5	28.1
표본표준편차	7.52	7.13	4.78	4.83

(1) 남성의 경우 2021년과 2019년에 악력의 평균차 $\mu_{m1} - \mu_{m2}$에 대해 신뢰수준 99%에서 구간추정하여라.

(2) 남성의 경우 2021년의 평균 악력이 2019년에 비해 더 커졌는지 유의수준 1%에서 검정하여라.

(3) 여성의 경우 2021년과 2019년에 악력의 평균차 $\mu_{w1} - \mu_{w2}$에 대해 신뢰수준 99%에서 구간추정하여라.

(4) 여성의 경우 2021년의 평균 악력이 2019년에 비해 더 커졌는지 유의수준 1%에서 검정하여라.

06 다음 표는 임의로 선택된 20대와 30대의 성별 키(단위 : cm)를 측정한 자료의 통계이다. 남성의 경우 20대와 30대의 평균 키를 각각 μ_{m1}, μ_{m2}이라 하고, 여성의 경우 20대와 30대의 평균 키를 각각 μ_{w1}, μ_{w2}이라 하자.

	남성		여성	
	20대	30대	20대	30대
표본 크기	45	55	48	44
표본평균	174.6	174.8	162.2	161.9
표본표준편차	5.61	5.56	5.12	5.39

(1) 남성의 경우 20대와 30대의 키의 평균차 $\mu_{m1}-\mu_{m2}$에 대해 신뢰수준 95%에서 구간 추정하여라.

(2) 남성의 경우 20대와 30대의 키 차이가 있는지 유의수준 5%에서 검정하여라.

(3) 문제 (1)과 (2)의 결과를 서로 상응 혹은 상충의 의미에서 비교하여라.

(4) 여성의 경우 20대와 30대의 키의 평균차 $\mu_{w1}-\mu_{w2}$에 대해 신뢰수준 95%에서 구간 추정하여라.

(5) 여성의 경우 20대와 30대의 키 차이가 있는지 유의수준 5%에서 검정하여라.

(6) 문제 (4)와 (5)의 결과를 서로 상응 혹은 상충의 의미에서 비교하여라.

07 다음 표는 임의로 선택된 20대와 30대의 성별 체중(단위 : kg)을 측정한 자료의 통계이다. 남성의 경우 20대와 30대의 평균 체중을 각각 μ_{m1}, μ_{m2}이라 하고, 여성의 경우 20대와 30대의 평균 체중을 각각 각각 μ_{w1}, μ_{w2}이라 하자.

	남성		여성	
	20대	30대	20대	30대
표본 크기	35	33	38	36
표본평균	75.5	78.9	58.8	59.3
표본표준편차	11.37	10.83	9.59	10.39

(1) 남성의 경우 20대와 30대의 체중의 평균차 $\mu_{m1} - \mu_{m2}$에 대해 신뢰수준 95%에서 구간추정하여라.

(2) 남성의 경우 30대가 20대보다 체중이 더 많이 나가는지 유의수준 5%에서 검정하여라.

(3) 여성의 경우 20대와 30대의 체중의 평균차 $\mu_{w1} - \mu_{w2}$에 대해 신뢰수준 95%에서 구간추정하여라.

(4) 여성의 경우 30대가 20대보다 체중이 더 많이 나가는지 유의수준 5%에서 검정하여라.

08 특정 직업군에서 석사학위 소지자의 신입직원 연봉은 학사학위 소지자의 신입직원 연봉보다 더 많다고 알려져 있다. 이를 입증하기 위하여 이 직업군의 신입사원 중에서 석사학위 소지자 10명과 학사학위 소지자 11명을 각각 임의로 선택하여 연봉(단위: 만 원) 자료의 통계를 다음 표와 같이 얻었다. 두 학위 소지자집단의 신입직원 연봉은 각각 정규분포를 따르고 분산은 서로 다르다고 가정한다.

	석사학위 소지자	학사학위 소지자
표본 크기	10	11
표본평균	4,100	3,890
표본분산	100	80

(1) 석사학위 소지자와 학사학위 소지자의 신입직원 연봉 평균차에 대해 신뢰수준 95%에서 구간추정하여라.

(2) 석사학위 소지자의 신입직원 연봉은 학사학위 소지자의 신입직원 연봉보다 더 많은지를 유의수준 5%에서 검정하여라.

09 식물학자는 새로 개발한 품종의 옥수수 단백질 함량이 기존 품종의 옥수수 단백질 함량보다 더 크다고 주장한다. 이를 입증하기 위하여 새로 개발된 품종의 옥수수와 기존 품종의 옥수수를 실험 재배 후 옥수수 100g당 단백질 함량(단위: g)을 조사하여 아래 표와 같은 결과를 얻었다. 각 품종 집단별로 옥수수 단백질 함량은 정규분포를 따르고 같은 분산을 갖는다고 가정한다.

	새 품종	기존 품종
표본 크기	20	20
표본평균	4.12	3.58
표본표준편차	0.45	0.53

(1) 새 품종 옥수수와 기존 품종 옥수수의 단백질 함량의 평균차에 대해 신뢰수준 95%에서 구간추정하여라.

(2) 식물학자의 주장은 타당한지 유의수준 5%에서 검정하여라.

10 질산칼륨의 과다섭취가 성장을 저해하는지 알아보기 위해 동물실험을 시행하였다. 12마리의 쥐를 랜덤하게 두 집단으로 나눈 후 한 집단에는 일정량의 질산칼륨을 섭취토록 하였으며 다른 한 집단에는 일상적인 식사를 하게 하였다. 1개월 후에 체중 증가율(%)을 조사한 결과는 아래와 같다. 각 집단별 체중 증가율은 정규분포를 따르고 다른 분산을 갖는다고 가정한다.

식사	체중증가율(%)					
질산칼륨 섭취식	15	13	12	14	15	13
일상식	18	15	16	15	14	15

(1) 질산칼륨 섭취식과 일상식 후 체중 증가율의 평균차에 대해 신뢰수준 95%에서 구간추정하여라.

(2) 질산칼륨의 과다섭취가 성장을 저해하는지 유의수준 5%에서 검정하여라.

11 건강한 20마리의 젖소를 랜덤하게 두 그룹으로 나눈 후 각각 유기농 사료와 합성화학 사료를 섭취토록 한 후 3개월 후에 일일 평균 우유 생산량(단위: kg)을 조사한 결과가 아래 표와 같다. 이때 각 사료 군의 우유 생산량 분포는 정규분포를 따르고 같은 분산을 갖는다고 가정한다.

사료	우유 생산량									
유기농 사료	25	23	26	28	25	23	25	28	28	23
합성화학 사료	19	27	28	22	22	25	26	23	24	28

(1) 유기농 사료와 합성화학 사료를 섭취한 후 일일 우유 생산량의 평균차에 대해 신뢰수준 90%에서 구간추정하여라.

(2) 사료의 종류에 따라 우유 생산량에 차이가 있는지를 10% 유의수준에서 검정하여라.

(3) 문제 (1)과 (2)의 결과를 서로 상응 혹은 상충의 의미에서 비교하여라.

12 식욕이 비정상적으로 높아진 상태를 다식증이라고 한다. 다식증으로 고통을 받는 여학생 11명과 정상적인 식습관을 가지고 있는 여학생 14명의 점수가 아래 표와 같다. 이때 점수가 높을수록, 부정적인 평가에 관한 두려움이 더 큼을 의미한다.

다식증 걸린 학생	정상 학생
21	13
13	6
10	16
20	13
25	8
19	19
16	23
21	18
24	11
13	19
14	7
	10
	15
	20

(1) 위 표에서 11개의 점수 집합과 14개의 점수 집합을 각각 독립표본이라 할 때 이들 표본이 추출된 각 모집단을 정의하여라.

(2) 각 표본에 대한 상자그림 및 정규 Q-Q 그림을 그려서 각 모집단의 정규성 및 이분산 여부를 시각적으로 검토하여라.

(3) 만약 각 모집단이 정규모집단이라고 가정한다면 두 모분산 비에 대해 신뢰수준 95%에서 구간추정하여라.

(4) 만약 각 모집단이 정규모집단이라고 가정한다면 두 모분산이 다른지 유의수준 5%에서 검정하여라.

(5) 문제 (4)의 결과에 따라 다식증으로 고통을 받는 여학생들과 정상적인 식습관을 가지고 있는 여학생들이 느끼는 두려움의 평균차에 대해서 신뢰수준 95%에서 구간추정하여라.

(6) 문제 (4)의 결과에 따라 다식증으로 고통을 받는 여학생들이 정상적인 식습관을 가지고 있는 여학생보다 두려움이 더 큰지를 유의수준 5%에서 검정하여라.

13 임의로 선정한 대학생 13명에게 아버지와 어머니에게 대하는 태도를 조사한 결과가 아래 표와 같다. 이때 척도는 다음과 같다.

1: 아주 서툰 2: 서툰 3: 보통 4: 좋은 5: 아주 좋은

학생	아버지에 대한 태도	어머니에 대한 태도
1	2	3
2	5	5
3	4	3
4	4	5
5	3	4
6	5	4
7	4	5
8	2	4
9	4	5
10	5	4
11	4	5
12	5	4
13	3	3

(1) 대학생들이 아버지와 어머니에 대하는 태도의 평균차에 대해 신뢰수준 95%에서 구간 추정하여라.

(2) 평균적으로 대학생들이 아버지와 어머니에 대하는 태도가 차이가 있는지를 유의수준 5%에서 검정하여라.

(3) 문제 (1)과 (2)의 결과를 서로 상응 혹은 상충의 의미에서 비교하여라.

(4) 위 추론 절차가 타당성을 가지려면 필요한 가정을 기술하여라.

14 동음이의어란 소리는 같으나 뜻이 다른 단어를 의미한다. 예를 들면 머리를 '감다'와 눈을 '감다'는 동음이의어이다. 알츠하이머 환자들의 동음이의어에 관한 연구에서 20명의 알츠하이머 환자들은 24개 동음이의어 짝을 랜덤하게 배열하고, 동음이의어 혼란을 일으키는 숫자를 셌다. 1년 전과 현재 같은 실험을 같은 환자에게 실시하였다. 다음은 실험 결과를 정리한 표이다.

환자	1년 전	현재	환자	1년 전	현재
1	5	5	11	7	10
2	1	3	12	0	3
3	0	0	13	3	9
4	1	1	14	5	8
5	0	1	15	7	12
6	2	1	16	10	16
7	5	6	17	5	5
8	1	2	18	6	3
9	0	9	19	9	6
10	5	8	20	11	8

(1) 알츠하이머 환자들이 1년 전과 현재 동음이의어 혼란을 일으킨 단어 개수의 평균차에 대해 신뢰수준 95%에서 구간추정하여라.

(2) 현재 알츠하이머 환자들이 1년 전보다 동음이의어 혼란에 대한 오류가 더 증가했는지 유의수준 5%에서 검정하여라.

(3) 위 추론 절차가 타당성을 가지려면 필요한 가정을 기술하여라.

15 동공 크기 확장 검사 기계를 이용하여 랜덤하게 선정된 15명의 소비자에게 두 가지 다른 패턴을 보여주고 동공의 크기를 측정한 결과가 아래 표와 같다.

소비자	패턴 1	패턴 2	소비자	패턴 1	패턴 2
1	1.00	0.80	9	0.98	0.91
2	0.97	0.66	10	1.46	1.10
3	1.45	1.22	11	1.85	1.60
4	1.21	1.00	12	0.33	0.21
5	0.77	0.81	13	1.77	1.50
6	1.32	1.11	14	0.85	0.65
7	1.81	1.30	15	0.15	0.05
8	0.91	0.32			

(1) 패턴 1과 패턴 2에 반응하는 동공 크기의 평균차에 대해 신뢰수준 90%에서 구간추정하여라.

(2) 패턴 1과 패턴 2에 반응하는 동공 크기의 차이가 있는지를 유의수준 10%에서 검정하여라.

(3) 문제 (1)과 (2)의 결과를 서로 상응 혹은 상충의 의미에서 비교하여라.

(4) 위 추론 절차가 타당성을 가지려면 필요한 가정을 기술하여라.

16 한 헬스트레이너는 새로운 PT가 체중감소에 효과가 있는지 알아보기 위하여 6명의 성인을 임의로 선정하여 6개월 동안 새로운 PT를 적용하였다. 다음 표는 새로운 PT 시행 전과 후의 6명 성인의 체중(단위: kg)을 측정한 결과이다.

성인	1	2	3	4	5	6
전	70	60	80	65	58	62
후	68	66	86	63	53	56

(1) 새로운 PT 시행 전 체중과 시행 후 체중의 평균차에 대해 신뢰수준 95%에서 구간추정하여라.

(2) 새로운 PT가 체중감소에 효과가 있는지를 유의수준 5%에서 검정하여라.

(3) 위 추론 절차가 타당성을 가지려면 필요한 가정을 기술하여라.

17 A, B 두 청량음료를 6명의 시음 전문가가 맛을 평가한 점수가 다음과 같다.

전문가	1	2	3	4	5	6
A	84	79	88	87	85	76
B	79	83	93	85	88	73

(1) 두 청량음료에 대해 평가된 맛 점수의 평균차에 대해 신뢰수준 95%에서 구간추정하여라.

(2) 두 청량음료의 맛이 차이가 있다고 할 수 있는지를 유의수준 5%에서 검정하여라.

(3) 문제 (1)과 (2)의 결과를 서로 상응 혹은 상충의 의미에서 비교하여라.

(4) 위 추론 절차가 타당성을 가지려면 필요한 가정을 기술하여라.

18 (예제 7.2 계속) 예제 7.2에서는 새로운 교수법이 기존 교수법보다 한국어 독해능력을 높였다고 볼 수 있는지를 추론하였다. 이때 두 교수법으로 지도한 후 측정한 독해능력 점수는 각각 정규분포를 따르며 분산은 같지 않다는 것을 상자그림을 통하여 추측하였다. 만약 각 모집단이 정규모집단이라고 가정한다면 두 모분산이 다른지를 유의수준 5%에서 검정하여라.

19 아래 표는 두 가지 측정기기 A, B로 공기 중에 수은의 농도(단위: mg/m^3)를 측정한 표본자료이다.

기기 A	0.045	0.042	0.038	0.040	0.038	0.046	0.045
기기 B	0.047	0.035	0.038	0.043	0.045	0.040	

(1) 각 표본에 대한 상자그림 및 정규 Q−Q 그림을 그려서 각 모집단의 정규성 및 분산의 동일성 여부를 시각적으로 검토하여라.

(2) 만약 각 모집단이 정규모집단이라고 가정한다면 두 측정기기의 정밀도가 다른지를 유의수준 5%에서 검정하여라.

(3) 문제 (2)의 결과에 따라 두 측정기기에 의해 측정된 평균 수은 농도가 다른지를 유의수준 5%에서 검정하여라.

20 두 개의 다른 제조공정 A, B에 의해서 생산된 자동차 배터리의 수명(단위: 년)을 측정한 표본 결과가 아래 표와 같다. 자동차 배터리의 수명은 정규분포를 따른다고 알려져 있다.

	제조공정 A	제조공정 B
표본 크기	9	10
표본평균	3.53	3.85
표본표준편차	0.49	0.40

(1) 제조공정 A, B에 의해서 생산된 자동차 배터리 수명의 산포가 다른지를 유의수준 5%에서 검정하여라.

(2) 문제 (1)의 결과에 따라 제조공정 A, B에 의해서 생산된 자동차 배터리의 평균 수명이 다른지를 유의수준 5%에서 검정하여라.

21 A 회사 제품인 혈압계의 정밀도가 떨어진다는 소비자들의 불만이 제기되었다. B 회사가 새로이 개발한 혈압계가 A 회사의 혈압계보다 정밀도가 더 높다고 주장하였다. 두 제품을 비교하기 위하여 한 개인에 대하여 두 회사의 혈압계로 수축기 혈압을 6회 반복 측정하여 아래의 결과를 얻었다. 각 회사 제품인 혈압계로 측정한 수축기 혈압이 정규분포를 따른다고 가정했을 때 B 회사의 주장이 맞는지를 5% 유의수준에서 검정하여라.

혈압계	1	2	3	4	5	6
A	123	125	128	135	105	128
B	119	120	123	126	123	121

CHAPTER

08 범주형 자료 분석

8.1 이항자료 분석
8.2 다항자료 분석
연습문제

CHAPTER 08 범주형 자료 분석

통계적 추론에서 가장 빈번하게 추론의 대상이 되는 모수들은 모평균, 모분산, 모비율 등이다. 이 중에서 통계학 점수, 혈압, 몸무게 등과 같은 양적자료를 대상으로 하는 모평균 및 모분산에 대한 추론은 이미 제6장 및 제7장에서 다루었다. 본 장에서는 질적자료를 대상으로 모비율에 대한 추론을 다룬다. 질적자료는 자료의 값이 범주로 구별되는 값을 갖는 자료이다. 예를 들면 성별은 남자 혹은 여자라는 두 개의 범주로 구별되며, 고교 학년은 1, 2, 3학년의 세 개의 범주, 선호하는 종교는 기독교, 천주교, 불교, 기타 종교, 선호 종교 없음의 다섯 개의 범주로 구별된다. 이런 의미에서 범주를 관측값으로 갖는 질적자료를 범주형 자료라고도 부른다.

범주형 자료에 대한 추론에서 관심 있는 모수는 각 범주가 갖는 모비율이다. 범주형 자료 중에서 특히 두 개의 범주만을 갖는 자료를 이항자료(binomial data)라 하고 세 개 이상의 범주를 갖는 자료를 다항자료(multinomial data)라 한다. 8.1절에서는 이항자료에 대한 모비율의 추론을, 그리고 8.2절에서는 다항자료에 대한 모비율의 추론을 다루기로 한다.

8.1 이항자료 분석

8.1.1 모비율의 추론–단일 모집단

여론조사에서 특정 정책에 대한 찬성 혹은 반대, 특정 후보의 지지 혹은 지지하지 않음, 입학시험에서 합격 혹은 불합격, 품질검사에서 양품 혹은 불량품과 같이 오직 두 개의 범주만 갖는 이항자료에서 관심 있는 범주의 비율이 있다. 이를테면 특정 정책에 대한 찬성률, 특정 후보의 지지율, 입학시험에서 합격률, 품질검사에서 불량률 등이다.

매주 발표되는 대통령의 국무수행에 대한 긍정적 지지율 p를 생각해보자. 전국 만 19세 이상 성인으로 구성된 모집단으로부터 선택된 2,504명의 성인은 대통령의 국무수행에 대해서 긍정 혹은 부정의 두 개 범주로만 응답하여 긍정적 지지율로 $\hat{p}=40\%$가 얻어졌다. 이제 표본으로부터 얻은 정보인 표본비율 $\hat{p}=40\%$에 의해서 모집단의 모비율, 즉 전국 만 19세 이상 성인들이 생각하는 대통령의 국무수행에 대한 긍정적 지지율 p를 추론해야 한다. 이를 위해서는 통계량인 표본비율 $\hat{p}$의 포본분포를 알아야 한다.

특정한 속성을 갖는 모비율이 p인 모집단에서 표본의 크기 n이 충분히 큰 랜덤표본 $\{X_1, X_2, \ldots, X_n\}$을 추출하였을 때 표본비율 $\hat{p}$은 다음과 같이 정의된다. 즉, 표본비율은 표본에서 특정한 속성을 갖는 비율이다.

$$\hat{p} = \overline{X} = \frac{1}{n}\sum_{i=1}^{n} X_i, \text{ 여기서 } X_i = \begin{cases} 1, & \text{특정한 속성을 갖을때} \\ 0, & \text{특정한 속성을 갖지 않을때} \end{cases}$$

표본비율 $\hat{p}$의 표본분포는 대표본의 경우 다음과 같은 정규분포에 근사함을 5.4.3절에서 이미 다루었다.

$$\hat{p} \sim N\left(p, \frac{p(1-p)}{n}\right) \tag{8.1}$$

따라서 다음과 같은 표준화 확률변수는 표준정규분포를 따른다.

$$Z = \frac{\hat{p}-p}{\sqrt{p(1-p)/n}} \sim N(0,1) \tag{8.2}$$

식 (8.2)의 분모에 있는 모비율 p를 표본비율 $\hat{p}$으로 대체한 통계량도 표준정규분포를 따른다.

$$Z = \frac{\hat{p}-p}{\sqrt{\hat{p}(1-\hat{p})/n}} \sim N(0,1) \tag{8.3}$$

모비율 p에 대한 구간추정은 식 (8.3)의 $Z-$통계량에 기초한다. 구간추정을 위하여 6.2.1절의 식 (6.3)을 유도하는 것과 같은 과정을 그대로 적용하면 모비율 p에 대한 신뢰수준 $100(1-\alpha)\%$ 신뢰구간은 다음과 같다.

대표본에서 모비율 p에 대한 신뢰수준 $100(1-\alpha)\%$ 신뢰구간

$$\left[\ \hat{p}-z_{\alpha/2}\sqrt{\frac{\hat{p}(1-\hat{p})}{n}},\quad \hat{p}+z_{\alpha/2}\sqrt{\frac{\hat{p}(1-\hat{p})}{n}}\ \right]$$

단, 대표본은 $n\hat{p}\geq 5$ 그리고 $n(1-\hat{p})\geq 5$이 성립할 정도로 표본의 크기 n이 충분히 클 때를 기준으로 한다.

여론조사기관에서는 "전국 19세 이상 성인 2,504명을 대상으로 대통령의 국무수행 지지율을 조사한 결과, 대통령의 국무수행 지지율은 40%이며 95% 신뢰수준에서 표본오차는 ±2%p이다."라고 발표하였다. 이와 같은 형식은 거의 공식화된 모비율 p에 대한 구간추정의 언론 발표문이다. 이 발표문으로부터 알 수 있는 것은 모집단은 전국 19세 이상 성인들의 모임이며, 표본은 모집단으로부터 추출된 2,504명 성인의 모임이다. 변수는 대통령의 국무수행 지지 여부이다. 모비율 p는 모집단에서 대통령의 국무수행 지지율이며 표본비율은 표본 2,504명 중에서 대통령의 국무수행을 지지한 유권자들의 비율로서 40% 혹은 0.4이다.

예제 8.1 전국 만 19세 이상 성인 2,504명을 대상으로 한 여론조사에서 대통령의 국무수행 지지율은 40%이었다. 전국 만 19세 이상 성인을 대상으로 한 대통령의 국무수행 지지율을 p라 할 때 모비율 p에 대해 신뢰수준 95%에서 구간추정하여라.

풀이 지지율 p의 점추정치는 표본비율 $\hat{p}=0.4$이다. $n\hat{p}=(2504)(0.4)=1001.6>5$이고 $n(1-\hat{p})=(2504)(1-0.4)=1502.4>5$이다. 따라서 표본의 크기가 충분히 큰 대표본이므로 구간추정은 Z－통계량에 기초한다. 신뢰수준 $100(1-\alpha)\%=95\%$이므로 $\alpha/2=0.025$이고 $z_{0.025}=1.96$이다. 이제 대통령의 국무수행 지지율 p의 95% 신뢰구간은 다음과 같이 계산된다.

$$
\begin{aligned}
\hat{p} \pm z_{\alpha/2}\sqrt{\frac{\hat{p}(1-\hat{p})}{n}} &= 0.4 \pm (1.96)\sqrt{\frac{0.4(1-0.4)}{2504}} \\
&= 0.4 \pm 0.02 \\
&= [0.38,\ 0.42]
\end{aligned}
$$

즉, 대통령의 국무수행 지지율은 40%이고 95% 신뢰수준에서 표본오차는 $\pm 2\%p$이다. 혹은 95% 신뢰수준에서 대통령의 국무수행 지지율은 38% 이상 42% 이하이다.

```
> # [R-program 8.1] 예제 8.1 : 대표본-모비율-구간추정-Z-추정량
>
> # qnorm(p, 0, 1, lower.tail = FALSE) : N(0, 1)에서 상위누적확률 p 분위수
>
> n = 2504; phat = 0.4; cl = 0.95
>
> # 대표본 검토
> qhat = 1-phat
> (nphat = n*phat)
[1] 1001.6
> (nqhat = n*qhat)
[1] 1502.4
>
> # 대표본에서 p에 대한 100(1-alpha)% 신뢰구간
> (standard.error = sqrt(phat*qhat/n))
[1] 0.00979013
> (half.alpha = (1-cl)/2)
[1] 0.025
> (z.half.alpha = qnorm(half.alpha, 0, 1, lower.tail = FALSE))
[1] 1.959964
> (sampling.error = z.half.alpha*standard.error)
[1] 0.0191883
>
> (ci.lower = phat-sampling.error)
[1] 0.3808117
```

```
> (ci.upper = phat+sampling.error)
[1] 0.4191883
```

모비율 p에 대한 가설검정은 식 (8.2)의 Z-통계량을 이용하여 검정할 수 있다. 유의확률에 의한 결정규칙 혹은 기각역에 의한 결정규칙 등은 6.2.3절의 논리를 비슷하게 적용하여 설명할 수 있다. 대표본에서 모비율 p에 대한 유의수준 α에서의 Z-검정을 요약하면 다음과 같다.

대표본에서 모비율 p에 대한 유의수준 α에서 Z-검정

단, 대표본은 $np_0 \geq 5$ 그리고 $n(1-p_0) \geq 5$이 성립할 정도로 표본의 크기 n이 충분히 클 때를 기준으로 한다.

(1) 귀무가설 H_0 : $p = p_0$ 하에서 Z-검정통계량 : $Z = \dfrac{\hat{p} - p_0}{\sqrt{p_0(1-p_0)/n}} \sim N(0,1)$

(2) z-검정통계치 : $z = \dfrac{\hat{p} - p_0}{\sqrt{p_0(1-p_0)/n}}$

(3) 각 대립가설에 대한 유의확률과 기각역

대립가설	유의확률($p-value$)	기각역
$H_1 : p > p_0$	$P(Z > z)$	$z > z_\alpha$
$H_1 : p < p_0$	$P(Z < z)$	$z < -z_\alpha$
$H_1 : p \neq p_0$	$P(\lvert Z \rvert > \lvert z \rvert) = 2P(Z > \lvert z \rvert)$	$\lvert z \rvert > z_{\alpha/2}$

예제 8.2 세계 60개국 국민에게 "정치적 자유에 대해 어떻게 생각하냐"고 물은 결과, "충분하다"는 답변이 평균 42%에 달했다. 같은 질문에 대해 한국민 성인 1,035명을 대상으로 한 여론조사에서 "충분하다"는 답변은 39%이었다. 한국민이 생각하는 충분한 정치적 자유는 세계 평균보다 낮은지 유의수준 1%에서 검정하여라.

풀이 충분한 정치적 자유를 느끼는 한국민의 비율 p의 점추정치는 표본비율 $\hat{p} = 0.39$이다. 한국민이 생각하는 충분한 정치적 자유가 세계 평균인 42%보다 낮은지를 검정하기 위한 가설은 다음과 같이 설정한다.

$$H_0 \ : \ p = 0.42 \quad vs. \quad H_1 \ : \ p < 0.42$$

이때 $np_0 = (1035)(0.42) = 434.7 > 5$ 이고 $n(1-p_0) = (1035)(1-0.42) = 600.3 > 5$ 이므로 표본의 크기가 충분히 큰 대표본이다. 따라서 $Z-$검정을 수행한다.

$H_0 : p = 0.42$ 가 사실이라는 가정하에서 다음과 같이 검정통계치와 좌측검정에 대한 유의확률을 계산한다.

$$z = \frac{\hat{p} - p_0}{\sqrt{p_0(1-p_0)/n}} = \frac{0.39 - 0.42}{\sqrt{(0.42)(1-0.42)/1035}} = -1.955$$

$$p-value = P(Z < z) = P(z < -1.955) = 0.025$$

이때 유의확률$= 0.025 > \alpha = 0.01$이므로 귀무가설 H_0는 기각될 수 없다. 또는

$$z = -1.955 > -z_{\alpha} = -z_{0.01} = -2.326$$

이므로 귀무가설 H_0는 기각될 수 없다. 즉, 1% 유의수준의 가설검정에서 표본자료는 한국민이 생각하는 충분한 정치적 자유는 세계 평균보다 낮다고 볼만한 충분한 증거가 되지 않는다.

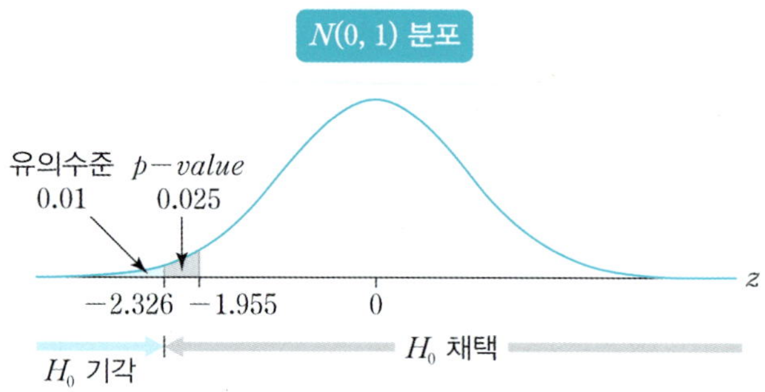

그림 8.1 예제 8.2 : $H_0 : p = 0.42 \ vs. \ H : p < 0.42$ 검정

```
> # [R-program 8.2] 예제 8.2 : 대표본-모비율-Z-검정-좌측검정
>
> # pnorm(z, 0, 1, lower.tail = TRUE) : N(0,1)에서 z이하 하위누적확률
> # qnorm(p, 0, 1, lower.tail = TRUE) : N(0,1)에서 하위누적확률 p 분위수
>
> n = 1035; phat = 0.39; p0 = 0.42; alpha = 0.01
>
> # 대표본 검토
> (np0 = n*p0)
[1] 434.7
> (q0 = 1-p0)
[1] 0.58
> (nq0 = n*q0)
[1] 600.3
>
> # 대표본에서 좌측검정 : H0 : p=0.42 vs. H1: p<0.42
> (z = (phat-p0)/sqrt(p0*q0/n))
[1] -1.955477
> (p.value = pnorm(z, 0, 1, lower.tail = TRUE))
[1] 0.02526338
> (critical.value = qnorm(alpha, 0, 1, lower.tail = TRUE))
[1] -2.326348
```

8.1.2 모비율의 추론-두 모집단

남녀 성별 간의 생존율 비교, 두 학교 간의 합격률 비교, 두 가지 생산 공정 간의 불량률 비교와 같이 두 모비율의 비교에 관한 추론에 대해 알아보기로 하자. 모집단 1에서 특정 속성을 갖는 모비율을 p_1이라 하고, 모집단 2에서 특정 속성을 갖는 모비율을 p_2라 하자. 그리고 서로 독립인 모집단 1 및 모집단 2로부터 상당히 큰 표본의 크기를 가지며 그 크기가 각각 n_1 및 n_2인 랜덤표본 $\{X_{11}, X_{12}, \cdots, X_{1n_1}\}$과 $\{X_{21}, X_{22}, \cdots, X_{2n_2}\}$을 추출하여 얻은 표본비율 $\widehat{p_1}$ 및 $\widehat{p_2}$은 각각 아래와 같이 정의한다.

$$\hat{p}_i = \overline{X}_i = \frac{1}{n_i}\sum_{j=1}^{n_i} X_{ij}, \quad i = 1,2$$

$$\text{여기서 } X_{ij} = \begin{cases} 1, & \text{표본 } i\text{에서 특정한 속성을 갖을때} \\ 0, & \text{표본 } i\text{에서 특정한 속성을 갖지 않을때} \end{cases}$$

그러면 표본비율의 차 $\hat{p_1} - \hat{p_2}$은 식 (8.1)로부터 평균

$$\mu_{\hat{p}_1 - \hat{p}_2} = E(\hat{p}_1 - \hat{p}_2) = p_1 - p_2$$

과 분산

$$\sigma^2_{\hat{p}_1 - \hat{p}_2} = Var(\hat{p}_1 - \hat{p}_2) = Var(\hat{p}_1) + Var(\hat{p}_2) = \frac{p_1(1-p_1)}{n_1} + \frac{p_2(1-p_2)}{n_2}$$

을 갖는다.

이리하여 표본비율의 차 $\hat{p_1} - \hat{p_2}$은 대표본에서 근사적으로 다음과 같은 정규분포를 따른다.

$$\hat{p}_1 - \hat{p}_2 \sim N\left(p_1 - p_2,\ \frac{p_1(1-p_1)}{n_1} + \frac{p_2(1-p_2)}{n_2}\right)$$

따라서 다음과 같은 표준화 확률변수는 표준정규분포를 따른다.

$$Z = \frac{(\hat{p_1} - \hat{p_2}) - (p_1 - p_2)}{\sqrt{\dfrac{p_1(1-p_1)}{n_1} + \dfrac{p_2(1-p_2)}{n_2}}} \sim N(0,1) \tag{8.4}$$

이제 식 (8.4)의 분모에 있는 모비율 p_1 및 p_2를 각각 표본비율 $\hat{p_1}$ 및 $\hat{p_2}$으로 대체한 통계량도 표준정규분포를 따른다. 즉,

$$Z=\frac{(\hat{p}_1-\hat{p}_2)-(p_1-p_2)}{\sqrt{\frac{\hat{p}_1(1-\hat{p}_1)}{n_1}+\frac{\hat{p}_2(1-\hat{p}_2)}{n_2}}} \sim N(0,1) \tag{8.5}$$

모비율 차 p_1-p_2에 대한 구간추정은 식 (8.5)의 $Z-$통계량에 기초한다. 구간추정을 위하여 6.2.1절의 식 (6.3)을 유도하는 것과 같은 과정을 그대로 적용하면 모비율 차 p_1-p_2에 대한 신뢰수준 $100(1-\alpha)\%$ 신뢰구간은 다음과 같다.

대표본에서 모비율 차 p_1-p_2에 대한 신뢰수준 $100(1-\alpha)\%$ 신뢰구간

$$(\hat{p}_1-\hat{p}_2)\pm z_{\alpha/2}\sqrt{\frac{\hat{p}_1(1-\hat{p}_1)}{n_1}+\frac{\hat{p}_2(1-\hat{p}_2)}{n_2}}$$

단, 대표본은 $n_1\hat{p}_1\geq 5$, $n_1(1-\hat{p}_1)\geq 5$ 그리고 $n_2\hat{p}_2\geq 5$, $n_2(1-\hat{p}_2)\geq 5$이 성립할 정도로 표본의 크기 n_1 및 n_2가 충분히 클 때를 기준으로 한다.

모비율 차 p_1-p_2에 대한 검정을 하고자 할 때는 귀무가설은

$$H_0:\ p_1=p_2$$

이고 대립가설은 다음 세 개 중에서 하나로 설정한다.

$$H_1: p_1>p_2 \qquad H_1: p_1<p_2 \qquad H_1: p_1\neq p_2$$

귀무가설 H_0 하에서 $p_1=p_2=p$ 이므로 식 (8.4)는 다음과 같이 수정된다.

$$Z=\frac{\hat{p}_1-\hat{p}_2}{\sqrt{p(1-p)\left(\frac{1}{n_1}+\frac{1}{n_2}\right)}} \sim N(0,1) \tag{8.6}$$

이때 공통 모비율 p는 두 표본을 합하여

$$\hat{p} = \frac{\sum_{j=1}^{n_1} X_{1j} + \sum_{j=1}^{n_2} X_{2j}}{n_1 + n_2}$$

으로 추정된다. 여기서 $\sum_{j=1}^{n_1} X_{1j}$는 표본 1에서 특정 속성을 갖는 개수이고 $\sum_{j=1}^{n_2} X_{2j}$는 표본 2에서 특정 속성을 갖는 개수이다. 이 추정량 $\hat{p}$을 식 (8.6)에 대체하여 얻어지는 $Z-$검정통계량

$$Z = \frac{\widehat{p_1} - \widehat{p_2}}{\sqrt{\hat{p}(1-\hat{p})\left(\frac{1}{n_1} + \frac{1}{n_2}\right)}} \sim N(0,1)$$

을 사용하여 모비율 차 $p_1 - p_2$에 대한 검정이 이루어진다.

각 대립가설에 대한 유의확률에 의한 결정규칙 혹은 기각역에 의한 결정규칙 등은 6.2.3절의 논리를 비슷하게 적용하여 설명할 수 있다. 대표본에서 모비율 차 $p_1 - p_2$에 대한 유의수준 α에서의 $Z-$검정을 요약하면 다음과 같다.

대표본에서 모비율 차 $p_1 - p_2$ 에 대한 유의수준 α 에서 Z–검정

단, 대표본은 $n_1\hat{p} \ge 5$, $n_1(1-\hat{p}) \ge 5$ 그리고 $n_2\hat{p} \ge 5$, $n_2(1-\hat{p}) \ge 5$이 성립할 정도로 표본의 크기 n_1 및 n_2가 충분히 클 때를 기준으로 한다.

(1) 귀무가설 H_0 : $p_1 = p_2$ 하에서 Z–검정통계량 :

$$Z = \frac{\hat{p}_1 - \hat{p}_2}{\sqrt{\hat{p}(1-\hat{p})\left(\frac{1}{n_1} + \frac{1}{n_2}\right)}} \sim N(0,1), \quad \text{여기서} \quad \hat{p} = \frac{\sum_{j=1}^{n_1} X_{1j} + \sum_{j=1}^{n_2} X_{2j}}{n_1 + n_2}$$

(2) z–검정통계치 :

$$z = \frac{\hat{p}_1 - \hat{p}_2}{\sqrt{\hat{p}(1-\hat{p})\left(\frac{1}{n_1} + \frac{1}{n_2}\right)}}, \quad \text{여기서} \quad \hat{p} = \frac{\sum_{j=1}^{n_1} x_{1j} + \sum_{j=1}^{n_2} x_{2j}}{n_1 + n_2}$$

(3) 각 대립가설에 대한 유의확률과 기각역

대립가설	유의확률($p-value$)	기각역
$H_1 : p_1 > p_2$	$P(Z > z)$	$z > z_{\alpha}$
$H_1 : p_1 < p_2$	$P(Z < z)$	$z < -z_{\alpha}$
$H_1 : p_1 \ne p_2$	$P(\lvert Z \rvert > \lvert z \rvert) = 2P(Z > \lvert z \rvert)$	$\lvert z \rvert > z_{\alpha/2}$

예제 8.3 18세 이상부터 30대까지 결혼적령기 성인 남녀들의 결혼 인식에 관한 여론조사에서 2021년엔 표본 334명 중 125명이, 2022년엔 표본 324명 중 110명이 결혼 당위성(즉, 결혼은 꼭 해야 한다)에 찬성하였다.

(1) 2021년 및 2022년에 결혼적령기 성인 남녀들의 결혼 당위성 찬성률 차에 대해 신뢰수준 95%에서 구간추정하여라.

(2) 결혼 당위성 찬성률이 2021년에 비해 2022년에 더 감소했는지를 유의수준 5%에서 검정하여라.

풀이 (1) 2021년 및 2022년에 결혼적령기 성인들의 결혼 당위성 찬성률을 각각 p_1, p_2라 하자. 그러면 2021년 및 2022년 표본의 찬성률은 각각 다음과 같다.

$$\widehat{p_1} = \frac{\sum_{j=1}^{n_1} x_{1j}}{n_1} = \frac{125}{334} = 0.3743$$

$$\widehat{p_2} = \frac{\sum_{j=1}^{n_2} x_{2j}}{n_2} = \frac{110}{324} = 0.3395$$

그러면 다음과 같은 계산

$$n_1\widehat{p_1} = (334)(0.3743) = 125 > 5$$
$$n_1(1-\widehat{p_1}) = (334)(1-0.3743) = 209 > 5$$
$$n_2\widehat{p_2} = (324)(0.3395) = 110 > 5$$
$$n_2(1-\widehat{p_2}) = (324)(1-0.3395) = 214 > 5$$

에 의해 표본의 크기 $n_1 = 334$와 $n_2 = 324$는 충분히 크므로 $Z-$통계량에 기초하여 추정한다.
2021년 및 2022년의 결혼 당위성에 대한 찬성률의 차 $p_1 - p_2$의 점추정치는 다음과 같다.

$$\widehat{p_1 - p_2} = \hat{p}_1 - \hat{p}_2 = 0.3743 - 0.3395 = 0.035$$

신뢰수준 $100(1-\alpha)\% = 95\%$이므로 $\alpha/2 = 0.025$이고 $z_{0.025} = 1.96$이다. 이제 결혼적령기 성인 남녀들의 2021년 및 2022년에 결혼 당위성 찬성률 차 $p_1 - p_2$에 대한 신뢰수준 95%의 신뢰구간은

$$(\hat{p}_1 - \hat{p}_2) \pm z_{\alpha/2}\sqrt{\frac{\hat{p}_1(1-\hat{p}_1)}{n_1} + \frac{\hat{p}_2(1-\hat{p}_2)}{n_2}}$$

$$= 0.035 \pm 1.96\sqrt{\frac{(0.3743)(1-0.3743)}{334} + \frac{(0.3395)(1-0.3395)}{324}}$$

$$= 0.035 \pm 0.073$$

$$= [-0.038,\ 0.108]$$

이다. 즉, 2021년 및 2022년에 결혼 당위성에 대한 찬성률 차는 3.5%이고 표본오차는 95% 신뢰수준에서 $\pm 7.3\%p$이다. 혹은 95% 신뢰수준에서 2021년 및 2022년에 결혼 당위성에 대한 찬성률 차는 -3.8% 이상 10.8% 이하이다.

(2) 2022년 결혼 당위성 찬성률(p_2)이 2021년 찬성률(p_1)에 비해 더 감소했는지를 검정하기 위한 가설은 다음과 같이 설정할 수 있다.

$$H_0 : p_1 = p_2 \quad vs. \quad H_1 : p_1 > p_2$$

귀무가설 H_0 하에서 $p_1 = p_2 = p$ 이므로 공통 모비율 p 는

$$\hat{p} = \frac{\sum_{j=1}^{n_1} x_{1j} + \sum_{j=1}^{n_2} x_{2j}}{n_1 + n_2} = \frac{125+110}{334+324} = 0.357$$

로 추정된다. 그러면 다음과 같은 계산

$$n_1\hat{p} = (334)(0.357) = 119 > 5$$

$$n_1(1-\hat{p}) = (334)(1-0.357) = 214 > 5$$

$$n_2\hat{p} = (324)(0.357) = 115 > 5$$

$$n_2(1-\hat{p}) = (324)(1-0.357) = 208 > 5$$

에 의해 표본의 크기 $n_1 = 334$와 $n_2 = 324$는 충분히 크므로 대표본을 이용한 $Z-$검정을 수행한다.

이제 귀무가설 $H_0 : p_1 = p_2$ 가 사실이라는 가정하에서 다음과 같이 검정통계치와 우측검정에 대한 유의확률을 계산한다.

$$z = \frac{\hat{p}_1 - \hat{p}_2}{\sqrt{\hat{p}(1-\hat{p})\left(\frac{1}{n_1} + \frac{1}{n_2}\right)}}$$

$$= \frac{0.035}{\sqrt{(0.357)(1-0.357)\left(\frac{1}{334} + \frac{1}{324}\right)}}$$

$$= 0.93$$

$$p-value = P(Z > z) = P(Z > 0.93) = 0.1762$$

이때 유의확률$= 0.1762 > \alpha = 0.05$이므로 귀무가설 H_0는 기각되지 않는다. 또는

$$z = 0.93 < z_\alpha = z_{0.05} = 1.645$$

이므로 귀무가설 H_0는 기각되지 않는다. 즉, 5% 유의수준의 가설검정에서 표본자료는 결혼적령기 성인의 2022년 결혼 당위성 찬성률이 2021년 찬성률보다 더 감소했다는 충분한 증거가 되지 않는다.

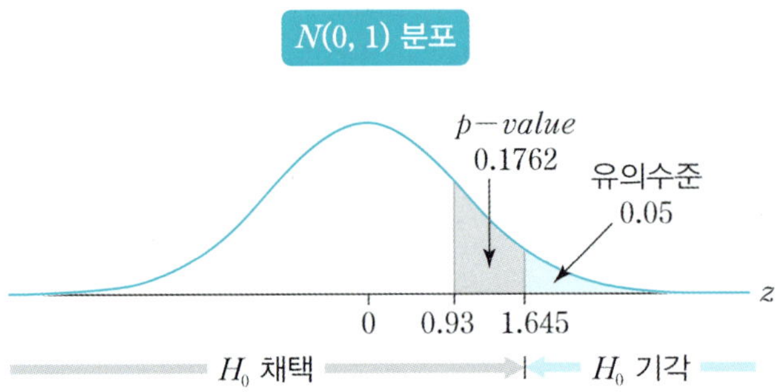

그림 8.2 예제 8.3 : $H_0 : p_1 = p_2 \quad vs. \quad H_1 : p_1 > p_2$ 검정

```
> # [R-program 8.3] 예제 8.3 : 대표본-두 모비율 차-CI-Z-검정-우측검정
>
> # pnorm(z, 0, 1, lower.tail = FALSE) : N(0,1)에서 z이상 상위누적확률
> # qnorm(p, 0, 1, lower.tail = FALSE) : N(0,1)에서 상위누적확률 p 분위수
>
> n1 = 334; x1 = 125; n2 = 324; x2 = 110; cl = 0.95; alpha = 0.05
>
> # 구간추정에서 대표본 검토
> (phat1 = x1/n1)
[1] 0.3742515
> (nphat1 = n1*phat1)
[1] 125
> qhat1 = 1-phat1; (nqhat1 = n1*qhat1)
[1] 209
> (phat2 = x2/n2)
[1] 0.3395062
> (nphat2 = n2*phat2)
[1] 110
> qhat2 = 1-phat2; (nqhat2 = n2*qhat2)
[1] 214
>
> # 대표본에서 p1-p2에 대한 100(1-alpha)% 신뢰구간
> (phat.diff = phat1-phat2)
[1] 0.03474532
> (standard.error = sqrt(phat1*qhat1/n1 + phat2*qhat2/n2))
[1] 0.03732645
> (half.alpha = (1-cl)/2)
[1] 0.025
> (z.half.alpha = qnorm(half.alpha, 0, 1, lower.tail = FALSE))
[1] 1.959964
> (sampling.error = z.half.alpha*standard.error)
[1] 0.07315849
>
> (ci.lower = phat.diff - sampling.error)
[1] -0.03841317
> (ci.upper = phat.diff + sampling.error)
[1] 0.1079038
>
```

```
> # 가설검정에서 대표본 검토
> (phat = (x1+x2)/(n1+n2))
[1] 0.3571429
> (qhat = 1-phat)
[1] 0.6428571
> (n1phat = n1*phat)
[1] 119.2857
> (n1qhat = n1*qhat)
[1] 214.7143
> (n2phat = n2*phat)
[1] 115.7143
> (n2qhat = n2*qhat)
[1] 208.2857
>
> # 대표본에서 우측검정 : H0 : p1=p2 vs. H1: p1>p2
> (z = phat.diff/sqrt(phat*qhat*(1/n1+1/n2)))
[1] 0.9299315
> (p.value = pnorm(z, 0, 1, lower.tail = FALSE))
[1] 0.1762033
> (critical.value = qnorm(alpha, 0, 1, lower.tail = FALSE))
[1] 1.644854
```

8.2 다항자료 분석

범주형 자료 중에서 특히 두 개의 범주만을 갖는 자료를 이항자료(binomial data)라 하였다. 이제 $k(\geq 3)$개의 범주를 갖는 다항자료(multinomial data)를 생각해보자. 예를 들어 고등학교 졸업, 대학교 졸업, 대학원 졸업과 같이 $k=3$의 범주를 갖는 교육 수준 자료는 다항자료이다.

이항자료는 이항실험의 결과로서 5.1절에서 이항확률분포로 정확하게 분석할 수 있었으며, 대표본에서는 5.3절 및 8.1절과 같이 근사적으로 정규확률분포에 의해 분석하였다. 두 개의 범주보다 많은 다항자료는 다항확률분포로 정확한 확률계산이 가능하나 여기서는 다항자료에 대해 실생활에서 자주 사용되는 세 가지 검정법만을 소개하려 한다.

k개의 범주를 가진 다항실험(multinomial experiment)에 대한 특성은 다음과 같이 설명된다. 다항자료는 다항실험의 결과이다. 5.1절의 이항실험은 $k=2$인 다항실험에 해당한다.

다항실험의 성질

1. 실험은 n번의 같은 시행으로 구성된다.
2. 각 시행은 독립이다.
3. 각 시행은 k개의 가능한 결과가 있다. 이 결과들은 범주, 셀(cell), 혹은 분류(classification)라 부른다.
4. k개의 결과가 발생할 확률은 $p_1, p_2, \ldots, p_k$라 한다. 단, $p_1 + p_2 + \cdots + p_k = 1$
5. 확률변수는 각 k개 범주의 관측도수인 $n_1, n_2, \ldots, n_k$이다. 단, $n = n_1 + n_2 + \cdots + n_k$

예제 8.4 만약 최종 학력이 고등학교 졸업 이하, 대학 졸업, 대학원 졸업의 세 범주로 분류되는 전국의 공무원 중에서 표본의 크기가 $n=30$인 공무원들을 랜덤하게 선정하여 최종 학력을 관측하는 실험을 생각해보자. 이 자료는 다항실험의 결과인 다항자료로 볼 수 있는지를 논의하여라.

풀이 다항실험의 5가지 성질에 적합한지를 검토해보면 다음과 같다.

(1) 이 실험은 $n=30$명 공무원들의 최종 학력을 관측하는 것이므로 $n=30$회의 같은 시행으로 구성된다.

(2) 30회의 시행들은 서로 독립적이다. 즉, 어느 공무원의 최종 학력이 다른 공무원의 최종 학력에 전혀 영향을 주지 않는다.

(3) 각 시행은 $k=3$개의 가능한 결과가 있고, 3개의 최종 학력 범주들에 대응된다.

(4) $k=3$개 결과들이 발생할 확률들은 p_1, p_2, p_3이고 p_1, p_2, p_3는 각각 고등학교 졸업 이하, 대학 졸업, 대학원 졸업 범주에 속할 확률을 나타내며, 매 시행에서 똑같이 적용된다. 이때 $p_1 + p_2 + p_3 = 1$이다.

(5) 이 실험에서 각 학력 범주에 속하는 공무원들의 수인 관측도수

n_1, n_2, n_3는 선택되는 랜덤표본에 따라 달라지므로 확률변수이다. 이때 $n = n_1 + n_2 + n_3 = 30$이다.

따라서, 세 종류의 최종 학력 중에서 하나의 학력으로 분류된 30명 공무원의 최종 학력 자료는 다항실험의 특성을 만족하므로 다항실험의 결과인 다항자료로 볼 수 있다.

다음 절들에서는 다항자료가 갖는 범주의 확률 즉, 모비율에 대한 검정 문제를 다룬다. 이 검정들은 카이제곱 검정통계량에 기초하여 가설검정이 이루어진다.

8.2.1 적합도검정

하나의 범주형변수가 k개의 범주를 갖는 다항실험을 고려해 보자. 실험의 결과는 일원분류표(one-way table)로 요약된다. 오직 하나인 범주형변수의 분류를 다루기 때문에 '일원(one-way)'이라는 용어가 사용된다.

표 8.1 일원분류표(one-way table)

범주	1	2	…	k	합
관측도수	n_1	n_2	…	n_k	n
모비율	p_1	p_2	…	p_k	1

흔히, 일원분류표에서는 k개 범주의 모비율 $p_1, p_2, \ldots, p_k$에 대한 다음과 같은 가설검정에 관심이 있다. 이 가설은 다항자료가 귀무가설 H_0에서 가정된 확률모형에 적합한지를 검정한다는 의미에서 적합도검정(goodness of fit test)이라고 부른다.

$$H_0 \ : \ p_1 = p_{10},\ p_2 = p_{20},\ \ldots,\ p_k = p_{k0}$$
$$H_1 \ : \ H_0\text{는 사실이 아니다.} \qquad (8.7)$$

여기서 $p_{10}, p_{20}, \ldots, p_{ko}$는 미리 주어진 확률값이다.

귀무가설 H_0가 사실이라면 표본에서 범주 i의 기대도수 E_i는

$$E_i = n \times p_{i0}, \quad i = 1, 2, \ldots, k$$

와 같이 기대된다.

검정을 위해서 사용되는 검정통계량은 대표본에서 다음과 같이 정의되며 자유도가 $k-1$인 카이제곱분포를 근사적으로 따른다.

$$X^2 = \sum_{i=1}^{k} \frac{(n_i - E_i)^2}{E_i} \sim \chi^2(k-1)$$

이때 대표본은 모든 범주에서 기대 도수 E_i가 5 이상이 성립할 때를 기준으로 한다.

적합도검정은 항상 우측검정인데 그 이유를 설명해보자. 만약에 범주 i의 관측도수 n_i들이 귀무가설 H_0에서 주장하는 모집단에서 추출한 표본의 것이라면 관측도수 n_i의 값은 귀무가설 H_0하에서 계산된 기대도수 E_i와 비슷한 값이 되므로 분자의 값이 0과 비슷해져서 검정통계치 χ^2값도 0과 비슷할 것이다. 반대로 검정통계치 χ^2값이 크면 클수록 표본은 대립가설 H_1에서 주장하는 모집단에서 추출했을 가능성이 커질 것이다. 따라서 [그림 8.3]의 (위) 그림에서 검정통계치 χ^2값이 커질수록 귀무가설 H_0을 기각하고 대립가설 H_1을 체택하는 결정규칙을 정하면 된다.

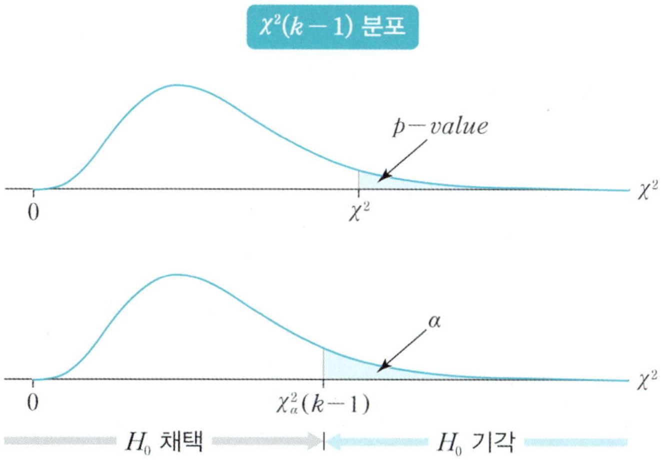

그림 8.3 적합도검정에서 (위) 유의확률, 검정통계치 (아래) 유의수준, 기각값, 기각역

이제 검정통계치 χ^2값이 어느 정도로 커야지 귀무가설 H_0을 기각할 것인가를 판단해야 한다. 이를 위해서 다음과 같이 계산되는 유의확률

$$p-value = P(X^2 > \chi^2) = P\left(X^2 > \sum_{i=1}^{k} \frac{(n_i - E_i)^2}{E_i}\right)$$

에 의한 결정규칙은 유의확률이 유의수준 α보다 작으면 귀무가설을 기각한다.

"유의확률 $P(X^2 > \chi^2) < \alpha$이면 H_0를 기각한다."

한편 [그림 8.3]에서 유의확률에 의한 결정규칙의 조건 $p-value = P(X^2 > \chi^2) < \alpha$ 은 $\chi^2 > \chi^2_\alpha(k-1)$ 과 같다. 따라서

"$\chi^2 > \chi^2_\alpha(k-1)$이면 H_0를 기각한다."

여기서 영역 $\chi^2 > \chi^2_\alpha(k-1)$를 가설 (8.7)의 적합도검정에서 H_0를 기각하는 기각역(reject region), $\chi^2_\alpha(k-1)$를 기각값(critical value)이라 부른다.

대표본에서 일원분류표에 의한 적합도검정

단, 대표본은 모든 범주의 기대도수가 $E_i \geq 5$인 경우를 기준으로 한다.

(1) 가설

H_0 : $p_1 = p_{10}, p_2 = p_{20}, \ldots, p_k = p_{k0}$ vs. H_1 : H_0는 사실이 아니다.

여기서 $p_{10}, p_{20}, \ldots, p_{ko}$는 미리 주어진 확률값이다.

(2) H_0 하에서 검정통계량 : $X^2 = \sum_{i=1}^{k} \frac{(n_i - E_i)^2}{E_i} \sim \chi^2(k-1)$

여기서 n_i는 랜덤표본에서 범주 i의 관측도수, E_i는 기대도수로서 $E_i = np_{i0}$

n은 랜덤표본의 크기이고 $n = n_1 + n_2 + \cdots + n_k$

(3) 검정통계치 : $\chi^2 = \sum_{i=1}^{k} \frac{(n_i - E_i)^2}{E_i}$

(4) 유의확률과 기각역

유의확률($p-value$)	기각역
$P(X^2 > \chi^2)$	$\chi^2 > \chi^2_\alpha(k-1)$

예제 8.5 우리나라의 2015년 종교인구 현황은 기독교 20%, 천주교 8%, 불교 16%, 기타 종교 1%, 무교 55%이었다. 임의로 선정된 1,000명의 표본으로부터 조사한 2022년의 종교인구(단위: 명) 현황은 아래 표와 같다. 지난 7년 동안 우리나라의 종교인구 현황은 달라졌는지를 유의수준 1%에서 검정하여라.

기독교	천주교	불교	기타 종교	무교	합
200	110	170	20	500	1000

풀이 우리나라의 2022년 종교인구 현황에서 기독교, 천주교, 불교, 기타 종교, 무교의 비율을 각각 p_1, p_2, p_3, p_4, p_5로 정의하자.

지난 7년 동안 우리나라의 종교인구 현황이 달라졌는지를 검정하기 위한 가설은 다음과 같이 설정한다. 즉 귀무가설 H_0가 의미하는 바는 2022년 종교인구 현황은 2015년 종교인구 현황과 다르지 않다는 것이다.

H_0: $p_1 = 0.2$, $p_2 = 0.08$, $p_3 = 0.16$, $p_4 = 0.01$, $p_5 = 0.55$

H_1: H_0가 사실이 아니다.

귀무가설 H_0하에서 표본의 각 범주에 대한 기대도수

$$E_1 = n \times p_{10} = (1000)(0.2) = 200$$

$$E_2 = n \times p_{20} = (1000)(0.08) = 80$$

$$E_3 = n \times p_{30} = (1000)(0.16) = 160$$

$$E_4 = n \times p_{40} = (1000)(0.01) = 10$$

$$E_5 = n \times p_{50} = (1000)(0.55) = 550$$

는 모두 5 이상으로 대표본의 조건을 만족하므로 χ^2-검정을 적용할 수 있다. 카이제곱 검정통계량은 귀무가설 H_0하에서 자유도가 $k-1=5-1=4$인 $\chi^2(4)$분포를 따른다. 이제 귀무가설 H_0가 사실이라는 가정하에서 카이제곱 검정통계치는

$$\begin{aligned}\chi^2 &= \sum_{i=1}^{5} \frac{(n_i - E_i)^2}{E_i} \\ &= \frac{(200-200)^2}{200} + \frac{(110-80)^2}{80} + \frac{(170-160)^2}{160} \\ &\quad + \frac{(20-10)^2}{10} + \frac{(500-550)^2}{550} \\ &= 26.42\end{aligned}$$

이고 우측검정에 대한 유의확률은

$$p-value = P(X^2 > \chi^2) = P(X^2 > 26.42) = 2.603e-05 < 0.0001$$

이다. 이때 유의확률$< 0.0001 < \alpha = 0.01$이므로 귀무가설 H_0는 기각된다. 또는

$$\chi^2 = 26.42 > \chi^2_{0.01}(4) = 13.28$$

이므로 귀무가설 H_0는 기각된다. 즉, 유의수준 1%의 가설검정에서 표본자료는 2022년 종교인구 현황은 2015년 종교인구 현황과 다르다는 증거를 보여주며 검정결과는 매우 유의하다.

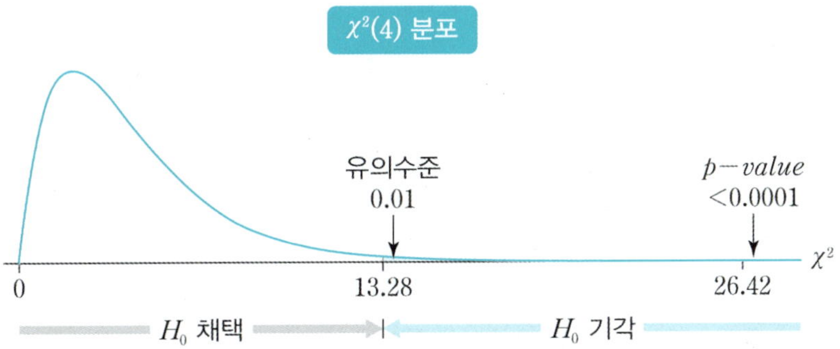

▌그림 8.4 예제 8.5 : 적합도검정

```
> # [R-program 8.4] 예제 8.5 : 적합도검정-chisq-검정-우측검정
>
> # qchisq(p, df, lower.tail = FALSE): chisq(df)에서 상위누적확률 p 분위수
> # chisq.test(n, p): n = 관측도수의 숫자벡터, p = H0에서 지정된 확률값 벡터
>
> k = 5; alpha = 0.01
> p.2015 = c(0.2, 0.08, 0.16, 0.01, 0.55)
> n.2022 = c(200, 110, 170, 20, 500)
>
> # 적합도검정
> (goodness = chisq.test(n.2022, p = p.2015))

	Chi-squared test for given probabilities

data:  n.2022
X-squared = 26.42, df = 4, p-value = 2.603e-05
> goodness$observed
```

```
[1] 200 110 170  20 500
> goodness$expected  # 대표본 검토(기대도수 5이상)
[1] 200  80 160  10 550
> (critical.value = qchisq(alpha, df = k-1, lower.tail = FALSE))
[1] 13.2767
```

8.2.2 동질성검정

세대별로 정당 지지도가 같은지에 관한 문제를 생각해보자. 세대는 20－30대, 40－50대, 60대 이상의 3개 세대가 있고 정당은 진보당, 중도당, 보수당의 3개 정당이 있다고 하자. 이런 문제는 $r=3$개의 모집단(세대)에서 $c=3$개의 범주(정당)의 모비율(지지율)이 같은지를 검정하는 문제로 동질성검정(homogeneity test)이라 한다. 동질성검정을 위한 자료의 형태는 모집단 변수와 범주형 변수의 2개 변수를 나타내는 이원분류표(two-way table)로 요약되는데 특히 이 경우의 이원분류표를 $r\times c$ 분할표(contingency table)라 부른다.

표 8.2 $r\times c$ 분할표

	범주 1	범주 2	⋯	범주 c	표본 크기
모집단 1	n_{11}	n_{12}	⋯	n_{1c}	$n_{1.}$
모집단 2	n_{21}	n_{22}	⋯	n_{2c}	$n_{2.}$
⋮	⋮	⋮	⋮	⋮	⋮
모집단 r	n_{r1}	n_{r2}	⋯	n_{rc}	$n_{r.}$
합계	$n_{.1}$	$n_{.2}$	⋯	$n_{.c}$	n

모집단 i에서 범주 j에 대한 모비율을 p_{ij}라 하면, 모든 모집단에서 범주 비율의 분포가 같다는 가설은 다음과 같이 설정할 수 있다.

$$H_0 : p_{1j}=p_{2j}=p_{3j}= \cdots =p_{rj}, \quad j=1,2,\dots,c$$
$$H_1 : H_0\text{는 사실이 아니다.} \tag{8.8}$$

혹은 다음과 같은 의미를 갖는다.

H_0 : 모든 모집단에서 범주 비율의 분포가 같다.

H_1 : H_0는 사실이 아니다.

귀무가설 H_0가 사실이라면 $p_{1j} = p_{2j} = p_{3j} = \cdots = p_{rj} = p_j$로 놓을 수 있다.

그러면 범주 j의 모비율인 p_j는

$$\hat{p}_j = \frac{n_{.j}}{n}$$

로 추정할 수 있다. 이제 모집단 i의 표본에서 범주 j에 대한 기대도수 E_{ij}는 다음과 같이 구할 수 있다.

$$E_{ij} = n_{i.} \times \hat{p}_j = \frac{n_{i.} \times n_{.j}}{n}$$

검정을 위해서 사용되는 카이제곱 검정통계량은 대표본에서 자유도가 $(r-1)(c-1)$인 카이제곱분포를 근사적으로 따르며 다음과 같이 정의된다.

$$X^2 = \sum_{i=1}^{r} \sum_{j=1}^{c} \frac{(n_{ij} - E_{ij})^2}{E_{ij}} \sim \chi^2((r-1)(c-1))$$

이때 대표본은 모든 셀에서 기대 도수 E_{ij}가 5 이상이 성립할 때를 기준으로 한다.

유의확률에 의한 결정규칙 혹은 기각역에 의한 결정규칙 등은 8.2.1절의 적합도 검정에서 사용된 χ^2 – 검정의 논리를 비슷하게 적용하여 설명할 수 있다. 대표본에서 동질성검정은 항상 우측검정이며 다음과 같이 요약한다.

대표본에서 $r \times c$ 분할표에 의한 동질성검정

단, 대표본은 모든 셀의 기대도수가 $E_{ij} \geq 5$ 인 경우를 기준으로 한다.

(1) 가설 : H_0 : $p_{1j} = p_{2j} = p_{3j} = \cdots = p_{rj}$, $j = 1, 2, ..., c$

혹은 같은 의미로

H_0 : 모든 모집단에서 범주 비율의 분포가 동일하다.

H_1 : H_0는 사실이 아니다.

여기서 p_{ij}는 모집단 i에서 범주 j에 대한 모비율이다.

(2) H_0 하에서 검정통계량 : $X^2 = \sum_{i=1}^{r}\sum_{j=1}^{c}\frac{(n_{ij}-E_{ij})^2}{E_{ij}} \sim \chi^2((r-1)(c-1))$

여기서 n_{ij}는 모집단 i의 랜덤표본에서 범주 j의 관측도수

$E_{ij} = \frac{n_{i.} \times n_{.j}}{n}$는 모집단 i의 랜덤표본에서 범주 j의 기대도수

$n_{i.}$는 모집단 i의 랜덤표본 크기이고 $n_{.j}$는 범주 j의 관측도수

(3) 검정통계치 : $\chi^2 = \sum_{i=1}^{r}\sum_{j=1}^{c}\frac{(n_{ij}-E_{ij})^2}{E_{ij}}$

(4) 유의확률과 기각역

유의확률($p-value$)	기각역
$P(X^2 > \chi^2)$	$\chi^2 > \chi^2_\alpha((r-1)(c-1))$

예제 8.6 선거구 조정이나 비례대표 확대 등 기존의 선거제도 변경 시 현재 국회의원 정수를 확대해야 한다는 주장이 있다. 전국 유권자 중에서 18세 이상 30대, 40대 혹은 50대, 그리고 60대 이상의 세 가지 세대별로 각각 임의로 선정한 248명, 376명, 338명에게 국회의원 정수의 확대, 축소, 현 인원의 유지에 관해 물은 결과가 아래 표와 같다. 세대별로 국회의원 정수에 관한 의견이 같은지를 유의수준 1%에서 검정하여라.

	국회의원 정수			합계
	확대	축소	유지	
18세 이상-30대	25	104	119	248
40대-50대	54	240	82	376
60대 이상	9	254	75	338
합계	88	598	276	962

풀이 세대를 나타내는 모집단은 $r=3$개이고, 국회의원 정수에 관한 의견 범주는 $c=3$개 범주로 나눌 수 있다. 모집단 i에서 범주 j에 대한 모비율을 p_{ij} $(i=1,2,3,\ j=1,2,3)$라 하면, 세대별로 국회의원 정수에 대한 의견 분포가 같다는 가설은 다음과 같이 설정할 수 있다.

H_0 : $p_{11}=p_{21}=p_{31},\ p_{12}=p_{22}=p_{32},\ p_{13}=p_{23}=p_{33}$

H_1 : H_0는 사실이 아니다.

혹은 같은 의미로 다음과 같이 설정할 수 있다.

H_0 : 세대별로 국회의원 정수에 관한 의견은 다르지 않다.

H_1 : 세대별로 국회의원 정수에 관한 의견은 다르다.

귀무가설 H_0하에서 각 셀의 기대도수

$$E_{11}=\frac{n_{1.}\times n_{.1}}{n}=\frac{(248)(88)}{962}=22.69$$

$$E_{12}=\frac{n_{1.}\times n_{.2}}{n}=\frac{(248)(598)}{962}=154.16$$

$$E_{13}=\frac{n_{1.}\times n_{.3}}{n}=\frac{(248)(276)}{962}=71.15$$

$$E_{21}=\frac{n_{2.}\times n_{.1}}{n}=\frac{(376)(88)}{962}=34.40$$

$$E_{22}=\frac{n_{2.}\times n_{.2}}{n}=\frac{(376)(598)}{962}=233.73$$

$$E_{23}=\frac{n_{2.}\times n_{.3}}{n}=\frac{(376)(276)}{962}=107.88$$

$$E_{31} = \frac{n_{3.} \times n_{.1}}{n} = \frac{(338)(88)}{962} = 30.92$$

$$E_{32} = \frac{n_{3.} \times n_{.2}}{n} = \frac{(338)(598)}{962} = 210.11$$

$$E_{33} = \frac{n_{3.} \times n_{.3}}{n} = \frac{(338)(276)}{962} = 96.97$$

는 모두 5 이상이므로 대표본의 가정하에서 χ^2-검정을 적용할 수 있다. 카이제곱 검정통계량은 귀무가설 H_0 하에서 자유도가 $(r-1)(c-1) = (3-1)(3-1) = 4$인 $\chi^2(4)$분포를 따른다. 귀무가설 H_0가 사실이라는 가정하에서 카이제곱 검정통계치는

$$\chi^2 = \sum_{i=1}^{3}\sum_{j=1}^{3}\frac{(n_{ij}-E_{ij})^2}{E_{ij}}$$

$$= \frac{(25-22.69)^2}{22.69} + \frac{(104-154.16)^2}{154.16} + \cdots + \frac{(75-96.97)^2}{96.97}$$

$$= 95.97$$

이고 우측검정에 대한 유의확률은

$$p-value = P(X^2 > \chi^2) = P(X^2 > 95.97) = 2.2e-16 < 0.0001$$

이다. 이때 유의확률 $< 0.0001 < \alpha = 0.01$이므로 귀무가설 H_0는 기각된다. 또는

$$\chi^2 = 95.97 > \chi^2_{0.01}(4) = 13.28$$

이므로 귀무가설 H_0는 기각된다. 즉, 유의수준 1%의 가설검정에서 표본자료는 세대별로 국회의원 정수에 관한 의견이 다르다는 증거를 보여주며 검정결과는 매우 유의하다.

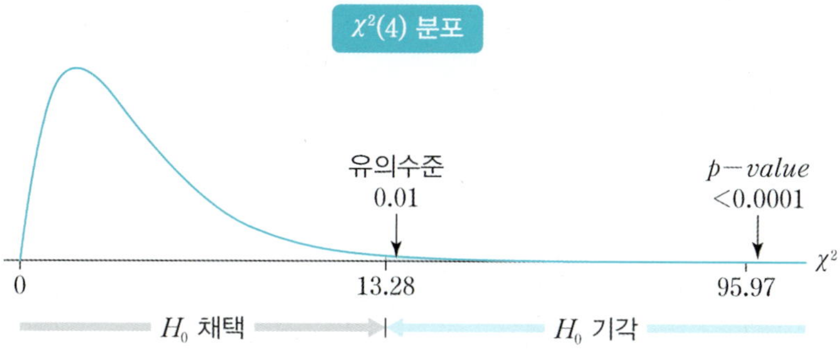

그림 8.5 예제 8.6 : 동질성검정

```
> # [R-program 8.5] 예제 8.6 : 동질성검정-chisq-검정-우측검정
>
> # qchisq(p, df, lower.tail = FALSE): chisq(df)에서 상위누적확률 p 분위수
> # chisq.test(contigency.table): contigency.table = 분할표의 행렬
>
> alpha = 0.01; r = 3; c = 3; df = (r-1)*(c-1)
> assembly.table = matrix(c(25, 54, 9, 104, 240, 254, 119, 82, 75),
+                         nrow = 3, ncol = 3, byrow = F)
> colnames(assembly.table) = c("확대", "축소", "유지")
> rownames(assembly.table) = c("18세이상-30대", "40대-50대", "60대 이상")
>
> assembly.table
              확대 축소 유지
18세이상-30대   25  104  119
40대-50대       54  240   82
60대 이상        9  254   75
>
> # 동질성검정
> (homogeneity = chisq.test(assembly.table))

	Pearson's Chi-squared test

data:  assembly.table
X-squared = 95.971, df = 4, p-value < 2.2e-16
>
> homogeneity$observed
```

```
              확대 축소 유지
18세이상-30대   25  104  119
40대-50대       54  240   82
60대 이상        9  254   75
>
> homogeneity$expected   # 대표본 검토(기대도수 5이상)
                   확대       축소       유지
18세이상-30대 22.68607 154.1622  71.15177
40대-50대     34.39501 233.7297 107.87526
60대 이상     30.91892 210.1081  96.97297
>
> (critical.value = qchisq(alpha, df, lower.tail = FALSE))
[1] 13.2767
```

8.2.3 독립성검정

세대와 정당 지지도는 서로 독립인지에 관한 문제를 생각해보자. 세대는 20−30대, 40−50대, 60대 이상의 3개 세대가 있고 정당은 진보당, 중도당, 보수당의 3개 정당이 있다고 하자. 이런 문제는 세대라는 범주형 변수와 정당이라는 범주형 변수가 서로 독립인지를 검정하는 문제로 **독립성검정(independence test)**이라 한다. 독립성검정을 위한 자료의 형태는 두 개의 범주형 변수 R 및 C를 이원분류표로 요약한 [표 8.3]의 $r \times c$ **분할표(contigency table)**로 나타낸 수 있다.

표 8.3 $r \times c$ 분할표

	C_1	C_2	$\cdots$	C_c	합계
R_1	n_{11}	n_{12}	$\cdots$	n_{1c}	$n_{1.}$
R_2	n_{21}	n_{22}	$\cdots$	n_{2c}	$n_{2.}$
$\vdots$	$\vdots$	$\vdots$	$\vdots$	$\vdots$	$\vdots$
R_r	n_{r1}	n_{r2}	$\cdots$	n_{rc}	$n_{r.}$
합계	$n_{.1}$	$n_{.2}$	$\cdots$	$n_{.c}$	n

동질성검정에서 사용된 [표 8.2]의 분할표에서 각 행 합계는 각 모집단에서 추출한 표본의 크기로 고정된 상수이다. 즉, 모집단 i 에서 표본의 크기가 $n_{i.}$ 인 표본을 추출하여 다항실험의 결과로서 관측된 범주 j 에 속하는 관측치의 개수가 관측도수 n_{ij}로 결정된다. 따라서 열 합계 $n_{.j}$는 확률변수이다. 그러나 독립성검정에서 사용된 [표 8.3]의 분할표에서는 미리 결정된 표본의 크기가 n인 표본이 추출된 후 다항실험의 결과로서 관측된 범주 R_i와 범주 C_j에 동시에 속하는 관측치의 개수가 관측도수 n_{ij}로 결정된다. 따라서 행 합계 $n_{i.}$ 및 열 합계 $n_{.j}$는 확률변수이다.

범주 R_i 및 범주 C_j에 속하는 모비율을 p_{ij}라 하면, 두 개의 범주형 변수 R 과 C가 독립이라는 가설은 다음과 같이 설정할 수 있다.

$$H_0 \ : \ p_{ij} = p_{i.} \times p_{.j} \qquad i = 1,2,\dots,r, \ j = 1,2,\dots,c$$

$$H_1 \ : \ H_0 \text{는 사실이 아니다.}$$

혹은 같은 의미로 다음과 같이 설정할 수 있다.

H_0 : 두 개의 범주형 변수는 서로 독립이다.

H_1 : H_0는 사실이 아니다.

귀무가설 H_0 하에서 p_{ij}는

$$\hat{p}_{ij} = \hat{p}_{i.} \times \hat{p}_{.j} = \left(\frac{n_{i.}}{n}\right)\left(\frac{n_{.j}}{n}\right)$$

로 추정할 수 있다. 이제 범주 R_i 및 범주 C_j에 속하는 기대도수 E_{ij}는 다음과 같이 계산한다.

$$E_{ij} = n \times \hat{p}_{ij} = n \times \left(\frac{n_{i.}}{n}\right)\left(\frac{n_{.j}}{n}\right) = \frac{n_{i.} \times n_{.j}}{n}$$

검정을 위해서 사용되는 검정통계량은 대표본에서 자유도가 $(r-1)(c-1)$인 카이제곱분포를 근사적으로 따르며 다음과 같이 정의된다.

$$X^2 = \sum_{i=1}^{r}\sum_{j=1}^{c} \frac{(n_{ij} - E_{ij})^2}{E_{ij}} \ \sim \ \chi^2((r-1)(c-1))$$

이때 대표본은 모든 셀에서 기대 도수 E_{ij}가 5 이상이 성립할 때를 기준으로 한다.

유의확률에 의한 결정규칙 혹은 기각역에 의한 결정규칙 등은 8.2.1절의 적합도 검정에서 사용된 카이제곱 검정의 논리를 비슷하게 적용하여 설명할 수 있다. 대표본에서 독립성검정은 항상 우측검정이며 다음과 같이 요약된다.

대표본에서 $r \times c$ 분할표에 의한 독립성검정

단, 대표본은 모든 셀의 기대도수가 $E_{ij} \geq 5$ 인 경우를 기준으로 한다.

(1) 가설 : H_0 : $p_{ij} = p_{i.} \times p_{.j}$, $i = 1, 2, \ldots, r$, $j = 1, 2, \ldots, c$.

혹은 같은 의미로

H_0 : 두 개의 범주형 변수는 서로 독립이다.

H_1 : H_0는 사실이 아니다.

여기서 p_{ij}는 범주 R_i 및 범주 C_j에 속하는 모비율

$p_{i.}$은 범주 R_i에 속하는 모비율

$p_{.j}$는 범주 C_j에 속하는 모비율

(2) H_0하에서 검정통계량 : $X^2 = \sum_{i=1}^{r}\sum_{j=1}^{c} \frac{(n_{ij} - E_{ij})^2}{E_{ij}} \sim \chi^2((r-1)(c-1))$

여기서 n_{ij}는 랜덤표본에서 범주 R_i 및 범주 C_j에 속하는 관측도수

$E_{ij} = \frac{n_{i.} \times n_{.j}}{n}$는 랜덤표본에서 범주 R_i 및 범주 C_j에 속하는 기대도수

$n_{i.}$는 랜덤표본에서 범주 R_i의 관측도수이고 $n_{.j}$는 범주 C_j의 관측도수

(3) 검정통계치 : $\chi^2 = \sum_{i=1}^{r}\sum_{j=1}^{c} \frac{(n_{ij} - E_{ij})^2}{E_{ij}}$

(4) 유의확률과 기각역

유의확률($p-value$)	기각역
$P(X^2 > \chi^2)$	$\chi^2 > \chi^2_{\alpha}((r-1)(c-1))$

동질성검정과 독립성검정을 비교해보면, 동질성검정의 분할표에서 모집단의 범주를 의미하는 행의 합계는 상수지만 독립성검정의 분할표에서 범주형 변수의 범주를 의미하는 행의 합계는 확률변수라는 것이 다르며 귀무가설의 설정도 다르다. 그러나 최종적으로 같은 검정통계치는 두 검정에 대해 똑같은 검정결과를 준다. 또한, 동질성검정과 독립성검정의 결과 해석에서도 의미가 서로 통함을 알 수 있다. 예제 8.7에서는 동질성검정에서 사용되었던 예제를 독립성검정의 예제로 풀어보기로 한다.

예제 8.7 예제 8.6에서 사용하였던 국회의 정수에 관한 아래 자료는 전국의 유권자 중에서 임의로 선정한 962명에 대해 나이별로 속하는 세대와 국회의원 정수에 관한 의견을 조사하여 분류한 표이다. 세대와 국회의원 정수에 관한 의견은 서로 독립인지를 유의수준 1%에서 검정하여라.

	국회의원 정수			합계
	확대	축소	유지	
18세 이상–30대	25	104	119	248
40대–50대	54	240	82	376
60대 이상	9	254	75	338
합계	88	598	276	962

풀이 세대를 나타내는 범주형 변수 R은 $r=3$개이고, 국회의원 정수에 대한 의견을 나타내는 범주형 변수 C는 $c=3$개 범주로 나눌 수 있다. 범주 R_i 및 범주 C_j에 속하는 모비율을 p_{ij} $(i=1,2,3,\ j=1,2,3)$라 하면, 세대와 국회의원 정수에 관한 의견은 독립이라는 가설은 다음과 같이 설정할 수 있다.

$$H_0 \ : \ p_{ij} = p_{i.} \times p_{.j} \quad i=1,2,3, \quad j=1,2,3$$

H_1 : H_0는 사실이 아니다.

혹은 같은 의미로 다음과 같이 설정할 수 있다.

H_0 : 세대와 국회의원 정수에 관한 의견은 독립이다.

H_1 : H_0는 사실이 아니다.

귀무가설 H_0하에서 각 셀의 기대도수

$$E_{11} = \frac{n_{1.} \times n_{.1}}{n} = \frac{(248)(88)}{962} = 22.69$$

$$E_{12} = \frac{n_{1.} \times n_{.2}}{n} = \frac{(248)(598)}{962} = 154.16$$

$$E_{13} = \frac{n_{1.} \times n_{.3}}{n} = \frac{(248)(276)}{962} = 71.15$$

$$E_{21} = \frac{n_{2.} \times n_{.1}}{n} = \frac{(376)(88)}{962} = 34.40$$

$$E_{22} = \frac{n_{2.} \times n_{.2}}{n} = \frac{(376)(598)}{962} = 233.73$$

$$E_{23} = \frac{n_{2.} \times n_{.3}}{n} = \frac{(376)(276)}{962} = 107.88$$

$$E_{31} = \frac{n_{3.} \times n_{.1}}{n} = \frac{(338)(88)}{962} = 30.92$$

$$E_{32} = \frac{n_{3.} \times n_{.2}}{n} = \frac{(338)(598)}{962} = 210.11$$

$$E_{33} = \frac{n_{3.} \times n_{.3}}{n} = \frac{(338)(276)}{962} = 96.97$$

는 모두 5 이상이므로 대표본의 가정하에 χ^2-검정을 적용할 수 있다. 카이제곱 검정통계량은 귀무가설 H_0하에서 자유도가 $(r-1)(c-1) = (3-1)(3-1) = 4$인 $\chi^2(4)$분포를 따른다. 귀무가설 H_0가 사실이라는 가정하에서 카이제곱 검정통계치는

$$\begin{aligned}\chi^2 &= \sum_{i=1}^{3}\sum_{j=1}^{3}\frac{(n_{ij}-E_{ij})^2}{E_{ij}} \\ &= \frac{(25-22.69)^2}{22.69} + \frac{(104-154.16)^2}{154.16} + \cdots + \frac{(75-96.97)^2}{96.97} \\ &= 95.97\end{aligned}$$

이고 우측검정에 대한 유의확률은

$$p-value = P(X^2 > \chi^2) = P(X^2 > 95.97) = 2.2e-16 < 0.0001$$

이다. 이때 유의확률$< 0.0001 < \alpha = 0.01$이므로 귀무가설 H_0는 기각된다. 또는

$$\chi^2 = 95.97 > \chi^2_{0.01}(4) = 13.2767$$

이므로 귀무가설 H_0는 기각된다. 즉, 유의수준 1%의 가설검정에서 표본자료는 세대와 국회의원 정수에 관한 의견은 서로 독립이 아니라는 증거를 보여주며 검정결과는 매우 유의하다.

예제 8.6의 동질성검정에서는 18세 이상 30대의 모집단에서 248명, 40대 혹은 50대의 모집단에서 376명, 그리고 60대 이상의 모집단에서 338명을 임의로 선정한 후에 이들에게 국회의원 정수에 관한 의견을 물어 분할표를 작성한다. 예제 8.7의 독립성검정에서는 18세 이상의 모집단에서 962명을 임의로 선정하여 그들의 나이를 조사하고 국회의원 정수에 관한 의견을 물어 분할표를 작성한다.

예제 8.6의 동질성검정에서 체택된 대립가설의 의미는 "세대별로 국회의원 정수에 관한 의견이 다르다."이다. 예제 8.7의 독립성검정에서 체택된 대립가설의 의미는 "세대와 국회의원 정수에 관한 의견은 독립이지 않다."이다. 즉, 세대에 따라 국회의원 정수에 관한 의견이 종속되므로 "세대별로 국회의원 정수에 관한 의견이 다르다."와 의미가 통한다.

```
# [R-program 8.6] 예제 8.7 : 독립성검정-chisq-검정-우측검정
>
> # qchisq(p, df, lower.tail = FALSE): chisq(df)에서 상위누적확률 p 분위수
> # chisq.test(contigency.table): contigency.table = 분할표의 행렬
>
> alpha = 0.01; r = 3; c = 3; df = (r-1)*(c-1)
> assembly.table = matrix(c(25, 54, 9, 104, 240, 254, 119, 82, 75),
+                         nrow = 3, ncol = 3, byrow = F)
> colnames(assembly.table) = c("확대","축소","유지")
> rownames(assembly.table) = c("18세이상-30대","40대-50대","60대 이상")
>
```

```
> assembly.table
             확대 축소 유지
18세이상-30대   25  104  119
40대-50대       54  240   82
60대 이상        9  254   75
>
> # 독립성검정
> (independence = chisq.test(assembly.table))

      Pearson's Chi-squared test

data:  assembly.table
X-squared = 95.971, df = 4, p-value < 2.2e-16

> independence$observed
             확대 축소 유지
18세이상-30대   25  104  119
40대-50대       54  240   82
60대 이상        9  254   75
>
> independence$expected   # 대표본 검토(기대도수 5이상)
                 확대       축소       유지
18세이상-30대 22.68607 154.1622  71.15177
40대-50대     34.39501 233.7297 107.87526
60대 이상     30.91892 210.1081  96.97297
>
> (critical.value = qchisq(alpha, df, lower.tail = FALSE))
[1] 13.2767
```

연/습/문/제

01 전국 만 18세 이상 성인 1,003명을 대상으로 한 여론조사에서 "주 최대 69시간 근로시간"에 대한 반대 의견이 56%이었다.

(1) "주 최대 69시간 근로시간"에 대한 반대율을 신뢰수준 95%에서 구간추정하여라.

(2) 전국 만 18세 이상 성인의 과반수는 "주 최대 69시간 근로시간"에 대해 반대하는지를 유의수준 5%에서 검정하여라.

02 전 세계 63개국 시민 60,219명에게 부모 세대와 비교해서 자기 삶이 전반적으로 어떠하다고 느끼는지 물었다. 그 결과 30,711명이 "부모 세대보다 좋은 편"이라고 응답하였다.

(1) 전 세계 63개국 시민 중 "부모 세대보다 좋은 편"이라고 느끼는 비율을 신뢰수준 95%에서 구간추정하여라.

(2) 전 세계 63개국 시민 중 과반수가 "부모 세대보다 좋은 편"이라고 느끼는지를 유의수준 5%에서 검정하여라.

03 만 19세 이상 성인 2,500명을 대상으로 한 대통령의 국무수행에 대한 지지율 여론조사에서 긍정적인 평가를 한 국민의 수는 1,200명이었다.

(1) 대통령의 국무수행에 대해 긍정적인 평가를 하는 성인의 비율을 신뢰수준 95%에서 구간추정하여라.

(2) 대통령의 국무수행에 대해 긍정적인 평가를 하는 성인이 50% 미만인지를 유의수준 5%에서 검정하여라.

04 전국 만 18세 이상 1,000명에게 향후 1년간 우리나라 경기 전망을 물은 결과, 590명이 나빠질 것이라고 내다봤다.

(1) 향후 1년간 우리나라 경기 전망에 대해 비관적인 비율을 신뢰수준 95%에서 구간추정하여라.

(2) 향후 1년간 우리나라 경기 전망에 대해 비관적인 성인이 10명 중 6명보다도 더 적은 수준인지를 유의수준 5%에서 검정하여라.

05 전국 성인 1,000명을 대상으로 한 여론조사에서 주4일 근무제 도입에 관한 의견을 물은 결과 510명은 주4일 근무제 도입에 찬성한다고 답했다.

(1) 주4일 근무제에 대한 찬성률을 신뢰수준 95%에서 구간추정하여라.

(2) 주4일 근무제에 대해 찬성하는 성인이 2명 중 1명보다도 더 많은 수준인지를 유의수준 5%에서 검정하여라.

06 전국 성인 1,000명에게 최근 한 달간 라면을 먹은 적 있는지를 질문한 결과 740명이 "먹은 적 있다"고 응답하였다. 최근 한 달간 라면을 먹은 성인들의 비율을 신뢰수준 95%에서 구간추정하여라.

07 서민금융이용자 1,021명(교육이수자 516명, 교육미이수자 505명)을 대상으로 실시한 조사에서 금융사기를 당했을 때 곧바로 경찰이나 금융당국에 신고했는지에 대한 질문에 금융교육 이수자 중 "그렇다"고 대답한 비율이 미이수자 대비 10.4%포인트 높은 47.8%인 것으로 집계됐다.

(1) 금융교육 이수자와 미이수자가 금융사기 피해에 곧바로 대처한 비율 차를 신뢰수준 99%에서 구간추정하여라.

(2) 금융교육 이수자가 미이수자와 비교해서 금융사기 피해에 보다 적절하게 대처했는지를 유의수준 1%에서 검정하여라.

08 전국 18세 이상 성인 1,001명을 대상으로 한 여론조사 결과에 따르면 2023년 32%만 국내 프로야구에 관심이 있다고 응답했다. 10년 전인 2013년 조사에서는 응답자 44%가 프로야구에 관심을 표한 것과 비교하면 10년 사이 12%포인트가 하락한 셈이다.

(1) 2023년과 2013년 국내 프로야구에 관심 있는 비율 차를 신뢰수준 99%에서 구간추정하여라.

(2) 10년 사이 프로야구 인기가 하락했는지를 유의수준 1%에서 검정하여라.

09 어느 인구통계조사에서 "회의, 약속, 마감 기한을 계획하고 지키는 데 선호하는 방법이 무엇이냐?"는 질문에 남자 500명 중 56%와 여자 500명 중 46%는 "내 머릿속에 기억한다."고 대답했다. "회의, 약속, 마감 기한을 계획하고 지키기 위해서 머릿속에 약속을 기억하길 선호하는 남자의 비율이 그에 대응하는 여자의 비율보다 크다는 것을 유의수준 1%에서 검정하여라.

10 어느 도시의 시장 후보자가 북구 및 남구 지역별로 임의로 선정한 각각 1,000명씩의 유권자에게 여론조사를 한 결과 각각 526명과 537명이 후보자를 지지하였다.

(1) 시장 후보자의 북구와 남구에서 지지율 차를 신뢰수준 95%에서 구간추정하여라.

(2) 시장 후보자의 북구와 남구에서 지지율 차이가 있는지를 유의수준 5%에서 검정하여라.

11 1,000명의 고위험 집단을 대상으로 임의로 두 그룹으로 나누어 각각 독감 백신과 위약을 처치한 결과가 다음 표와 같다. 이 자료로부터 독감 백신이 효과적이라 할 수 있는지를 유의수준 5%에서 검정하여라.

집단	독감에 걸림	독감에 걸리지 않음	합계
백신	40	460	500
위약	60	440	500
합계	100	900	1000

12 임상실험에 참여한 총 2,000명을 임의로 두 그룹으로 나누어 각각 아스피린과 위약을 처치하여 심장발작 여부를 조사한 결과가 다음 표와 같다. 이 자료로부터 아스피린이 심장발작을 감소시키는 데 효능이 있는지를 유의수준 5%에서 검정하여라.

집단	심장발작	심장발작 없음	합계
아스피린	10	990	1000
위약	24	976	1000
합계	34	1966	2000

13 임의로 선정한 총 200명의 성인을 랜덤하게 두 그룹으로 나누어 한 그룹은 자기 전에 영화를 보지 않게 하고 다른 한 그룹은 자기 전에 코믹영화를 시청하게 하였다. 이들로부터 공포, 걱정, 분노와 같은 나쁜 꿈을 꾸었는지를 조사한 표가 아래와 같다. 사람이 좋은 기분에서 잠자리에 들면 나쁜 꿈의 비율이 감소하는지를 유의수준 5%에서 검정하여라.

집단	나쁜 꿈	꿈꾸지 않음	합계
자기 전 영화 보지 않음	36	64	100
자기 전 코믹영화 시청	25	75	100
합계	61	139	200

14 정육면체 주사위의 공평성을 알아보기 위해서 실제로 150번을 던진 결과 다음의 자료를 얻었다. 이 주사위가 공평한 주사위인지를 유의수준 5%에서 검정하여라.

주사위 눈	1	2	3	4	5	6
출현 횟수	23	26	23	25	27	26

15 멘델의 유전법칙에 의하면 완두콩은 색깔과 모양에 따라 둥글고 노란 콩, 둥글고 초록색 콩, 모나고 노란 콩, 모나고 초록색 콩이 9:3:3:1의 비율로 출현한다고 한다. 실제로 640개의 완두콩을 조사하여 다음의 자료를 얻었다면, 멘델의 이론이 적합하다고 할 수 있는지 유의수준 1%에서 검정하여라.

완두콩의 모양	둥글고 노란 콩	둥글고 초록색 콩	모나고 노란 콩	모나고 초록색 콩
출현 횟수	320	140	130	50

16 세 명의 정치 후보자가 지역구 국회의원 선거에 출마했다. 선거에 앞서 500명의 유권자를 임의로 선정하여 각 후보에 대한 선호도를 조사한 결과가 아래 표와 같다. 세 명의 정치 후보자는 지역구에서 균등하게 지지를 받는지 유의수준 5%에서 검정하여라.

선거 후보자	1	2	3
투표자수	160 표	167 표	173 표

17 김 교수와 이 교수는 서로 다른 특별한 방법으로 R-통계실습을 강의한다. 두 교수의 R-통계실습 강의방법을 비교하기 위하여 R과 통계학을 배운 적이 없는 대학교 신입생 100명을 임의로 선정하여 각 50명씩 랜덤하게 두 반으로 배치한 후, 각 교수는 동전 던지기로 랜덤하게 한 반을 선택하여 R-통계실습을 강의하였다. 한 학기 강의가 끝난 후 100명 학생은 같은 실습실에서 똑같은 R-통계실습 시험을 치른 후 받은 점수를 A, B, C 등급으로 분류한 결과가 아래 표와 같다. 교수에 따라 성적이 달라지는지를 유의수준 5%에서 검정하여라.

교수	A등급	B등급	C등급
김 교수	14	24	12
이 교수	16	20	14

18 어느 도시에서 동구, 서구, 남구의 구별 인구비율에 따라 각각 187가구, 148가구, 165가구를 임의로 선정하여 소득분포를 조사한 표가 아래와 같다. 구별로 소득분포가 다른지를 유의수준 5%에서 검정하여라.

지역	고소득	중소득	저소득	합계
동구	53	58	76	187
서구	45	49	54	148
남구	64	45	56	165

19 어느 대학교 학생 중 성별 비율에 따라 임의로 선정한 남학생 431명, 여학생 503명에게 조사한 애완동물 선호도 결과가 아래 표와 같다. 남학생과 여학생의 애완동물 선호도가 다른지를 유의수준 5%에서 검정하여라.

성별	개	고양이	기타동물	싫어함	계
남학생	115	63	25	228	431
여학생	98	136	13	256	503

20 어느 지역에서 세대별 결혼생활의 만족도를 조사하기 위하여 설문 조사하였다. 30대, 40대, 50대에서 각각 170명, 200명, 195명씩 랜덤하게 선정하여 조사한 결과가 아래 표와 같다. 세대에 따라 결혼생활 만족도가 다르다고 할 수 있는지를 유의수준 5%에서 검정하여라.

세대	불만족	보통	만족	합계
30대	37	80	53	170
40대	55	94	51	200
50대	45	65	85	195

21 어느 마케팅 저널에서는 텔레비전 광고에서 유명 인사를 기용하는 것의 영향에 관해 연구하였다. 시청자의 성별과 시청자의 브랜드 인식 사이의 관계를 조사하기 위해 임의로 선정한 300명의 TV 시청자를 대상으로 남성 유명 연예인에 의해 광고된 제품을 인식하는지를 질문한 응답 자료가 아래 표에 정리되었다. 성별과 브랜드 인식 여부는 독립인지를 유의수준 5%에서 검정하여라.

성별 / 브랜드 인식여부	남	여
인식함	95	41
인식하지 못함	55	109

22 흡연상태와 음주 습관이 서로 상관이 있는지를 알아보기 위해서 임의로 선정한 성인 남자 361명을 조사하여 다음의 결과를 얻었다. 흡연상태와 음주 습관이 독립인지를 유의수준 5%에서 검정하여라.

음주 빈도	흡연 정도			
	금연	가벼움	심함	합계
금주	105	7	11	123
가끔	58	5	13	76
자주	84	37	41	162
합계	247	49	65	361

23 다음 표는 5,173명 환자의 현재 생존 여부와 평소의 흡연상태를 조사한 표이다. 흡연상태가 생사에 영향을 주는지를 유의수준 5%에서 검정하여라.

	흡연상태					계
	금연	가벼움	보통	심함	매우 심함	
사망	891	187	213	443	237	1971
생존	1610	392	363	603	234	3202
계	2501	579	576	1046	471	5173

CHAPTER

09 회귀분석

CHAPTER 09
회귀분석

9.1 상관과 회귀

기온이 올라가면 냉방기업체의 주가가 오를까? 광고비가 많아지면 기업의 매출액이 많아질까? 네티즌들의 영화 평점이 높아지면 관객 수도 많아질까? 이러한 질문에 답하기 위해서는 기온과 냉방기업체의 주가, 광고비와 매출액, 영화 평점과 관객 수 즉, 두 확률변수 X, Y의 상관계수 ρ_{XY}를 알아야 한다.

4.4.3절에서 이미 다루었던 것으로 두 확률변수 X, Y의 선형적 연관성 측도를 나타내는 상관계수 ρ_{XY}는

$$\rho_{XY} = Corr(X, Y) = E\left[\left(\frac{X-\mu_X}{\sigma_X}\right)\left(\frac{Y-\mu_Y}{\sigma_Y}\right)\right]$$

와 같이 정의된다. 이때 상관계수의 범위는 $-1 \le \rho_{XY} \le 1$이고, 두 확률변수가 선형적인 연관성이 클수록 ρ_{XY}는 1 혹은 -1에 가까운 값이고, 선형적인 연관성이 없을수록 0에 가까운 값이 될 것이다. 이때 $\rho_{XY} = 0$이라면 두 확률변수는 선형 연관성이 없음을 의미하지만 두 확률변수가 반드시 독립임을 의미하지는 않는다. 확률변수 X와 Y의 여러 표본 자료에 대한 상관계수의 예는 4.4.3절의 [그림 4.3]에서 확인할 수 있다.

위에서 정의되는 상관계수 ρ_{XY}는 모집단의 상관계수이다. 이제 표본으로부터 모상관계수는 어떻게 추정되는지를 알아보자.

$\{(X_1, Y_1), (X_2, Y_2), \ldots, (X_n, Y_n)\}$을 확률변수 X, Y의 결합확률분포로부터 추출된 크기가 n인 랜덤표본이라 하면, 모상관계수 ρ_{XY}의 추정량으로 표본상관계수(sample correlation coefficient) $\hat{\rho}$은 다음과 같이 정의된다.

표본상관계수

$$\hat{\rho} = \frac{\sum_{i=1}^{n}(X_i - \overline{X})(Y_i - \overline{Y})}{\sqrt{\sum_{i=1}^{n}(X_i - \overline{X})^2}\sqrt{\sum_{i=1}^{n}(Y_i - \overline{Y})^2}}$$

[그림 9.1]은 2021년 OECD 37개국의 1인당 국민총소득(GNI)(단위: 만 달러)과 기대수명(단위: 년)의 산점도이다. 여기서 37개 관측값 쌍 표본에 대한 표본상관계수는 $\hat{\rho}= 0.69$이다. 즉 두 변수는 강한 양의 선형적 연관성을 갖음을 의미하는데, [그림 9.1]에서 대체로 GNI가 높은 나라가 기대수명도 높다는 것을 알 수 있다. 만약 어느 나라의 GNI를 알면 그 나라의 기대수명을 알 수 있을까? 이를 위하여 두 변수 간의 관계를 잘 나타내면서 가장 간단한 함수인 직선으로 표현해볼 수 있다. 이 직선이 [그림 9.1]의 산점도 위에 그려진 직선이며 이 직선의 식을 다음과 같이 추정하였다.

$$\hat{y}= 75.21 + 1.1686x \qquad (9.1)$$

여기서 x는 GNI이고 $\hat{y}$는 추정된 기대수명이다. 위의 예에서 기대수명처럼 다른 변수의 영향을 받는 변수를 **종속변수(dependent variable)** 또는 **반응변수(response variable)**라고 부른다. 그리고 GNI와 같이 종속변수에 영향을 주는 변수를 **독립변수(independent variable)** 또는 **설명변수(explanatory variable)**라고 부른다.

아이슬란드의 관측값 $(x,\ y) = (6.441, 82.7)$은 식 (9.1)의 직선 위에 놓여 있어 편차가 매우 작으나 멕시코의 관측값 $(x,\ y) = (0.938, 70.2)$, 일본의 관측값$(x,\ y) = (4.262, 84.8)$, 미국의 관측값 $(x,\ y) = (7.043,\ 77.2)$는 직선으로부터 떨어져 있어 편차가 상당히 큰 편이다. 따라서 두 변수의 관측값들이 강한 선형관계를 갖을수록, 즉 상관계수의 절댓값이 1에 가까울수록 설명변수로부터 반응변수가 직선의 식에 의해 잘 예측될 것이다. 참고로 우리나라의 관측값은 $(x,\ y) = (3.498, 83.7)$이다.

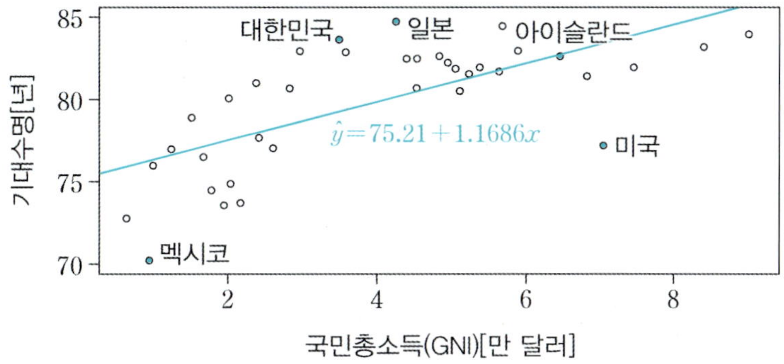

그림 9.1 OECD 37개국의 1인당 국민총소득(GNI)과 기대수명의 산점도

산점도가 두 양적변수의 직선적인 관계를 잘 보여주고 있다면 산점도의 각 관측값으로부터 편차를 가장 작게 해주는 직선의 식을 추정하여 설명변수와 반응변수의 관계를 규명할 수 있다. 이 추정된 직선을 회귀직선(regression line)이라 하고 이를 이용하여 변수 간의 관계를 규명하는 통계적 분석방법을 회귀분석(regression analysis)이라 한다.

회귀(regression)라는 용어는 다시 돌아간다는 의미인데 영국의 우생학자 프란시스 갈톤(F. Galton)이 수행하였던 아버지와 자녀들의 키의 관계에 관한 연구에서 유래한다. 즉 평균보다 큰 키의 부모들을 가진 자녀들의 키는 평균보다는 크지만 자신의 부모만큼 키가 크지는 않았다. 갈톤은 이를 "평균으로의 회귀"라고 하였다.

[그림 9.2]는 2001년부터 2022년까지 우리나라 1인당 연간 쌀소비량(단위: kg)과 전국 논 경지면적(단위: km^2)의 산점도를 나타내는데, 두 관측값 쌍은 직선에 매우 잘 적합함을 알 수 있다. 이때 표본상관계수 $\hat{\rho}=0.984$는 매우 강한 양의 상관관계를 가지며 논 경지면적(y)은 쌀소비량(x)이 주어졌을 때 회귀식 $\hat{y}=1471.55+116.88x$에 의해 예측할 수 있다. 이때 회귀직선이 얼마나 두 변수 간의 관계를 잘 설명하고 있는지의 측도로서 통계량인 결정계수 R^2가 있다. 이 경우 $R^2=0.968$의 의미는 회귀직선이 경지면적(y) 총변동량의 96.8%를 설명한다는 의미이다.

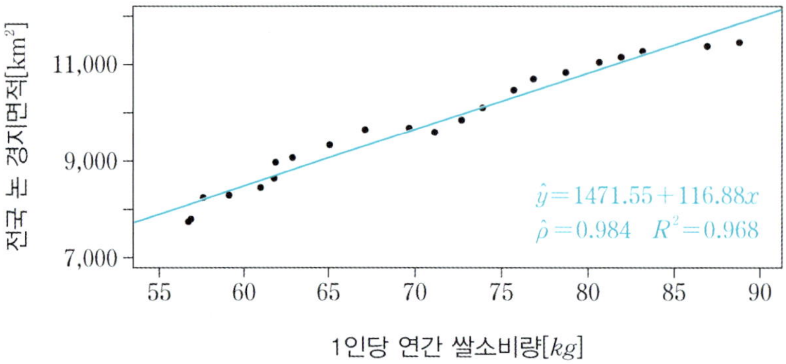

그림 9.2 1인당 연간 쌀소비량과 전국 논 경지면적의 산점도

[그림 9.3]은 25명 학생에 대하여 40점 만점인 기초통계학 중간시험과 기말시험 점수의 산점도를 나타낸다. 이때 표본상관계수 $\hat{\rho}=0.43$은 약한 양의 상관관계를 가지며 기말시험점수(y)는 중간시험 점수(x)가 주어졌을 때 회귀식 $\hat{y}=7.214+0.47x$에 의해 예측할 수 있다. $R^2=0.187$의 의미는 회귀직선이 기말시험 점수(y) 총변동량의 18.7%를 설명한다는 의미이므로 회귀직선에 의한 예측은 큰 오차를 갖게 되어 이 경우 회귀분석에 의한 자료 분석은 추천하지 않는다.

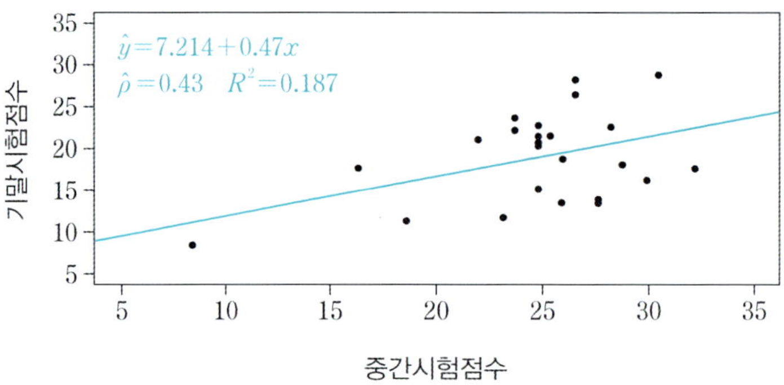

그림 9.3 중간시험 점수와 기말시험 점수의 산점도

[그림 9.4]는 2001년부터 2021년까지 우리나라 1인당 연간 쌀소비량(단위: kg)과 국가부채(단위: 조 원)의 산점도를 나타내는데, 두 관측값 쌍은 회귀직선에 잘 적합된다. 이때 표본상관계수 $\hat{\rho}=-0.97$은 매우 강한 음의 상관관계를 가지며 국가부채(y)는 쌀소비량(x)이 주어졌을 때 회귀식 $\hat{y}=2108-23.26x$에 의해 예측할 수

있다. 이 경우 $R^2 = 0.94$의 의미는 회귀직선이 국가부채(y) 총변동량의 94%를 설명한다는 의미이다.

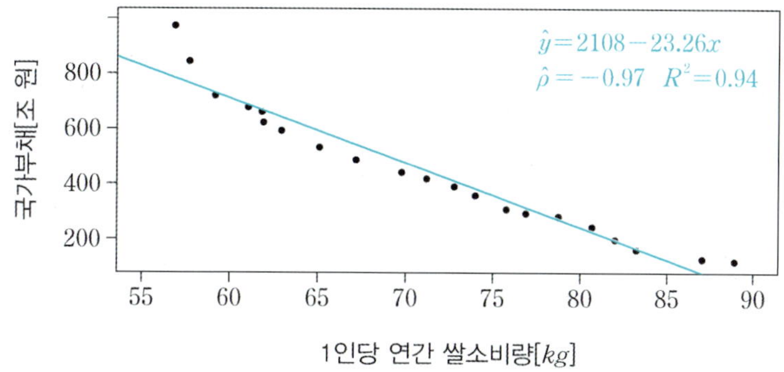

▎그림 9.4 1인당 연간 쌀소비량과 국가부채의 산점도

1인당 연간 쌀소비량(x)과 국가부채(y)가 큰 음의 상관계수 $\hat{\rho} = -0.97$을 갖는 것의 의미는 쌀소비량이 감소할수록 국가부채가 증가한다는 의미이다. 이것은 현재 우리나라의 명백한 현실이다. 그렇다고 해서 낮은 쌀 소비량이 높은 국가부채의 원인으로 해석하는 것은 주의해야 한다. 그 이유는 쌀소비량(x)과 국가부채(y)의 이면에 공통으로 영향을 주는 숨어있는 잠재변수가 별로 상관없을 것 같은 두 변수가 마치 높은 연관성을 갖는 것처럼 보이도록 하기 때문이다. 가장 쉽게 생각할 수 있는 잠재변수로서 시간 변수를 생각할 수 있다.

[그림 9.5]는 2001년부터 2021년까지 1인당 쌀소비량과 국가부채의 시계열 그림이다. 시간이 흐를수록 두 변수는 거의 완벽하게 역의 관계를 갖는다. 즉, 시간 변수가 두 변수에 공통으로 영향을 주어 두 변수가 매우 연관성이 높은 것처럼 보이는 것이다.

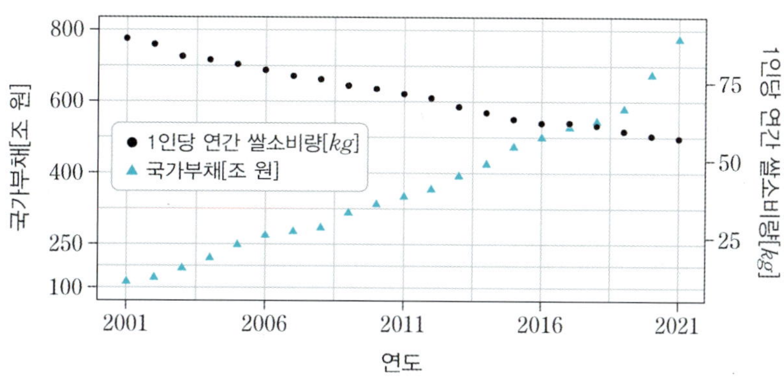

▎그림 9.5 1인당 쌀소비량과 국가부채의 시계열

이렇게 상관계수를 해석할 때 특히 주의해야 할 점은 양 혹은 음의 높은 상관관계를 인과관계로 해석하는 것에 주의해야 한다. 예를 들면 에어컨 판매량이 많을수록 아이스크림 판매량도 많아지면 두 변수 사이에 높은 양의 상관관계를 갖는다. 그러나 이것을 아이스크림 판매량이 많아진 원인이 에어컨 판매량이 많아졌기 때문이라고 해석하는 것은 설득력이 없다. 아마도 온도라는 잠재변수가 두 변수에 영향을 주었을 것으로 짐작한다.

예측은 인과관계를 요구하지는 않는다. 따라서 상관관계가 높다면 회귀모형에 의한 예측을 시도해볼 수 있다. 그러나 만약 잠재변수에 의한 교란 효과로 인해 상관관계가 높다면 회귀분석에 적합한 자료는 아니다.

9.2 단순회귀모형

두 양적변수인 설명변수(x)와 반응변수(y)의 관측 쌍에 대한 산점도에서 선형적 연관성이 있다고 판단되었을 때 회귀직선을 구하는 방법을 살펴보기로 하자.

[그림 9.2]의 1인당 연간 쌀소비량과 전국 논 경지면적의 산점도에서 쌀소비량이 증가하면 경지면적도 증가한다. 따라서 쌀소비량(x)과 경지면적(y)의 관계를 직선의 식으로 놓을 수 있고 모든 관측값이 직선 위에 놓이지는 않으므로 그 오차를 고려한 회귀모형을 다음과 같이 가정한다.

$$Y_i = \beta_0 + \beta_1 x_i + \epsilon_i\,, \quad i = 1, \ldots, n \tag{9.2}$$

여기서 확률변수 ϵ_i들은 랜덤오차로서 서로 독립이고 정규분포 $N(0, \sigma^2)$를 따른다고 가정한다. 식 (9.2)에서 β_0와 β_1은 회귀계수(regression coefficient), x_i는 i번째 주어진 설명변수 값, 그리고 확률변수 Y_i의 관측값이 반응변수 값 y_i이다. 회귀모형에서 확률변수는 랜덤오차와 반응변수이다.

모형 (9.2)를 단순회귀모형(simple regression model)이라고 하는데 여기서 '단순'이라는 것은 설명변수의 개수가 1개라는 것을 의미한다.

단순회귀모형

$$Y_i = \beta_0 + \beta_1 x_i + \epsilon_i\ , \quad i = 1, ..., n$$

여기서 $x_1, x_2, ..., x_n$: 설명변수(독립변수)

$Y_1, Y_2, ..., Y_n$: 반응변수(종속변수)

$\beta_0,\ \beta_1$: 회귀계수

$\epsilon_1, \epsilon_2, ..., \epsilon_n$: $N(0, \sigma^2)$을 따르는 서로 독립인 랜덤오차

9.3 단순회귀모형의 적합

단순회귀모형 식 (9.2)에서 추정해야 할 모수는 모회귀계수(population regression coefficient) β_0, β_1 그리고 랜덤오차의 모분산인 σ^2 이다. 이 3개의 모수를 표본으로부터 추정하여 주어진 x에서 확률변수 Y의 기댓값, 즉 모집단에서의 회귀직선인 모회귀직선(population regression line) $E(Y|x) = \beta_0 + \beta_1 x$ 를 추정하는 것을 단순회귀모형의 적합이라고 한다. 먼저 랜덤표본 $\{(x_1, Y_1), (x_2, Y_2), ..., (x_n, Y_n)\}$으로 모회귀계수 β_0, β_1을 추정하는 방법을 알아보기로 하자.

$\widehat{\beta_0}$과 $\widehat{\beta_1}$을 각각 회귀계수 β_0와 β_1의 추정량이라 하면 추정된 회귀직선은 $\hat{y} = \widehat{\beta_0} + \widehat{\beta_1} x$ 이다. 이때 $\hat{y}$은 모회귀직선인 $E(Y|x) = \beta_0 + \beta_1 x$ 의 추정치, 즉 $E\widehat{(Y|x)}$ 를 의미한다.

단순회귀모형에서 모수를 추정하는 방법으로 가장 흔히 사용되는 방법이 최소제곱법(method of least squares)이다. 이 방법은 단순회귀모형에서 랜덤오차의 제곱합

$$Q = \sum_{i=1}^{n} \epsilon_i^2 = \sum_{i=1}^{n} \{Y_i - (\beta_0 + \beta_1 x_i)\}^2$$

을 최소로 하는 회귀계수 β_0와 β_1의 값들을 추정량 $\widehat{\beta_0}$과 $\widehat{\beta_1}$으로 하는 방법이다. 최소제곱법에 구해지는 추정량을 최소제곱추정량(least square estimator), 그리고 최소제곱추정량 $\widehat{\beta_0}$와 $\widehat{\beta_1}$을 사용하여 얻어지는 $\hat{y} = \widehat{\beta_0} + \widehat{\beta_1} x$ 를 최소제곱회귀직선(least square regression line)이라 한다.

이제 회귀계수 β_0와 β_1의 최소제곱추정량을 구하기 위하여 다음의 연립방정식

$$\begin{cases} \dfrac{\delta Q}{\delta \beta_0} = 2\sum_{i=1}^{n}(Y_i - \beta_0 - \beta_1 x_i)(-1) = 0 \\ \dfrac{\delta Q}{\delta \beta_1} = 2\sum_{i=1}^{n}(Y_i - \beta_0 - \beta_1 x_i)(-x_i) = 0 \end{cases}$$

을 정리하면

$$\begin{cases} \sum_{i=1}^{n} Y_i = n\beta_0 + \beta_1 \sum_{i=1}^{n} x_i \\ \sum_{i=1}^{n} x_i Y_i = \beta_0 \sum_{i=1}^{n} x_i + \beta_1 \sum_{i=1}^{n} x_i^2 \end{cases}$$

이다. 이제 위 식을 β_0와 β_1에 관해 푼 후 이를 추정량 $\widehat{\beta_0}$과 $\widehat{\beta_1}$으로 각각 대체하면 다음과 같이 회귀계수 β_0와 β_1의 최소제곱추정량을 얻을 수 있다.

$$\begin{cases} \widehat{\beta_0} = \overline{Y} - \widehat{\beta_1}\,\overline{x} \\ \widehat{\beta_1} = \dfrac{\sum_{i=1}^{n}(x_i - \overline{x})(Y_i - \overline{Y})}{\sum_{i=1}^{n}(x_i - \overline{x})^2} \end{cases}$$

단순회귀모형에서 회귀계수의 최소제곱추정량

$$\widehat{\beta_0} = \overline{Y} - \widehat{\beta_1}\,\overline{x}, \qquad \widehat{\beta_1} = \frac{\sum_{i=1}^{n}(x_i - \overline{x})(Y_i - \overline{Y})}{\sum_{i=1}^{n}(x_i - \overline{x})^2}$$

최소제곱회귀직선 $\hat{y} = \widehat{E(Y|x)} = \widehat{\beta_0} + \widehat{\beta_1} x$

회귀모형에서 설명변수와 곱해있는 회귀계수는 특별한 의미를 갖는다. 단순회귀모형식 $Y_i = \beta_0 + \beta_1 x_i + \epsilon_i$에서 설명변수 값이 x_i에서 $x_i + 1$로 될 때 Y_i의 기대변화량은

$$E(Y_i \mid x_i+1)-E(Y_i \mid x_i)=\{\beta_0+\beta_1(x_i+1)\}-\{\beta_0+\beta_1 x_i\}=\beta_1$$

이 된다. 따라서 기울기 회귀계수 β_1의 의미는 설명변수의 값 x가 한 단위 증가할 때 반응변수 Y의 기대변화량으로 해석할 수 있다. 이제 기울기 회귀계수 β_1의 추정치 $\widehat{\beta_1}$은 x가 1단위 증가할 때 Y의 기대변화량 추정치를 의미한다.

예제 9.1 [표 9.1]은 2001년부터 2022년까지 우리나라 1인당 연간 쌀소비량(단위: kg)과 전국 논 경지면적(단위: km^2)의 자료이다. 우리나라 1인당 연간 쌀소비량을 설명변수(x), 전국 논 경지면적을 반응변수(y)로 하는 단순회귀모형 $Y=\beta_0+\beta_1 x+\epsilon$에 대하여 회귀직선 $\hat{y}=\widehat{\beta_0}+\widehat{\beta_1}x$을 적합하려고 한다.

(1) 두 변수에 대한 산점도를 그려라.

(2) 두 변수 간 표본상관계수를 구하여라.

(3) 최소제곱회귀직선 $\hat{y}=\widehat{\beta_0}+\widehat{\beta_1}x$을 구하여라. 그리고 이 직선을 (1)의 산점도 위에 겹쳐 그려라

(4) 회귀계수 추정치 $\widehat{\beta_1}$의 의미는 무엇인가?

(5) 연간 1인당 쌀 소비량이 60kg일 때 논 경지면적을 추정하여라.

표 9.1 우리나라 1인당 연간 쌀소비량과 전국 논 경지면적의 자료

연도	쌀소비량	경지면적	연도	쌀소비량	경지면적
2001	88.9	11460.82	2012	69.8	9660.76
2002	87.0	11384.08	2013	67.2	9638.76
2003	83.2	11267.23	2014	65.1	9336.15
2004	82.0	11149.50	2015	62.9	9081.94
2005	80.7	11048.11	2016	61.9	8957.39
2006	78.8	10840.24	2017	61.8	8648.65
2007	76.9	10699.32	2018	61.0	8442.65
2008	75.8	10459.91	2019	59.2	8297.78
2009	74.0	10102.87	2020	57.7	8238.95
2010	72.8	9841.40	2021	56.9	7804.40
2011	71.2	9599.14	2022	56.7	7756.40

풀이 (1) 쌀소비량(x)을 가로축, 논 경지면적(y)을 세로축으로 하는 좌표상에 22개의 관측치 쌍 $(x_i, y_i)(i=1,2,\ldots,22)$을 점으로 나타낸 산점도는 아래 그림과 같다.

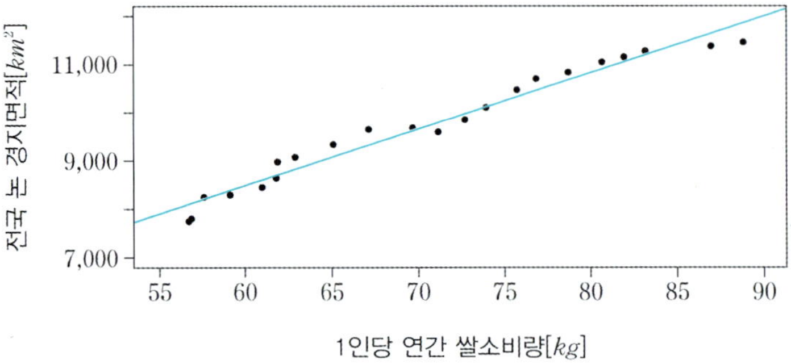

(2) 각 변수의 표본평균은 $\bar{x}=70.52273$[4], $\bar{y}=9714.384$이다. 두 변수의 표본상관계수는 다음과 같이 계산된다.

$$\hat{\rho} = \frac{\sum_{i=1}^{n}(x_i-\bar{x})(y_i-\bar{y})}{\sqrt{\sum_{i=1}^{n}(x_i-\bar{x})^2}\sqrt{\sum_{i=1}^{n}(y_i-\bar{y})^2}}$$

$$= \frac{\sum_{i=1}^{22}(x_i-70.52273)(y_i-9714.384)}{\sqrt{\sum_{i=1}^{22}(x_i-70.52273)^2}\sqrt{\sum_{i=1}^{22}(y_i-9714.384)^2}} = 0.984$$

(3) 설명변수가 하나인 단순회귀모형에서 회귀계수의 최소제곱추정량 공식을 사용하면 다음과 같이 회귀계수 추정치가 구해진다.

$$\widehat{\beta_1} = \frac{\sum_{i=1}^{n}(x_i-\bar{x})(y_i-\bar{y})}{\sum_{i=1}^{n}(x_i-\bar{x})^2} = \frac{\sum_{i=1}^{22}(x_i-70.52273)(y_i-9714.384)}{\sum_{i=1}^{22}(x_i-70.52273)^2}$$

---

4) 이 책에서 소수점 이하 유효숫자의 자릿수를 통일하여 계산하는 경우 R에 의한 최종 결과와 일치하지 않는다. 특히 계산 과정 중에 총합($\sum$)이 있는 경우 반올림 오차가 증폭되어 최종 통계치와 차이가 생긴다. 따라서 R에 의한 계산 결과에 맞추어 제시하였다.

$= 116.88$

$$\hat{\beta}_0 = \bar{y} - \hat{\beta}_1 \bar{x} = 9714.384 - (116.88)(70.52273) = 1471.55$$

따라서 최소제곱회귀직선은

$$\hat{y} = \widehat{E(Y|x)} = \hat{\beta}_0 + \hat{\beta}_1 x = 1471.55 + 116.88x$$

와 같고 (1)의 산점도 위에 겹쳐 그린 직선에 해당한다.

(4) $\hat{\beta}_1 = 116.88$이 주는 의미는 1인당 연간 쌀 소비량이 한 단위, 즉 $1kg$ 증가할 때 연간 논 경지면적은 $116.88km^2$ 증가한다는 의미이다.

(5) 연간 1인당 쌀 소비량이 $60kg$일 때 연간 논 경지면적의 추정치는 다음과 같다.

$$\hat{y} = \hat{\beta}_0 + \hat{\beta}_1 x = 1471.55 + (116.88)(60) = 8484km^2$$

반응변수의 각 관측값 $y_1, y_2, \ldots, y_n$과 평균 $\bar{y}$의 편차 $y_i - \bar{y}$를 총편차라 하는데 이 총편차는 다음과 같이 또 다른 두 편차의 합으로 나타낼 수 있다.

$$y_i - \bar{y} = (y_i - \hat{y}_i) + (\hat{y}_i - \bar{y})$$

[그림 9.6]에서 알 수 있듯이 $(y_i - \hat{y}_i)$는 회귀모형으로 설명되지 않는 편차이고 $(\hat{y}_i - \bar{y})$는 회귀모형으로 설명되는 편차이다.

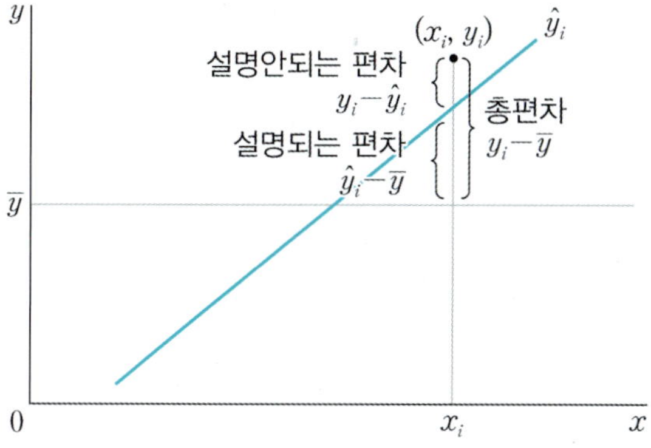

▍그림 9.6 **총편차의 분해**

총편차 식의 양변을 제곱하여 총합하면

$$\sum_{i=1}^{n}(y_i-\overline{y})^2=\sum_{i=1}^{n}(y_i-\hat{y}_i)^2+\sum_{i=1}^{n}(\hat{y}_i-\overline{y})^2+2\sum_{i=1}^{n}(y_i-\hat{y}_i)(\hat{y}_i-\overline{y})$$

이 되는데, $\sum_{i=1}^{n}(y_i-\hat{y}_i)(\hat{y}_i-\overline{y})=\sum_{i=1}^{n}e_i(\hat{y}_i-\overline{y})=\sum_{i=1}^{n}\hat{y}_ie_i-\overline{y}\sum_{i=1}^{n}e_i=0$(증명은 연습 문제에서)이므로 다음이 성립한다.

$$\sum_{i=1}^{n}(y_i-\overline{y})^2=\sum_{i=1}^{n}(y_i-\hat{y}_i)^2+\sum_{i=1}^{n}(\hat{y}_i-\overline{y})^2$$

여기서 총편차의 제곱합 $\sum_{i=1}^{n}(y_i-\overline{y})^2$을 **총제곱합**(total sum of squares, SST), $\sum_{i=1}^{n}(y_i-\hat{y}_i)^2$은 **잔차제곱합**(residual sum of squares, SSE), 그리고 $\sum_{i=1}^{n}(\hat{y}_i-\overline{y})^2$은 **회귀제곱합**(regression sum of squares, SSR)이라고 한다.

총제곱합의 분해

제곱합 : $\sum_{i=1}^{n}(y_i-\overline{y})^2=\sum_{i=1}^{n}(\hat{y}_i-\overline{y})^2+\sum_{i=1}^{n}(y_i-\hat{y}_i)^2$

$SST \quad = \quad SSR \quad + \quad SSE$

자유도 : $(n-1) \quad = \quad 1 \quad + \quad (n-2)$

총 제곱합의 분해식에서 SSR과 SSE를 각각의 자유도인 1과 $n-2$로 나누어 주면 이를 각각 평균회귀제곱합(MSR)과 평균잔차제곱합(MSE) 이라 한다.

이제 랜덤오차의 모분산인 σ^2의 추정을 생각해보자. 실제 반응변수의 관측치 y_i는 추정된 회귀직선 $\hat{y}_i=\hat{\beta}_0+\hat{\beta}_1x_i$로 구한 추정치 $\hat{y}_i$과 같지 않다. 실제 관측치 y_i와 추정치 $\hat{y}_i$의 차이

$$e_i=y_i-\hat{y}_i$$

을 잔차(residual)라고 한다. 큰 잔차가 많을수록 주어진 자료가 회귀모형에 적합하지 않다는 것을 의미한다. 단순회귀모형에서 관측 불가능한 확률변수인 랜덤오차 ϵ_i에 대해 처음 설정했던 가정 즉, 서로 독립이고 $N(0,\sigma^2)$을 따른다는 가정이 타당한지를 검토하는 잔차분석(residual analysis)에서 잔차는 매우 중요하게 사용된다.

랜덤오차의 모분산 σ^2은 잔차제곱합을 이용하여

$$\hat{\sigma}^2 = \frac{SSE}{n-2} = MSE$$

으로 추정된다.

랜덤오차의 분산 추정량 : $\hat{\sigma}^2 = \dfrac{SSE}{n-2} = MSE$

1인당 연간 쌀소비량과 전국 논 경지면적의 산점도인 [그림 9.2]에서 회귀직선은 경지면적의 변동량을 잘 설명해주고 있지만, 중간시험 점수와 기말시험 점수의 산점도인 [그림 9.3]에서 회귀직선은 기말시험 점수의 변동량을 잘 설명해주지 못한다. 이제 회귀직선이 반응변수의 변동량을 얼마나 잘 설명해주는지를 측정하는 측도인 결정계수 R^2에 대해 알아보자.

반응변수 관측값의 총변동량을 나타내는 총제곱합 SST는 회귀직선에 의해 설명되는 회귀제곱합 SSR과 회귀직선에 의해 설명되지 않는 잔차제곱합 SSE의 합으로 이루어진다. SST는 고정된 값이므로 SSR이 SSE에 비해 상대적으로 크면 클수록 회귀모형은 매우 설명력이 있는 모형이라 짐작할 수 있다. 이를 수량화한 총제곱합 SST에 대한 회귀제곱합 SSR의 비율

$$R^2 = \frac{SSR}{SST} = 1 - \frac{SSE}{SST}$$

을 결정계수(coefficient of determination)라고 한다. 만약 $SST = SSR$ 이라면

$$\sum_{i=1}^{n}(y_i - \overline{y})^2 = \sum_{i=1}^{n}(\hat{y}_i - \overline{y})^2$$

혹은

$$SSE = \sum_{i=1}^{n} (y_i - \hat{y}_i)^2 = 0$$

이므로 관측값(y_i)의 대부분이 회귀직선($\hat{y_i}$) 위에 놓인다면 R^2 값은 1에 가까울 것이며 반대의 경우라면 0에 가까운 값이 될 것이다. 결정계수 R^2의 범위는 $0 \le R^2 \le 1$과 같다.

결정계수

$$R^2 = \frac{SSR}{SST} = 1 - \frac{SSE}{SST}$$

특히 단순회귀모형에서 결정계수 R^2는 표본상관계수 $\hat{\rho}$의 제곱이기도 하다. 즉, $R^2 = \hat{\rho}^2$이 성립한다. 결정계수 R^2은 자료에 대한 회귀모형의 설명력을 나타내므로 자료에 회귀모형이 얼마나 잘 적합했는지를 알아보기 위해 사용되는 통계량이다. 예를 들면 [그림 9.2]의 1인당 연간 쌀소비량과 전국 논 경지면적의 산점도에서 $R^2 = 0.968$은 1에 가까운 수치이다. 즉, 회귀직선은 경지면적의 변동량을 잘 설명해주고 있다. 그러나 [그림 9.3]의 중간시험점수와 기말시험점수의 산점도에서 $R^2 = 0.187$은 0에 가까운 수치이다. 즉, 회귀직선은 기말시험 점수의 변동량을 거의 설명해주지 못한다.

9.4 단순회귀모형의 추론

9.3절에서는 단순회귀모형에 포함되어있는 모수의 추정치를 구하여 회귀직선을 적합시켰다. 본 절에서는 단순회귀모형에서 중요하게 다루는 몇 가지 추론을 살펴보기로 한다.

9.4.1 회귀모형의 유의성검정

회귀분석의 첫 단계에서 해야 할 일은 반응변수와 설명변수 간에 선형적인 함수관계가 존재하는지를 보기 위해 산점도를 그려보고 두 변수의 선형적 관계의 측도인 상관계수와 회귀모형의 설명력을 나타내는 결정계수를 검토하는 것이다. 또 다른 방법으로 회귀모형이 자료를 얼마나 잘 설명하고 있는지를 판단하기 위한 검정이 있는데, 이것을 회귀모형의 유의성검정이라 한다.

총제곱합을 분해한 제곱합들로 구성된 다음의 **분산분석(ANOVA: Analysis of variance)표**는 회귀모형이 자료를 잘 설명하는지를 검정하는 데 매우 유용하게 사용된다.

표 9.2 단순회귀모형의 분산분석표

요인	제곱합	자유도	평균제곱	F-검정통계치	유의확률
회귀	SSR	1	$MSR=\dfrac{SSR}{1}$	$f=\dfrac{MSR}{MSE}$	$P(F>f)$
잔차	SSE	$n-2$	$MSE=\dfrac{SSE}{n-2}$		
계	SST	$n-1$			

회귀모형의 유의성검정을 위한 가설은 다음과 같이 설정한다.

$H_0 : \beta_1 = 0$, 즉 회귀모형은 유의하지 않다.

$H_1 : \beta_1 \neq 0$, 즉 회귀모형은 유의하다.

귀무가설 $H_0 : \beta_1 = 0$이 사실이라면 식 (9.2)의 회귀모형은 $Y_i = \beta_0 + \epsilon_i$가 된다. 즉, 설명변수 x가 불필요하다는 것을 의미하므로 설명변수와 반응변수의 함수관계에 기초하는 회귀모형을 자료에 적용할 필요가 없다는 것이다.

위 가설의 검정을 위해서 사용되는 검정통계량은 귀무가설 H_0 하에서 $F(1, n-2)$ 분포를 따르는 다음과 같이 정의되는 $F-$검정통계량이다.

$$F = \frac{MSR}{MSE} \sim F(1, n-2)$$

$F-$검정통계량의 검정통계치 f값이 커질수록 즉 회귀모형에 의해 설명되는 SSR이 SSE에 비해 상대적으로 크면 클수록 회귀모형은 매우 설명력이 있는 모형이므로 귀무가설 H_0를 기각하고 대립가설 H_1을 체택하는 결정규칙을 정하면 된다. 따라서 회귀모형의 유의성검정은 항상 우측검정이다.

이제 검정통계치 f값이 어느 정도로 클 때 귀무가설 H_0을 기각할 것인가를 판단해야 한다. 이를 위해서 다음과 같은 유의확률

$$p-value = P(F > f) = P\left(F > \frac{MSR}{MSE}\right)$$

을 계산하여

"유의확률 $P(F \geq f) < \alpha$ 이면 H_0를 기각한다."

한편 [그림 9.7]에서 $p-value = P(F \geq f) < \alpha$은 $f \geq F_{\alpha}(1, n-2)$와 같다. 따라서 동일하게

"$f \geq F_{\alpha}(1, n-2)$ 이면 H_0를 기각한다."

여기서 영역 $f \geq F_{\alpha}(1, n-2)$를 회귀모형의 유의성검정에서 H_0를 기각하는 기각역(reject region), $F_{\alpha}(1, n-2)$를 기각값(critical value)이라 부른다.

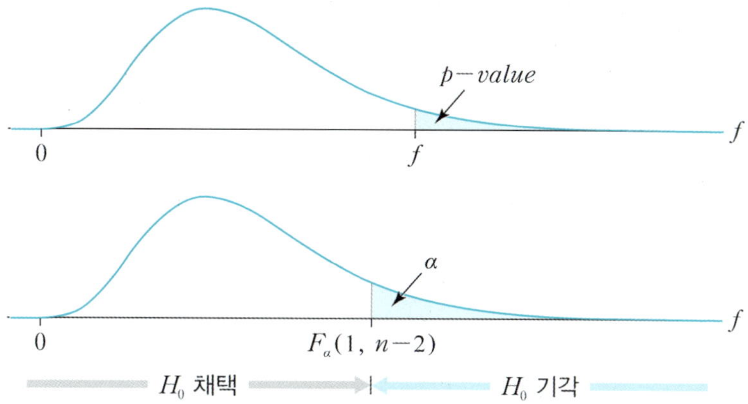

▎그림 9.7 회귀모형의 유의성검정에서 (위) 유의확률, 검정통계치, (아래) 유의수준, 기각값, 기각역

단순회귀모형에서 회귀모형의 유의성검정

(1) 가설설정

$$H_0 : \beta_1 = 0, \text{ 즉 회귀모형은 유의하지 않다.}$$
$$H_1 : \beta_1 \neq 0, \text{ 즉 회귀모형은 유의하다.}$$

(2) 귀무가설 H_0 하에서 F-검정통계량 : $F = \dfrac{MSR}{MSE} \sim F(1, n-2)$

(3) f-검정통계치 : $f = \dfrac{MSR}{MSE}$

(4) 유의확률과 기각역

유의확률($p-value$)	기각역
$P(F > f) = P\left(F > \dfrac{MSR}{MSE}\right)$	$f > F_\alpha(1, n-2)$

예제 9.2 (예제 9.1 계속) 예제 9.1에서 우리나라 1인당 연간 쌀소비량(단위: kg)을 설명변수(x), 전국 논 경지면적(단위: km^2)을 반응변수(y)로 하는 단순회귀모형 $Y = \beta_0 + \beta_1 x + \epsilon$에 대하여 회귀직선 $\hat{y} = 1471.55 + 116.88x$을 적합하였다.

(1) 분산분석표를 만들고 회귀모형이 유의한지 유의수준 5%에서 검정하여라.

(2) 결정계수 R^2를 구하고 이를 해석하여라.

(3) 회귀모형에서 랜덤오차의 분산 σ^2의 추정치를 구하여라.

풀이 (1) 다음 표는 R 프로그램 결과인 분산분석표이다.

표 9.3 논 경지면적 자료에 대한 단순회귀모형의 분산분석표

ANOVA					
	Sum of Squares	DF	Mean Square	F	Sig.
Regression	29638077.768	1	29638077.768	613.279	0.0000
Residual	966544.374	20	48327.219		
Total	30604622.142	21			

회귀모형의 유의성검정을 위한 가설은 다음과 같이 설정한다.

$H_0 : \beta_1 = 0$, 즉 회귀모형은 유의하지 않다.

$H_1 : \beta_1 \neq 0$, 즉 회귀모형은 유의하다.

귀무가설 H_0하에서 $F-$검정통계량은 $F(1, n-2) = F(1, 22-2) = F(1, 20)$분포를 따른다. 이때 검정통계치와 우측검정에 대한 유의확률은 다음과 같다.

$$f = \frac{MSR}{MSE} = 613.28$$

$$p-value = P(F > f) = P(F > 613.28) = 0.0000$$

이때 유의확률$= 0.0000 < \alpha = 0.05$이므로 귀무가설 H_0는 기각된다. 또는

$$f = 613.28 > F_{0.05}(1, 20) = 4.35$$

이므로 귀무가설 H_0는 기각된다. 즉, 5% 유의수준의 가설검정에서 표본자료는 회귀모형이 유의하다는 증거를 보여준다.

(2) 결정계수는

$$R^2 = \frac{SSR}{SST} = \frac{29638077}{30604622} = 0.968$$

이다. 즉, 회귀직선 $\hat{y} = 1471.55 + 116.88x$은 논 경지면적 총변동의 약 96.8%를 설명한다.

(3) 단순회귀모형에서 랜덤오차의 분산 σ^2의 추정치는 다음과 같다.

$$\hat{\sigma}^2 = MSE = 48327$$

9.4.2 기울기 회귀계수에 대한 추론

회귀모형의 유의성검정에서 회귀모형이 유의하다는 검정결과를 얻게 되면 다음 단계로 회귀모형에 포함된 각 회귀계수에 관한 추론을 한다. 이 절에서는 단순회귀모형에서 기울기 회귀계수에 대한 추론을 살펴보기로 한다.

단순회귀모형에서 기울기 회귀계수 β_1에 대한 최소제곱 추정량 $\widehat{\beta_1}$의 표본분포는 다음과 같다.

$$\widehat{\beta_1} \sim N\left(\beta_1, \frac{\sigma^2}{\sum_{i=1}^{n}(x_i - \overline{x})^2}\right)$$

여기서 $\widehat{\beta_1}$을 표준화시킨 후 랜덤오차의 분산 σ^2을 추정량 MSE로 대체하면 다음의 $T-$통계량은 자유도 $n-2$인 $t-$분포를 따른다.

$$T = \frac{\widehat{\beta_1} - \beta_1}{\sqrt{\frac{MSE}{\sum_{i=1}^{n}(x_i - \overline{x})^2}}} \sim t(n-2)$$

$T-$통계량에 기초한 기울기 회귀계수의 추론 절차는 6.3절을 참고한다. 기울기 회귀계수에 대한 추론 결과를 요약하면 다음과 같다.

단순회귀모형에서 기울기 회귀계수 β_1에 대한 추론

회귀계수 β_1에 대한 $100(1-\alpha)\%$ 신뢰구간 :

$$\hat{\beta_1} \pm t_{\alpha/2}(n-2)\sqrt{\frac{MSE}{\sum_{i=1}^{n}(x_i-\bar{x})^2}}$$

회귀계수 β_1에 대한 유의수준 α에서 검정 :

(1) 귀무가설 : $H_0 : \beta_1 = \beta_{10}$, 여기서 β_{10}는 명시된 상수

(2) 귀무가설 H_0하에서 T-검정통계량 : $T = \dfrac{\hat{\beta_1}-\beta_{10}}{\sqrt{\dfrac{MSE}{\sum_{i=1}^{n}(x_i-\bar{x})^2}}} \sim t(n-2)$

(3) t-검정통계치 : $t = \dfrac{\hat{\beta_1}-\beta_{10}}{\sqrt{\dfrac{MSE}{\sum_{i=1}^{n}(x_i-\bar{x})^2}}}$

(4) 각 대립가설에 대한 유의확률과 기각역

대립가설	유의확률($p-value$)	기각역
$H_1 : \beta_1 > \beta_{10}$	$P(T>t)$	$t > t_\alpha(n-2)$
$H_1 : \beta_1 < \beta_{10}$	$P(T<t)$	$t < -t_\alpha(n-2)$
$H_1 : \beta_1 \neq \beta_{10}$	$P(\lvert T\rvert > \lvert t\rvert) = 2P(T>\lvert t\rvert)$	$\lvert t\rvert > t_{\alpha/2}(n-2)$

기울기 회귀계수에 대한 검정에서 특히 $\beta_{10}=0$일 때 다음과 같은 가설

$$H_0 : \beta_1 = 0 \quad vs. \quad H_1 : \beta_1 \neq 0$$

에 대한 검정을 기울기 회귀계수의 유의성검정이라고 한다. 만약 대립가설 H_1이 채택되면 "회귀계수 β_1은 유의하다"라고 말한다. 특히 단순회귀모형에서는 기울기 회귀계수의 유의성검정과 회귀모형 유의성검정은 정확하게 같은 검정이다.[5)]

예제 9.3 (예제 9.1 계속) 예제 9.1에서 우리나라 1인당 연간 쌀소비량(단위: kg)을 설명변수(x), 전국 논 경지면적(단위: km^2)을 반응변수(y)로 하는 단순회귀모형 $Y=\beta_0+\beta_1 x+\epsilon$에 대하여 회귀직선 $\hat{y}=1471.55+116.88x$을 적합하였다.

(1) 기울기 회귀계수 β_1은 유의한지 유의수준 5%에서 검정하여라.

(2) 1인당 연간 쌀소비량이 $1kg$ 증가할 때 전국 논 경지면적이 $115km^2$보다 더욱 증가한다고 할 수 있는지 유의수준 5%에서 검정하여라.

(3) 기울기 회귀계수 β_1에 대해 신뢰수준 95%에서 구간추정하여라. 그리고 그 결과를 해석하여라.

풀이 (1) 기울기 회귀계수 β_1의 유의성검정을 위한 가설은

$$H_0 : \beta_1 = 0 \quad vs. \quad H_1 : \beta_1 \neq 0$$

와 같이 설정한다. 귀무가설 $H_0 : \beta_1 = 0$이 사실이라는 가정하에서 검정통계량 T는 자유도가 $n-2=22-2=20$인 $t(20)$분포를 따른다. 이제 다음과 같이 검정통계치와 양측검정에 대한 유의확률을 계산한다.

$$t=\frac{\widehat{\beta_1}}{\sqrt{\dfrac{MSE}{\sum_{i=1}^{n}(x_i-\overline{x})^2}}}=\frac{116.88}{\sqrt{\dfrac{48327}{2169.479}}}=24.764$$

$$p-value=P(|T|>|t|)=2P(T>|t|)=2P(T>24.764)=0.0000$$

이때 유의확률$=0.0000<\alpha=0.05$이므로 귀무가설 H_0는 기각된다. 또는

$$|t|=|24.764|>t_{\alpha/2}(n-2)=t_{0.025}(20)=2.086$$

이므로 귀무가설 H_0는 기각된다. 즉, 유의수준 5%의 가설검정에서 기울기 회귀계수는 유의하다.

---

5) $F\sim F(1,df)$이고 $T\sim T(df)$일 때 $F=T^2$의 관계를 갖는다.

(2) 1인당 연간 쌀소비량이 $1kg$ 증가할 때 전국 논 경지면적이 $115km^2$ 보다 더욱 증가한다고 할 수 있는지를 검정하기 위한 가설은 다음과 같이 설정한다.

$$H_0 : \beta_1 = 115 \quad vs. \quad H_1 : \beta_1 > 115$$

이제 다음과 같이 검정통계치와 우측검정에 대한 유의확률을 계산한다.

$$t = \frac{\widehat{\beta_1} - \beta_{10}}{\sqrt{\frac{MSE}{\sum_{i=1}^{n}(x_i - \overline{x})^2}}} = \frac{116.88 - 115}{\sqrt{\frac{48327}{2169.479}}} = 0.3983$$

$$p-value = P(T > t) = P(T > 0.3983) = 0.3473$$

이때 유의확률$= 0.3473 > \alpha = 0.05$이므로 귀무가설 H_0는 기각될 수 없다. 또는

$$t = 0.3983 < t_{\alpha}(n-2) = t_{0.05}(20) = 1.7247$$

이므로 귀무가설 H_0는 기각될 수 없다. 즉, 5% 유의수준의 가설검정에서 표본자료는 1인당 연간 쌀소비량이 $1kg$ 증가할 때 전국 논 경지면적이 $115km^2$보다 더욱 증가한다고 할 만한 충분한 증거가 되지 못한다.

(3) 기울기 회귀계수에 대한 신뢰수준 95% 신뢰구간은

$$\widehat{\beta_1} \pm t_{\alpha/2}(n-2)\sqrt{\frac{MSE}{\sum_{i=1}^{n}(x_i - \overline{x})^2}}$$

$$= 116.88 \pm (2.086)\sqrt{\frac{48327}{2169.479}} = [107.0, \;\; 126.7]$$

과 같다. 즉, 95% 신뢰수준에서 1인당 연간 쌀소비량이 $1kg$ 증가할 때 전국 논 경지면적은 $107km^2$ 이상 $126.7km^2$ 이하 수준으로 증가한다.

9.4.3 평균반응 $E(Y|x)$에 대한 추론

단순회귀모형에서 설명변수의 값 x가 주어졌을 때 반응변수 Y의 기댓값인 평균반응 $E(Y|x) = \beta_0 + \beta_1 x$ 의 추정치 $\widehat{E(Y|x)}$를 $\hat{y} = \hat{\beta}_0 + \hat{\beta}_1 x$로 나타내기로 하였다. 따라서 모수인 평균반응 $E(Y|x)$을 추정하기 위해서는 추정 회귀직선 $\hat{y}$의 표본분포를 알아야 한다.

$\hat{y}$ 의 표본분포는 다음과 같은 정규분포를 갖는다.

$$\hat{y} \sim N\left(E(Y|x),\ \sigma^2\left(\frac{1}{n} + \frac{(x-\bar{x})^2}{\sum_{i=1}^{n}(x_i - \bar{x})^2}\right)\right)$$

이제 $\hat{y}$을 표준화한 후 오차분산 σ^2을 최소제곱 추정량 MSE로 대체하면 다음의 $T-$통계량은 자유도가 $n-2$인 $t-$분모를 따른다.

$$T = \frac{\hat{y} - E(Y|x)}{\sqrt{MSE \cdot \left(\frac{1}{n} + \frac{(x-\bar{x})^2}{\sum_{i=1}^{n}(x_i - \bar{x})^2}\right)}} \sim t(n-2)$$

$T-$통계량에 기초한 평균반응의 추론 절차는 6.3절을 참고한다. 평균반응에 대한 추론 결과를 요약하면 다음과 같다.

단순회귀모형에서 평균반응 $E(Y|x) = \beta_0 + \beta_1 x$에 대한 추론

평균반응 $E(Y|x) = \beta_0 + \beta_1 x$에 대한 $100(1-\alpha)\%$ 신뢰구간

$$\hat{y} \pm t_{\alpha/2}(n-2)\sqrt{MSE \cdot \left(\frac{1}{n} + \frac{(x-\bar{x})^2}{\sum_{i=1}^{n}(x_i - \bar{x})^2}\right)}$$

평균반응 $E(Y|x) = \beta_0 + \beta_1 x$에 대한 유의수준 α에서 검정

(1) 귀무가설 : H_0 : $E(Y|x) = \beta_0 + \beta_1 x = \mu_0$ 여기서 μ_0는 명시된 상수

(2) 귀무가설 H_0하에서 T-검정통계량 : $T = \dfrac{\hat{y} - \mu_0}{\sqrt{MSE \cdot \left(\dfrac{1}{n} + \dfrac{(x - \bar{x})^2}{\sum_{i=1}^{n} (x_i - \bar{x})^2} \right)}} \sim t(n-2)$

(3) t-검정통계치 : $t = \dfrac{\hat{y} - \mu_0}{\sqrt{MSE \cdot \left(\dfrac{1}{n} + \dfrac{(x - \bar{x})^2}{\sum_{i=1}^{n} (x_i - \bar{x})^2} \right)}}$

(4) 각 대립가설에 대한 유의확률과 기각역

대립가설	유의확률($p-value$)	기각역
$H_1 : E(Y\|x) = \beta_0 + \beta_1 x > \mu_0$	$P(T > t)$	$t > t_\alpha(n-2)$
$H_1 : E(Y\|x) = \beta_0 + \beta_1 x < \mu_0$	$P(T < t)$	$t < -t_\alpha(n-2)$
$H_1 : E(Y\|x) = \beta_0 + \beta_1 x \neq \mu_0$	$P(\|T\| > \|t\|) = 2P(T > \|t\|)$	$\|t\| > t_{\alpha/2}(n-2)$

예제 9.4 (예제 9.1 계속) 예제 9.1에서 우리나라 1인당 연간 쌀소비량(단위: kg)을 설명변수(x), 전국 논 경지면적(단위: km^2)을 반응변수(y)로 하는 단순회귀모형 $Y = \beta_0 + \beta_1 x + \epsilon$에 대하여 회귀직선 $\hat{y} = 1471.55 + 116.88x$을 적합하였다.

(1) 1인당 연간 쌀소비량이 $60kg$일 때 전국 논 경지면적의 평균이 $8,500km^2$에 비해 작다고 할 수 있는지를 유의수준 5%에서 검정하여라.

(2) 1인당 연간 쌀소비량이 $60kg$일 때 전국 논 경지면적의 평균에 대해 신뢰수준 95%에서 구간추정하여라. 그리고 그 결과를 해석하여라.

풀이 (1) 쌀소비량이 $x = 60kg$일 때 전국 논 경지면적의 평균 $E(Y|x = 60) = \beta_0 + 60\beta_1 = \mu_0$가 $8,500km^2$에 비해 작다고 할 수 있는지를 검정하기 위한 가설은 다음과 같이 설정한다.

$$H_0 : \mu_0 = 8500 \quad vs. \quad H_1 : \mu_0 < 8500$$

귀무가설 H_0가 사실일 때 검정통계량 T는 자유도가 $n - 2 = 22 - 2$

$=20$ 인 $t(20)$ 분포를 따른다. $x=60kg$일 때 평균반응 $E(Y|x=60)$의 점추정치는

$$\hat{y}=\widehat{E(Y|x=60)}=1471.55+(116.88)(60)=8484$$

이다. 이제 다음과 같이 검정통계치와 좌측검정에 대한 유의확률을 계산한다.

$$T=\frac{\hat{y}-\mu_0}{\sqrt{MSE\cdot\left(\frac{1}{n}+\frac{(x-\bar{x})^2}{\sum_{i=1}^{n}(x_i-\bar{x})^2}\right)}}$$

$$=\frac{8484-8500}{\sqrt{(48327)\left(\frac{1}{22}+\frac{(60-70.52273)^2}{2169.479}\right)}}=-0.227$$

$$p-value=P(T\le t)=P(T\le -0.227)=0.4112$$

이때 유의확률$=0.4112>\alpha=0.05$이므로 귀무가설 H_0는 기각되지 않는다. 또는

$$t=-0.227>-t_{\alpha}(n-2)=-t_{0.05}(20)=-1.7247$$

이므로 귀무가설 H_0는 기각되지 않는다. 즉, 유의수준 5%의 가설검정에서 표본자료는 쌀소비량이 $60kg$일 때 전국 논 경지면적의 평균 $E(Y|x=60)=\beta_0+60\beta_1$이 $8,500km^2$보다 작다고 할만한 충분한 증거가 되지 않는다.

(2) 쌀소비량이 $x=60kg$일 때 전국 논 경지면적의 평균 $E(Y|x=60)=\beta_0+60\beta_1$에 대한 신뢰수준 95%의 신뢰구간은 다음과 같다.

$$\hat{y} \pm t_{\alpha/2}(n-2)\sqrt{MSE \cdot \left(\frac{1}{n} + \frac{(x-\bar{x})^2}{\sum_{i=1}^{n}(x_i-\bar{x})^2}\right)}$$

$$= 8484 \pm (2.086)\sqrt{(48327)\left(\frac{1}{22} + \frac{(60-70.52273)^2}{2169.479}\right)}$$

$$= [8342,\ 8627]$$

즉, 95% 신뢰수준에서 1인당 연간 쌀소비량이 60kg일 때 전국 논 경지면적의 평균은 8,342km^2 이상 8,627km^2 이하이다.

9.4.4 절편 회귀계수에 대한 추론

단순선형회귀모형에서 절편 회귀계수는 평균반응 $E(Y|x) = \beta_0 + \beta_1 x$에서 $x = 0$인 경우에 해당하므로 앞서 논의한 평균반응의 추론 결과에서 $E(Y|x)$를 β_0, $\hat{y}$을 $\widehat{\beta_0}$, x를 0, μ_0를 β_{00}로 대체하면 다음과 같이 요약할 수 있다.

단순회귀모형에서 절편 회귀계수 β_0에 대한 추론

절편 회귀계수 β_0에 대한 $100(1-\alpha)\%$ 신뢰구간

$$\widehat{\beta_0} \pm t_{\alpha/2}(n-2)\sqrt{MSE \cdot \left(\frac{1}{n} + \frac{\bar{x}^2}{\sum_{i=1}^{n}(x_i-\bar{x})^2}\right)}$$

절편 회귀계수 β_0에 대한 유의수준 α에서 검정

(1) 귀무가설 : $H_0 : \beta_0 = \beta_{00}$ 여기서 β_{00}는 명시된 상수

(2) 귀무가설 H_0하에서 T-검정통계량 : $T = \dfrac{\widehat{\beta_0} - \beta_{00}}{\sqrt{MSE \cdot \left(\frac{1}{n} + \frac{\bar{x}^2}{\sum_{i=1}^{n}(x_i-\bar{x})^2}\right)}} \sim t(n-2)$

(3) t-검정통계치 : $t = \dfrac{\hat{\beta}_0 - \beta_{00}}{\sqrt{MSE \cdot \left(\dfrac{1}{n} + \dfrac{\bar{x}^2}{\sum_{i=1}^{n} (x_i - \bar{x})^2} \right)}}$

(4) 각 대립가설에 대한 유의확률과 기각역

대립가설	유의확률($p-value$)	기각역
$H_1 : \beta_0 > \beta_{00}$	$P(T > t)$	$t > t_\alpha(n-2)$
$H_1 : \beta_0 < \beta_{00}$	$P(T < t)$	$t < -t_\alpha(n-2)$
$H_1 : \beta_0 \neq \beta_{00}$	$P(\lvert T \rvert > \lvert t \rvert) = 2P(T > \lvert t \rvert)$	$\lvert t \rvert > t_{\alpha/2}(n-2)$

```
> # [R-program 9.1] 예제 9.1-예제 9.4 : 단순회귀분석
>
> library(openxlsx)
>
> rice=read.xlsx("rice-area 2001-2022.xlsx", sheet = 1, colNames = TRUE)
> str(rice)
'data.frame': 22 obs. of  3 variables:
 $ year       : num  2001 2002 2003 2004 2005 ...
 $ consumption: num  88.9 87 83.2 82 80.7 78.8 76.9 75.8 74 72.8 ...
 $ area       : num  11461 11384 11267 11150 11048 ...
> summary(rice)
      year       consumption          area
 Min.   :2001   Min.   :56.70   Min.   : 7756
 1st Qu.:2006   1st Qu.:61.83   1st Qu.: 8726
 Median :2012   Median :70.50   Median : 9650
 Mean   :2012   Mean   :70.52   Mean   : 9714
 3rd Qu.:2017   3rd Qu.:78.33   3rd Qu.:10805
 Max.   :2022   Max.   :88.90   Max.   :11461
>
```

```
> ## 예제 9.1 ##
>
> # (1) 산점도
>
> with(rice, plot(consumption, area, type = "p", pch = 16, lty = 1,
+      col = "black", xlim = c(55, 90), ylim = c(7000, 12000),
+      xlab = "1인당 년간 쌀소비량[kg]", ylab = "전국 논 경지면적[km^2]"))
>
> # (2) 표본상관계수
>
> with(rice, cor(consumption, area, method = "pearson"))
[1] 0.9840825
> (xmean = mean(rice$consumption))
[1] 70.52273
> (ymean = mean(rice$area))
[1] 9714.384
>
> # (3) 산점도 위 회귀직선
>
> abline(lm(area ~ consumption, data = rice))
>
> # (4) ANOVA table, R-square, Parameter Estimate
>
> library(olsrr) # ols_regress{olsrr}
> (fit = ols_regress(area ~ consumption, data = rice))

                        Model Summary
R                        0.984       RMSE               209.604
R-Squared                0.968       MSE              48327.219
Adj. R-Squared           0.967       Coef. Var            2.263
Pred R-Squared           0.960       AIC                303.623
MAE                    178.856       SBC                306.896

 RMSE: Root Mean Square Error
 MSE: Mean Square Error
 MAE: Mean Absolute Error
 AIC: Akaike Information Criteria
 SBC: Schwarz Bayesian Criteria
```

```
                          ANOVA
                 Sum of
                 Squares       DF    Mean Square        F       Sig.
Regression    29638077.768      1   29638077.768    613.279   0.0000
Residual        966544.374     20      48327.219
Total         30604622.142     21

                          Parameter Estimates
  model        Beta    Std. Error  Std. Beta      t       Sig      lower      upper
(Intercept)  1471.553    336.133                4.378   0.000   770.392  2172.713
consumption   116.882      4.720     0.984     24.764   0.000   107.037   126.727

> # (5) 쌀소비량(x)이 60일 때 논 경지면적(y)의 추정치
>
> fit$betas

(Intercept) consumption
  1471.5525    116.8819

> names(fit$betas) = NULL # fit$betas 열이름 삭제

> fit$betas
[1] 1471.5525  116.8819
>
> x = 60
> (yhat = fit$betas[1] + fit$betas[2]*x)
[1] 8484.468
>
> ## 예제 9.2 ##
>
> # (1) ## 예제 9.1 ## : # (4) : ANOVA 표에서 f = 613.279  p=value = 0.0000
>
> alpha = 0.05; df1 = 1; n = nrow(rice); df2 = n-2
> (f.right.critical.value = qf(alpha, df1, df2, lower.tail = FALSE))
[1] 4.351244
>
> # (2) ## 예제 9.1 ## : # (4) : Model Summary 표에서 R-Squared = 0.968
> # (3) ## 예제 9.1 ## : # (4) : ANOVA 표에서 sigma^2 = MSE = 48327
```

```
>
> ## 예제 9.3 ##
>
> # (1) ## 예제 9.1 ## : # (4) : Parameter Estimates 표에서
> #     t = 24.764, p-value = 0.0000
>
> (t.half.critical.value = qt(alpha/2, df2, lower.tail = FALSE))
[1] 2.085963
>
> # (2) H0 : beta1 = 115 vs. H1 : beta1 > 115
>
> MSE = 48327; beta10 = 115
> (sstx = var(rice$consumption)*(n-1))
[1] 2169.479
> (standard.error.beta1 = sqrt(MSE/sstx))
[1] 4.719731
> (beta1.hat = round(fit$betas[2], 2))
[1] 116.88
> (t.beta10.115 = (beta1.hat - beta10) / standard.error.beta1)
[1] 0.3983278
> (pvalue.beta10.115 = pt(t.beta10.115, df2, lower.tail = FALSE))
[1] 0.3473044
> (t.right.critical.value = qt(alpha, df2, lower.tail = FALSE))
[1] 1.724718
>
> # (3) 기울기 회귀계수에 대한 95% 신뢰구간
>
> sampling.error.beta1 = t.half.critical.value*standard.error.beta1
> (ci.lower.beta1 = beta1.hat - sampling.error.beta1)
[1] 107.0348
> (ci.upper.beta1 = beta1.hat + sampling.error.beta1)
[1] 126.7252
>
```

```
> ## 예제 9.4 ##
>
> # (1) H0 : E(Y|x=60) = 8500 vs. H1 : E(Y|x=60) < 8500
>
> mu0 = 8500
> (standard.error.mean = sqrt(MSE*(1/n + (x-xmean)^2 /sstx)))
[1] 68.28791
> (t.mu0 = (yhat-mu0)/standard.error.mean)
[1] -0.2274553
> (pvalue.mu0 = pt(t.mu0, df2, lower.tail = TRUE))
[1] 0.4111894
> (t.left.critical.value = qt(alpha, df2, lower.tail = TRUE))
[1] -1.724718
>
> # (2) E(Y|x=60)에 대한 95% 신뢰구간
>
> sampling.error.mean = t.half.critical.value * standard.error.mean
> (ci.lower.mean = yhat - sampling.error.mean)
[1] 8342.021
> (ci.upper.mean = yhat + sampling.error.mean)
[1] 8626.914
```

9.5 중회귀모형

지금까지 설명변수가 하나인 경우인 단순회귀모형에 대해 살펴보았다. 만약 반응변수에 영향을 주는 설명변수가 2개 이상 존재한다면 이 변수들을 회귀모형에 포함하여 분석한다. $k(\geq 2)$개의 설명변수를 고려하는 회귀모형을 중회귀모형(multiple regression model)이라 하고 다음과 같은 모형식을 가진다.

$$Y_i = \beta_0 + \beta_1 x_{1i} + \cdots + \beta_k x_{ki} + \epsilon_i, \quad i = 1, 2, \dots, n$$

여기서

$x_{1i}, x_{2i}, \dots, x_{ki}$: 설명변수(독립변수)

$Y_1, Y_2, \dots, Y_n$: 반응변수(종속변수)

$\beta_0, \beta_1, \dots, \beta_k$: 회귀계수

$\epsilon_1, \epsilon_2, \dots, \epsilon_n$: $N(0, \sigma^2)$을 따르는 서로 독립인 랜덤오차

회귀계수들의 최소제곱추정을 위한 오차의 제곱합은 다음과 같다.

$$Q = \sum_{i=1}^{n} \epsilon_i^2 = \sum_{i=1}^{n} \{ Y_i - (\beta_0 + \beta_1 x_{1i} + \beta_2 x_{2i} + \cdots + \beta_k x_{ki}) \}^2$$

단순선형회귀모형의 적합에서와 같이 회귀계수 $\beta_0, \beta_1, \dots, \beta_k$의 최소제곱추정량 $\widehat{\beta_0}$, $\widehat{\beta_1}, \dots, \widehat{\beta_k}$는 오차의 제곱합 Q를 $\beta_0, \beta_1, \beta_2, \dots, \beta_k$에 관해 각각 편미분하여 얻은 식을 0으로 놓은 연립방정식을 풀어서 구할 수 있다. 평균반응

$$E(Y | x_1, x_2, \dots, x_k) = \beta_0 + \beta_1 x_1 + \beta_2 x_2 + \cdots + \beta_k x_k$$

는 아래와 같이 추정된다.

$$\hat{y} = \widehat{\beta_0} + \widehat{\beta_1} x_1 + \widehat{\beta_2} x_2 + \cdots + \widehat{\beta_k} x_k$$

중회귀모형의 분석에서는 회귀계수의 추정 및 분산분석표 작성을 위해서 행렬을 사용하여 계산하는 것이 효율적이다. 그러나 행렬을 사용하는 방법은 본 교재의 범위를 넘어가므로 이 책에서는 다루지 않는다. 다만 다음 예제에서 중회귀모형에 대한 회귀분석을 R 프로그램의 결과물을 통하여 간략하게 살펴보는 정도로 마친다.

예제 9.5 [표 9.4]는 22그루의 쓰러진 흑체리나무를 조사하여 나무의 높이, 지표면 4.5피트에서의 나무의 지름 및 부피를 기록한 자료이다. 나무의 지름 및 높이를 이용하여 나무의 부피를 예측하기 위하여 지름(x_1) 및 높이(x_2)를 설명변수로 하고 부피(y)를 반응변수로 하는 중회귀모형

$$Y_i = \beta_0 + \beta_1 x_{1i} + \beta_2 x_{2i} + \epsilon_i \quad i = 1, 2, \ldots, 22$$

을 적합하려고 한다.

(1) 표본에 대한 기술통계표를 구하여라.

(2) 변수 쌍의 산점도와 표본상관계수의 결과로부터 중회귀모형의 적합은 타당한지를 논의하여라.

(3) 분산분석표를 작성하고 중회귀모형은 유의한지 유의수준 5%에서 검정하여라.

(4) 흑체리나무 부피 변동량에 대한 중회귀모형의 설명력은 얼마인가?

(5) 최소제곱법에 의해 중회귀모형을 추정하여라.

(6) 회귀계수들이 유의한지 유의수준 5%에서 검정하여라.

(7) 지름(x_1)이 13, 높이(x_2)가 75일 때 흑체리나무의 부피(y)를 추정하여라.

표 9.4 흑체리나무의 지름, 높이, 부피

순서	지름	높이	부피	순서	지름	높이	부피
1	8.3	70	10.3	12	11.4	76	21.0
2	8.6	65	10.3	13	11.4	76	21.4
3	8.8	63	10.2	14	11.7	69	21.3
4	10.5	72	16.4	15	12.0	75	19.1
5	10.7	81	18.8	16	12.9	74	22.2
6	10.8	83	19.7	17	12.9	85	33.8
7	11.0	66	15.6	18	13.3	86	27.4
8	11.0	75	18.2	19	13.7	71	25.7
9	11.1	80	22.6	20	13.8	64	24.9
10	11.2	75	19.9	21	14.0	78	34.5
11	11.3	79	24.2	22	14.2	80	31.7

풀이 (1) 표본의 관측값 및 기술통계표는 다음 프로그램 결과와 같다.

```
> # [R-program 9.2] 예제 9.5 : 중회귀모형의 분석
>
> library(openxlsx)
>
> # (1) 데이터, 기술통계
>
> cherry = read.xlsx("cherry.xlsx", sheet = 1, colNames =
TRUE)
>
> str(cherry)
'data.frame':	22 obs. of  3 variables:
 $ x1.diameter: num  8.3 8.6 8.8 10.5 10.7 10.8 11 11 11.1
11.2 ...
 $ x2.height  : num  70 65 63 72 81 83 66 75 80 75 ...
 $ y.volume   : num  10.3 10.3 10.2 16.4 18.8 19.7 15.6 18.2
22.6 19.9 ...
>
> summary(cherry)
  x1.diameter      x2.height        y.volume
 Min.   : 8.30   Min.   :63.00   Min.   :10.20
 1st Qu.:10.85   1st Qu.:70.25   1st Qu.:18.35
 Median :11.35   Median :75.00   Median :21.15
 Mean   :11.57   Mean   :74.68   Mean   :21.33
 3rd Qu.:12.90   3rd Qu.:79.75   3rd Qu.:24.73
 Max.   :14.20   Max.   :86.00   Max.   :34.50
```

(2) 행렬 산점도 [그림 9.8]과 상관계수의 R 결과로부터 지름(x_1)과 부피(y)의 상관계수는 0.9로서 강한 양의 선형 연관성을 가지며, 높이(x_2)와 부피(y)의 상관계수는 0.6124로서 양의 선형 연관성을 갖는다. 따라서 지름(x_1)과 높이(x_2)를 설명변수, 부피(y)를 반응변수로 하는 중회귀모형에 의한 적합을 시도할만하다.

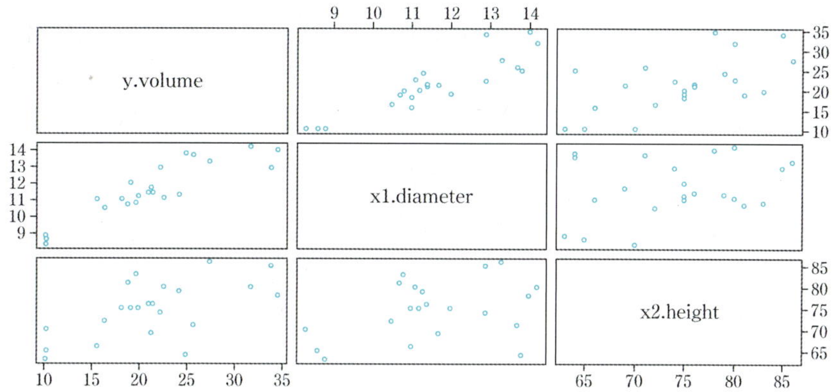

| 그림 9.8 세 변수 간의 행렬 산점도

```
> # (2) 행렬 산점도, 상관계수
>
> plot(cherry[ , c("y.volume", "x1.diameter", "x2.height")])
>
> cor(cherry, method = "pearson")
             x1.diameter x2.height  y.volume
x1.diameter   1.0000000 0.3820848 0.8999626
x2.height     0.3820848 1.0000000 0.6123920
y.volume      0.8999626 0.6123920 1.0000000>
```

(3) R 결과로부터 얻은 분산분석표는 다음과 같다.

| 표 9.5 흑체리나무 자료에 대한 중회귀모형의 분산분석표

ANOVA					
	Sum of Squares	DF	Mean Square	F	Sig.
Regression	864.052	2	432.026	80.435	0.0000
Residual	102.052	19	5.371		
Total	966.104	21			

중회귀모형에 대한 유의성검정을 위한 가설은 다음과 같이 설정한다.

$H_0 : \beta_1 = \beta_2 = 0$, 즉 중회귀모형은 유의하지 않다.

$H_1 : H_0$가 사실이 아니다. 즉 중회귀모형은 유의하다.

귀무가설 H_0가 사실이라는 가정하에서 설명변수의 수가 $k=2$이므로 $F-$검정통계량은 자유도가 $(k, n-k-1)=(2, 22-2-1)=(2,19)$인 $F-$분포를 따른다. $F-$검정통계치와 우측검정에 대한 유의확률은 다음과 같다.

$$f=\frac{MSR}{MSE}=\frac{432.026}{5.371}=80.435$$

$$p-value=P(F\geq 80.435)=0.0000$$

이때 유의확률$=0.0000<\alpha=0.05$이므로 귀무가설 H_0는 기각된다. 또는

$$f=80.435>F_{\alpha}(k, n-k-1)=F_{0.05}(2,19)=3.5219$$

이므로 귀무가설 H_0는 기각된다. 즉, 5% 유의수준의 가설검정에서 지름(x_1)과 높이(x_2)를 설명변수로 하고, 부피(y)를 반응변수로 하는 중회귀모형은 유의하다.

```
> # (3) ANOVA table, R-square, Parameter Estimate
> library(olsrr) # ols_regress{olsrr}
> (fit = ols_regress(y.volume ~ x1.diameter + x2.height, data
= cherry))
```

(4) 결정계수는

$$R^2=\frac{SSR}{SST}=\frac{864.052}{966.104}=0.894$$

이다. 즉, 중회귀직선은 흑체리나무 부피 총 변동량의 89.4%를 설명한다.

(5) R 결과로부터 얻은 회귀계수 추정결과는 다음과 같다.

표 9.6 흑체리나무 자료에 대한 중회귀모형의 모수추정표

Parameter Estimates							
model	Beta	Std. Error	Std. Beta	t	Sig	lower	upper
(Intercept)	-38.871	5.871		-6.621	0.000	-51.158	-26.583
x1.diameter	3.132	0.324	0.780	9.665	0.000	2.454	3.811
x2.height	0.321	0.082	0.314	3.897	0.001	0.148	0.493

설명변수를 지름(x_1)과 높이(x_2), 반응변수를 부피(y)로 하는 중회귀모형에서 최소제곱추정법에 의해 추정된 중회귀직선은 다음과 같다.

$$\hat{y} = -38.871 + 3.132x_1 + 0.321x_2$$

(6) [표 9.6]의 모수 추정 표로부터 회귀계수의 유의성검정에 대한 결과는 다음 표로 요약된다.

가설	검정통계치	$p-value$
$H_0 : \beta_0 = 0 \ \ vs. \ \ H_1 : \beta_0 \neq 0$	$t = -6.621$	0.000
$H_0 : \beta_1 = 0 \ \ vs. \ \ H_1 : \beta_1 \neq 0$	$t = 9.665$	0.000
$H_0 : \beta_2 = 0 \ \ vs. \ \ H_1 : \beta_2 \neq 0$	$t = 3.897$	0.001

이때 세 개의 각 가설에 대하여 유의확률($p-value$)은 모두 유의수준 $\alpha = 0.05$보다 작으므로 회귀계수 β_0, β_1, β_2는 모두 유의하여 중회귀모형에 포함되어야 한다.

(7) 지름(x_1)이 13, 높이(x_2)가 75일 때 흑체리나무 부피(y)의 추정치는 다음과 같이 계산된다.

$$\hat{y} = -38.871 + (3.132)(13) + (0.321)(75) = 25.9$$

```
> # (4) 지름(x1)이 13, 높이(x2)가 75일 때 흑체리나무 부피(y)의 추정치
>
> fit$betas
(Intercept) x1.diameter   x2.height
-38.8709073   3.1322284   0.3206906
> names(fit$betas) = NULL # fit$betas 열이름 삭제
> fit$betas
[1] -38.8709073   3.1322284   0.3206906
>
> x1.diameter = 13; x2.height = 75
> (yhat.volume = fit$betas[1] + fit$betas[2]*x1.diameter +
                 fit$betas[3]*x2.height)
[1] 25.89985
```

연/습/문/제

01 단순회귀모형의 식 (9.2)의 설명변수 값 x_i에서 잔차를 $e_i = y_i - \hat{y_i}$라고 할 때 다음을 증명하여라.

(1) $\Sigma e_i = 0$

(2) $\Sigma x_i e_i = 0$

(3) $\Sigma \hat{y_i} e_i = 0$

(4) $\sum_{i=1}^{n} (y_i - \bar{y})^2 = \sum_{i=1}^{n} (y_i - \hat{y}_i)^2 + \sum_{i=1}^{n} (\hat{y}_i - \bar{y})^2$

02 아래 표는 2021년 OECD 35개국의 근로자 1인당 평균 연봉(단위: 만 달러)과 삶의 만족도를 나타낸다. 삶의 만족도는 0에서 10까지를 척도로 한 평균값이다. 1인당 평균 연봉을 이용하여 삶의 만족도를 예측하기 위하여 평균 연봉을 설명변수(x), 삶의 만족도를 반응변수(y)로 하는 단순회귀모형을 적합하려고 한다.

국가	연봉	만족도	국가	연봉	만족도	국가	연봉	만족도
대한민국	4.1960	5.8	핀란드	4.6230	7.9	노르웨이	5.5780	7.3
이스라엘	3.9322	7.2	프랑스	4.5581	6.7	폴란드	3.2527	6.1
일본	3.8515	6.1	독일	5.3745	7.3	포르투갈	2.8410	5.8
캐나다	5.5342	7.0	그리스	2.7207	5.8	슬로바키아	2.3619	6.5
멕시코	1.6230	6.0	헝가리	2.5409	6.0	슬로베니아	4.1445	6.5
미국	6.9392	7.0	아이슬란드	6.7488	7.6	스페인	3.7922	6.5
칠레	2.6729	6.2	아일랜드	4.9474	7.0	스웨덴	4.7020	7.3
오스트리아	5.3132	7.2	이탈리아	3.7769	6.5	스위스	6.4824	7.5
벨기에	5.4327	6.8	라트비아	2.9876	6.2	영국	4.7147	6.8
체코	2.9885	6.9	리투아니아	3.1811	6.4	오스트레일리아	5.5206	7.1
덴마크	5.8430	7.5	룩셈부르크	6.5854	7.4	뉴질랜드	4.5269	7.3
에스토니아	3.0720	6.5	네덜란드	5.8828	7.5			

(1) 두 변수에 대한 산점도를 그리고 표본상관계수를 구한 후 그 결과를 해석하여라. 그 결과는 단순회귀모형을 적합하기에 적절한지 검토하여라.

(2) 두 변수의 인과관계에 대해 논의하여라. 만약 인과관계가 없다고 생각한다면 잠재변수는 무엇이라 생각하는가?

(3) 회귀직선 $\hat{y}=\hat{\beta}_0+\hat{\beta}_1 x$ 을 적합하고 (1)의 산점도 위에 겹쳐 그려라.

(4) 분산분석표를 작성하고 단순회귀모형이 유의한지 유의수준 5%에서 검정하여라.

(5) 결정계수 R^2를 구하고 이를 해석하여라.

(6) 기울기 회귀계수는 유의한지 유의수준 5%에서 검정하여라.

(7) 절편 회귀계수는 유의한지 유의수준 5%에서 검정하여라.

(8) 기울기 회귀계수 추정치 $\hat{\beta}_1$의 의미는 무엇인가?

(9) 기울기 회귀계수에 대해 신뢰수준 95%에서 구간추정하여라. 그리고 이를 해석하여라.

(10) 1인당 연봉이 10만 달러 증가할 때 삶의 만족도가 3점 이상 증가한다고 할 수 있는지를 유의수준 5%에서 검정하여라.

(11) 회귀모형에서 랜덤오차의 분산 σ^2의 추정치를 구하여라.

(12) 1인당 연봉이 5만 달러일 때 삶의 만족도를 추정하여라.

(13) 1인당 연봉이 5만 달러일 때 삶의 만족도 평균에 대해 신뢰수준 95%에서 구간추정하여라.

(14) 1인당 연봉이 5만 달러일 때 삶의 만족도 평균이 7점보다 더 작다고 할 수 있는지 유의수준 5%에서 검정하여라.

03 아래 표는 2021년 OECD 35개국의 고용률과 수질 만족도를 나타낸다. 고용률(단위: %)은 15~64세 취업자 수를 같은 연령대의 전체 인구로 나누어 산출한 비율이며, 수질 만족도(단위: %)는 "거주하는 지역의 수질에 대해 만족 또는 불만족합니까?"라는 질문에 만족한다고 답변한 15세 이상 인구비율이다. 수질 만족도를 이용하여 고용률을 예측하기 위하여 수질 만족도를 설명변수(x), 고용률을 반응변수(y)로 하는 단순회귀모형을 적합하려고 한다.

국가	고용률	수질 만족도	국가	고용률	수질 만족도	국가	고용률	수질 만족도
대한민국	66	82	핀란드	72	97	노르웨이	75	98
이스라엘	67	77	프랑스	65	78	폴란드	69	82
일본	77	87	독일	77	91	포르투갈	69	89
캐나다	70	90	그리스	56	67	슬로바키아	68	81
멕시코	59	75	헝가리	70	81	슬로베니아	71	93
미국	67	88	아이슬란드	78	97	스페인	62	76
칠레	56	62	아일랜드	68	80	스웨덴	75	97
오스트리아	72	92	이탈리아	58	77	스위스	80	96
벨기에	65	79	라트비아	72	83	영국	75	82
체코	74	89	리투아니아	72	83	오스트레일리아	73	92
덴마크	74	93	룩셈부르크	67	85	뉴질랜드	77	85
에스토니아	74	86	네덜란드	78	91			

(1) 두 변수에 대한 산점도를 그리고 표본상관계수를 구한 후 그 결과를 해석하여라. 그 결과는 단순회귀모형을 적합하기에 적절한지 검토하여라.

(2) 두 변수의 인과관계에 대해 논의하여라. 만약 인과관계가 없다고 생각한다면 잠재변수는 무엇이라 생각하는가?

(3) 회귀직선 $\hat{y}=\widehat{\beta_0}+\widehat{\beta_1}x$ 을 적합하고 (1)의 산점도 위에 겹쳐 그려라.

(4) 분산분석표를 작성하고 단순회귀모형이 유의한지 유의수준 5%에서 검정하여라.

(5) 결정계수 R^2를 구하고 이를 해석하여라.

(6) 기울기 회귀계수는 유의한지 유의수준 5%에서 검정하여라.

(7) 절편 회귀계수는 유의한지 유의수준 5%에서 검정하여라.

(8) 기울기 회귀계수 추정치 $\widehat{\beta_1}$의 의미는 무엇인가?

(9) 기울기 회귀계수에 대해 신뢰수준 95%에서 구간추정하여라. 그리고 이를 해석하여라.

(10) 수질 만족도가 10% 증가할 때 고용률이 5% 이상 증가한다고 할 수 있는지 유의수준 5%에서 검정하여라.

(11) 회귀모형에서 랜덤오차의 분산 σ^2의 추정치를 구하여라.

(12) 수질 만족도가 95%일 때 고용률을 추정하여라.

(13) 수질 만족도가 95% 일 때 고용률 평균에 대해 신뢰수준 95%에서 구간추정하여라.

(14) 수질 만족도가 95%일 때 고용률 평균이 75%보다 더 크다고 할 수 있는지를 유의수준 5%에서 검정하여라.

04 아래 표는 시중에서 판매되는 12개의 LED 전구 모델들에 대한 빛의 밝기를 의미하는 광속(단위: lm)과 온라인 판매가(단위: 원)를 나타낸다. 광속을 이용하여 판매가를 예측하기 위하여 광속을 설명변수(x), 판매가를 반응변수(y)로 하는 단순회귀모형을 적합하려고 한다.

광속	판매가	광속	판매가
1203	6300	1250	7900
1118	3980	1036	3500
1098	3930	1085	4740
1034	4290	1306	8300
1143	4810	1150	5950
1145	5200	1401	9900

(1) 두 변수에 대한 산점도를 그리고 표본상관계수를 구한 후 그 결과를 해석하여라. 그 결과는 단순회귀모형을 적합하기에 적절한지 검토하여라.

(2) 회귀직선 $\hat{y}=\widehat{\beta_0}+\widehat{\beta_1}x$ 을 적합하고 (1)의 산점도 위에 겹쳐 그려라.

(3) 분산분석표를 작성하고 단순회귀모형이 유의한지 유의수준 5%에서 검정하여라.

(4) 결정계수 R^2를 구하고 이를 해석하여라.

(5) 기울기 회귀계수는 유의한지 유의수준 5%에서 검정하여라.

(6) 절편 회귀계수는 유의한지 유의수준 5%에서 검정하여라.

(7) 기울기 회귀계수 추정치 $\widehat{\beta_1}$의 의미는 무엇인가?

(8) 기울기 회귀계수에 대해 신뢰수준 95%에서 구간추정하여라. 그리고 이를 해석하여라.

(9) 광속이 $10lm$ 증가할 때 판매가가 180원 이상 증가한다고 할 수 있는지 유의수준 5%에서 검정하여라.

(10) 회귀모형에서 랜덤오차의 분산 σ^2의 추정치를 구하여라.

(11) 광속이 $1300lm$일 때 판매가를 추정하여라.

(12) 광속이 $1300lm$일 때 판매가 평균에 대해 신뢰수준 95%에서 구간추정하여라.

(13) 광속이 $1300lm$일 때 판매가 평균이 8,200원보다 더 작다고 할 수 있는지 유의수준 5%에서 검정하여라.

05 아래 표는 시중에서 판매되는 8개의 요구르트 제품에 포함된 탄수화물(단위: g)과 열량(단위: $kcal$)을 나타낸다. 탄수화물을 이용하여 요구르트의 열량을 예측하기 위하여 탄수화물량을 설명변수(x), 열량을 반응변수(y)로 하는 단순회귀모형을 적합하려고 한다.

열량	탄수화물
58	13
50	11
38	8
58	13
44	9
113	20
50	10
79	15

(1) 두 변수에 대한 산점도를 그리고 표본상관계수를 구한 후 그 결과를 해석하여라. 그 결과는 단순회귀모형을 적합하기에 적절한지 검토하여라.

(2) 회귀직선 $\hat{y}=\widehat{\beta_0}+\widehat{\beta_1}x$ 을 적합하고 (1)의 산점도 위에 겹쳐 그려라.

(3) 분산분석표를 작성하고 단순회귀모형이 유의한지 유의수준 5%에서 검정하여라.

(4) 결정계수 R^2를 구하고 이를 해석하여라.

(5) 기울기 회귀계수는 유의한지 유의수준 5%에서 검정하여라.

(6) 절편 회귀계수는 유의한지 유의수준 5%에서 검정하여라.

(7) 기울기 회귀계수 추정치 $\widehat{\beta_1}$의 의미는 무엇인가?

(8) 기울기 회귀계수에 대해 신뢰수준 95%에서 구간추정하여라. 그리고 이를 해석하여라.

(9) 탄수화물이 $1g$ 증가할 때 열량이 $5kcal$ 이상 증가한다고 할 수 있는지 유의수준 5% 에서 검정하여라.

(10) 회귀모형에서 랜덤오차의 분산 σ^2의 추정치를 구하여라.

(11) 탄수화물이 $18g$일 때 열량을 추정하여라.

(12) 탄수화물이 18g일 때 열량 평균에 대해 신뢰수준 95%에서 구간추정하여라.

(13) 탄수화물이 18g일 때 열량 평균이 90$kcal$과 비교해서 더 크다고 할 수 있는지 유의수준 5%에서 검정하여라.

06 아래 표는 여자 유아의 나이(단위: 개월)에 따른 머리둘레(단위: cm)를 기록한 표이다. 여자 유아의 나이를 이용하여 머리둘레를 예측하기 위하여 나이를 설명변수(x), 머리둘레를 반응변수(y)로 하는 단순회귀모형을 적합하려고 한다.

연령	머리둘레
15	46.42
18	46.58
21	47.12
24	47.73
30	48.42
36	48.74
40	49.15
48	49.64
55	49.92
60	50.32

(1) 두 변수에 대한 산점도를 그리고 표본상관계수를 구한 후 그 결과를 해석하여라. 그 결과는 단순회귀모형을 적합하기에 적절한지 검토하여라.

(2) 회귀직선 $\hat{y}=\widehat{\beta_0}+\widehat{\beta_1}x$ 을 적합하고 (1)의 산점도 위에 겹쳐 그려라.

(3) 분산분석표를 작성하고 단순회귀모형이 유의한지 유의수준 5%에서 검정하여라.

(4) 결정계수 R^2를 구하고 이를 해석하여라.

(5) 기울기 회귀계수는 유의한지 유의수준 5%에서 검정하여라.

(6) 절편 회귀계수는 유의한지 유의수준 5%에서 검정하여라.

(7) 기울기 회귀계수 추정치 $\widehat{\beta_1}$의 의미는 무엇인가?

(8) 기울기 회귀계수에 대해 신뢰수준 95%에서 구간추정하여라. 그리고 이를 해석하여라.

(9) 나이가 5개월 증가할 때 머리둘레가 0.5cm보다 더욱 증가한다고 할 수 있는지 유의수준 5%에서 검정하여라.

(10) 회귀모형에서 랜덤오차의 분산 σ^2의 추정치를 구하여라.

(11) 45개월 여아의 머리둘레를 추정하여라.

(12) 나이가 45개월일 때 평균 머리둘레에 대해 신뢰수준 95%에서 구간추정하여라.

(13) 나이가 45개월일 때 평균 머리둘레가 50cm과 비교해서 더 작다고 할 수 있는지를 유의수준 5%에서 검정하여라.

07 다음 표는 어느 제조공정에서 생산하는 제품의 강도(단위: kg/cm^2), 공정의 온도(단위: ℃), 압력(단위: psi)을 나타낸다. 공정의 온도와 압력이 제품의 강도에 영향을 주는지를 조사하기 위하여 공정의 온도(x_1)와 압력(x_2)을 설명변수로 하고 제품의 강도(y)를 반응변수(y)로 하는 중회귀모형을 적합하려고 한다.

온도	압력	강도
193	55.3	92
210	62.1	165
200	57.2	123
203	61.3	145
199	57.8	123
198	58.5	120
208	59.3	140
206	60.2	145
196	56.5	110
202	58.5	135

(1) 표본에 대한 기술통계표를 구하여라.

(2) 변수 쌍의 산점도와 표본상관계수의 결과로부터 중회귀모형의 적합은 타당한지 논의하여라.

(3) 분산분석표를 작성하여라.

(4) 중회귀모형은 유의한지 유의수준 5%에서 검정하여라.

(5) 결정계수 R^2를 구하고 이를 해석하여라.

(6) 회귀계수들이 유의한지 유의수준 5%에서 검정하여라.

(7) 최소제곱법에 의해 중회귀모형을 추정하여라.

(8) 온도(x_1)가 205℃, 압력(x_2)이 59psi일 때 강도(y)를 추정하여라.

08 연습문제 2의 표에는 2021년 OECD 35개국의 근로자 1인당 평균 연봉(단위: 만 달러)과 삶의 만족도가, 연습문제 3의 표에는 수질 만족도를 보여준다. 근로자 1인당 평균 연봉과 수질 만족도가 삶의 만족도에 영향을 주는지를 조사하기 위하여 연봉(x_1)과 수질 만족도(x_2)를 설명변수로 하고 삶의 만족도(y)를 반응변수로 하는 다중회귀모형을 적합하려고 한다.

(1) 표본에 대한 기술통계표를 구하여라.

(2) 변수 쌍의 산점도와 표본상관계수의 결과로부터 중회귀모형의 적합은 타당한지 논의하여라.

(3) 분산분석표를 작성하여라.

(4) 중회귀모형은 유의한지 유의수준 5%에서 검정하여라.

(5) 결정계수 R^2를 구하고 이를 해석하여라.

(6) 회귀계수들이 유의한지 유의수준 5%에서 검정하여라.

(7) 최소제곱법에 의해 중회귀모형을 추정하여라.

(8) 연봉과 수질 만족도의 최소값인 $(x_1, x_2) = (1.623, 62)$, 중위값인 $(x_1, x_2) = (4.527, 85)$, 최대값인 $(x_1, x_2) = (6.939, 98)$에서 각각 삶의 만족도(y)를 추정하여라.

CHAPTER

10 분산분석

CHAPTER 10
분산분석

10.1 실험계획법

기초통계학 강의 교수는 온라인 동영상 강의와 오프라인 강의실 강의 중 어느 것이 학생들 실력을 높이는지에 관심이 있다. 그래서 한 학기 동안 교수가 맡은 두 개 분반 중에서 한 분반은 온라인 동영상 강의로 강의하고 다른 한 분반은 오프라인 강의실 강의로 강의하였다. 교수는 두 분반에서 같은 강의 교재로 한 학기 동안 강의한 후, 같은 공간에서 같은 시험을 치른 학생들의 평균 점수를 비교하였다. 이때 학생들의 통계학 점수(y)가 온라인 혹은 오프라인과 같은 강의 형태(x)의 영향을 받으므로 통계학 점수(y)는 반응변수이고 강의 형태(x)는 설명변수이다.

만약 온라인 동영상 강의 분반의 평균 점수가 더 높았다면 학생들의 실력 향상에 온라인 강의가 더 효과적인 강의 형태라고 말할 수 있을까? 만약 온라인 강의를 수강한 학생들의 상당수가 이미 기초통계학보다도 더 고급의 통계학 관련 과목을 이수한 학생들이라면 반응변수와 설명변수 간의 인과 관계를 설명할 수 없다. 이와 같은 연구는 관측연구의 한 예이다. 즉, 학생들은 아무런 간섭을 받지 않고 자유의지로 두 분반 중 하나를 선택하였고 교수는 단지 시험 점수를 관측하였을 뿐이다.

관측연구는 관측을 통해 변수 간의 관련성을 알아보는 연구를 말한다. 관측연구에서 연구자는 자연스러운 상황에서 발생하는 변수들을 관측하여 그 관계를 분석한다. 그러나 위의 예처럼 관측연구의 결과만으로 변수 사이에 인과 관계가 있는지를 결정하기 어렵다.

이제 인과 관계를 알아보기 위해서 다음과 같이 실험해보기로 한다. 그 학기에 기초통계학 수강을 원하는 학생들을 대상으로 통계학 관련 과목의 기이수 여부와 이수 성적 그리고 직전 학기까지의 대학 평점 등을 통합한 점수에 기초해서 성적순으로 (1등, 2등) 학생 중에서 동전을 던지는 실험을 하여 앞면 혹은 뒷면에 따라 온라인 혹은 오프라인 강의 반에 각각 배치하고, (3등, 4등), (5등, 6등) ... 학생 등도 같은 방법으로 모든 학생을 각 반에 배정한다. 그리고 한 학기 강의 후 공평한 환경에서 치른 시험의 평균 점수를 비교하였을 때 온라인 강의 분반의 평균 점수가 더 높았다면 온라인 강의가 더 효과적이라고 말해도 될 것 같다. 이와 같은 연구는 실험연구의 한 예이다.

실험연구는 인과 관계를 검증할 목적으로 통제된 환경하에서 수행된다. 즉 원인인 설명변수에 따라 결과인 반응변수가 어떻게 변화하는지를 보기 위해서 반응변수에 영향을 주는 기타 변수들은 모두 통제된 상태에서 실험이 이루어진다. 실험연구의 핵심은 임의화(randomization)에 있다. 임의화란 실험 단위와 실험 순서를 랜덤하게 결정하여 선택된 설명변수 이외의 숨어 있는 기타 원인이 종속변수에 영향을 주지 않도록 하여 모든 실험 환경을 균등하게 만드는 것이다. 또한, 1회만 실험을 하는 경우 피실험 개체의 실험 결과에 전적으로 의존하게 되므로 여러 회 실험하여 실험 결과의 신뢰도를 높여야 한다. 이것은 반복의 원리에 해당한다.

실험계획법(design of experiment)은 실험에 대해 계획하고 분석하는 방법으로 통계학의 한 분야이다. 예를 들어 실험연구의 목적이 플라스틱 제품 제조 공정에서 플라스틱 강도에 영향을 주는 공정조건을 찾는 실험을 생각해보자. 이때 공정관리자가 가장 중요하게 생각하는 공정조건은 배합비율(A)로서 $A_1 = 30\%$, $A_2 = 50\%$, $A_3 = 80\%$의 3개 조건과 반응온도(B)로서 $B_1 = 200℃$, $B_2 = 300℃$의 2개 조건이 있다고 한다면, 이때 반응변수는 플라스틱 강도이고 설명변수는 배합비율과 반응온도이다.

실험계획법에서는 설명변수 대신 인자(factor) 혹은 요인이라는 용어를 사용한다. 이때 반응변수인 플라스틱 강도는 양적변수이고 인자인 배합비율과 반응온도는 범주형 변수이다. 각 인자의 조건을 수준(level)이라고 하는데 배합비율의 수준은 $A_1 = 30\%$, $A_2 = 50\%$, $A_3 = 80\%$의 3개 수준이고 반응온도의 수준은 $B_1 = 200℃$, $B_2 = 300℃$의 2개 수준으로 구성된다. 인자 수준의 조합으로서 실제 실험이 이루어지는 실험조건에 해당하는 처리(treatment)는 $(A_1, B_1), (A_1, B_2), (A_2, B_1), (A_2, B_2), (A_3, B_1), (A_3, B_2)$의 6개 처리이다.

실험목적에 따라 반응변수, 인자, 인자의 수준, 처리 등이 결정되었으면 임의화와 반복의 원리를 준수하는 실험계획을 선택하여 실험이 이루어진다. 실험조건인 각 처리에서 반응변수의 실험 관측값이 얻어지면 분산분석법이란 통계분석법을 사용하여 추론하게 된다.

분산분석(analysis of variance : ANOVA)은 반응변수의 분산을 인자들과 랜덤오차의 분산으로 분해하여, 인자의 분산이 랜덤오차의 분산과 비교해서 상대적으로 얼마나 더 큰지를 검토하여 인자의 유의성을 알아보는 방법이다. 원래는 영국의 통계학자 Fisher가 농업 생산성 관련 연구에 ANOVA를 사용하였다. 일반적으로 세 개 이상의 처리 효과 비교 또는 세 개 이상의 모평균을 비교하기 위해서 실험을 계획하고 실험한 후에 얻은 자료를 대상으로 분산분석법을 적용한다.

많은 실험계획법이 있지만 여기서는 비교적 간단한 두 가지 실험계획법에 대한 분산분석모형으로서 10.2절에서는 반복 수가 같은 일원배치 분산분석모형, 10.3절에서는 같은 수의 반복이 있는 이원배치 분산분석모형을 소개한다. 일반적으로 분산분석모형에서 반응변수는 양적변수이고 설명변수는 범주형 변수이다.

10.2 일원배치 분산분석

일원배치법은 반응변수에 영향을 주는 인자가 1개만 있는 실험계획법이다. 예를 들어 체중 감량에 영향을 주는 세 종류의 유산소 운동 방법을 비교하는 문제에서 반응변수인 체중 감량분은 양적변수이고 1개의 인자인 유산소 운동 방법은 수준(범주)가 3개인 범주형 변수이다.

일원배치법의 모형인 **일원배치 분산분석(one-way ANOVA)모형**은 다음과 같이 정의된다.

일원배치 분산분석모형

$$Y_{ij} = \mu + \alpha_i + \epsilon_{ij}, \quad i = 1,2,...,a, \quad j = 1,2,...,n$$

여기서

Y_{ij}는 i번째 수준에서 j번째 실험의 반응변수

μ는 전체 모평균

α_i는 i번째 수준 효과를 나타내는 모수로서 $\sum_{i=1}^{a} \alpha_i = 0$

ϵ_{ij}는 랜덤오차에 해당하는 확률변수로 서로 독립이고 정규분포 $N(0, \sigma^2)$을 따른다.

[표 10.1]은 일원배치법의 자료 구조를 나타내는 표이다. 여기서 $A_1, A_2, ..., A_a$는 인자 A의 각 수준을 나타낸다.

표 10.1 일원배치법의 자료

수준	A_1	A_2	$\cdots$	A_a
자료	y_{11} y_{12} $\vdots$ y_{1n}	y_{21} y_{22} $\vdots$ y_{2n}	$\vdots$	y_{a1} y_{a2} $\vdots$ y_{an}
평균	$\bar{y}_{1.}$	$\bar{y}_{2.}$	$\cdots$	$\bar{y}_{a.}$

이제 반응변수의 분산(변동량)을 분해하는 과정을 소개해보자. 총 편차 $(Y_{ij}-\overline{Y})$를 다음과 같이 분해할 수 있다.

$$Y_{ij}-\overline{Y}=(Y_{ij}-\overline{Y}_i)+(\overline{Y}_i-\overline{Y}) \tag{10.1}$$

여기서 $\overline{Y}_i$는 i번째 수준에서 반응 평균, $\overline{Y}$는 전체 반응 평균을 나타낸다. 즉, 총 편차는 수준효과를 나타내는 수준 간 편차 $(\overline{Y}_i-\overline{Y})$와 실험 오차를 의미하는 잔차(residual) $(Y_{ij}-\overline{Y}_i)$의 합으로 나누어진다.

식 (10.1)의 양변을 제곱하면 다음 등식이 성립한다.

$$\sum_{i=1}^{a}\sum_{j=1}^{n}(Y_{ij}-\overline{Y})^2=\sum_{i=1}^{a}\sum_{j=1}^{n}\left\{(Y_{ij}-\overline{Y}_i)+(\overline{Y}_i-\overline{Y})\right\}^2$$

$$=\sum_{i=1}^{a}\sum_{j=1}^{n}(Y_{ij}-\overline{Y}_i)^2+n\sum_{i=1}^{a}(\overline{Y}_i-\overline{Y})^2+2\sum_{i=1}^{a}\sum_{j=1}^{n}(Y_{ij}-\overline{Y}_i)(\overline{Y}_i-\overline{Y})$$

그런데 편차 간 교차 곱의 총합은

$$\begin{aligned}\sum_{i=1}^{a}\sum_{j=1}^{n}(Y_{ij}-\overline{Y}_i)(\overline{Y}_i-\overline{Y}) &= \sum_{i=1}^{a}(\overline{Y}_{i.}-\overline{Y})\sum_{j=1}^{n}(Y_{ij}-\overline{Y}_{i.})\\ &= \sum_{i=1}^{a}(\overline{Y}_{i.}-\overline{Y})(n\overline{Y}_{i.}-n\overline{Y}_{i.})\\ &= 0\end{aligned}$$

이 성립하기 때문에 최종적으로 다음과 같은 관계식을 얻는다.

$$\sum_{i=1}^{a}\sum_{j=1}^{n}(Y_{ij}-\overline{Y})^2 = n\sum_{i=1}^{a}(\overline{Y_i}-\overline{Y})^2 + \sum_{i=1}^{a}\sum_{j=1}^{n}(Y_{ij}-\overline{Y_i})^2$$

위의 제곱합 분해식에서 각 항은

$$\text{총제곱합}(SST) = \text{인자 } A\text{의 제곱합}(SS_A) + \text{잔차제곱합}(SSE)$$

의 의미를 갖는다. SS_A와 SSE를 각각의 자유도인 $a-1$과 $a(n-1)$로 나누어 주면 이를 각각 인자 A의 평균제곱합(MS_A)과 잔차평균제곱합(MSE)이라 한다.

일원배치 분산분석모형에서 가설은 다음과 같이 설정한다.

$$\begin{aligned} &H_0 \ : \ \alpha_1 = \alpha_2 = \cdots = \alpha_a = 0 \ \text{ 즉, 수준 효과는 없다.} \\ &H_1 \ : \ H_0 \text{는 사실이 아니다.} \end{aligned} \tag{10.2}$$

위 가설의 검정을 위해서 사용되는 검정통계량은 귀무가설 H_0 하에서 $F(a-1, a(n-1))$분포를 따르는 다음과 같이 정의되는 $F-$검정통계량이다.

$$F = \frac{MS_A}{MSE} \sim F(a-1,\ a(n-1))$$

일원배치 분산분석모형에서 수준 효과에 대한 검정은 항상 우측검정인데 그 이유를 설명해보자. 귀무가설 H_0가 사실이라는 가정하에서 계산된 검정통계치 f값이 커질수록, 즉 인자 A의 제곱합인 SS_A가 잔차제곱합인 SSE에 비해 상대적으로 클수록 인자 A의 수준효과가 존재함을 나타냄을 의미한다. 그래서 [그림 10.1]의 (위) 그림에서 검정통계치 f값이 커질수록 귀무가설 H_0를 기각하고 대립가설 H_1을 체택하는 결정규칙을 정하면 된다.

이제 검정통계치 f값이 어느 정도로 클 때 귀무가설 H_0을 기각할 것인가를 판단해야 한다. 이를 위해서 다음과 같은 유의확률

$$p-value = P(F > f) = P\left(F > \frac{MS_A}{MSE}\right)$$

을 계산하여

"유의확률 $P(F > f) < \alpha$이면 H_0를 기각한다."

이때 [그림 10.1]에서 $p-value = P(F > f) < \alpha$은 $f > F_\alpha(a-1,\ a(n-1))$과 같다. 따라서 동일하게

"$f > F_\alpha(a-1,\ a(n-1))$이면 H_0를 기각한다."

여기서 영역 $f > F_\alpha(a-1,\ a(n-1))$를 가설 (10.2)의 검정에서 H_0를 기각하는 기각역(reject region), $F_\alpha(a-1,\ a(n-1))$를 기각값(critical value)이라 부른다.

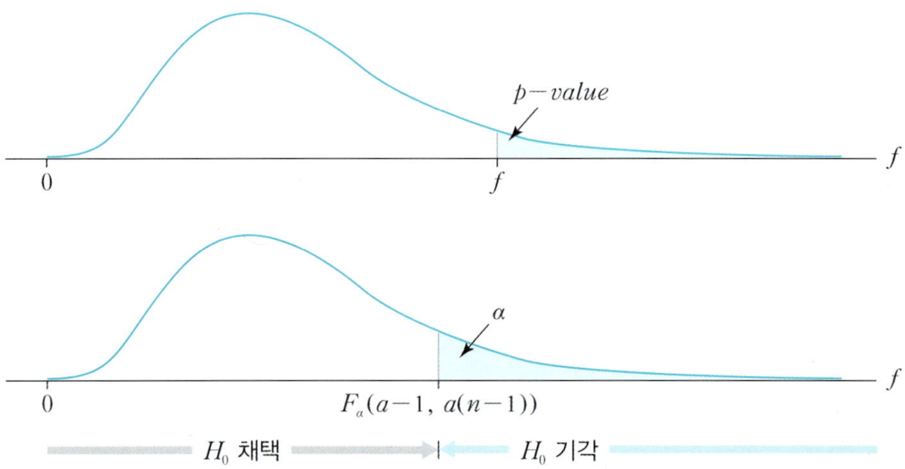

▎그림 10.1 일원배치 분산분석모형의 유의성검정에서 (위) 유의확률, 검정통계치 (아래) 유의수준, 기각값, 기각역

일원배치 분산분석(one−way ANOVA)표인 [표 10.2]는 인자 A의 수준 효과의 유의성검정에서 유의확률 계산에 필요한 통계치들로 구성되어 있다.

| 표 10.2 일원배치 분산분석표

요인	제곱합	자유도	평균제곱합	F-검정통계치	유의확률
인자 A	SS_A	$a-1$	$MS_A = \frac{SS_A}{a-1}$	$f = \frac{MS_A}{MSE}$	$P(F > f)$
잔차	SSE	$a(n-1)$	$MSE = \frac{SSE}{a(n-1)}$		
계	SST	$an-1$			

일원배치 분산분석모형에서 수준효과의 유의성검정

(1) 가설 : H_0 : $\alpha_1 = \alpha_2 = \cdots = \alpha_a = 0$, 즉, 수준효과는 없다.

H_1 : H_0는 사실이 아니다.

(2) 귀무가설 H_0 하에서 F-검정통계량 : $F = \frac{MS_A}{MSE} \sim F(a-1,\ a(n-1))$

(3) f-검정통계치 : $f = \frac{MS_A}{MSE}$

(4) 유의확률과 기각역

유의확률($p-value$)	기각역
$P(F > f) = P\left(F > \frac{MS_A}{MSE}\right)$	$f > F_\alpha(a-1, a(n-1))$

예제 10.1 어느 실험실에서 3명의 연구원이 같은 시료 분석을 한다. 연구원마다 시료 측정에 차이가 있는지를 확인하기 위하여 같은 실험 장비로 4회 표준시료를 측정한 결과가 아래 표와 같다. 이 경우 임의화는 총 $3 \times 4 = 12$회의 실험을 완전히 랜덤한 순서대로 수행하였다. 연구원별 시료 측정의 차이가 존재하는지를 유의수준 5%에서 검정하여라.

연구원 1	연구원 2	연구원 3
47.9	47.4	48.8
48.9	49.8	48.4
48.2	48.3	47.9
50.2	47.1	48.5

풀이 반응변수인 시료 측정치는 양적변수이고 1개의 인자인 연구원은 수준(범주) 수가 3개인 범주형 변수이다. 각 수준에서 관측치 수는 $n=4$로 같다. 따라서 주어진 자료는 다음과 같은 일원배치 분산분석모형에 적합하다.

$$Y_{ij} = \mu + \alpha_i + \epsilon_{ij}, \quad i=1,2,3, \quad j=1,2,3,4$$

여기서 α_i는 연구원별 시료 측정 효과이다.
자료로부터 계산한 일원배치 분산분석표는 아래와 같다.

표 10.3 연구원의 시료 측정 자료에 대한 일원배치 분산분석표

요인	제곱합	자유도	평균제곱합	F–검정통계치	유의확률
연구원	0.86	2	0.43	0.486	0.631
잔차	7.97	9	0.89		
계	8.83	11			

연구원별 시료 측정의 차이가 존재하는지를 검정하기 위한 가설은 다음과 같이 설정한다.

H_0 : $\alpha_1 = \alpha_2 = \alpha_3 = 0$ 즉, 연구원별 시료 측정의 차이가 없다.
H_1 : H_0는 사실이 아니다.

귀무가설 H_0 하에서 $F-$검정통계량은 자유도 $a-1=3-1=2$, $a(n-1) = (3)(4-1)=9$를 가지므로 $F(2,9)$ 분포를 따른다. 이때 $F-$검정통계치는 $f=0.486$이고 우측검정에 대한 유의확률은

$$p-value = P(F>f) = P(F>0.486) = 0.631$$

이다. 이때 유의확률$=0.631 > \alpha = 0.05$이므로 귀무가설 H_0를 기각할 수 없다. 또는

$$f = 0.486 < F_{0.05}(2,9) = 4.26$$

이므로 귀무가설 H_0를 기각할 수 없다. 즉, 유의수준 5% 가설검정에서 표본자료는 연구원별로 시료 측정의 차이가 있다는 충분한 증거가 되지 않는다.

```
> # [R-program 10.1] 예제 10.1 : 일원배치 분산분석-F-검정-우측검정
>
> # qf(p, df1, df2, lower.tail=FALSE): F(df1,df2)에서 상위누적확률 p 분위수
>
> a = 3; n.j = 4; df1 = a-1; df2 = a*(n.j-1); alpha = 0.05
>
> # 일원배치법 자료 표에서 column별로 입력
>
> measurement = c(47.9, 48.9, 48.2, 50.2, 47.4, 49.8, 48.3, 47.1, 48.8,
+                  48.4,  47.9, 48.5)
>
> (researcher = c(rep("연구원1", 4), rep("연구원2", 4), rep("연구원3", 4)))
 [1] "연구원1" "연구원1" "연구원1" "연구원1" "연구원2" "연구원2" "연구원2"
 [8] "연구원2" "연구원3" "연구원3" "연구원3" "연구원3"
>
> sample = data.frame(measurement, researcher)
> str(sample)

'data.frame': 12 obs. of  2 variables:
 $ measurement: num  47.9 48.9 48.2 50.2 47.4 49.8 48.3 47.1 48.8 48.4 ...
 $ researcher : chr  "연구원1" "연구원1" "연구원1" "연구원1" ...
>
> # 일원배치 분산분석표
>
> anova1 = aov(measurement ~ researcher, data = sample)
> summary(anova1)
           Df Sum Sq Mean Sq F value Pr(>F)
researcher  2   0.86  0.4300   0.486  0.631
Residuals   9   7.97  0.8856
>
> (critical.value = qf(alpha, df1, df2, lower.tail = FALSE))
[1] 4.256495
```

10.3 이원배치 분산분석

앞 절에서는 인자가 1개인 경우의 일원배치 분산분석을 살펴보았다. 본 절에서는 인자가 2개인 경우에 사용하는 이원배치 분산분석을 알아보기로 한다.

이원배치법은 반응변수에 영향을 주는 인자가 2개가 있는 실험계획법이다. 예를 들어 세 종류의 토마토 품종과 두 종류의 재배법(유기농법과 무농약법)별로 토마토 수확량을 비교하는 문제에서 반응변수인 토마토 수확량은 양적변수이고 2개의 인자는 품종과 재배법이다. 품종과 재배법은 각각 수준(범주)가 3개 및 2개인 범주형 변수이다.

2개 인자를 갖는 이원배치 분산분석모형에서 두 개의 인자를 A와 B로 놓자. 인자 A의 수준 수가 a이고, 인자 B의 수준 수가 b이고, 각 수준 조합인 처리별 반복수가 같은 이원배치 분산분석(two-way ANOVA)모형은 다음과 같이 정의된다.

이원배치 분산분석모형

$$Y_{ijk} = \mu + \alpha_i + \beta_j + (\alpha\beta)_{ij} + \epsilon_{ijk}, \quad i = 1,2,...,a, \quad j = 1,2,...,b, \quad k = 1,2,...,n$$

여기서

Y_{ijk}는 인자 A의 수준 A_i와 인자 B의 수준 B_j의 수준 조합에서 k 번째 실험의 반응변수

μ는 전체 평균

α_i는 인자 A의 i번째 수준 효과로서 $\sum_{i=1}^{a} \alpha_i = 0$

β_j는 인자 B의 j번째 수준효과로서 $\sum_{j=1}^{b} \beta_j = 0$

$(\alpha\beta)_{ij}$는 인자 A와 인자 B의 교호작용 효과로서 $\sum_{i=1}^{a} (\alpha\beta)_{ij} = 0$, $\sum_{j=1}^{b} (\alpha\beta)_{ij} = 0$

ϵ_{ijk}는 랜덤오차에 해당하는 확률변수로 서로 독립이고 정규분포 $N(0, \sigma^2)$을 따른다.

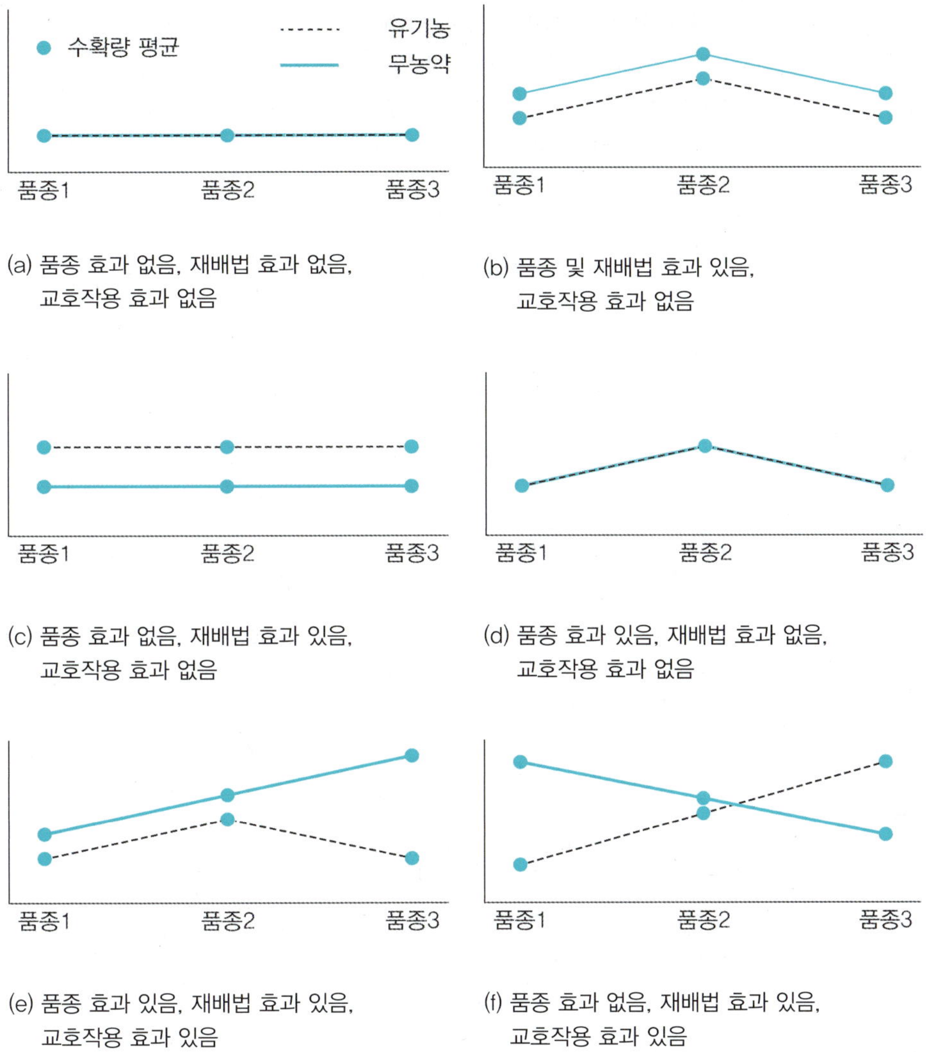

그림 10.2 이원배치 분산분석모형에서 주 효과와 교호작용 효과

인자의 **주 효과**(main effect)는 인자의 수준 변화에 따라 반응변수 값의 변화가 있을 때 나타난다. 인자들 간 **교호작용 효과**(interaction effect) 혹은 **상호작용 효과**는 하나의 인자 수준이 변함에 따라 다른 인자 수준에서의 반응변수 값의 변화 양상이 달라질 때 나타나는 효과이다. [그림 10.2]는 이원배치 분산분석모형에서 주 효과와 교호작용 효과를 나타낸 그림이다.

인자의 수준 조합인 각 처리별로 반복 수가 같은 이원배치법의 자료 구조는 [표 10.4]와 같다.

표 10.4 처리별 반복 수가 같은 이원배치법의 자료

인자A \ 인자B	B_1	B_2	$\cdots$	B_b	평균
A_1	$y_{111}, y_{112}, \ldots, y_{11n}$	$y_{121}, y_{122}, \ldots, y_{12n}$	$\cdots$	$y_{1b1}, y_{1b2}, \ldots, y_{1bn}$	$\overline{y}_{1..}$
A_2	$y_{211}, y_{212}, \ldots, y_{21n}$	$y_{221}, y_{222}, \ldots, y_{22n}$	$\cdots$	$y_{2b1}, y_{2b2}, \ldots, y_{2bn}$	$\overline{y}_{2..}$
$\vdots$	$\vdots$	$\vdots$	$\vdots$	$\vdots$	$\vdots$
A_a	$y_{a11}, y_{a12}, \ldots, y_{a1n}$	$y_{a21}, y_{a22}, \ldots, y_{a2n}$	$\cdots$	$y_{ab1}, y_{ab2}, \ldots, y_{abn}$	$\overline{y}_{a..}$
평균	$\overline{y}_{.1.}$	$\overline{y}_{.2.}$	$\cdots$	$\overline{y}_{.b.}$	$\overline{y}_{...}$

이제 반응변수의 분산(변동량)을 분해하는 과정을 소개해보자. 편차 $(Y_{ijk} - \overline{Y})$를 다음과 같이 분해할 수 있다.

$$(Y_{ijk} - \overline{Y}) = (\overline{Y}_{i..} - \overline{Y}) + (\overline{Y}_{.j.} - \overline{Y}) + (\overline{Y}_{ij.} - \overline{Y}_{i..} - \overline{Y}_{.j.} + \overline{Y}) + (Y_{ijk} - \overline{Y}_{ij.})$$

여기서 $\overline{Y}_{i..}$는 인자 A의 i번째 수준에서 반응변수 평균, $\overline{Y}_{.j.}$는 인자 B의 j번째 수준에서 반응변수 평균, $\overline{Y}_{ij.}$은 인자 A의 i번째 수준과 인자 B의 j번째 수준 조합인 처리에서의 반응변수 평균, $\overline{Y}$는 반응변수 전체 평균을 나타낸다.

위 식의 양변을 제곱하여 더하면 편차 간 교차 곱의 총합은 모두 0이므로 최종적으로 다음이 성립한다.

$$\sum_{i=1}^{a}\sum_{j=1}^{b}\sum_{k=1}^{n}(Y_{ijk} - \overline{Y})^2 = \sum_{i=1}^{a}\sum_{j=1}^{b}\sum_{k=1}^{n}(\overline{Y}_{i..} - \overline{Y})^2 + \sum_{i=1}^{a}\sum_{j=1}^{b}\sum_{k=1}^{n}(\overline{Y}_{.j.} - \overline{Y})^2$$
$$+ \sum_{i=1}^{a}\sum_{j=1}^{b}\sum_{k=1}^{n}(\overline{Y}_{ij.} - \overline{Y}_{i..} - \overline{Y}_{.j.} + \overline{Y})^2 + \sum_{i=1}^{a}\sum_{j=1}^{b}\sum_{k=1}^{n}(Y_{ijk} - \overline{Y}_{ij.})^2$$

위의 제곱합 분해식에서 각 항은

총제곱합(SST) = 인자 A의 제곱합(SS_A) + 인자 B의 제곱합(SS_B)
+ 인자 A와 B의 교호작용 제곱합(SS_{AB}) + 잔차제곱합(SSE)

의 의미를 갖는다. 또한, 각 제곱합 SS_A, SS_B, SS_{AB}, SSE를 각각의 자유도인 $a-1$, $b-1$, $(a-1)(b-1)$, $ab(n-1)$로 나누어 주면 각 인자의 평균제곱합 MS_A, MS_B, MS_{AB}와 잔차평균제곱합 MSE가 된다.

이원배치 분산분석(two-way ANOVA)표인 [표 10.5]는 인자별 수준효과의 유의성검정에서 유의확률 계산에 필요한 통계치들로 구성되어 있다.

표 10.5 이원배치 분산분석표

요인	제곱합	자유도	평균제곱합	F-검정통계치	유의확률
인자 A	SS_A	$a-1$	$MS_A=\dfrac{SS_A}{a-1}$	$f_A=\dfrac{MS_A}{MSE}$	$P(F>f_A)$
인자 B	SS_B	$b-1$	$MS_B=\dfrac{SS_B}{b-1}$	$f_B=\dfrac{MS_B}{MSE}$	$P(F>f_B)$
교호작용 AB	SS_{AB}	$(a-1)(b-1)$	$MS_{AB}=\dfrac{SS_{AB}}{(a-1)(b-1)}$	$f_{AB}=\dfrac{MS_{AB}}{MSE}$	$P(F>f_{AB})$
잔차	SSE	$ab(n-1)$	$MSE=\dfrac{SSE}{ab(n-1)}$		
계	SST	$abn-1$			

이원배치 분산분석모형에서 F-통계량에 기초한 각 인자별 수준효과의 유의성검정 절차는 10.2절의 일원배치 분산분석모형에서 수준효과의 유의성검정을 참고한다. 이원배치 분산분석모형에서 인자별 수준효과의 유의성검정 결과를 요약하면 다음과 같다.

이원배치 분산분석모형에서 인자별 수준효과의 유의성검정

1. 인자 A의 주 효과 검정

(1) 가설 : H_{0A} : $\alpha_1=\alpha_2=\cdots=\alpha_a=0$ 즉, 인자 A의 수준 효과는 없다.

H_{1A} : H_{0A}는 사실이 아니다.

(2) 귀무가설 H_{0A} 하에서 F-검정통계량 : $F_A=\dfrac{MS_A}{MSE}\sim F(a-1,\ ab(n-1))$

(3) f-검정통계치 : $f_A = \dfrac{MS_A}{MSE}$

(4) 유의확률과 기각역

유의확률($p-value$)	기각역
$P(F_A > f_A) = P\left(F_A > \dfrac{MS_A}{MSE}\right)$	$f_A > F_\alpha(a-1, ab(n-1))$

2. 인자 B의 주 효과 검정

(1) 가설 : H_{0B} : $\beta_1 = \beta_2 = \cdots = \beta_b = 0$ 즉, 인자 B의 수준 효과는 없다.

H_{1B} : H_{0B}는 사실이 아니다.

(2) 귀무가설 H_{0B}하에서 F-검정통계량 : $F_B = \dfrac{MS_B}{MSE} \sim F(b-1,\ ab(n-1))$

(3) f-검정통계치 : $f_B = \dfrac{MS_B}{MSE}$

(4) 유의확률과 기각역

유의확률($p-value$)	기각역
$P(F_B > f_B) = P\left(F_B > \dfrac{MS_B}{MSE}\right)$	$f_B > F_\alpha(b-1, ab(n-1))$

3. 인자 A와 B의 교호작용 효과 검정

(1) 가설 : H_{0AB} : $(\alpha\beta)_{ij} = 0,\quad i = 1,2,...,a,\ j = 1,2,...,b,$ 즉, 인자 A와 B의 교호작용 효과는 없다.

H_{1AB} : H_{0AB}는 사실이 아니다.

(2) 귀무가설 H_{0AB}하에서 F-검정통계량 : $F_{AB} = \dfrac{MS_{AB}}{MSE} \sim F((a-1)(b-1),\ ab(n-1))$

(3) f-검정통계치 : $f_{AB} = \dfrac{MS_{AB}}{MSE}$

(4) 유의확률과 기각역

유의확률($p-value$)	기각역
$P(F_{AB} > f_{AB}) = P\left(F_{AB} > \dfrac{MS_{AB}}{MSE}\right)$	$f_{AB} > F_\alpha((a-1)(b-1), ab(n-1))$

예제 10.2 실험용 쥐의 성별과 쥐 사료의 종류에 따라 쥐 체중에 영향을 주는지를 조사하기 위하여 암수 쥐별로 4종류의 사료로 일정한 기간을 사육한 후 쥐의 체중(단위: g)을 측정한 자료가 아래 표와 같다. 이 경우 실험의 임의화는 총 $2\times4\times3=24$ 회의 실험을 완전히 랜덤한 순서로 수행하였다. 유의수준 5%에서 다음을 가설검정 하여라.

성별 \ 사료	A	B	C	D
암	88 103 85	101 102 98	74 84 88	80 78 88
수	90 72 80	88 92 100	78 74 72	79 69 72

(1) 쥐의 성별로 쥐 체중에 차이가 있다.

(2) 사료의 종류별로 쥐 체중에 차이가 있다.

(3) 쥐의 성별과 사료의 종류 간에 교호작용 효과가 있다.

(4) 각 인자에 대한 주 효과 및 교호작용 효과의 그림을 그리고 위 검정 결과와 일치하는지를 논의하여라.

풀이 반응변수인 쥐 체중은 양적변수이고 인자 수는 2개로 성별 인자는 수준(범주) 수가 2개이고 사료 인자는 수준(범주) 수가 4개인 범주형 변수이다. 그리고 각 수준 조합인 처리에서 관측치 수는 $n=3$으로 같다. 따라서 주어진 자료는 다음과 같은 이원배치 분산분석모형에 적합하다.

$$Y_{ijk}=\mu+\alpha_i+\beta_j+(\alpha\beta)_{ij}+\epsilon_{ijk},\quad i=1,2,\quad j=1,2,3,4,\quad k=1,2,3$$

여기서 α_i는 쥐의 성별 효과, β_j는 사료 종류 효과, $(\alpha\beta)_{ij}$는 성별과 사료 종류의 교호작용 효과이다.

자료로부터 계산한 이원배치 분산분석표는 아래와 같다.

표 10.6 실험용 쥐 체중 자료에 대한 이원배치 분산분석표

요인	제곱합	자유도	평균제곱합	F-검정통계치	유의확률
성별	442.0	1	442.0	10.66	0.0049
사료	1439.1	3	479.7	11.57	0.0003
성별×사료	17.5	3	5.8	0.14	0.9343
잔차	663.3	16	41.5		
계	2561.9	23			

(1) 성별 주 효과 검정을 위한 가설은 다음과 같이 설정한다.

H_{0A} : $\alpha_1 = \alpha_2 = 0$ 즉, 성별 쥐 체중 차이는 없다.

H_{1A} : H_{0A}는 사실이 아니다.

귀무가설 H_{0A}하에서 검정통계치는 $f_A = 10.66$이고 우측검정에 대한 유의확률은

$$P(F > f_A) = P(F > 10.66) = 0.0049 < \alpha = 0.05$$

이므로 H_{0A}는 기각된다. 또는 $f_A = 10.66 > F_{0.05}(1,16) = 4.49$이므로 H_{0A}는 기각된다. 즉, 유의수준 5% 가설검정에서 표본자료는 쥐의 성별로 체중 차이가 있다는 증거가 된다.

(2) 사료 종류의 주 효과 검정을 위한 가설은 다음과 같이 설정한다.

H_{0B} : $\beta_1 = \beta_2 = \beta_3 = \beta_4 = 0$

즉, 사료 종류별 쥐 체중 차이는 없다.

H_{1B} : H_{0B}는 사실이 아니다.

귀무가설 H_{0B}하에서 검정통계치는 $f_B = 11.57$이고 우측검정에 대한 유의확률은

$$P(F > f_B) = P(F > 11.57) = 0.0003 < \alpha = 0.05$$

이므로 H_{0B}는 기각된다. 또는 $f_B = 11.57 > F_{0.05}(3,16) = 3.24$이므로 H_{0B}는 기각된다. 즉, 유의수준 5% 가설검정에서 표본자료는

사료 종류별로 쥐 체중 차이가 있다는 증거가 된다.

(3) 성별과 사료 종류의 교호작용 효과 검정을 위한 가설은 다음과 같이 설정한다.

H_{0AB} : $(\alpha\beta)_{ij}=0, \quad i=1,2, \; j=1,2,3,4$

즉, 성별과 사료 종류의 교호작용 효과는 없다,

H_{1AB} : H_{0AB}는 사실이 아니다.

귀무가설 H_{0AB}하에서 검정통계치는 $f_{AB}=0.14$이고 우측검정에 대한 유의확률은

$$P(F>f_{AB})=P(F>0.14)=0.9343>\alpha=0.05$$

이므로 H_{0AB}는 채택된다. 또는 $f_{AB}=0.14<F_{0.05}(3,16)=3.24$이므로 H_{0AB}는 채택된다. 즉, 유의수준 5% 가설검정에서 표본자료는 쥐의 성별과 사료의 종류 간에 교호작용 효과가 있다는 증거가 충분하지 않다.

(4) [그림 10.3]은 실험 쥐 자료에 적합한 이원배치 분산분석모형에서 주 효과와 교호작용 효과의 그림이다. 먼저 가로축에서 사료 종류 위의 암수 2개 점을 각각 평균한 4개의 점은 각 사료 종류별 쥐 체중의 평균이다. 명백하게 사료 종류별 쥐 체중 평균 차이가 존재한다. 다음으로 성별로 4개 사료 종류의 점을 각각 평균한 2개 점은 암수 쥐별 쥐 체중의 평균이다. 명백하게 암쥐의 평균 체중이 일방적으로 더 크므로 성별 쥐 체중 평균 차이가 존재한다. 그러나 사료의 종류 수준이 변함에 따라 성별 쥐 체중 변화 양상은 다르지 않다. 따라서 교호작용 효과는 없다. 이렇게 그림의 해석은 검정 결과와 일치한다.

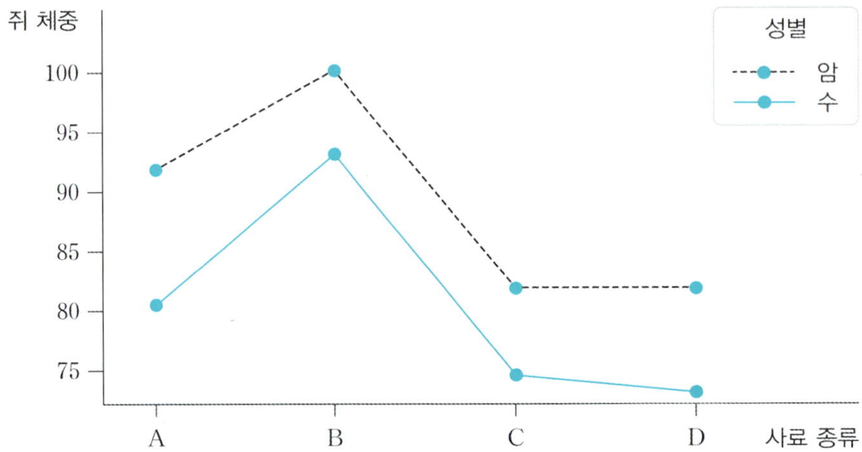

그림 10.3 실험 쥐 자료에 적합한 이원배치 분산분석모형에서 주 효과와 교호작용 효과

```
> # [R-program 10.2] 예제 10.2 : 이원배치 분산분석-F-검정-우측검정
>
> # qf(p, df1, df2, lower.tail=FALSE): F(df1,df2)에서 상위누적확률 p 분위수
>
> a = 2; b = 4; n.j = 3; df.a = a-1; df.b = b-1; df.ab = df.a*df.b
> df.e = a*b*(n.j-1); alpha = 0.05
>
> # 일원배치법 자료 표에서 column별로 입력
>
> weight = c(88, 103, 85, 90, 72, 80, 101, 102, 98, 88, 92, 100, 74, 84, 88,
+            78,  74, 72, 80, 78, 88,  79,  69, 72)
>
> sex = c(rep("암", 3), rep("수", 3), rep("암", 3), rep("수", 3),
+        rep("암", 3), rep("수", 3), rep("암", 3), rep("수", 3)); sex

 [1] "암" "암" "암" "수" "수" "수" "암" "암" "암" "수" "수" "수" "암" "암"
[15] "암" "수" "수" "수" "암" "암" "암" "수" "수" "수"
>
> food = c(rep("A", 6), rep("B", 6), rep("C", 6), rep("D", 6)); food

 [1] "A" "A" "A" "A" "A" "A" "B" "B" "B" "B" "B" "B" "C" "C" "C" "C" "C" "C"
[19] "D" "D" "D" "D" "D" "D"
```

```
> mouse = data.frame(weight, sex, food)
> str(mouse)

'data.frame': 24 obs. of  3 variables:
 $ weight: num  88 103 85 90 72 80 101 102 98 88 ...
 $ sex   : chr  "암" "암" "암" "수" ...
 $ food  : chr  "A" "A" "A" "A" ...
>
> # 이원배치 분산분석표
>
> anova2 = aov(weight ~ sex * food, data = mouse)
> summary(anova2)
            Df Sum Sq Mean Sq F value   Pr(>F)
sex          1  442.0   442.0   10.66 0.004862 **
food         3 1439.1   479.7   11.57 0.000278 ***
sex:food     3   17.5     5.8    0.14 0.934338
Residuals   16  663.3    41.5
---
Signif. codes:  0 '***' 0.001 '**' 0.01 '*' 0.05 '.' 0.1 ' ' 1
>
> (a.critical.value = qf(alpha, df.a, df.e, lower.tail = FALSE))
[1] 4.493998
> (b.critical.value = qf(alpha, df.b, df.e, lower.tail = FALSE))
[1] 3.238872
> (ab.critical.value = qf(alpha, df.ab, df.e, lower.tail = FALSE))
[1] 3.238872
>
> # 주효과 및 교호작용 효과 그림
>
> interaction.plot(x.factor = mouse$food,     # 가로축 변수(인자1)
+                  trace.factor = mouse$sex, # 좌표내 변수(인자2)
+                  response = mouse$weight,  # 세로축 변수(반응변수)
+                  type = "b",           # 그림 형식(선&점그래프)
+                  lty = c(1, 3),        # line type
+                  lwd = 1,              # line width
+                  pch = c(16, 16),      # point shape
+                  legend = TRUE,        # legend 포함 여부
+                 xlab = "사료 종류", ylab = "쥐 체중", trace.label = "성별")
```

연/습/문/제

01 특별한 지병이 없는 건강한 50대 성인 16명을 랜덤하게 4개 그룹에 배정하여 4종류의 식이요법을 따르게 한 후 콜레스테롤 농도(단위: mg/di)를 측정한 결과가 아래 표와 같다. 이 자료에 대하여 일원배치 분산분석모형을 적용할 때 식이요법 종류에 따라서 콜레스테롤 농도의 차이가 있는지를 유의수준 5%에서 검정하여라.

식이요법 1	식이요법 2	식이요법 3	식이요법 4
202	242	190	260
258	256	185	258
235	239	198	262
238	245	202	234

02 컴퓨터 키보드 위에서 타이핑 할 때 음주가 타이핑 정확도에 영향을 미치는지를 알아보기 위하여 타이핑 실력이 비슷한 18명을 랜덤하게 세 팀으로 나누어 한 팀은 음주를 금지하고 나머지 두 팀은 각각 $50cc$와 $100cc$의 술을 마시게 한 후 세 팀에게 똑같은 분량의 내용을 타이핑 하도록 했을 때 오자의 개수를 관측한 자료가 아래 표와 같다. 이 자료에 대하여 일원배치 분산분석모형을 적용할 때 음주로 인하여 타이핑 정확도에 차이가 있는지를 유의수준 5%에서 검정하여라.

0cc	50cc	100cc
3	7	12
2	4	13
5	6	11
4	8	7
3	6	8
3	5	10

03 세 품종의 벼 수확량에 차이가 있는지를 알아보기 위하여 벼의 재배 환경을 동질적으로 만든 $3 \times 6 = 18$개의 논에서 랜덤하게 세 품종의 벼를 배정하여 수확량(단위: $kg/$평) 자료를 아래 표와 같이 얻었다. 이 자료에 대하여 일원배치 분산분석모형을 적용할 때 벼 종류에 따라 벼 수확량에 차이가 있는지를 유의수준 5%에서 검정하여라.

벼 1	벼 2	벼 3
1.9	1.8	2.3
1.8	1.9	2.1
2.1	1.7	1.9
1.8	1.9	2.0
1.9	2.1	1.9
1.9	1.8	1.8

04 어느 페인트 제조업자는 자사 제품인 네 종류의 페인트 건조시간이 다르지 않다고 주장하였다. 제조업자의 주장이 맞는지 알아보기 위해 각 페인트로 5회씩 실험하여 다음과 같이 페인트 건조시간(단위: 분) 자료를 얻었다. 이 자료에 대하여 일원배치 분산분석모형을 적용할 때 페인트 종류에 따라 페인트 건조시간이 다른지를 유의수준 5%에서 검정하여라.

페인트 1	페인트 2	페인트 3	페인트 4
128	144	133	150
137	133	143	142
135	142	137	135
124	146	136	140
141	130	131	153

05 생산공정에서 반응온도가 원사의 강도에 영향을 주는지 알아보기 위해 네 가지 온도에서 각 3번씩 반복 실험하여 아래와 같이 원사의 강도를 얻었다. 이 자료에 대하여 일원배치 분산분석모형을 적용할 때 반응온도별로 원사의 강도가 달라지는지를 유의수준 5%에서 검정하여라.

30℃	40℃	50℃	60℃
18.55	18.68	18.25	19.25
18.68	18.92	18.42	19.34
18.27	19.00	18.23	19.92

06 네 종류의 사료에 의한 병아리 체중 증가 실험을 하였다. 각 사료를 주어 일정 기간 사육한 후에 체중 증가량을 측정한 자료가 이래 표와 같다. 이 자료에 대하여 일원배치 분산분석 모형을 적용할 때 사료 종류별로 체중 증가의 차이가 있는지를 유의수준 5%에서 검정하여라.

사료 1	사료 2	사료 3	사료 4
54	60	84	42
49	83	95	87
52	63	98	81
34	87	94	73
55	94	88	81

07 상표별로 4가지 골프공의 비거리(친 공이 날아간 거리)를 비교하기 위하여 골퍼가 각 상표의 공으로 랜덤하게 각각 5번씩 스윙한 거리(단위: m)를 측정한 자료가 아래 표와 같다. 이 자료에 대하여 일원배치 분산분석모형을 적용할 때 상표별로 골프공의 비거리 차이가 존재하는지를 유의수준 5%에서 검정하여라.

상표 1	상표 2	상표 3	상표 4
251.2	264.5	273.9	252.3
250.8	262.4	275.4	251.8
249.5	265.7	273.1	249.3
250.5	265.3	270.1	250.6
253.5	267.2	272.4	249.5

08 36명 편두통 환자들을 대상으로 하루 중 편두통의 지속시간을 줄이기 위하여 네 가지 처치 방법과 세 종류의 약을 한 달간 사용한 후 평균 편두통 지속시간을 측정한 자료가 아래 표와 같다. 이 자료에 대하여 이원배치 분산분석모형을 적용할 때 유의수준 5%에서 다음을 가설검정하여라.

처치 \ 약	A	B	C
1	5 7 6	8 7 7	10 11 10
2	5 5 4	7 8 9	11 12 11
3	6 5 7	9 8 9	11 12 10
4	4 3 5	7 8 9	10 11 10

(1) 처치별로 편두통 지속시간의 차이가 있다.

(2) 약의 종류별로 편두통 지속시간의 차이가 있다.

(3) 처치와 약의 종류 간 교호작용 효과가 있다.

(4) 각 인자에 대한 주 효과 및 교호작용 효과의 그림을 그리고 위 검정 결과와 일치하는지를 논의하여라.

09 다음 표는 27명 성인의 심리 점수를 나이와 마약의 경험 정도에 따라 분류한 표이다. 이 자료에 대하여 이원배치 분산분석모형을 적용할 때 유의수준 5%에서 다음을 가설검정하여라.

나이 \ 마약 경험	안함	가끔	자주
10대	27 25 23	19 20 15	18 18 17
20대	28 29 30	18 19 22	14 16 14
30대	28 31 32	22 24 23	12 10 9

(1) 나이별로 심리 점수의 차이가 있다.

(2) 마약 경험별로 심리 점수의 차이가 있다.

(3) 나이와 마약 경험 간에 교호작용 효과가 있다.

(4) 각 인자에 대한 주 효과 및 교호작용 효과의 그림을 그리고 위 검정 결과와 일치하는지를 논의하여라.

10 어떤 기계의 소음을 줄이기 위하여 모터 베어링 부분의 유격을 세 수준, 조립 후 진동을 네 수준으로 2회 반복하여 실험하고 각 수준에서 소음을 측정한 자료가 아래 표와 같다. 이 자료에 대하여 이원배치 분산분석모형을 적용할 때 유의수준 5%에서 다음을 가설검정하여라.

유격 \ 진동	1	2	3	4
1	65 67	63 62	61 58	54 56
2	69 70	68 71	66 62	58 59
3	63 66	65 68	63 64	55 58

(1) 유격별 소음의 차이가 있다.

(2) 진동별 소음의 차이가 있다.

(3) 유격과 진동 간에 교호작용 효과가 있다.

(4) 각 인자에 대한 주 효과 및 교호작용 효과의 그림을 그리고 위 검정 결과와 일치하는지를 논의하여라.

11 다음은 새로 개발된 세 종류의 포도 품종을 세 개의 토지에서 재배하여 얻은 단위 면적당 수확량 자료이다. 이 자료에 대하여 이원배치 분산분석모형을 적용할 때 유의수준 5%에서 다음을 가설검정하여라.

토지 \ 품종	A	B	C
1	38 49 45	35 45 45	53 48 55
2	54 48 44	48 44 42	53 47 55
3	46 45 50	52 44 42	57 50 51

(1) 토지별 수확량의 차이가 있다.

(2) 품종별 수확량의 차이가 있다.

(3) 토지와 품종 간에 교호작용 효과가 있다.

(4) 각 인자에 대한 주 효과 및 교호작용 효과의 그림을 그리고 위 검정 결과와 일치하는지를 논의하여라.

12 어느 연구원은 두 종류의 목재와 세 종류의 아교로 만들어진 서로 다른 합판의 파괴 강도를 비교하기 위해서 모두 여섯 가지 조합에 대해 각 다섯 개의 합판을 제조하여 아래 표와 같이 파괴 강도를 측정하였다. 이 자료에 대하여 이원배치 분산분석모형을 적용할 때 유의수준 5%에서 다음을 가설검정하여라.

목재 \ 아교	1	2	3
1	196 208 247 216 221	214 261 235 240 252	258 250 264 248 272
2	216 228 240 224 236	215 217 235 219 241	246 247 250 261 255

(1) 목재별 파괴 강도의 차이가 있다.

(2) 아교별 파괴 강도의 차이가 있다.

(3) 목재와 아교 간에 교호작용 효과가 있다.

(4) 각 인자에 대한 주 효과 및 교호작용 효과의 그림을 그리고 위 검정 결과와 일치하는지를 논의하여라.

13 플라스틱 부품 생산공정에서 4개 수준의 촉매량과 3개 수준의 반응온도의 수준 조합인 처리에서 생산한 플라스틱 부품의 강도를 비교하려고 한다. 모두 12개의 실험조건에서 2개씩의 플라스틱 강도가 측정되었다. 이 자료에 대하여 이원배치 분산분석모형을 적용할 때 유의수준 5%에서 다음을 가설검정하여라.

촉매량 \ 온도	30℃	50℃	70℃
2%	92 89	97 106	120 118
4%	93 105	118 106	134 117
6%	97 100	125 116	130 130
8%	90 93	105 104	115 123

(1) 촉매량별 플라스틱 강도의 차이가 있다.

(2) 온도별 플라스틱 강도의 차이가 있다.

(3) 촉매량과 온도 간에 교호작용 효과가 있다.

(4) 각 인자에 대한 주 효과 및 교호작용 효과의 그림을 그리고 위 검정 결과와 일치하는지를 논의하여라.

부록

표 1 이항확률표

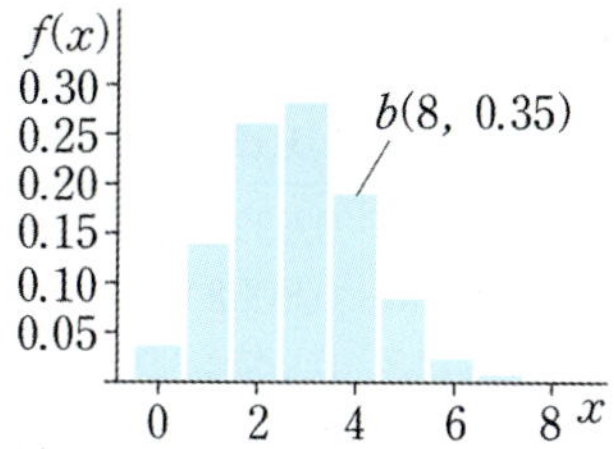

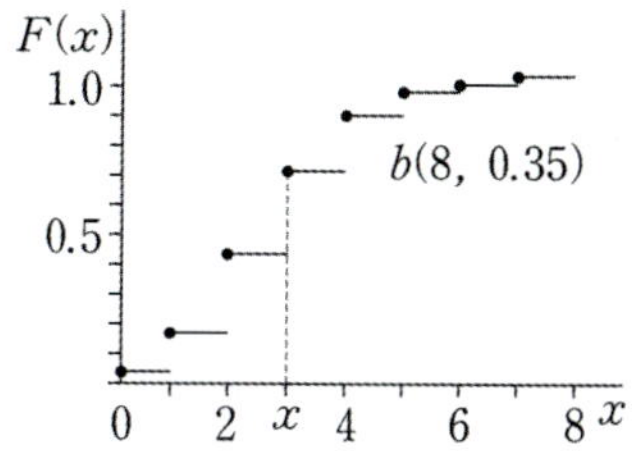

$$F(x) = P(X \leq x) = \sum_{k=0}^{x} \frac{n!}{k!(n-k)!} p^k (1-p)^{n-k}$$

		p									
n	x	0.05	0.10	0.15	0.20	0.25	0.30	0.35	0.40	0.45	0.50
2	0	0.9025	0.8100	0.7225	0.6400	0.5625	0.4900	0.4225	0.3600	0.3025	0.2500
	1	0.9975	0.9900	0.9775	0.9600	0.9375	0.9100	0.8775	0.8400	0.7975	0.7500
	2	1.0000	1.0000	1.0000	1.0000	1.0000	1.0000	1.0000	1.0000	1.0000	1.0000
3	0	0.8574	0.7290	0.6141	0.5120	0.4219	0.3430	0.2746	0.2160	0.1664	0.1250
	1	0.9928	0.9720	0.9392	0.8960	0.8438	0.7840	0.7182	0.6480	0.5748	0.5000
	2	0.9999	0.9990	0.9966	0.9920	0.9844	0.9730	0.9571	0.9360	0.9089	0.8750
	3	1.0000	1.0000	1.0000	10000	1.0000	1.0000	1.0000	1.0000	1.0000	1.0000
4	0	0.8145	0.6561	0.5220	0.4096	0.3164	0.2401	0.1785	0.1296	0.0915	0.0625
	1	0.9860	0.9477	0.8905	0.8192	0.7383	0.6517	0.5630	0.4752	0.3910	0.3125
	2	0.9995	0.9963	0.9880	0.9728	0.9492	0.9163	0.8735	0.8208	0.7585	0.6875
	3	1.0000	0.9999	0.9995	0.9984	0.9961	0.9919	0.9850	0.9744	0.9590	0.9375
	4	1.0000	1.0000	1.0000	1.0000	1.0000	1.0000	1.0000	1.0000	1.0000	1.0000
5	0	0.7738	0.5905	0.4437	0.3277	0.2373	0.1681	0.1160	0.0778	0.0503	0.0312
	1	0.9774	0.9185	0.8352	0.7373	0.6328	0.5282	0.4284	0.3370	0.2562	0.1875
	2	0.9988	0.9914	0.9734	0.9421	0.8965	0.8369	0.7648	0.6826	0.5931	0.5000
	3	1.0000	0.9995	0.9978	0.9933	0.9844	0.9692	0.9460	0.9130	0.8688	0.8125
	4	1.0000	1.0000	0.9999	0.9997	0.9990	0.9976	0.9947	0.9898	0.9815	0.9688
	5	1.0000	1.0000	1.0000	1.0000	1.0000	1.0000	1.0000	1.0000	1.0000	1.0000
6	0	0.7351	0.5314	0.3771	0.2621	0.1780	0.1176	0.0754	0.0467	0.0277	0.0156
	1	0.9672	0.8857	0.7765	0.6553	0.5339	0.4202	0.3191	0.2333	0.1636	0.1094
	2	0.9978	0.9842	0.9527	0.9011	0.8306	0.7443	0.6471	0.5443	0.4415	0.3438
	3	0.9999	0.9987	0.9941	0.9830	0.9624	0.9295	0.8826	0.8208	0.7447	0.6562
	4	1.0000	0.9999	0.9996	0.9984	0.9954	0.9891	0.9777	0.9590	0.9308	0.8906
	5	1.0000	1.0000	1.0000	0.9999	0.9998	0.9993	0.9982	0.9959	0.9917	0.9844
	6	1.0000	1.0000	1.0000	1.0000	1.0000	1.0000	1.0000	1.0000	1.0000	1.0000
7	0	0.6983	0.4783	0.3206	0.2097	0.1335	0.0824	0.0490	0.0280	0.0152	0.0078
	1	0.9556	0.8503	0.7166	0.5767	0.4449	0.3294	0.2338	0.1586	0.1024	0.0625

| 표 1 이항확률표(계속)

n	x	p = 0.05	0.10	0.15	0.20	0.25	0.30	0.35	0.40	0.45	0.50
	2	0.9962	0.9743	0.9262	0.8520	0.7564	0.6471	0.5323	0.4199	0.3164	0.2266
	3	0.9998	0.9973	0.9879	0.9667	0.9294	0.8740	0.8002	0.7102	0.6083	0.5000
	4	1.0000	0.9998	0.9988	0.9953	0.9871	0.9712	0.9444	0.9037	0.8471	0.7734
	5	1.0000	1.0000	0.9999	0.9996	0.9987	0.9962	0.9910	0.9812	0.9643	0.9375
	6	1.0000	1.0000	1.0000	1.0000	0.9999	0.9998	0.9994	0.9984	0.9963	0.9922
	7	1.0000	1.0000	1.0000	1.0000	1.0000	1.0000	1.0000	1.0000	1.0000	1.0000
8	0	0.6634	0.4305	0.2725	0.1678	0.1001	0.0576	0.0319	0.0168	0.0084	0.0039
	1	0.9428	0.8131	0.6572	0.5033	0.3671	0.2553	0.1691	0.1064	0.0632	0.0352
	2	0.9942	0.9619	0.8948	0.7969	0.6785	0.5518	0.4278	0.3154	0.2201	0.1445
	3	0.9996	0.9950	0.9786	0.9437	0.8862	0.8059	0.7064	0.5941	0.4770	0.3633
	4	1.0000	0.9996	0.9971	0.9896	0.9727	0.9420	0.8939	0.8263	0.7396	0.6367
	5	1.0000	1.0000	0.9998	0.9988	0.9958	0.9887	0.9747	0.9502	0.9115	0.8555
	6	1.0000	1.0000	1.0000	0.9999	0.9996	0.9987	0.9964	0.9915	0.9819	0.9648
	7	1.0000	1.0000	1.0000	1.0000	1.0000	0.9999	0.9998	0.9993	0.9983	0.9961
	8	1.0000	1.0000	1.0000	1.0000	1.0000	1.0000	1.0000	1.0000	1.0000	1.0000
9	0	0.6302	0.3874	0.2316	0.1342	0.0751	0.0404	0.0207	0.0101	0.0046	0.0020
	1	0.9288	0.7748	0.5995	0.4362	0.3003	0.1960	0.1211	0.0705	0.0385	0.0195
	2	0.9916	0.9470	0.8591	0.7382	0.6007	0.4628	0.3373	0.2318	0.1495	0.0898
	3	0.9994	0.9917	0.9661	0.9144	0.8343	0.7297	0.6089	0.4826	0.3614	0.2539
	4	1.0000	0.9991	0.9944	0.9804	0.9511	0.9012	0.8283	0.7334	0.6214	0.5000
	5	1.0000	0.9999	0.9994	0.9969	0.9900	0.9747	0.9464	0.9006	0.8342	0.7461
	6	1.0000	1.0000	1.0000	0.9997	0.9987	0.9957	0.9888	0.9750	0.9502	0.9102
	7	1.0000	1.0000	1.0000	1.0000	0.9999	0.9996	0.9986	0.9962	0.9909	0.9805
	8	1.0000	1.0000	1.0000	1.0000	1.0000	1.0000	0.9999	0.9997	0.9992	0.9980
	9	1.0000	1.0000	1.0000	1.0000	1.0000	1.0000	1.0000	1.0000	1.0000	1.0000
10	0	0.5987	0.3487	0.1969	0.1074	0.0563	0.0282	0.0135	0.0060	0.0025	0.0010
	1	0.9139	0.7361	0.5443	0.3758	0.2440	0.1493	0.0860	0.0464	0.0233	0.0107
	2	0.9885	0.9298	0.8202	0.6778	0.5256	0.3828	0.2616	0.1673	0.0996	0.0547
	3	0.9990	0.9872	0.9500	0.8791	0.7759	0.6496	0.5138	0.3823	0.2660	0.1719
	4	0.9999	0.9984	0.9901	0.9672	0.9219	0.8497	0.7515	0.6331	0.5044	0.3770
	5	1.0000	0.9999	0.9986	0.9936	0.9803	0.9527	0.9051	0.8338	0.7384	0.6230
	6	1.0000	1.0000	0.9999	0.9991	0.9965	0.9894	0.9740	0.9452	0.8980	0.8281
	7	1.0000	1.0000	1.0000	0.9999	0.9996	0.9984	0.9952	0.9877	0.9726	0.9453
	8	1.0000	1.0000	1.0000	1.0000	1.0000	0.9999	0.9995	0.9983	0.9955	0.9893
	9	1.0000	1.0000	1.0000	1.0000	1.0000	1.0000	1.0000	0.9999	0.9997	0.9990
	10	1.0000	1.0000	1.0000	1.0000	1.0000	1.0000	1.0000	1.0000	1.0000	1.0000

표 1 이항확률표(계속)

n	x	p									
		0.05	0.10	0.15	0.20	0.25	0.30	0.35	0.40	0.45	0.50
11	0	0.5688	0.3138	0.1673	0.0859	0.0422	0.0198	0.0088	0.0036	0.0014	0.0005
	1	0.8981	0.6974	0.4922	0.3221	0.1971	0.1130	0.0606	0.0302	0.0139	0.0059
	2	0.9848	0.9104	0.7788	0.6174	0.4552	0.3127	0.2001	0.1189	0.0652	0.0327
	3	0.9984	0.9815	0.9306	0.8389	0.7133	0.5696	0.4256	0.2963	0.1911	0.1133
	4	0.9999	0.9972	0.9841	0.9496	0.8854	0.7897	0.6683	0.5328	0.3971	0.2744
	5	1.0000	0.9997	0.9973	0.9883	0.9657	0.9218	0.8513	0.7535	0.6331	0.5000
	6	1.0000	1.0000	0.9997	0.9980	0.9924	0.9784	0.9499	0.9006	0.8262	0.7256
	7	1.0000	1.0000	1.0000	0.9998	0.9988	0.9957	0.9878	0.9707	0.9390	0.8867
	8	1.0000	1.0000	1.0000	1.0000	0.9999	0.9994	0.9980	0.9941	0.9852	0.9673
	9	1.0000	1.0000	1.0000	1.0000	1.0000	1.0000	0.9998	0.9993	0.9978	0.9941
	10	1.0000	1.0000	1.0000	1.0000	1.0000	1.0000	1.0000	1.0000	0.9998	0.9995
	11	1.0000	1.0000	1.0000	1.0000	1.0000	1.0000	1.0000	1.0000	1.0000	1.0000
12	0	0.5404	0.2824	0.1422	0.0687	0.0317	0.0138	0.0057	0.0022	0.0008	0.0002
	1	0.8816	0.6590	0.4435	0.2749	0.1584	0.0850	0.0424	0.0196	0.0083	0.0032
	2	0.9804	0.8891	0.7358	0.5583	0.3907	0.2528	0.1513	0.0834	0.0421	0.0193
	3	0.9978	0.9744	0.9078	0.7946	0.6488	0.4925	0.3467	0.2253	0.1345	0.0730
	4	0.9998	0.9957	0.9761	0.9274	0.8424	0.7237	0.5833	0.4382	0.3044	0.1938
	5	1.0000	0.9995	0.9954	0.9806	0.9456	0.8822	0.7873	0.6652	0.5269	0.3872
	6	1.0000	0.9999	0.9993	0.9961	0.9857	0.9614	0.9154	0.8418	0.7393	0.6128
	7	1.0000	1.0000	0.9999	0.9994	0.9972	0.9905	0.9745	0.9427	0.8883	0.8062
	8	1.0000	1.0000	1.0000	0.9999	0.9996	0.9983	0.9944	0.9847	0.9644	0.9270
	9	1.0000	1.0000	1.0000	1.0000	1.0000	0.9998	0.9992	0.9972	0.9921	0.9807
	10	1.0000	1.0000	1.0000	1.0000	1.0000	1.0000	0.9999	0.9997	0.9989	0.9968
	11	1.0000	1.0000	1.0000	1.0000	1.0000	1.0000	1.0000	1.0000	0.9999	0.9998
	12	1.0000	1.0000	1.0000	1.0000	1.0000	1.0000	1.0000	1.0000	1.0000	1.0000
13	0	0.5133	0.2542	0.1209	0.0550	0.0238	0.0097	0.0037	0.0013	0.0004	0.0001
	1	0.8646	0.6213	0.3983	0.2336	0.1267	0.0637	0.0296	0.0126	0.0049	0.0017
	2	0.9755	0.8661	0.6920	0.5017	0.3326	0.2025	0.1132	0.0579	0.0269	0.0112
	3	0.9969	0.9658	0.8820	0.7473	0.5843	0.4206	0.2783	0.1686	0.0929	0.0461
	4	0.9997	0.9935	0.9658	0.9009	0.7940	0.6543	0.5005	0.3530	0.2279	0.1334
	5	1.0000	0.9991	0.9924	0.9700	0.9198	0.8346	0.7159	0.5744	0.4268	0.2905
	6	1.0000	0.9999	0.9987	0.9930	0.9757	0.9376	0.8705	0.7712	0.6437	0.5000
	7	1.0000	1.0000	0.9998	0.9988	0.9944	0.9818	0.9538	0.9023	0.8212	0.7095
	8	1.0000	1.0000	1.0000	0.9998	0.9990	0.9960	0.9874	0.9679	0.9302	0.8666
	9	1.0000	1.0000	1.0000	1.0000	0.9999	0.9993	0.9975	0.9922	0.9797	0.9539
	10	1.0000	1.0000	1.0000	1.0000	1.0000	0.9999	0.9997	0.9987	0.9959	0.9888

표 1 이항확률표(계속)

n	x	0.05	0.10	0.15	0.20	0.25	0.30	0.35	0.40	0.45	0.50
13	11	1.0000	1.0000	1.0000	1.0000	1.0000	1.0000	1.0000	0.9999	0.9995	0.9983
	12	1.0000	1.0000	1.0000	1.0000	1.0000	1.0000	1.0000	1.0000	1.0000	0.9999
	13	1.0000	1.0000	1.0000	1.0000	1.0000	1.0000	1.0000	1.0000	1.0000	1.0000
14	0	0.4877	0.2288	0.1028	0.0440	0.0178	0.0068	0.0024	0.0008	0.0002	0.0001
	1	0.8470	0.5846	0.3567	0.1979	0.1010	0.0475	0.0205	0.0081	0.0029	0.0009
	2	0.9699	0.8416	0.6479	0.4481	0.2811	0.1608	0.0839	0.0398	0.0170	0.0065
	3	0.9958	0.9559	0.8535	0.6982	0.5213	0.3552	0.2205	0.1243	0.0632	0.0287
	4	0.9996	0.9908	0.9533	0.8702	0.7415	0.5842	0.4227	0.2793	0.1672	0.0898
	5	1.0000	0.9985	0.9885	0.9561	0.8883	0.7805	0.6405	0.4859	0.3373	0.2120
	6	1.0000	0.9998	0.9978	0.9884	0.9617	0.9067	0.8164	0.6925	0.5461	0.3953
	7	1.0000	1.0000	0.9997	0.9976	0.9897	0.9685	0.9247	0.8499	0.7414	0.6047
	8	1.0000	1.0000	1.0000	0.9996	0.9978	0.9917	0.9757	0.9417	0.8811	0.7880
	9	1.0000	1.0000	1.0000	1.0000	0.9997	0.9983	0.9940	0.9825	0.9574	0.9102
	10	1.0000	1.0000	1.0000	1.0000	1.0000	0.9998	0.9989	0.9961	0.9886	0.9713
	11	1.0000	1.0000	1.0000	1.0000	1.0000	1.0000	0.9999	0.9994	0.9978	0.9935
	12	1.0000	1.0000	1.0000	1.0000	1.0000	1.0000	1.0000	0.9999	0.9997	0.9991
	13	1.0000	1.0000	1.0000	1.0000	1.0000	1.0000	1.0000	1.0000	1.0000	0.9999
	14	1.0000	1.0000	1.0000	1.0000	1.0000	1.0000	1.0000	1.0000	1.0000	1.0000
15	0	0.4633	0.2059	0.0874	0.0352	0.0134	0.0047	0.0016	0.0005	0.0001	0.0000
	1	0.8290	0.5490	0.3186	0.1671	0.0802	0.0353	0.0142	0.0052	0.0017	0.0005
	2	0.9638	0.8159	0.6042	0.3980	0.2361	0.1268	0.0617	0.0271	0.0107	0.0037
	3	0.9945	0.9444	0.8227	0.6482	0.4613	0.2969	0.1727	0.0905	0.0424	0.0176
	4	0.9994	0.9873	0.9383	0.8358	0.6865	0.5155	0.3519	0.2173	0.1204	0.0592
	5	0.9999	0.9978	0.9832	0.9389	0.8516	0.7216	0.5643	0.4032	0.2608	0.1509
	6	1.0000	0.9997	0.9964	0.9819	0.9434	0.8689	0.7548	0.6098	0.4522	0.3036
	7	1.0000	1.0000	0.9994	0.9958	0.9827	0.9500	0.8868	0.7869	0.6535	0.5000
	8	1.0000	1.0000	0.9999	0.9992	0.9958	0.9848	0.9578	0.9050	0.8182	0.6964
	9	1.0000	1.0000	1.0000	0.9999	0.9992	0.9963	0.9876	0.9662	0.9231	0.8491
	10	1.0000	1.0000	1.0000	1.0000	0.9999	0.9993	0.9972	0.9907	0.9745	0.9408
	11	1.0000	1.0000	1.0000	1.0000	1.0000	0.9999	0.9995	0.9981	0.9937	0.9824
	12	1.0000	1.0000	1.0000	1.0000	1.0000	1.0000	0.9999	0.9987	0.9989	0.9963
	13	1.0000	1.0000	1.0000	1.0000	1.0000	1.0000	1.0000	1.0000	0.9999	0.9995
	14	1.0000	1.0000	1.0000	1.0000	1.0000	1.0000	1.0000	1.0000	1.0000	1.0000
	15	1.0000	1.0000	1.0000	1.0000	1.0000	1.0000	1.0000	1.0000	1.0000	1.0000
16	0	0.4401	0.1853	0.0743	0.0281	0.0100	0.0033	0.0010	0.0003	0.0001	0.0000
	1	0.8108	0.5147	0.2839	0.1407	0.0635	0.0261	0.0098	0.0033	0.0010	0.0003

Column headers give p.

표 1 이항확률표(계속)

		p									
n	*x*	0.05	0.10	0.15	0.20	0.25	0.30	0.35	0.40	0.45	0.50
16	2	0.9571	0.7892	0.5614	0.3518	0.1971	0.0994	0.0451	0.0183	0.0066	0.0021
	3	0.9930	0.9316	0.7899	0.5981	0.4050	0.2459	0.1339	0.0651	0.0281	0.0106
	4	0.9991	0.9830	0.9209	0.7982	0.6302	0.4499	0.2892	0.1666	0.0853	0.0384
	5	0.9999	0.9967	0.9765	0.9183	0.8103	0.6598	0.4900	0.3288	0.1976	0.1051
	6	1.0000	0.9995	0.9944	0.9733	0.9204	0.8247	0.6881	0.5272	0.3660	0.2272
	7	1.0000	0.9999	0.9989	0.9930	0.9729	0.9256	0.8406	0.7161	0.5629	0.4018
	8	1.0000	1.0000	0.9998	0.9985	0.9925	0.9743	0.9329	0.8577	0.7441	0.5982
	9	1.0000	1.0000	1.0000	0.9998	0.9984	0.9929	0.9771	0.9417	0.8759	0.7728
	10	1.0000	1.0000	1.0000	1.0000	0.9997	0.9984	0.9938	0.9809	0.9514	0.8949
	11	1.0000	1.0000	1.0000	1.0000	1.0000	0.9997	0.9987	0.9951	0.9851	0.9616
	12	1.0000	1.0000	1.0000	1.0000	1.0000	1.0000	0.9998	0.9991	0.9965	0.9894
	13	1.0000	1.0000	1.0000	1.0000	1.0000	1.0000	1.0000	0.9999	0.9994	0.9979
	14	1.0000	1.0000	1.0000	1.0000	1.0000	1.0000	1.0000	1.0000	0.9999	0.9997
	15	1.0000	1.0000	1.0000	1.0000	1.0000	1.0000	1.0000	1.0000	1.0000	1.0000
	16	1.0000	1.0000	1.0000	1.0000	1.0000	1.0000	1.0000	1.0000	1.0000	1.0000
20	0	0.3585	0.1216	0.0388	0.0115	0.0032	0.0008	0.0002	0.0000	0.0000	0.0000
	1	0.7358	0.3917	0.1756	0.0692	0.0243	0.0076	0.0021	0.0005	0.0001	0.0000
	2	0.9245	0.6769	0.4049	0.2061	0.0913	0.0355	0.0121	0.0036	0.0009	0.0002
	3	0.9841	0.8670	0.6477	0.4114	0.2252	0.1071	0.0444	0.0160	0.0049	0.0013
	4	0.9974	0.9568	0.8298	0.6296	0.4148	0.2375	0.1182	0.0510	0.0189	0.0059
	5	0.9997	0.9887	0.9327	0.8042	0.6172	0.4164	0.2454	0.1256	0.0553	0.0207
	6	1.0000	0.9976	0.9781	0.9133	0.7858	0.6080	0.4166	0.2500	0.1299	0.0577
	7	1.0000	0.9996	0.9941	0.9679	0.8982	0.7723	0.6010	0.4159	0.2520	0.1316
	8	1.0000	0.9999	0.9987	0.9900	0.9591	0.8867	0.7624	0.5956	0.4143	0.2517
	9	1.0000	1.0000	0.9998	0.9974	0.9861	0.9520	0.8782	0.7553	0.5914	0.4119
	10	1.0000	1.0000	1.0000	0.9994	0.9961	0.9829	0.9468	0.8725	0.7507	0.5881
	11	1.0000	1.0000	1.0000	0.9999	0.9991	0.9949	0.9804	0.9435	0.8692	0.7483
	12	1.0000	1.0000	1.0000	1.0000	0.9998	0.9987	0.9940	0.9790	0.9420	0.8684
	13	1.0000	1.0000	1.0000	1.0000	1.0000	0.9997	0.9985	0.9935	0.9786	0.9423
	14	1.0000	1.0000	1.0000	1.0000	1.0000	1.0000	0.9997	0.9984	0.9936	0.9793
	15	1.0000	1.0000	1.0000	1.0000	1.0000	1.0000	1.0000	0.9997	0.9985	0.9941
	16	1.0000	1.0000	1.0000	1.0000	1.0000	1.0000	1.0000	1.0000	0.9997	0.9987
	17	1.0000	1.0000	1.0000	1.0000	1.0000	1.0000	1.0000	1.0000	1.0000	0.9998
	18	1.0000	1.0000	1.0000	1.0000	1.0000	1.0000	1.0000	1.0000	1.0000	1.0000
	19	1.0000	1.0000	1.0000	1.0000	1.0000	1.0000	1.0000	1.0000	1.0000	1.0000
	20	1.0000	1.0000	1.0000	1.0000	1.0000	1.0000	1.0000	1.0000	1.0000	1.0000

표 1 이항확률표(계속)

n	x	p									
		0.05	0.10	0.15	0.20	0.25	0.30	0.35	0.40	0.45	0.50
25	0	0.2774	0.0718	0.0172	0.0038	0.0008	0.0001	0.0000	0.0000	0.0000	0.0000
	1	0.6424	0.2712	0.0931	0.0274	0.0070	0.0016	0.0003	0.0001	0.0000	0.0000
	2	0.8729	0.5371	0.2537	0.0982	0.0321	0.0090	0.0021	0.0004	0.0001	0.0000
	3	0.9659	0.7636	0.4711	0.2340	0.0962	0.0332	0.0097	0.0024	0.0005	0.0001
	4	0.9928	0.9020	0.6821	0.4207	0.2137	0.0905	0.0320	0.0095	0.0023	0.0005
	5	0.9988	0.9666	0.8385	0.6167	0.3783	0.1935	0.0826	0.0294	0.0086	0.0020
	6	0.9998	0.9905	0.9305	0.7800	0.5611	0.3407	0.1734	0.0736	0.0258	0.0073
	7	1.0000	0.9977	0.9745	0.8909	0.7265	0.5118	0.3061	0.1536	0.0639	0.0216
	8	1.0000	0.9995	0.9920	0.9532	0.8506	0.6769	0.4668	0.2735	0.1340	0.0539
	9	1.0000	0.9999	0.9979	0.9827	0.9287	0.8106	0.6303	0.4246	0.2424	0.1148
	10	1.0000	1.0000	0.9995	0.9944	0.9703	0.9022	0.7712	0.5858	0.3843	0.2122
	11	1.0000	1.0000	0.9999	0.9985	0.9893	0.9558	0.8746	0.7323	0.5426	0.3450
	12	1.0000	1.0000	1.0000	0.9996	0.9966	0.9825	0.9396	0.8462	0.6937	0.5000
	13	1.0000	1.0000	1.0000	0.9999	0.9991	0.9940	0.9745	0.9222	0.8173	0.6550
	14	1.0000	1.0000	1.0000	1.0000	0.9998	0.9982	0.9907	0.9656	0.9040	0.7878
	15	1.0000	1.0000	1.0000	1.0000	1.0000	0.9995	0.9971	0.9868	0.9560	0.8852
	16	1.0000	1.0000	1.0000	1.0000	1.0000	0.9999	0.9992	0.9957	0.9826	0.9461
	17	1.0000	1.0000	1.0000	1.0000	1.0000	1.0000	0.9998	0.9988	0.9942	0.9784
	18	1.0000	1.0000	1.0000	1.0000	1.0000	1.0000	1.0000	0.9997	0.9984	0.9927
	19	1.0000	1.0000	1.0000	1.0000	1.0000	1.0000	1.0000	0.9999	0.9996	0.9980
	20	1.0000	1.0000	1.0000	1.0000	1.0000	1.0000	1.0000	1.0000	0.9999	0.9995
	21	1.0000	1.0000	1.0000	1.0000	1.0000	1.0000	1.0000	1.0000	1.0000	0.9999
	22	1.0000	1.0000	1.0000	1.0000	1.0000	1.0000	1.0000	1.0000	1.0000	1.0000
	23	1.0000	1.0000	1.0000	1.0000	1.0000	1.0000	1.0000	1.0000	1.0000	1.0000
	24	1.0000	1.0000	1.0000	1.0000	1.0000	1.0000	1.0000	1.0000	1.0000	1.0000
	25	1.0000	1.0000	1.0000	1.0000	1.0000	1.0000	1.0000	1.0000	1.0000	1.0000

표 2 표준정규확률표

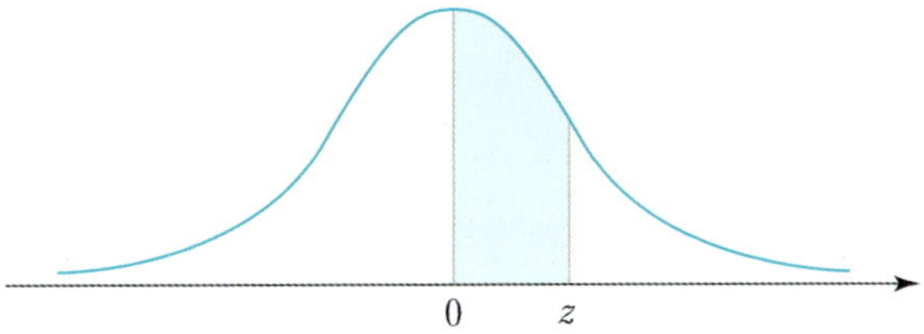

z	.00	.01	.02	.03	.04	.05	.06	.07	.08	.09
.0	.0000	.0040	.0080	.0120	.0160	.0199	.0239	.0279	.0319	.0359
.1	.0398	.0438	.0478	.0517	.0557	.0596	.0636	.0675	.0714	.0753
.2	.0793	.0832	.0871	.0910	.0948	.0987	.1026	.1064	.1103	.1141
.3	.1179	.1217	.1255	.1293	.1331	.1368	.1406	.1443	.1480	.1517
.4	.1554	.1591	.1628	.1664	.1700	.1736	.1772	.1808	.1844	.1879
.5	.1915	.1950	.1985	.2019	.2054	.2088	.2123	.2157	.2190	.2224
.6	.2257	.2291	.2324	.2357	.2389	.2422	.2454	.2486	.2517	.2549
.7	.2580	.2611	.2642	.2673	.2704	.2734	.2764	.2794	.2823	.2852
.8	.2881	.2910	.2939	.2967	.2995	.3023	.3051	.3078	.3106	.3133
.9	.3159	.3186	.3212	.3238	.3264	.3289	.3315	.3340	.3365	.3389
1.0	.3413	.3438	.3461	.3485	.3508	.3531	.3554	.3577	.3599	.3621
1.1	.3643	.3665	.3686	.3708	.3729	.3749	.3770	.3790	.3810	.3830
1.2	.3849	.3869	.3888	.3907	.3925	.3944	.3962	.3980	.3997	.4015
1.3	.4032	.4049	.4066	.4082	.4099	.4115	.4131	.4147	.4162	.4177
1.4	.4192	.4207	.4222	.4236	.4251	.4265	.4279	.4292	.4306	.4319
1.5	.4332	.4345	.4357	.4370	.4382	.4394	.4406	.4418	.4429	.4441
1.6	.4452	.4463	.4474	.4484	.4495	.4505	.4515	.4525	.4535	.4545
1.7	.4554	.4564	.4573	.4582	.4591	.4599	.4608	.4616	.4625	.4633
1.8	.4641	.4649	.4656	.4664	.4671	.4678	.4686	.4693	.4699	.4706
1.9	.4713	.4719	.4726	.4732	.4738	.4744	.4750	.4756	.4761	.4767
2.0	.4772	.4778	.4783	.4788	.4793	.4798	.4803	.4808	.4812	.4817
2.1	.4821	.4826	.4830	.4834	.4838	.4842	.4846	.4850	.4854	.4857
2.2	.4861	.4864	.4868	.4871	.4875	.4878	.4881	.4884	.4887	.4890
2.3	.4893	.4896	.4898	.4901	.4904	.4906	.4909	.4911	.4913	.4916
2.4	.4918	.4920	.4922	.4925	.4927	.4929	.4931	.4932	.4934	.4936
2.5	.4938	.4940	.4941	.4943	.4945	.4946	.4948	.4949	.4951	.4952
2.6	.4953	.4955	.4956	.4957	.4959	.4960	.4961	.4962	.4963	.4964
2.7	.4965	.4966	.4967	.4968	.4969	.4970	.4971	.4972	.4973	.4974
2.8	.4974	.4975	.4976	.4977	.4977	.4978	.4979	.4979	.4980	.4981
2.9	.4981	.4982	.4982	.4983	.4984	.4984	.4985	.4985	.4986	.4986
3.0	.4987	.4987	.4987	.4988	.4988	.4989	.4989	.4989	.4990	.4990

| 표 3 t−확률표

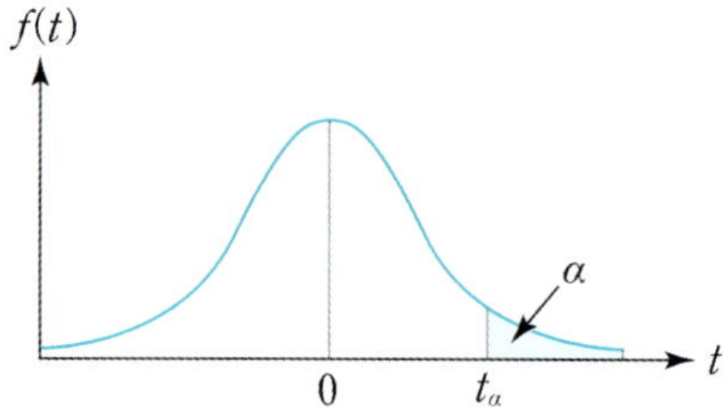

자유도	$t_{.100}$	$t_{.050}$	$t_{.025}$	$t_{.010}$	$t_{.005}$	$t_{.001}$	$t_{.0005}$
1	3.078	6.314	12.706	31.821	63.657	318.31	636.62
2	1.886	2.920	4.303	6.965	9.925	22.326	31.598
3	1.638	2.353	3.182	4.541	5.841	10.213	12.924
4	1.533	2.132	2.776	3.747	4.604	7.173	8.610
5	1.476	2.015	2.571	3.365	4.032	5.893	6.869
6	1.440	1.943	2.447	3.143	3.707	5.208	5.959
7	1.415	1.895	2.365	2.998	3.499	4.785	5.408
8	1.397	1.860	2.306	2.896	3.355	4.501	5.041
9	1.383	1.833	2.262	2.821	3.250	4.297	4.781
10	1.372	1.812	2.228	2.764	3.169	4.144	4.587
11	1.363	1.796	2.201	2.718	3.106	4.025	4.437
12	1.356	1.782	2.179	2.681	3.055	3.930	4.318
13	1.350	1.771	2.160	2.650	3.012	3.852	4.221
14	1.345	1.761	2.145	2.624	2.977	3.787	4.140
15	1.341	1.753	2.131	2.602	2.947	3.733	4.073
16	1.337	1.746	2.120	2.583	2.921	3.686	4.015
17	1.333	1.740	2.110	2.567	2.898	3.646	3.965
18	1.330	1.734	2.101	2.552	2.878	3.610	3.922
19	1.328	1.729	2.093	2.539	2.861	3.579	3.883
20	1.325	1.725	2.086	2.528	2.845	3.552	3.850
21	1.323	1.721	2.080	2.518	2.831	3.527	3.819
22	1.321	1.717	2.074	2.508	2.819	3.505	3.792
23	1.319	1.714	2.069	2.500	2.807	3.485	3.767
24	1.318	1.711	2.064	2.492	2.797	3.467	3.745
25	1.316	1.708	2.060	2.485	2.787	3.450	3.725
26	1.315	1.706	2.056	2.479	2.779	3.435	3.707
27	1.314	1.703	2.052	2.473	2.771	3.421	3.690
28	1.313	1.701	2.048	2.467	2.763	3.408	3.674
29	1.311	1.699	2.045	2.462	2.756	3.396	3.659
30	1.310	1.697	2.042	2.457	2.750	3.385	3.646
40	1.303	1.684	2.021	2.423	2.704	3.307	3.551
60	1.296	1.671	2.000	2.390	2.660	3.232	3.460
120	1.289	1.658	1.980	2.358	2.617	3.160	3.373
∞	1.282	1.645	1.960	2.326	2.576	3.090	3.291

표 4 χ^2-확률표

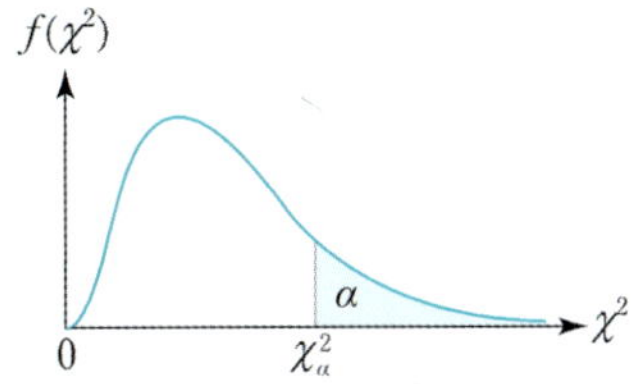

자유도	$\chi^2_{.995}$	$\chi^2_{.990}$	$\chi^2_{.975}$	$\chi^2_{.950}$	$\chi^2_{.900}$
1	.0000393	.0001571	.0009821	.0039321	.0157908
2	.0100251	.0201007	.0506356	.102587	.210720
3	.0717212	.114832	.215795	.351846	.584375
4	.206990	.297110	.484419	.710721	1.063623
5	.411740	.554300	.831211	1.145476	1.61031
6	.675727	.872085	1.237347	1.63539	2.20413
7	.989265	1.239043	1.68987	2.16735	2.83311
8	1.344419	1.646482	2.17973	2.73264	3.48954
9	1.734926	2.087912	2.70039	3.32511	4.16816
10	2.15585	2.55821	3.24697	3.94030	4.86518
11	2.60321	3.05347	3.81575	4.57481	5.57779
12	3.07382	3.57056	4.40379	5.22603	6.30380
13	3.56503	4.10691	5.00874	5.89186	7.04150
14	4.07468	4.66043	5.62872	6.57063	7.78953
15	4.60094	5.22935	6.26214	7.26094	8.54675
16	5.14224	5.81221	6.90766	7.96164	9.31223
17	5.69724	6.40776	7.56418	8.67176	10.0852
18	6.26481	7.01491	8.23075	9.39046	10.8649
19	6.84398	7.63273	8.90655	10.1170	11.6509
20	7.43386	8.26040	9.59083	10.8508	12.4426
21	8.03366	8.89720	10.28293	11.5913	13.2396
22	8.64272	9.54249	10.9823	12.3380	14.0415
23	9.26042	10.19567	11.6885	13.0905	14.8479
24	9.88623	10.8564	12.4011	13.8484	15.6587
25	10.5197	11.5240	13.1197	14.6114	16.4734
26	11.1603	12.1981	13.8439	15.3791	17.2919
27	11.8076	12.8786	14.5733	16.1513	18.1138
28	12.4613	13.5648	15.3079	16.9279	18.9392
29	13.1211	14.2565	16.0471	17.7083	19.7677
30	13.7867	14.9535	16.7908	18.4926	20.5992
40	20.7065	22.1643	24.4331	26.5093	29.0505
50	27.9907	29.7067	32.3574	34.7642	37.6886
60	35.5346	37.4848	40.4817	43.1879	46.4589
70	43.2752	45.4418	48.7576	51.7393	55.3290
80	51.1720	53.5400	57.1532	60.3915	64.2778
90	59.1963	61.7541	65.6466	69.1260	73.2912
100	67.3276	70.0648	74.2219	77.9295	82.3581

표 4 χ^2-확률표(계속)

자유도	$\chi^2_{.100}$	$\chi^2_{.050}$	$\chi^2_{.025}$	$\chi^2_{.010}$	$\chi^2_{.005}$
1	2.70554	3.84146	5.02389	6.63490	7.87944
2	4.60517	5.99147	7.37776	9.21034	10.5966
3	6.25139	7.81473	9.34840	11.3449	12.8381
4	7.77944	9.48773	11.1433	13.2767	14.8602
5	9.23635	11.0705	12.8325	15.0863	16.7496
6	10.6446	12.5916	14.4494	16.8119	18.5476
7	12.0170	14.0671	16.0128	18.4753	20.2777
8	13.3616	15.5073	17.5346	20.0902	21.9550
9	14.6837	16.9190	19.0228	21.6660	23.5893
10	15.9871	18.3070	20.4831	23.2093	25.1882
11	17.2750	19.6751	21.9200	24.7250	26.7569
12	18.5494	21.0261	23.3367	26.2170	28.2995
13	19.8119	22.3621	24.7356	27.6883	29.8194
14	21.0642	23.6848	26.1190	29.1413	31.3193
15	22.3072	24.9958	27.4884	30.5779	32.8013
16	23.5418	26.2962	28.8454	31.9999	34.2672
17	24.7690	27.5871	30.1910	33.4087	35.7185
18	25.9894	28.8693	31.5264	34.8053	37.1564
19	27.2036	30.1435	32.8523	36.1908	38.5822
20	28.4120	31.4104	34.1696	37.5662	39.9968
21	29.6151	32.6705	35.4789	38.9321	41.4010
22	30.8133	33.9244	36.7807	40.2894	42.7956
23	32.0069	35.1725	38.0757	41.6384	44.1813
24	33.1963	36.4151	39.3641	42.9798	45.5585
25	34.3816	37.6525	40.6465	44.3141	46.9278
26	35.5631	38.8852	41.9232	45.6417	48.2899
27	36.7412	40.1133	43.1944	46.9630	49.6449
28	37.9159	41.3372	44.4607	48.2782	50.9933
29	39.0875	42.5569	45.7222	49.5879	52.3356
30	40.2560	43.7729	46.9792	50.8922	53.6720
40	51.8050	55.7585	59.3417	63.6907	66.7659
50	63.1671	67.5048	71.4202	76.1539	79.4900
60	74.3970	79.0819	83.2976	88.3794	91.9517
70	85.5271	90.5312	95.0231	100.425	104.215
80	96.5782	101.879	106.629	112.329	116.321
90	107.565	113.145	118.136	124.116	128.299
100	118.498	124.342	129.561	135.807	140.169

표 5 F–확률표($\alpha = 0.10$)

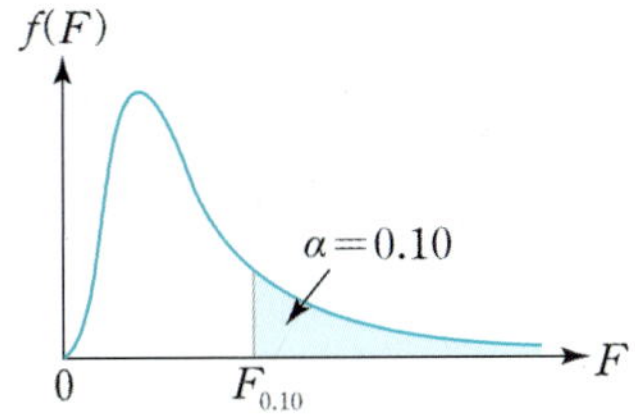

분모의 자유도 (v_2) / 분자의 자유도 (v_1)

v_2 \ v_1	1	2	3	4	5	6	7	8	9
1	39.86	49.50	53.59	55.83	57.24	58.20	58.91	59.44	59.86
2	8.53	9.00	9.16	9.24	9.29	9.33	9.35	9.37	9.38
3	5.54	5.46	5.39	5.34	5.31	5.28	5.27	5.25	5.24
4	4.54	4.32	4.19	4.11	4.05	4.01	3.98	3.95	3.94
5	4.06	3.78	3.62	3.52	3.45	3.40	3.37	3.34	3.32
6	3.78	3.46	3.29	3.18	3.11	3.05	3.01	2.98	2.96
7	3.59	3.26	3.07	2.96	2.88	2.83	2.78	2.75	2.72
8	3.46	3.11	2.92	2.81	2.73	2.67	2.62	2.59	2.56
9	3.36	3.01	2.81	2.69	2.61	2.55	2.51	2.47	2.44
10	3.29	2.92	2.73	2.61	2.52	2.46	2.41	2.38	2.35
11	3.23	2.86	2.66	2.54	2.45	2.39	2.34	2.30	2.27
12	3.18	2.81	2.61	2.48	2.39	2.33	2.28	2.24	2.21
13	3.14	2.76	2.56	2.43	2.35	2.28	2.23	2.20	2.16
14	3.10	2.73	2.52	2.39	2.31	2.24	2.19	2.15	2.12
15	3.07	2.70	2.49	2.36	2.27	2.21	2.16	2.12	2.09
16	3.05	2.67	2.46	2.33	2.24	2.18	2.13	2.09	2.06
17	3.03	2.64	2.44	2.31	2.22	2.15	2.10	2.06	2.03
18	3.01	2.62	2.42	2.29	2.20	2.13	2.08	2.04	2.00
19	2.99	2.61	2.40	2.27	2.18	2.11	2.06	2.02	1.98
20	2.97	2.59	2.38	2.25	2.16	2.09	2.04	2.00	1.96
21	2.96	2.57	2.36	2.23	2.14	2.08	2.02	1.98	1.95
22	2.95	2.56	2.35	2.22	2.13	2.06	2.01	1.97	1.93
23	2.94	2.55	2.34	2.21	2.11	2.05	1.99	1.95	1.92
24	2.93	2.54	2.33	2.19	2.10	2.04	1.98	1.94	1.91
25	2.92	2.53	2.32	2.18	2.09	2.02	1.97	1.93	1.89
26	2.91	2.52	2.31	2.17	2.08	2.01	1.96	1.92	1.88
27	2.90	2.51	2.30	2.17	2.07	2.00	1.95	1.91	1.87
28	2.89	2.50	2.29	2.16	2.06	2.00	1.94	1.90	1.87
29	2.89	2.50	2.28	2.15	2.06	1.99	1.93	1.89	1.86
30	2.88	2.49	2.28	2.14	2.05	1.98	1.93	1.88	1.85
40	2.84	2.44	2.23	2.09	2.00	1.93	1.87	1.83	1.79
60	2.79	2.39	2.18	2.04	1.95	1.87	1.82	1.77	1.74
120	2.75	2.35	2.13	1.99	1.90	1.82	1.77	1.72	1.68
∞	2.71	2.30	2.08	1.94	1.85	1.77	1.72	1.67	1.63

표 5 F–확률표($\alpha = 0.10$) (계속)

v_2 \ v_1	분자의 자유도									
	10	12	15	20	24	30	40	60	120	∞
1	60.19	60.71	61.22	61.74	62.00	62.26	62.53	62.79	63.06	63.33
2	9.39	9.41	9.42	9.44	9.45	9.46	9.47	9.47	9.48	9.49
3	5.23	5.22	5.20	5.18	5.18	5.17	5.16	5.15	5.14	5.13
4	3.92	3.90	3.87	3.84	3.83	3.82	3.80	3.79	3.78	3.76
5	3.30	3.27	3.24	3.21	3.19	3.17	3.16	3.14	3.12	3.10
6	2.94	2.90	2.87	2.84	2.82	2.80	2.78	2.76	2.74	2.72
7	2.70	2.67	2.63	2.59	2.58	2.56	2.54	2.51	2.49	2.47
8	2.54	2.50	2.46	2.42	2.40	2.38	2.36	2.34	2.32	2.29
9	2.42	2.38	2.34	2.30	2.28	2.25	2.23	2.21	2.18	2.16
10	2.32	2.28	2.24	2.20	2.18	2.16	2.13	2.11	2.08	2.06
11	2.25	2.21	2.17	2.12	2.10	2.08	2.05	2.03	2.00	1.97
12	2.19	2.15	2.10	2.06	2.04	2.01	1.99	1.96	1.93	1.90
13	2.14	2.10	2.05	2.01	1.98	1.96	1.93	1.90	1.88	1.85
14	2.10	2.05	2.01	1.96	1.94	1.91	1.89	1.86	1.83	1.80
분모의 자유도 15	2.06	2.02	1.97	1.92	1.90	1.87	1.85	1.82	1.79	1.76
16	2.03	1.99	1.94	1.89	1.87	1.84	1.81	1.78	1.75	1.72
17	2.00	1.96	1.91	1.86	1.84	1.81	1.78	1.75	1.72	1.69
18	1.98	1.93	1.89	1.84	1.81	1.78	1.75	1.72	1.69	1.66
19	1.96	1.91	1.86	1.81	1.79	1.76	1.73	1.70	1.67	1.63
20	1.94	1.89	1.84	1.79	1.77	1.74	1.71	1.68	1.64	1.61
21	1.92	1.87	1.83	1.78	1.75	1.72	1.69	1.66	1.62	1.59
22	1.90	1.86	1.81	1.76	1.73	1.70	1.67	1.64	1.60	1.57
23	1.89	1.84	1.80	1.74	1.72	1.69	1.66	1.62	1.59	1.55
24	1.88	1.83	1.78	1.73	1.70	1.67	1.64	1.61	1.57	1.53
25	1.87	1.82	1.77	1.72	1.69	1.66	1.63	1.59	1.56	1.52
26	1.86	1.81	1.76	1.71	1.68	1.65	1.61	1.58	1.54	1.50
27	1.85	1.80	1.75	1.70	1.67	1.64	1.60	1.57	1.53	1.49
28	1.84	1.79	1.74	1.69	1.66	1.63	1.59	1.56	1.52	1.48
29	1.83	1.78	1.73	1.68	1.65	1.62	1.58	1.55	1.51	1.47
30	1.82	1.77	1.72	1.67	1.64	1.61	1.57	1.54	1.50	1.46
40	1.76	1.71	1.66	1.61	1.57	1.54	1.51	1.47	1.42	1.38
60	1.71	1.66	1.60	1.54	1.51	1.48	1.44	1.40	1.35	1.29
120	1.65	1.60	1.55	1.48	1.45	1.41	1.37	1.32	1.26	1.19
∞	1.60	1.55	1.49	1.42	1.38	1.34	1.30	1.24	1.17	1.00

표 6 F-확률표($\alpha = 0.05$)

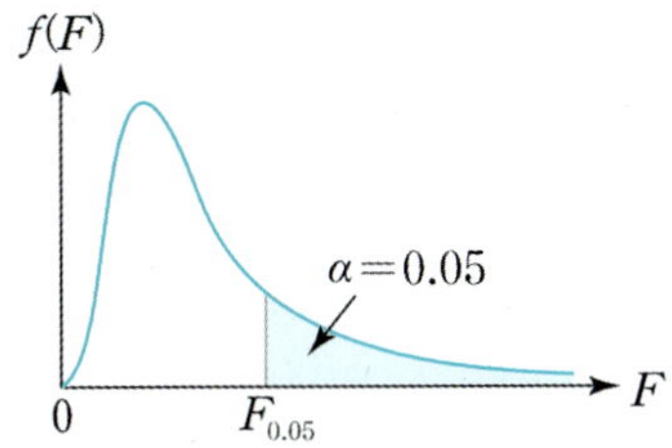

v_2 \ v_1 (분자의 자유도)	1	2	3	4	5	6	7	8	9
1	161.4	199.5	215.7	224.6	230.2	234.0	236.8	238.9	240.5
2	18.51	19.00	19.16	19.25	19.30	19.33	19.35	19.37	19.38
3	10.13	9.55	9.28	9.12	9.01	8.94	8.89	8.85	8.81
4	7.71	6.94	6.59	6.39	6.26	6.16	6.09	6.04	6.00
5	6.61	5.79	5.41	5.19	5.05	4.95	4.88	4.82	4.77
6	5.99	5.14	4.76	4.53	4.39	4.28	4.21	4.15	4.10
7	5.59	4.74	4.35	4.12	3.97	3.87	3.79	3.73	3.68
8	5.32	4.46	4.07	3.84	3.69	3.58	3.50	3.44	3.39
9	5.12	4.26	3.86	3.63	3.48	3.37	3.29	3.23	3.18
10	4.96	4.10	3.71	3.48	3.33	3.22	3.14	3.07	3.02
11	4.84	3.98	3.59	3.36	3.20	3.09	3.01	2.95	2.90
12	4.75	3.89	3.49	3.26	3.11	3.00	2.91	2.85	2.80
13	4.67	3.81	3.41	3.18	3.03	2.92	2.83	2.77	2.71
14	4.60	3.74	3.34	3.11	2.96	2.85	2.76	2.70	2.65
15	4.54	3.68	3.29	3.06	2.90	2.79	2.71	2.64	2.59
16	4.49	3.63	3.24	3.01	2.85	2.74	2.66	2.59	2.54
17	4.45	3.59	3.20	2.96	2.81	2.70	2.61	2.55	2.49
18	4.41	3.55	3.16	2.93	2.77	2.66	2.58	2.51	2.46
19	4.38	3.52	3.13	2.90	2.74	2.63	2.54	2.48	2.42
20	4.35	3.49	3.10	2.87	2.71	2.60	2.51	2.45	2.39
21	4.32	3.47	3.07	2.84	2.68	2.57	2.49	2.42	2.37
22	4.30	3.44	3.05	2.82	2.66	2.55	2.46	2.40	2.34
23	4.28	3.42	3.03	2.80	2.64	2.53	2.44	2.37	2.32
24	4.26	3.40	3.01	2.78	2.62	2.51	2.42	2.36	2.30
25	4.24	3.39	2.99	2.76	2.60	2.49	2.40	2.34	2.28
26	4.23	3.37	2.98	2.74	2.59	2.47	2.39	2.32	2.77
27	4.21	3.35	2.96	2.73	2.57	2.46	2.37	2.31	2.25
28	4.20	3.34	2.95	2.71	2.56	2.45	2.36	2.29	2.24
29	4.18	3.33	2.93	2.70	2.55	2.43	2.35	2.28	2.22
30	4.17	3.32	2.92	2.69	2.53	2.42	2.33	2.27	2.21
40	4.08	3.23	2.84	2.61	2.45	2.34	2.25	2.18	2.12
60	4.00	3.15	2.76	2.53	2.37	2.25	2.17	2.10	2.04
120	3.92	3.07	2.68	2.45	2.29	2.17	2.09	2.02	1.96
∞	3.84	3.00	2.60	2.37	2.21	2.10	2.01	1.94	1.88

(행: 분모의 자유도)

표 6 F-확률표($\alpha = 0.05$) (계속)

v_2 \ v_1 (분자의 자유도)	10	12	15	20	24	30	40	60	120	∞
1	241.9	243.9	245.9	248.0	249.1	250.1	251.1	252.2	253.3	254.3
2	19.40	19.41	19.43	19.45	19.45	19.46	19.47	19.48	19.49	19.50
3	8.79	8.74	8.70	8.66	8.64	8.62	8.59	8.57	8.55	8.53
4	5.96	5.91	5.86	5.80	5.77	5.75	5.72	5.69	5.66	5.63
5	4.74	4.68	4.62	4.56	4.53	4.50	4.46	4.43	4.40	4.36
6	4.06	4.00	3.94	3.87	3.84	3.81	3.77	3.74	3.70	3.67
7	3.64	3.57	3.51	3.44	3.41	3.38	3.34	3.30	3.27	3.23
8	3.35	3.28	3.22	3.15	3.12	3.08	3.04	3.01	2.97	2.93
9	3.14	3.07	3.01	2.94	2.90	2.86	2.83	2.79	2.75	2.71
10	2.98	2.91	2.85	2.77	2.74	2.70	2.66	2.62	2.58	2.54
11	2.85	2.79	2.72	2.65	2.61	2.57	2.53	2.49	2.45	2.40
12	2.75	2.69	2.62	2.54	2.51	2.47	2.43	2.38	2.34	2.30
13	2.67	2.60	2.53	2.46	2.42	2.38	2.34	2.30	2.25	2.21
14	2.60	2.53	2.46	2.39	2.35	2.31	2.27	2.22	2.18	2.13
15	2.54	2.48	2.40	2.33	2.29	2.25	2.20	2.16	2.11	2.07
16	2.49	2.42	2.35	2.28	2.24	2.19	2.15	2.11	2.06	2.01
17	2.45	2.38	2.31	2.23	2.19	2.15	2.10	2.06	2.01	1.96
18	2.41	2.34	2.27	2.19	2.15	2.11	2.06	2.02	1.97	1.92
19	2.38	2.31	2.23	2.16	2.11	2.07	2.03	1.98	1.93	1.88
20	2.35	2.28	2.20	2.12	2.08	2.04	1.99	1.95	1.90	1.84
21	2.32	2.25	2.18	2.10	2.05	2.01	1.96	1.92	1.87	1.81
22	2.30	2.23	2.15	2.07	2.03	1.98	1.94	1.89	1.84	1.78
23	2.27	2.20	2.13	2.05	2.01	1.96	1.91	1.86	1.81	1.76
24	2.25	2.18	2.11	2.03	1.98	1.94	1.89	1.84	1.79	1.73
25	2.24	2.16	2.09	2.01	1.96	1.92	1.87	1.82	1.77	1.71
26	2.22	2.15	2.07	1.99	1.95	1.90	1.85	1.80	1.75	1.69
27	2.20	2.13	2.06	1.97	1.93	1.88	1.84	1.79	1.73	1.67
28	2.19	2.12	2.04	1.96	1.91	1.87	1.82	1.77	1.71	1.65
29	2.18	2.10	2.03	1.94	1.90	1.85	1.81	1.75	1.70	1.64
30	2.16	2.09	2.01	1.93	1.89	1.84	1.79	1.74	1.68	1.62
40	2.08	2.00	1.92	1.84	1.79	1.74	1.69	1.64	1.58	1.51
60	1.99	1.92	1.84	1.75	1.70	1.65	1.59	1.53	1.47	1.39
120	1.91	1.83	1.75	1.66	1.61	1.55	1.50	1.43	1.35	1.25
∞	1.83	1.75	1.67	1.57	1.52	1.46	1.39	1.32	1.22	1.00

(행: 분모의 자유도)

표 7 F–확률표($\alpha = 0.025$)

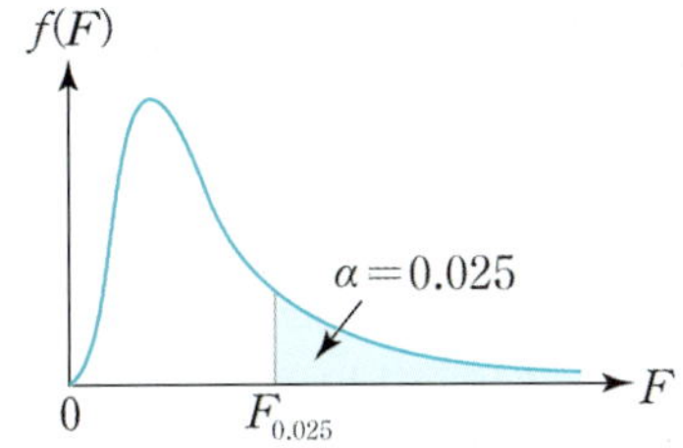

v_2 \ v_1	분자의 자유도								
분모의 자유도	1	2	3	4	5	6	7	8	9
1	647.8	799.5	864.2	899.6	921.8	937.1	948.2	956.7	963.3
2	38.51	39.00	39.17	39.25	39.30	39.33	39.36	39.37	39.39
3	17.44	16.04	15.44	15.10	14.88	14.73	14.62	14.54	14.47
4	12.22	10.65	9.98	9.60	9.36	9.20	9.07	8.98	8.90
5	10.01	8.43	7.76	7.39	7.15	6.98	6.85	6.76	6.68
6	8.81	7.26	6.60	6.23	5.99	5.82	5.70	5.60	5.52
7	8.07	6.54	5.89	5.52	5.29	5.12	4.99	4.90	4.82
8	7.57	6.06	5.42	5.05	4.82	4.65	4.53	4.43	4.36
9	7.21	5.71	5.08	4.72	4.48	4.32	4.20	4.10	4.03
10	6.94	5.46	4.83	4.47	4.24	4.07	3.95	3.85	3.78
11	6.72	5.26	4.63	4.28	4.04	3.88	3.76	3.66	3.59
12	6.55	5.10	4.47	4.12	3.89	3.73	3.61	3.51	3.44
13	6.41	4.97	4.35	4.00	3.77	3.60	3.48	3.39	3.31
14	6.30	4.86	4.24	3.89	3.66	3.50	3.38	3.29	3.21
15	6.20	4.77	4.15	3.80	3.58	3.41	3.29	3.20	3.12
16	6.12	4.69	4.08	3.73	3.50	3.34	3.22	3.12	3.05
17	6.04	4.62	4.01	3.66	3.44	3.28	3.16	3.06	2.98
18	5.98	4.56	3.95	3.61	3.38	3.22	3.10	3.01	2.93
19	5.92	4.51	3.90	3.56	3.33	3.17	3.05	2.96	2.88
20	5.87	4.46	3.86	3.51	3.29	3.13	3.01	2.91	2.84
21	5.83	4.42	3.82	3.48	3.25	3.09	2.97	2.87	2.80
22	5.79	4.38	3.78	3.44	3.22	3.05	2.93	2.84	2.76
23	5.75	4.35	3.75	3.41	3.18	3.02	2.90	2.81	2.73
24	5.72	4.32	3.72	3.38	3.15	2.99	2.87	2.78	2.70
25	5.69	4.29	3.69	3.35	3.13	2.97	2.85	2.75	2.68
26	5.66	4.27	3.67	3.33	3.10	2.94	2.82	2.73	2.65
27	5.63	4.24	3.65	3.31	3.08	2.92	2.80	2.71	2.63
28	5.61	4.22	3.63	3.29	3.06	2.90	2.78	2.69	2.61
29	5.59	4.20	3.61	3.27	3.04	2.88	2.76	2.67	2.59
30	5.57	4.18	3.59	3.25	3.03	2.87	2.75	2.65	2.57
40	5.42	4.05	3.46	3.13	2.90	2.74	2.62	2.53	2.45
60	5.29	3.93	3.34	3.01	2.79	2.63	2.51	2.41	2.33
120	5.15	3.80	3.23	2.89	2.67	2.52	2.39	2.30	2.22
∞	5.02	3.69	3.12	2.79	2.57	2.41	2.29	2.19	2.11

표 7 F-확률표($\alpha = 0.025$) (계속)

v_2 (분모의 자유도) \ v_1 (분자의 자유도)	10	12	15	20	24	30	40	60	120	∞
1	968.6	976.7	984.9	993.1	997.2	1,001	1,006	1,010	1,014	1,018
2	39.40	39.41	39.43	39.45	39.46	39.46	39.47	39.48	39.49	39.50
3	14.42	14.34	14.25	14.17	14.12	14.08	14.04	13.99	13.95	13.90
4	8.84	8.75	8.66	8.56	8.51	8.46	8.41	8.36	8.31	8.26
5	6.62	6.52	6.43	6.33	6.28	6.23	6.18	6.12	6.07	6.02
6	5.46	5.37	5.27	5.17	5.12	5.07	5.01	4.96	4.90	4.85
7	4.76	4.67	4.57	4.47	4.42	4.36	4.31	4.25	4.20	4.14
8	4.30	4.20	4.10	4.00	3.95	3.89	3.84	3.78	3.73	3.67
9	3.96	3.87	3.77	3.67	3.61	3.56	3.51	3.45	3.39	3.33
10	3.72	3.62	3.52	3.42	3.37	3.31	3.26	3.20	3.14	3.08
11	3.53	3.43	3.33	3.23	3.17	3.12	3.06	3.00	2.94	2.88
12	3.37	3.28	3.18	3.07	3.02	2.96	2.91	2.85	2.79	2.72
13	3.25	3.15	3.05	2.95	2.89	2.84	2.78	2.72	2.66	2.60
14	3.15	3.05	2.95	2.84	2.79	2.73	2.67	2.61	2.55	2.49
15	3.06	2.96	2.86	2.76	2.70	2.64	2.59	2.52	2.46	2.40
16	2.99	2.89	2.79	2.68	2.63	2.57	2.51	2.45	2.38	2.32
17	2.92	2.82	2.72	2.62	2.56	2.50	2.44	2.38	2.32	2.25
18	2.87	2.77	2.67	2.56	2.50	2.44	2.38	2.32	2.26	2.19
19	2.82	2.72	2.62	2.51	2.45	2.39	2.33	2.27	2.20	2.13
20	2.77	2.68	2.57	2.46	2.41	2.35	2.29	2.22	2.16	2.09
21	2.73	2.64	2.53	2.42	2.37	2.31	2.25	2.18	2.11	2.04
22	2.70	2.60	2.50	2.39	2.33	2.27	2.21	2.14	2.08	2.00
23	2.67	2.57	2.47	2.36	2.30	2.24	2.18	2.11	2.04	1.97
24	2.64	2.54	2.44	2.33	2.27	2.21	2.15	2.08	2.01	1.94
25	2.61	2.51	2.41	2.30	2.24	2.18	2.12	2.05	1.98	1.91
26	2.59	2.49	2.39	2.28	2.22	2.16	2.09	2.03	1.95	1.88
27	2.57	2.47	2.36	2.25	2.19	2.13	2.07	2.00	1.93	1.85
28	2.55	2.45	2.34	2.23	2.17	2.11	2.05	1.98	1.91	1.83
29	2.53	2.43	2.32	2.21	2.15	2.09	2.03	1.96	1.89	1.81
30	2.51	2.41	2.31	2.20	2.14	2.07	2.01	1.94	1.87	1.79
40	2.39	2.29	2.18	2.07	2.01	1.94	1.88	1.80	1.72	1.64
60	2.27	2.17	2.06	1.94	1.88	1.82	1.74	1.67	1.58	1.48
120	2.16	2.05	1.94	1.82	1.76	1.69	1.61	1.53	1.43	1.31
∞	2.05	1.94	1.83	1.71	1.64	1.57	1.48	1.39	1.27	1.00

표 8 F-확률표($\alpha = 0.01$)

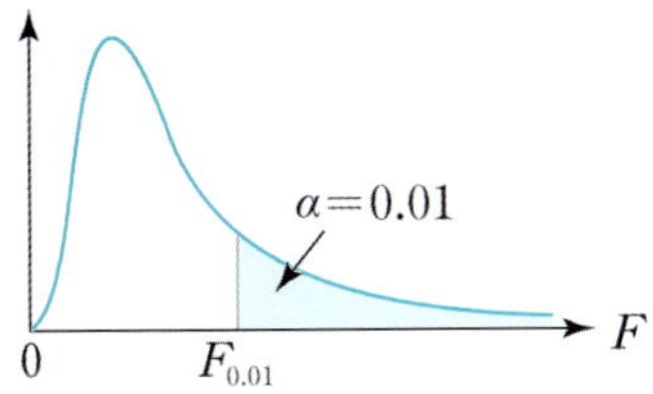

v_2 \ v_1	분자의 자유도								
분모의 자유도	1	2	3	4	5	6	7	8	9
1	4,052	4,999.5	5,403	5,625	5,764	5,859	5,928	5,982	6,022
2	98.50	99.00	99.17	99.25	99.30	99.33	99.36	99.37	99.39
3	34.12	30.82	29.46	28.71	28.24	27.91	27.67	27.49	27.35
4	21.20	18.00	16.69	15.98	15.52	15.21	14.98	14.80	14.66
5	16.26	13.27	12.06	11.39	10.97	10.67	10.46	10.29	10.16
6	13.75	10.92	9.78	9.15	8.75	8.47	8.26	8.10	7.98
7	12.25	9.55	8.45	7.85	7.46	7.19	6.99	6.84	6.72
8	11.26	8.65	7.59	7.01	6.63	6.37	6.18	6.03	5.91
9	10.56	8.02	6.99	6.42	6.06	5.80	5.61	5.47	5.35
10	10.04	7.56	6.55	5.99	5.64	5.39	5.20	5.06	4.94
11	9.65	7.21	6.22	5.67	5.32	5.07	4.89	4.74	4.63
12	9.33	6.93	5.95	5.41	5.06	4.82	4.64	4.50	4.39
13	9.07	6.70	5.74	5.21	4.86	4.62	4.44	4.30	4.19
14	8.86	6.51	5.56	5.04	4.69	4.46	4.28	4.14	4.03
15	8.68	6.36	5.42	4.89	4.56	4.32	4.14	4.00	3.89
16	8.53	6.23	5.29	4.77	4.44	4.20	4.03	3.89	3.78
17	8.40	6.11	5.18	4.67	4.34	4.10	3.93	3.79	3.68
18	8.29	6.01	5.09	4.58	4.25	4.01	3.84	3.71	3.60
19	8.18	5.93	5.01	4.50	4.17	3.94	3.77	3.63	3.52
20	8.10	5.85	4.94	4.43	4.10	3.87	3.70	3.56	3.46
21	8.02	5.78	4.87	4.37	4.04	3.81	3.64	3.51	3.40
22	7.95	5.72	4.82	4.31	3.99	3.76	3.59	3.45	3.35
23	7.88	5.66	4.76	4.26	3.94	3.71	3.54	3.41	3.30
24	7.82	5.61	4.72	4.22	3.90	3.67	3.50	3.36	3.26
25	7.77	5.57	4.68	4.18	3.85	3.63	3.46	3.32	3.22
26	7.72	5.53	4.64	4.14	3.82	3.59	3.42	3.29	3.18
27	7.68	5.49	4.60	4.11	3.78	3.56	3.39	3.26	3.15
28	7.64	5.45	4.57	4.07	3.75	3.53	3.36	3.23	3.12
29	7.60	5.42	4.54	4.04	3.73	3.50	3.33	3.20	3.09
30	7.56	5.39	4.51	4.02	3.70	3.47	3.30	3.17	3.07
40	7.31	5.18	4.31	3.83	3.51	3.29	3.12	2.99	2.89
60	7.08	4.98	4.13	3.65	3.34	3.12	2.95	2.82	2.72
120	6.85	4.79	3.95	3.48	3.17	2.96	2.79	2.66	2.56
∞	6.63	4.61	3.78	3.32	3.02	2.80	2.64	2.51	2.41

표 8 F-확률표($\alpha = 0.01$) (계속)

v_2 \ v_1 (분모의 자유도 \ 분자의 자유도)	10	12	15	20	24	30	40	60	120	∞
1	6,056	6,106	6,157	6,209	6,235	6,261	6,287	6,313	6,339	6,366
2	99.40	99.42	99.43	99.45	99.46	99.47	99.47	99.48	99.49	99.50
3	27.23	27.05	26.87	26.69	26.60	26.50	26.41	26.32	26.22	26.13
4	14.55	14.37	14.20	14.02	13.93	13.84	13.75	13.65	13.56	13.46
5	10.05	9.89	9.72	9.55	9.47	9.38	9.29	9.20	9.11	9.02
6	7.87	7.72	7.56	7.40	7.31	7.23	7.14	7.06	6.97	6.88
7	6.62	6.47	6.31	6.16	6.07	5.99	5.91	5.82	5.74	5.65
8	5.81	5.67	5.52	5.36	5.28	5.20	5.12	5.03	4.95	4.86
9	5.26	5.11	4.96	4.81	4.73	4.65	4.57	4.48	4.40	4.31
10	4.85	4.71	4.56	4.41	4.33	4.25	4.17	4.08	4.00	3.91
11	4.54	4.40	4.25	4.10	4.02	3.94	3.86	3.78	3.69	3.60
12	4.30	4.16	4.01	3.86	3.78	3.70	3.62	3.54	3.45	3.36
13	4.10	3.96	3.82	3.66	3.59	3.51	3.43	3.34	3.25	3.17
14	3.94	3.80	3.66	3.51	3.43	3.35	3.27	3.18	3.09	3.00
15	3.80	3.67	3.52	3.37	3.29	3.21	3.13	3.05	2.96	2.87
16	3.69	3.55	3.41	3.26	3.18	3.10	3.02	2.93	2.84	2.75
17	3.59	3.46	3.31	3.16	3.08	3.00	2.92	2.83	2.75	2.65
18	3.51	3.37	3.23	3.08	3.00	2.92	2.84	2.75	2.66	2.57
19	3.43	3.30	3.15	3.00	2.92	2.84	2.76	2.67	2.58	2.49
20	3.37	3.23	3.09	2.94	2.86	2.78	2.69	2.61	2.52	2.42
21	3.31	3.17	3.03	2.88	2.80	2.72	2.64	2.55	2.46	2.36
22	3.26	3.12	2.98	2.83	2.75	2.67	2.58	2.50	2.40	2.31
23	3.21	3.07	2.93	2.78	2.70	2.62	2.54	2.45	2.35	2.26
24	3.17	3.03	2.89	2.74	2.66	2.58	2.49	2.40	2.31	2.21
25	3.13	2.99	2.85	2.70	2.62	2.54	2.45	2.36	2.27	2.17
26	3.09	2.96	2.81	2.66	2.58	2.50	2.42	2.33	2.23	2.13
27	3.06	2.93	2.78	2.63	2.55	2.47	2.38	2.29	2.20	2.10
28	3.03	2.90	2.75	2.60	2.52	2.44	2.35	2.26	2.17	2.06
29	3.00	2.87	2.73	2.57	2.49	2.41	2.33	2.23	2.14	2.03
30	2.98	2.84	2.70	2.55	2.47	2.39	2.30	2.21	2.11	2.01
40	2.80	2.66	2.52	2.37	2.29	2.20	2.11	2.02	1.92	1.80
60	2.63	2.50	2.35	2.20	2.12	2.03	1.94	1.84	1.73	1.60
120	2.47	2.34	2.19	2.03	1.95	1.86	1.76	1.66	1.53	1.38
∞	2.32	2.18	2.04	1.88	1.79	1.70	1.59	1.47	1.32	1.00

찾아보기

기타

ㄱ

ㄷ